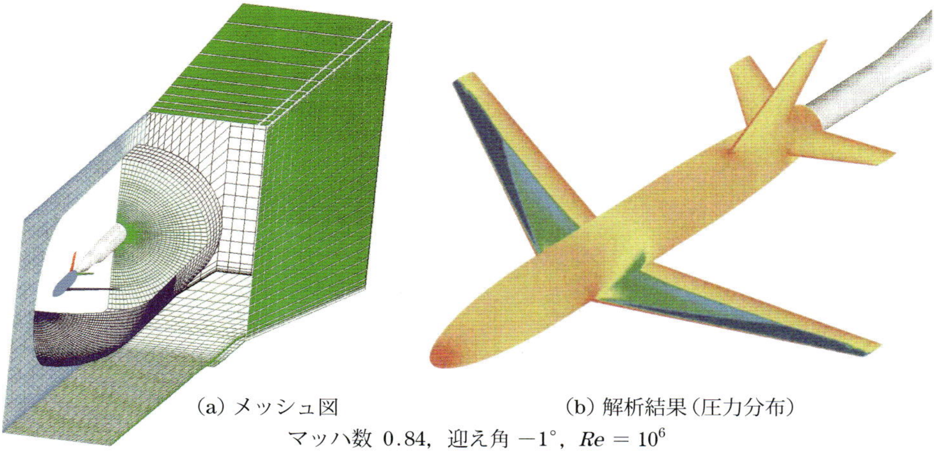

(a) メッシュ図　　(b) 解析結果（圧力分布）

マッハ数 0.84，迎え角 $-1°$，$Re = 10^6$

口絵 1　遷音速風洞内航空機モデル表面の圧力分布（青：低，赤：高）〔有限体積法（TVD 法）〕〔15 章の文献 18)〕

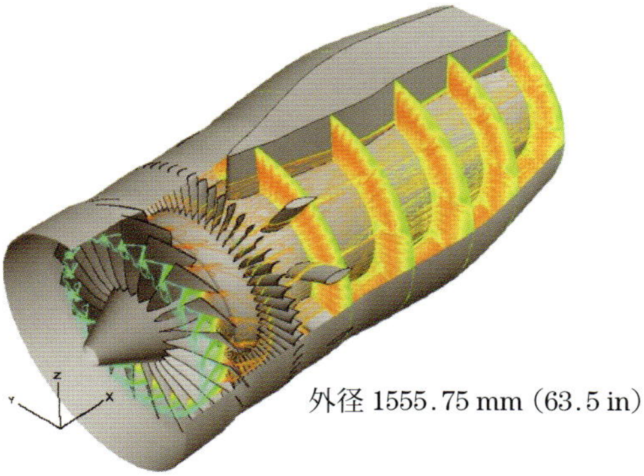

口絵 2　ジェットエンジンのファンとバイパスダクトの全圧分布〔有限体積法（TVD 法）〕〔15 章の文献 19)〕

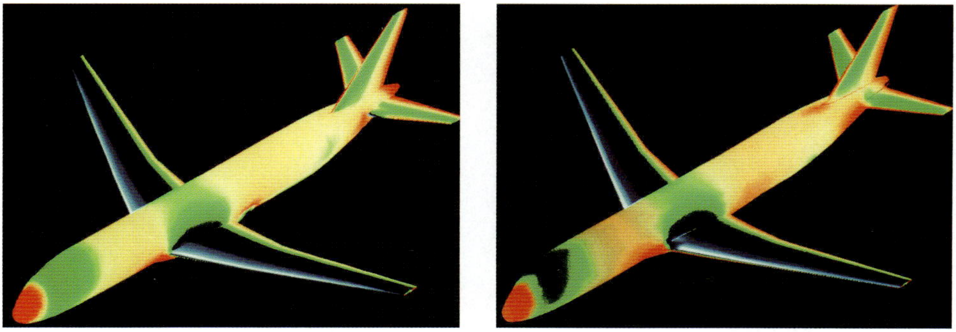

(a) 数値解析結果（境界要素法）　　(b) 実験結果（圧力実測値）

マッハ数 0.6，迎え角 0°

口絵 3　遷音速で飛行する機体のまわりの表面上の圧力分布（青：低，赤：高）〔15 章の文献 24)〕

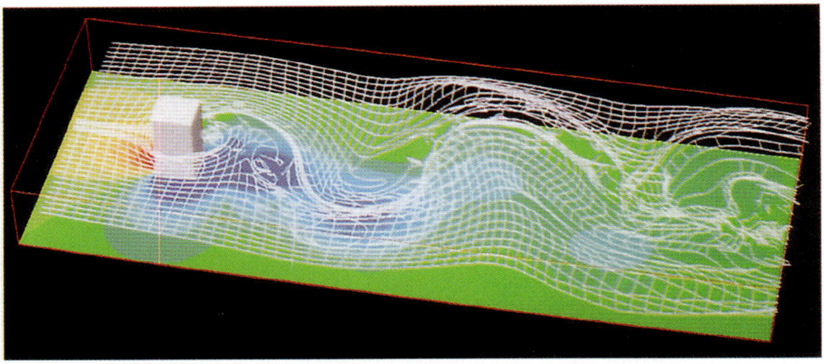

圧力分布，流脈線，タイムライン，Re = 22000

口絵 4　正四角柱まわりの乱流流れ〔large eddy simulation（LES）〕〔15 章の文献 36)〕

走行速度 45 m/s，$Re = 6.6 \times 10^6$

口絵 5　フォーミュラカーの車体表面および床面の圧力分布（LES）〔15 章の文献 37)〕

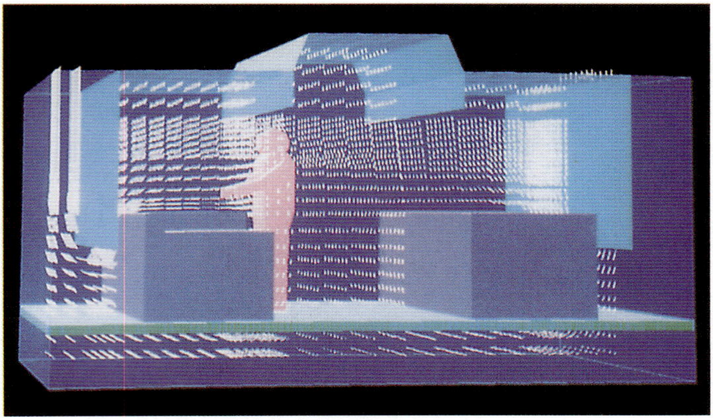

空気吹出し口　38 cm/s

口絵 6　クリーンルーム内の空気の流れの乱流速度分布（有限要素法）〔15 章の文献 39)〕

走行風景：最高速度 300 km/h

風洞試験：空気，流速 55.5 m/s，モデル 1/20，$Re = 6.6 \times 10^5$

口絵 7　N700 系新幹線先頭部の流れ（タフト法）〔JR 東海 提供〕

空気，トレーサ：煙，流速 6 m/s，モデル 1/5，$Re = 2 \times 10^5$

口絵 8　自動車のまわりの流れ（注入トレーサ法）〔16 章の文献 7）〕

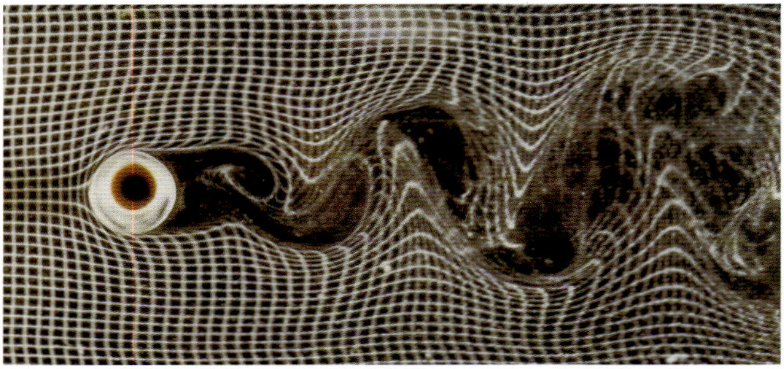

水，流速 2.6 cm/s，円柱直径 8 mm，$Re = 195$

口絵 9　円柱後方のカルマン渦列（水素気泡法）〔16 章の文献 11)〕

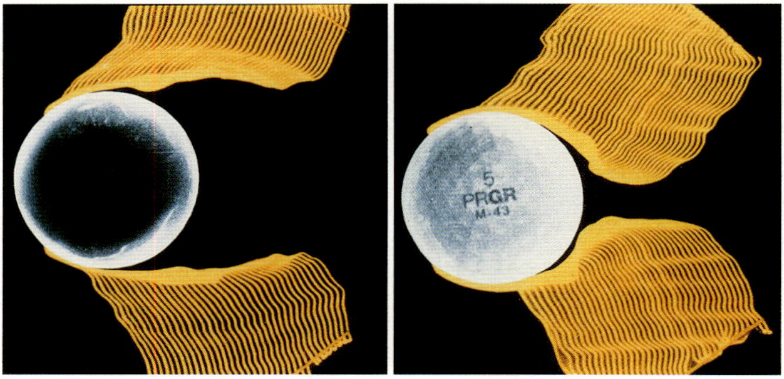

(a) 球　　(b) ゴルフボール

空気，流速 23 m/s，ボール直径 42.7 mm，$Re = 7 \times 10^4$

口絵 10　球のまわりの流れ（火花追跡法）〔16 章の文献 12)〕

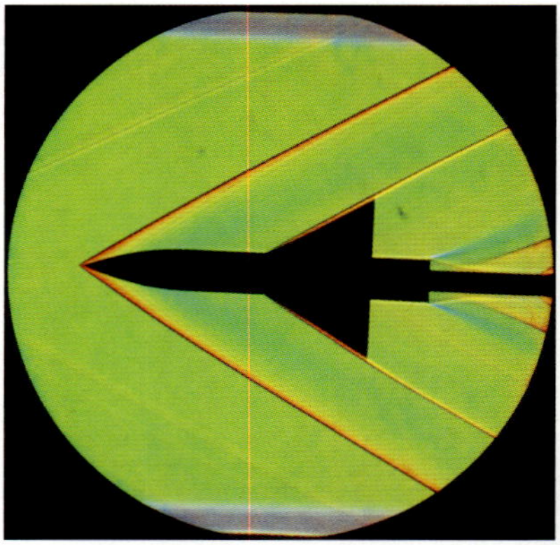

マッハ数 2.2，迎え角 0°

口絵 11　超音速流中の簡略化された超音速機（AGARD−B モデル）（シュリーレン法）〔16 章の文献 14)〕

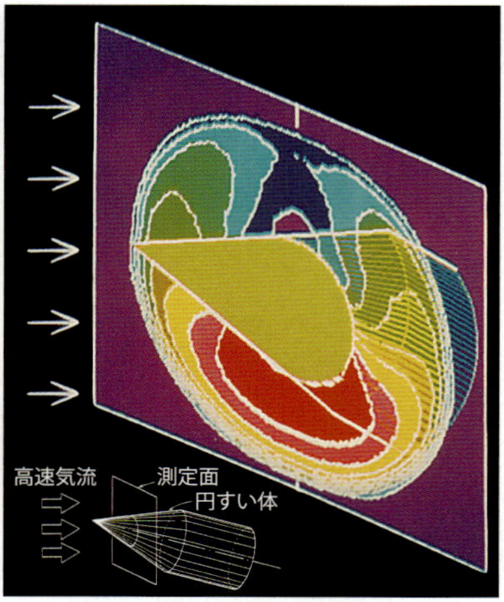

マッハ数 2，迎え角 20°

口絵 12　超音速で飛行する円すい体のまわりの流れの密度分布（青：低，赤：高）（レーザホログラフ干渉法＋コンピュータトモグラフィー）〔16 章の文献 15)〕

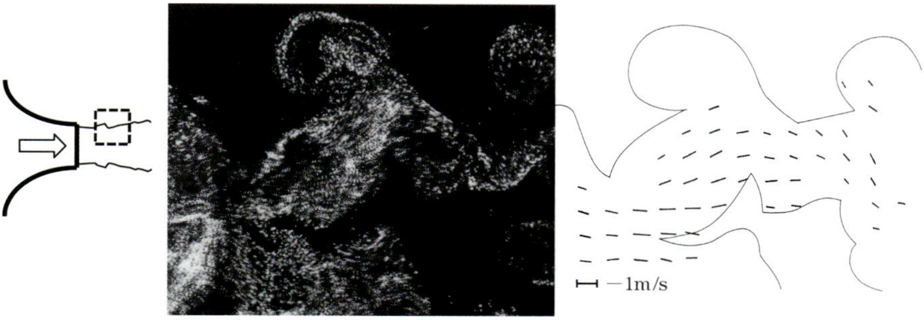

口絵 13　エアロゾル噴流の混合領域における流速分布（レーザスペックル法）
〔16 章の文献 16)〕

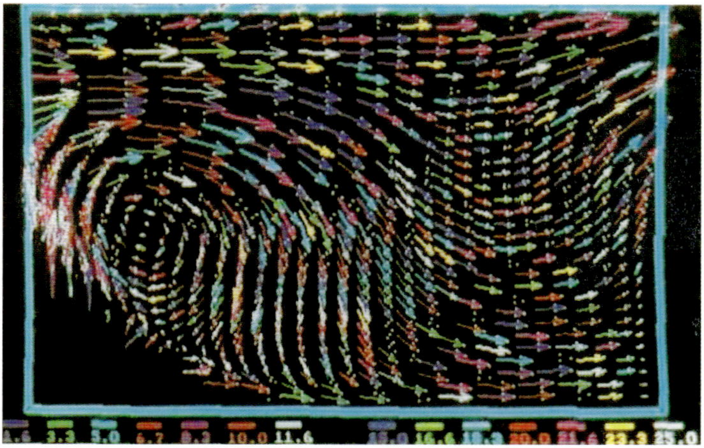

トレーサ：プラスチック粒子径 0.5mm，円柱直径 38.3mm
（色は速度域を示す．数字の単位は mm/s）

口絵 14　円柱を超す流れ（PTV）〔16 章の文献 21)〕

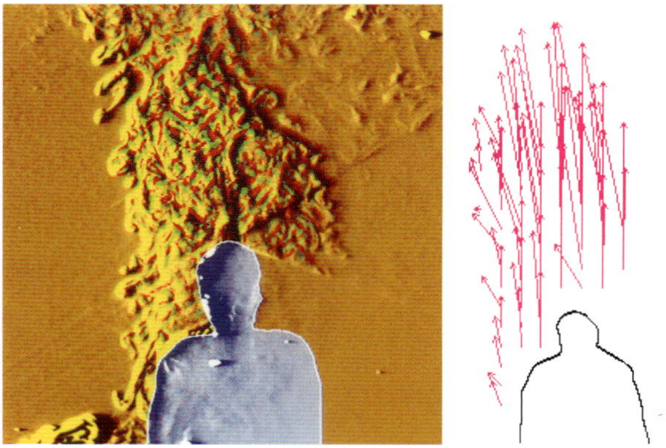

トレーサ：煙，上昇気流の最大速度 約 0.2m/s
口絵 15　人体のまわりの自然対流（PIV）〔16 章の文献 22)〕

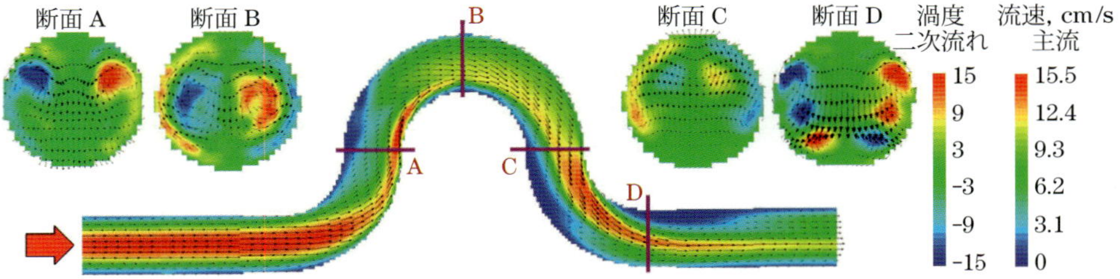

$R = 1.5\,d$（R：曲率半径，d：内径 10 mm），流速 81 mm/s，$Re = 345$

口絵 16　曲がり管内の流れ（PIV）〔16 章の文献 23)〕

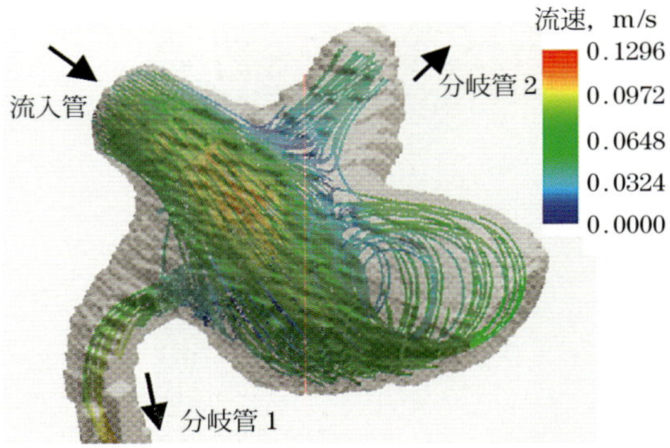

(a) 動脈瘤内の流れ〔16 章の文献 24)〕

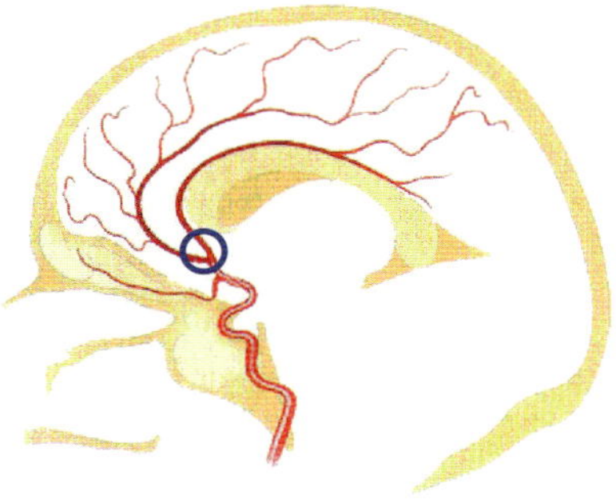

(b) 脳内血管網〔16 章の文献 25)〕

口絵 17　脳動脈瘤内の流れ（ステレオ PIV）

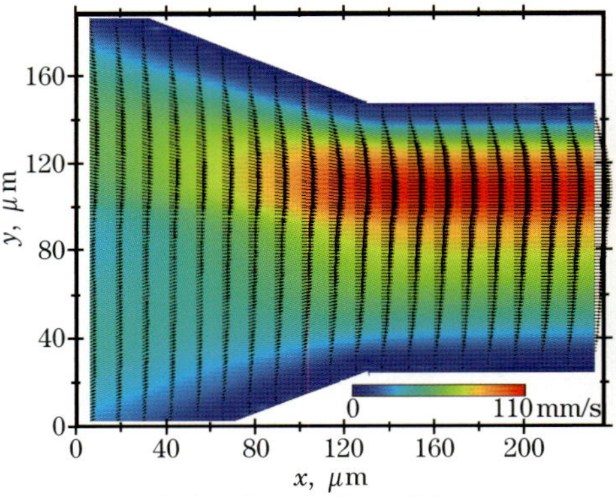

流路：半円形断面，半径 35 μm

口絵 18　Y 字形の極小流路内で混合しながら流れる水とエタノールの二相流の速度分布（マイクロ PIV）〔16 章の文献 26)〕

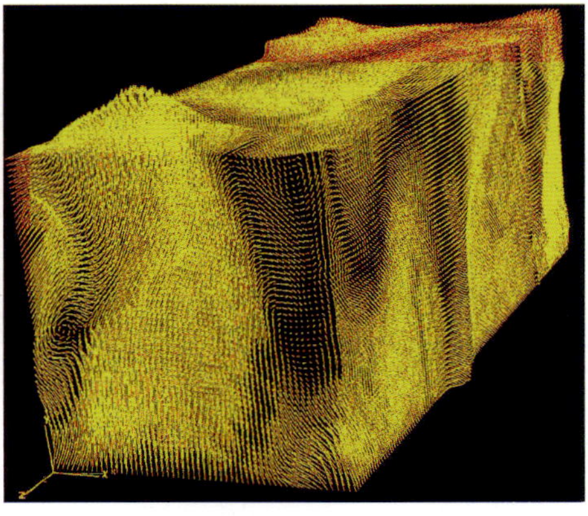

口絵 19　パイプ流れの瞬時三次元非定常速度場の高解像度計測（ホログラフィック PIV）〔16 章の文献 27)〕

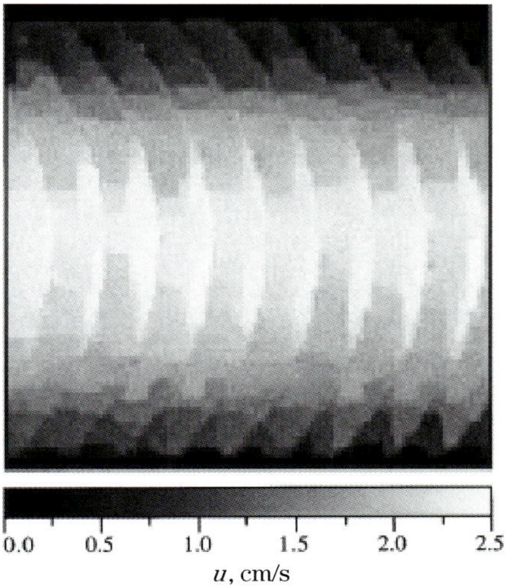

口絵 20　管路内流れの可視化（スピン-タギング MRI）〔16 章の文献 28)〕

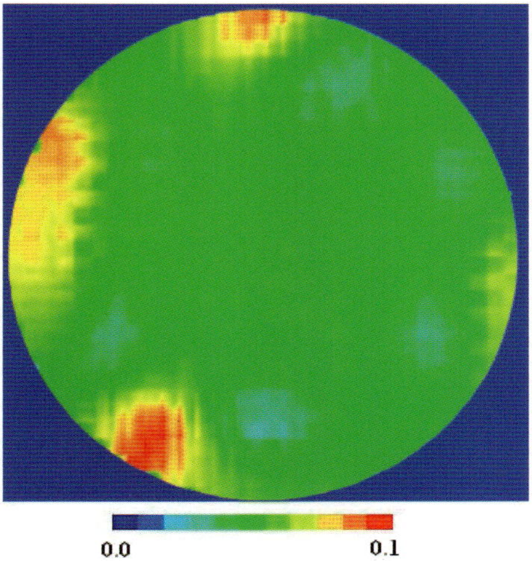

空気，流速 8.247 m/s，管径 270 mm，Re ＝ 352.6

口絵 22　管路内を流れる空気と触媒粒子との二相流の粒子の濃度分布（コンピュータトモグラフィー）〔16 章の文献 30)〕

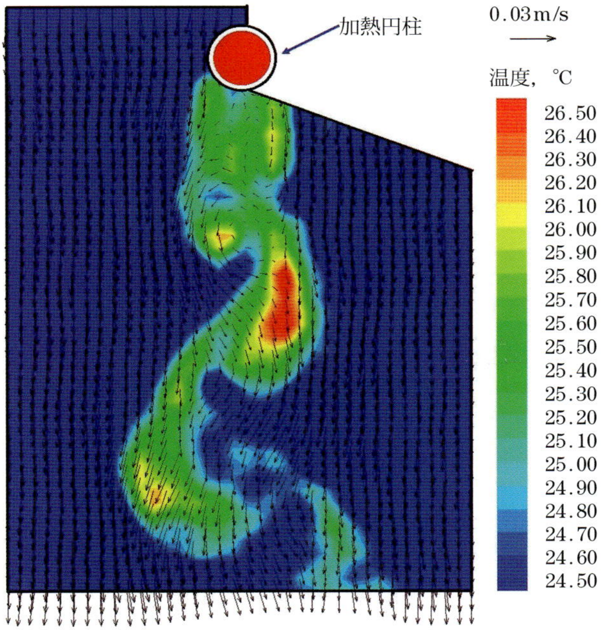

空気，流速 0.026 m/s，円柱直径 4.76 mm，Re ＝ 130

口絵 21　加熱円柱後流の速度分布と温度分布（MTV＆T）〔16 章の文献 29)〕

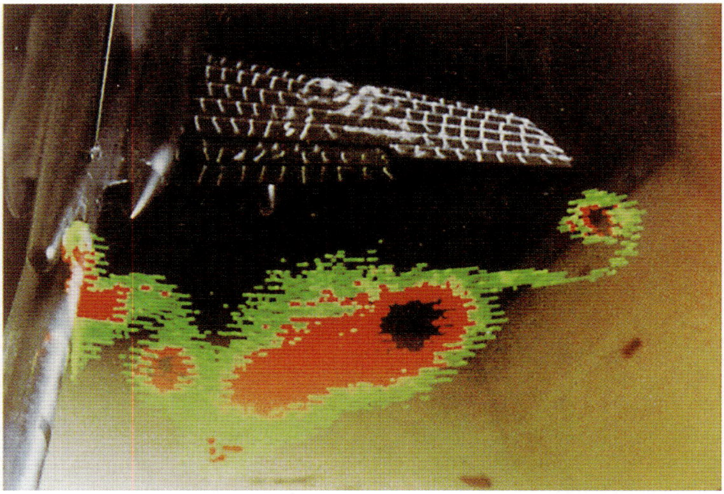

口絵 23　水平尾翼後流の全圧パターン（ピトー管圧力変換器と発光ダイオード組合せ法）〔16 章の文献 31)〕

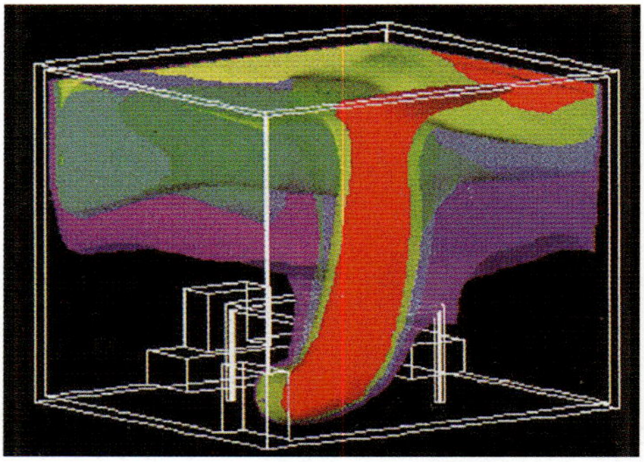

口絵 24　空調による室内温度分布（等値面表示法．赤色の場所が暖かい）〔16 章の文献 34)〕

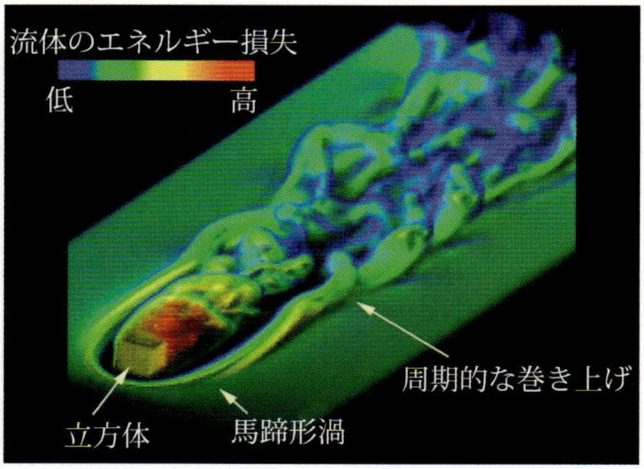

空気，流速 0.15 m/s，立方体 縦 0.01 m × 横 0.01 m × 高さ 0.01 m，$Re = 1000$

口絵 25　平板上に置かれた立方体まわりの馬蹄形渦と後流の渦構造流れ（ボリュームレンダリング）〔16 章の文献 35)〕

新編　流体の力学

元東海大学 教授　工学博士
中山泰喜 著

養賢堂

まえがき

「改訂版 流体の力学」を出版して12年経った．その間，多くの方々に愛読していただき，多くの貴重なご意見をいただいた．また，筆者としても，何回も読み直しているうち，記述が正確でない部分，説明が十分でない部分，新しく書き加えたい部分など，多くの書き改めたい部分が生じてきた．さらに，最近の数値流体力学と可視化情報学の進歩には目を見張るものがあり，これらの最近の情報を取り入れ，実際の現象と対比してよりわかりやすく説明し，流体の力学をもっと身近なものにしたいという要望も強くなってきた．

“流体の力学”には，従来実験的な立場を取る“水力学”と，理論的な立場をとる“流体力学”とあったが，コンピュータの進歩による数値流体力学の発展と可視化情報学の発達が大きく貢献して，両者は一つの体系にまとめられてきている．本書も，この観点に立って記述し，書名も「新編 流体の力学」とした．

本書の執筆に当たって，特に次の点に注意をはらった．

(1) 内容は，大学あるいは高専で流体の力学を学ぶ学生，または流体を取り扱っている技術者を対象として，入門書・手引書となるよう平易に記述した．

(2) 理論は，現象と関係づけ，完全に理解できるよう懇切丁寧に説明を行った．

(3) イラストや写真を多くし，興味ある事象の説明を加え，読みやすく，かつ親しみやすいものとした．

(4) 流体の力学に貢献した学者18人を選んで肖像画をペン書きとし，業績を簡単に紹介し，楽しみつつ勉強できるようにした．

(5) 流体現象に関係するエピソードを簡単に紹介し，流体の力学に一層興味がもてるようにした．

(6) 外国との交流がますます活発となることを考え，技術用語には英語の用語を括弧でつけた．

(7) 関係する主要な著書，論文を章末に番号で示し，もっと詳しく学びたい方に便利なようにした．

(8) 各章末に演習問題を設け，確実にその章が理解できるようにした．

(9) 将来発展が予想されている数値流体力学と流れの可視化には特に力をいれ，全面的に改訂を行い，最近の事象を加え，25 枚のカラー写真の口絵とともにその全容を捉えることができるように配慮した.

本書の執筆に当たってお世話になった東海大学 青木克巳氏・沖　真氏・高倉葉子氏，工学院大学 伊藤慎一郎氏，東京大学 大石正道氏，早稲田大学 八木高伸氏，小熊機械(株)深瀬　彊氏に深く感謝の意を表する．また，著書，論文を参考にさせていただくとともに，いろいろご教示をいただいた内外の研究者の方々にお礼を申し上げる．なお，養賢堂 三浦信幸氏には手間のかかる編集作業をしていただいた．ここに，深く感謝申し上げる次第である.

2011 年 6 月

著　　者

目　次

記　号

A ：面積，積分定数
a ：面積(比較的小さい)，音速
a' ：管路内の圧力波の伝ぱ速度
B ：幅
b ：幅，厚さ
C ：流量係数，流出係数，積分定数
C_C ：収縮係数
C_D ：抗力係数
C_f ：摩擦抗力係数
C_L ：揚力係数
C_M ：モーメント係数
C_p ：圧力係数
C_v ：速度係数
c ：積分定数，ピトー管係数，流速係数
c_p ：定圧比熱
c_v ：定容比熱
D ：直径，抗力，摩擦抵抗
D_f ：摩擦抗力
D_p ：圧力抗力，形状抗力
d ：直径
E ：比エネルギー，縦弾性係数
e ：内部エネルギー
F ：力，抵抗
Fr ：フルード数
f ：摩擦係数，渦の発生周波数
g ：重力加速度
H ：ヘッド，揚程
h ：ヘッド，すき間，損失ヘッド，深さ，エンタルピー，水面高さ
I ：断面二次モーメント
i ：こう配
J ：慣性モーメント，運動量
K ：体積弾性係数，流量係数
k ：干渉係数，乱流エネルギー
k_d ：キャビテーション係数
L ：長さ，動力，揚力
l ：長さ，混合距離，代表寸法
M ：質量，マッハ数，モーメント
m ：質量流量，質量(比較的小さい)，二重吹出しの強さ，水力平均深さ
n ：ポリトロープ指数
P ：全圧力，支持荷重
p ：圧力
p_0 ：よどみ点圧力，全圧，大気圧
p_s ：静圧
p_t ：全圧
p_∞ ：物体から影響を受けない点の圧力
Q ：体積流量
q ：吹出しまたは吸込み量，単位質量当たりの熱量
R ：気体定数，流体が物体に及ぼす力
Re ：レイノルズ数
r ：半径(任意の位置の)，曲率
St ：ストローハル数
s ：比重，エントロピー，ぬれ縁長さ
T ：張力，絶対温度，トルク，推力，周期，時間，温度
t ：時間
U ：一様流速，代表速度，一定速度
u ：流速(x 方向)，周速度
u_* ：摩擦速度
V ：体積
v ：比体積，流速，流速(y方向)，絶対速度
W ：重量
w ：流速(z 方向)，相対速度
$w(z)$ ：複素ポテンシャル
α ：加速度，角度，流量係数
β ：圧縮率，角度，絞り直径比
Γ ：循環，渦の強さ
γ ：比重量，ひずみ角度
δ ：境界層厚さ
δ^* ：排除厚さ
ε ：壁面の凹凸の高さ，気体の膨張補正係数，乱流エネルギー散逸
ζ ：渦度，損失係数
η ：効率，圧力回復率
θ ：角度，運動量厚さ
κ ：比熱比
λ ：管摩擦係数，波長
μ ：粘度
ν ：動粘度
ξ ：損失係数
ρ ：密度
σ ：応力
τ ：せん断応力，摩擦応力
ϕ ：角度，速度ポテンシャル
ψ ：流れ関数
ω ：角速度

1. 流体の力学の歴史

1.1 暮しの中の流体の力学

われわれのまわりには，大気があり，近くには川や海がある．「ゆく河の流れは絶えずして，しかももとの水にあらず，淀みに浮ぶうたかたは，かつ消えかつ結びて，久しくとどまりたる例(ためし)なし」と鴨 長明が『方丈記』の冒頭に書いているように，大気や川や海の水も常に動いている．このような気体や液体(まとめて流体という)の動きを「流れ」といい，この流れを考えるのが「流体の力学」である．

われわれにとって，大気や川や海の流れは関心のある流れであるが，上下水道管やガス管，用水路などの流れ，ロケットや飛行機，新幹線や自動車，船などのまわりの流れや，それらがどのような抵抗力を受けるかなどもまた身近な問題である．

ゴルフや野球のボールがカーブしたり，ドロップしたりするのも，すべて流れの作用である．また，プラットホームや交差点の人々の動きも一つの流れとみることができるし，もっと広げていえば，社会現象や情報の流れ，歴史なども一つの流れとみることができるであろう．このように，流れはきわめてわれわれに密接な関係をもっているものであり，したがって，その流れについて学ぶ「流体の力学」はわれわれにとってきわめて身近なものである．

1.2「流体の力学」のはじまり

流れを取り扱う学問に，従来，実験的な立場をとる水力学(hydraulics)と，理論的な立場をとる流体力学(hydrodynamics)とあったが，近年，両者は渾然一体となって流体の力学(fluid mechanics)という名称で統合されてきている．

水力学は，純粋に経験的な学問として発達し，その実際的技術は先史時代から始められている．われわれの祖先が定着して農耕を営むようになり，集落が発達して大きくなってくると，連続的に適量の水を供給することと，必要な食物と物資を運搬することが最も重要な問題となる．この意味で，水力学の夜明けは水路と船からということになると思う．

灌概用水路の有史以前の遺跡がエジプトやメソポタミアで発見されており，紀元前 4000 年以上も前から水路が建設されたことが確かめられている．水道のはじめはエルサレムといわれ，貯水池をつくって水を貯え，石造りの水路で水を導いた．また，ギリシアなどにも水路がつくられた．しかし，なんといっても数多くの大規模な水路を建設したのはローマ帝国で，今日でもヨーロッパ各地に**図 1.1** に示すような遺跡が残っている．この時代の水道は，なるべく汚れていない水を遠方から導き，噴水，浴場，公共建築物に主として給水された．市民は町かどの給水場まで水をくみに行った．当時の市民１人１日の水の使用量は約 180 l だといわれている．今日でも，一般家庭の１人１日の使用量が約 240 l だといわれているから，約 2000 年前も相当高度な文化生活が営まれていたことになる．

このように，水道の歴史は大変古いが，水道が発達する過程において，水を効果的に運ぶために，その形状と大きさを設計しなければならなかったし，傾斜あるいは送水圧は壁面摩擦に打ち勝つよう調整しなければならなかった．ここに，水力学の問題について多くの発見と進歩があった．

一方，船の起源は明らかではないが，丸太から筏へ，また手動の推進から帆

図 1.1　ローマ・カンパニア平原のローマ水道アーチの復元図

図 1.2　浮彫りの古代エジプト船

の使用へ，さらに河川を航行することから大洋の航行へと発達していったことは想像にかたくない．

フェニキア人とエジプト人は，巨大な，かつ優秀な船を建造した．**図 1.2** の浮彫り細工は紀元前 2700 年頃のもので，当時存在した船を明瞭に，かつ詳細に示している．ギリシア人も，また船についていろいろの記録を残している．その一つは，**図 1.3** に示すギリシアの古い花びんに描かれた美しい船の絵である．このように，造船技術や航海術などの進歩によっても，多くの水力学の基本的な知識が経験として蓄積されていった．

図 1.3　古い花びんに描かれた古代ギリシアの船

もう一つ特筆すべき発見は，縄文人による世界最初の渦の発見である．**図 1.4** に示す縄文土器は約 5000 年前に製作されたもので，側面に描かれた渦は双子渦とカルマン渦を区別して描いた世界最初のものである[1),2)]．このほか，カルマン渦を写した同年代の土器も多く発見されている．

図 1.4　火焔水文土器(新潟県馬高遺跡出土)[1),2)]

水力学の発展過程を語るに当たっては，ルネッサンス，特にレオナルド・

レオナルド・ダ・ビンチ
(Leonardo da Vinci, 1452〜1519)
イタリアに生まれた万能の天才で，彼のとどまることを知らない探求心と比類のない想像力は，数多くのスケッチに奇想天外な機械器具の設計図や，精密な人体解剖図，流体の流れ図などとして残されている．

ダ・ビンチを思い起こさなければならない．一般に，彼は素晴しい芸術家として知られているけれども，また優れた科学者でもあった．彼は，自然科学の法則をよくわきまえ，「物体は地球に向かって最も近い路を通って落ちようとする」と述べ，また「空気が物体に与える抵抗と同じ力を物体は空気に与える」とも述べている．これは，ニュートンより以前に，重力ならびに運動の第3法則(作用，反作用の法則)を予見したことになる．

特に，水力学の歴史にとって興味深いのは，水の運動，渦，波，落水，浮力，流出，管・水路の流れから水力機械に及ぶ広汎な記述がなされている彼のノートである．その一例として，**図1.5**は障害物のまわりの流れをスケッチしたもの，また**図1.6**は，はく離領域の渦の生成を示したものである．抵抗の少ない流線形も彼がはじめて見出したものである．

そのほか，水力学の分野において沢山の発見と観察を行い，後世の人々が発

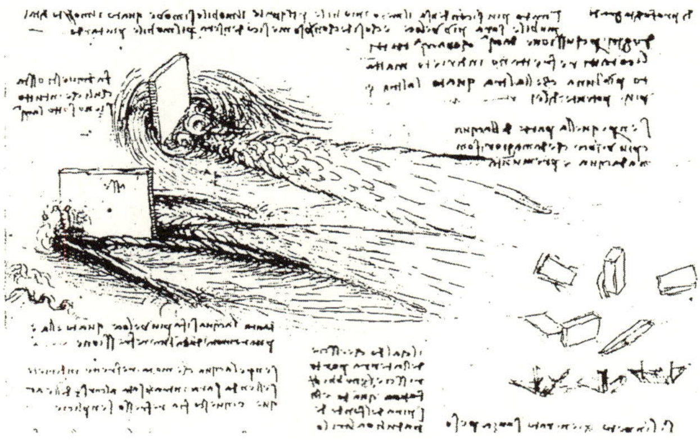

図1.5　レオナルド・ダ・ビンチのノートから(その1)

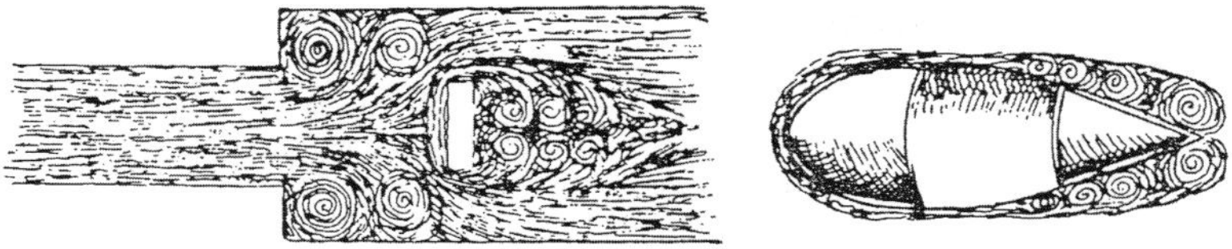

図 1.6　レオナルド・ダ・ビンチのノートから(その 2)

見することになった物体の抗力や，噴流や落水の運動などの諸法則を予測し，さらに水中の浮遊粒子による内部流れの観察，すなわち「流れの可視化」を提唱した．まさに，レオナルドは水力学の黎明期を開いた偉大なパイオニアであった．彼のあと，優れた研究者が輩出し，水力学は 17 世紀から 20 世紀へと大きく花開いていったのである．

一方，流体の運動を数学的・理論的に取り扱う流体力学の出現は，水力学よりだいぶ遅れて 18 世紀(徳川時代中期)に基礎づくりが行われ，粘性のない(摩擦のない)流体の流れに対する完全な理論式がオイラー(57 頁)，その他の研究者によって誘導された．これによって，いろいろな流れが数学的に述べられるようになった．しかし，この理論によって物体の受ける力，あるいは流れの状態を計算すると，実験的に観察した結果と非常に異なる結果となった．

このようにして，流体力学は実用的な用途がないようにみられていたが，19 世紀(徳川時代から明治時代へ)には流体力学は水力学と完全に競い合うほどの進歩をした．その一つは，ナビエ(84 頁)とストークス(51 頁)による粘性流体の運動方程式〔ナビエ-ストークスの方程式(83 頁)〕の誘導である．しかし，この方程式は慣性力を表す項のうち対流項(場所によって変化する力を表す項)が非線形であるため，一般の流れに対する解析的な解を得ることは容易でなく，層流状態で流れている平行平板間の流れや，円管内の流れなどのような特別な流れしか解かれていなかった．

しかし，ここに水力学と流体力学を結び付ける一つの重要な論文が発表された．それは，1869 年(明治 2 年)，キルヒホフ〔Kirchhoff, G. R.(1824～1887 年)ドイツの物理学者〕が二次元オリフィスからの噴流の収縮係数を純理論解析によって 0.611 と算出した報告である．この値は，実際のオリフィスの場合の収縮係数の実験値，およそ 0.65(64 頁)とよく一致したことになる．

このように実際に近い値が計算できるようになると，水力学者の側からも流体力学が見直され，かつ1970年代以降，急速なコンピュータの進歩・発達と数値解析のいろいろの手法の開発と相まってコンピュータにより流れを支配するナビエ-ストークスの方程式の数値解を求めることができるようになり，数値流体力学(CFD: Computational Fluid Dynamics)と呼ばれる一つの研究分野が形成された．これに対して，可視化を含めて実験的に流動現象を解明する分野も実験流体力学(EFD: Experimental Fluid Dynamics)として一大発展を遂げた．

これによって，水力学と流体力学の間の壁は完全に取り除かれ，CFDとEFDを両輪とした「流体の力学」あるいは「流体工学」として発展してきている．

参考文献

1)　新潟県立歴史博物館編：火焔土器の国 新潟(2009) p. 88，新潟日報事業社.
2)　中山 ほか4名：情報考古学, **10**, 1(2004) p. 1.

2. 流体の性質

2.1 流　体

流体(fluid)は，液体(liquid)と気体(gas)に分けられる．液体は，圧縮されにくく，「水は方円の器に従う」といわれているように，容器の形に従って変形し，自由表面が存在する．気体は，圧縮されやすく，入れられた容器一杯に広がり，自由表面が存在しない．

ところで，流体の力学からみた流体の重要な性質は，圧縮性と粘性である．固体は，引張り，圧縮およびせん断のいずれに対しても弾性を示すが，流体は単に圧縮に対してのみ弾性を示す．すなわち，流体は圧縮に対しては圧力を増し，元の体積に戻ろうとする．この性質を圧縮性(compressibility)という．また，流体はある速さをもって二つの層が滑り合うとき抵抗を示す．この性質を粘性(viscosity)という．

一般に，液体を非圧縮性流体(incompressible fluid)，気体を圧縮性流体(compressible fluid)と称するが，液体でも高圧になると圧縮性を考えなければならず，気体でも圧力変化が小さいときは圧縮性を無視して差し支えない．また，流体は分子の集合体で，分子は運動しているが，この分子の平均自由行程(mean free path)は，常温・常圧の空気でも 0.06 μm 程度であるので，流体は連続した等方性物質として取り扱う．なお，粘性も圧縮性もないと考えた実在しない仮想した流体のことを理想流体(ideal fluid)，あるいは完全流体(perfect fluid)という．また，ボイル－シャルル(Boyle－Charles)の法則に従う気体のことを完全気体(perfect gas)，あるいは理想気体(ideal gas)という．

2.2 単位と次元

すべての物理量は，基本的ないくつかの量，およびそれらの組合せとして与えられる．この基本量の単位を基本単位，基本単位を組み合わせた単位を組立単位という．従来，基本量に長さ，質量，時間をとり，これらの単位を基本として，他の量の単位を誘導したものを絶対単位系という．これに対して，基本量に長さ，力，時間をとった単位系を工学単位系あるいは重力単位系といっている．前者は客観性があり，物理学で主に用いられ，また後者は実用に便利であるので，工学上多く用いられてきた．

2.2.1 絶対単位系

(1) MKS 単位系

長さの単位にメートル(m)，質量の単位にキログラム(kg)，時間の単位に秒(s)を用い，これらを基本単位とする単位系をいう．

(2) CGS 単位系

長さにセンチメートル(cm)，質量にグラム(g)，時間に秒(s)を基本単位とする単位系をいう．

(3) 国際単位系(SI)

SI とは，国際単位系(Le Système International d'Unités, International System of Units)の略称で，従来の MKS 単位系の発展したもので，科学・技術・教育・産業などの諸分野で用いられるいろいろの量に対して，それぞれ一つだけの単位を採用することを原則とした一貫性のある合理的な単位系である．1960 年に制定され，メートル条約加盟国のほとんどすべてが採用している．わが国は，計量法に 1966 年に SI 単位を取り入れた．日本工業標準規格(JIS)では 1972 年に，今後 JIS の計量単位は SI 単位によることを決定し，段階を経て 1980 年代後半には移行が完了している．

SI 単位とは，七つの基本単位の組合せとしてすべての物理量の単位を表すものである．特に，流体の力学でよく使う基本単位は，長さのメートル(m)，質量のキログラム(kg)，時間の秒(s)である．これらを組み合わせると，面積の単位(m^2)，速度の単位(m/s)，力の単位($N = kg{\cdot}m/s^2$)などになる．SI 基本単位と補助単位を**表 2.1** に，また SI 組立単位を**表 2.2** に示す．

表 2.1　SI 基本単位と補助単位

量	名称	単位記号
長さ	メートル	m
質量	キログラム	kg
時間	秒	s
電流	アンペア	A
熱力学温度	ケルビン	K
物質量	モル	mol
光度	カンデラ	cd
角度	ラジアン	rad*

＊ 補助単位

表2.2　SI 組立単位

量	名称	単位記号
速度	メートル毎秒	m/s
加速度	メートル毎秒毎秒	m/s^2
圧力	パスカル	$Pa(=N/m^2)$
応力	パスカル	$Pa(=N/m^2)$
粘度	パスカル秒	Pa·s
動粘度	平方メートル毎秒	m^2/s
力	ニュートン	$N(=kg\cdot m/s^2)$
トルク，モーメント	ニュートンメートル	N·m
エネルギー	ジュール	J(=N·m)
動力	ワット	W(=J/s)
角速度	ラジアン毎秒	rad/s
回転数	回毎秒	s^{-1}
振動数，周波数	ヘルツ	$Hz(=s^{-1})$

2.2.2 工学単位系

産業界を中心として従来使われてきた工学単位系(gravitational units, 重力単位系ともいう)という単位系がある．これは，長さのメートル(m)，力の重量キログラム(kgf)，時間の秒(s)を基本単位としている．SI 単位との関係は

力 $1\ \mathrm{kgf} = 1\ \mathrm{kg} \times 9.80665\ \mathrm{m/s^2} = 9.80665\ \mathrm{N}$ (N：ニュートン)

$1\ \mathrm{N} = 0.101972\ \mathrm{kgf}$

である．ここで，1 kgf は重力の加速度 $g = 9.80655\ \mathrm{m/s^2}$ (国際協定標準重力加速度)の場において質量 1 kg の物体に働く重力の大きさである．しかし，重力加速度の大きさは場所によって異なり，さらに宇宙開発が進む中で重力そのものに絶対性がなくなっており，工学単位系は次第に使われなくなってきている．

2.2.3 英国単位系

欧米では，長さにフート(ft)，力にポンド(lbf)を用いる英国単位系(British gravitational units, 略記 BG 単位系，English units)もよく使われている．SI 単位との関係は，

長さ 1 ft = 0.3048 m (1 ft = 12 in)

力 1 lbf = 4.4482 N

質量 1 lb = 0.4536 kg，1 slug = 14.5939 kg (lb は質量の pound)

温度差 1 K = 1.8 °F あるいは 1 K = 1.8 °R (°R は Rankine)

このようにいろいろの単位系があるが，国際的にSI単位に統一されつつあるのが現状である．学術的な国際会議では，おおむね統一が完了している．

2.2.4 接 頭 語

いままで述べた単位だけでは，表現する数値が大きすぎたり小さすぎたりするために，**表2.3**に示すような接頭語が決められている．

表2.3　SI接頭語

倍数	接頭語	記号	倍数	接頭語	記号	倍数	接頭語	記号
10^{24}	ヨタ	Y	10^{3}	キロ	k	10^{-9}	ナノ	n
10^{21}	ゼタ	Z	10^{2}	ヘクト	h	10^{-12}	ピコ	p
10^{18}	エクサ	E	10^{1}	デカ	da	10^{-15}	フェムト	f
10^{15}	ペタ	P	10^{-1}	デシ	d	10^{-18}	アト	a
10^{12}	テラ	T	10^{-2}	センチ	c	10^{-21}	ゼプト	z
10^{9}	ギガ	G	10^{-3}	ミリ	m	10^{-24}	ヨクト	y
10^{6}	メガ	M	10^{-6}	マイクロ	μ			

2.2.5 次　　元

すべての物理量は基本量の組合せとして表される．ある物理量を表す基本量の組合せの指数を次元(dimension)，あるいは単に元という．絶対単位系では，長さ，質量，時間をL, M, Tで表し，工学単位系では，長さ，力，時間をL, F, Tで表す．ある物理量をQ，比例定数をc, c'とし

表2.4　次元と単位

量	絶対単位系				工学単位系			
	α	β	γ	単位	α'	β'	γ'	単位
長さ	1	0	0	m	1	0	0	m
質量	0	1	0	kg	−1	1	2	$kgf\cdot s^2/m$
時間	0	0	1	s	0	0	1	s
速度	1	0	−1	m/s	1	0	−1	m/s
加速度	1	0	−2	m/s^2	1	0	−2	m/s^2
密度	−3	1	0	kg/m^3	−4	1	2	$kgf\cdot s^2/m^4$
力，重量	1	1	−2	N	0	1	0	kgf
圧力，応力	−1	1	−2	Pa	−2	1	0	kgf/m^2
エネルギー，仕事	2	1	−2	J	1	1	0	kgf·m
粘度	−1	1	−1	Pa·s	−2	1	1	$kgf\cdot s/m^2$
動粘度	2	0	−1	m^2/s	2	0	−1	m^2/s

$$\left.\begin{aligned} &Q = cL^{\alpha}M^{\beta}T^{\gamma} \quad (\mathrm{SI}) \\ &Q = c'L^{\alpha'}F^{\beta'}T^{\gamma'} \quad (\text{工学単位系}) \end{aligned}\right\} \tag{2.1}$$

で表されるとする．この α, β, γ および α', β', γ' を Q のそれぞれ L, M, T および L, F, T に関する次元という．**表 2.4** に各種の量の次元を示す．

2.3 密度，比重量，比重，比体積

単位体積当たりの物質の質量を密度(density)といい，一般に記号 ρ で表す．気体の密度は圧力によって変わるが，液体の密度は，一般には変化しないと考えてよい．密度の単位は

SI 単位系　$\mathrm{kg/m^3}$

工学単位系　$\mathrm{kgf \cdot s^2/m^4}$

工学単位系では，単位体積当たりの重量を比重量(specific weight)といい，一般に記号 γ で表す．これは工学単位系の用語であり，SI 単位系では用いない．

比重量の単位は

工学単位系　$\mathrm{kgf/m^3}$

である．ρ と γ の間には，次の関係がある．

$$\gamma = \rho g \tag{2.2}$$

ここで，g は重力の加速度である．4℃，1 気圧(101 325 Pa，標準気圧，3.1.1 項参照)における水の密度は 1 000 $\mathrm{kg/m^3}$ (102.0 $\mathrm{kgf \cdot s^2/m^4}$)で，比重量は 1 000 $\mathrm{kgf/m^3}$ である．

ある物質の密度 ρ (あるいは比重量 γ)の水の密度 ρ_w (あるいは比重量 γ_w)に対する比を比重(specific gravity)といい，記号 s で表す．

$$s = \frac{\rho}{\rho_w} = \frac{\gamma}{\gamma_w} \tag{2.3}$$

密度 ρ の逆数，すなわち単位質量当たりの体積を比体積(specific volume)といい，一般に記号 v で表す．

$$v = \frac{1}{\rho} \ (\mathrm{m^3/kg}) \tag{2.4}$$

工学単位系では，比重量 γ の逆数，すなわち単位重量当たりの体積を比体積

と定義している．すなわち

$$v=\frac{1}{\gamma}\ (\mathrm{m^3/kgf}) \tag{2.5}$$

である．本書では，式(2.4)のvと区別するために，式(2.5)のvをv'と書くことにする．

標準気圧のもとにおける水と空気の密度ρと，比重量γの値を**表 2.5** に示す．質量 1 kg の物体の標準重量は 1 kgf であるので，ρとγの値は同じものとなる．同様に，比体積vとv'も単位だけ異なるだけで値は同じものとなる．

表 2.5　水と空気の密度と比重量(標準気圧)

温度，℃		0	10	15	20	40	60	80	100
ρ, kg/m^3	水	999.8	999.7	999.1	998.2	992.2	983.2	971.8	958.4
γ, kgf/m^3	空気	1.293	1.247	1.226	1.205	1.128	1.060	1.000	0.9464

2.4 粘　　性

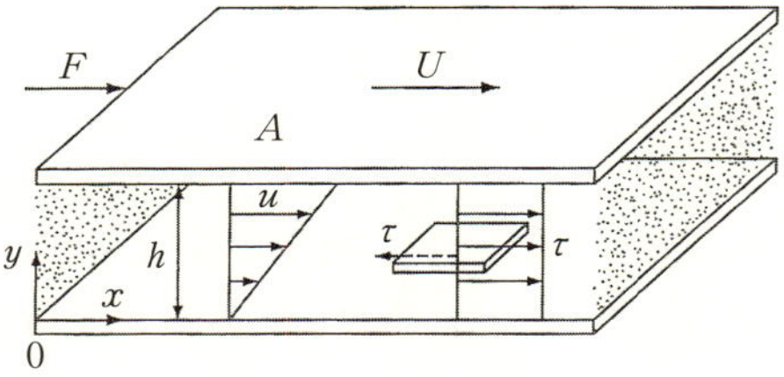

図 2.1　クエットの流れ

図 2.1 に示すように，面積Aですき間hの 2 枚の平行平板の間に液体を満たし，下の板を固定し，上の板を速度Uで平行に移動するのにFの力を要したとする．$Uh/\nu<1500$ ($\nu=\mu/\rho$：動粘度)では層流(4.4 節参照)が保たれ，図のような直線状の速度分布が得られる．このような速度こう配が一様な平行流をクエット(Couette)の流れという．

この場合，平板を動かすのに必要な単位面積当たりの力，すなわち，せん断応力τ (Pa, kgf/m^2)はUに比例し，hに反比例する．比例定数μを用いて

$$\tau=\frac{F}{A}=\mu\frac{U}{h} \tag{2.6}$$

と表すことができる．この比例定数μを粘度(viscosity)，粘性率または粘性係数という．

x 方向の速度 u が y 方向に変化するような流れをせん断流(shear flow)という．図2.1は，すき間の流体が流れていない場合であるが，流体が流れている場合には速度分布は，**図2.2**のようになる．

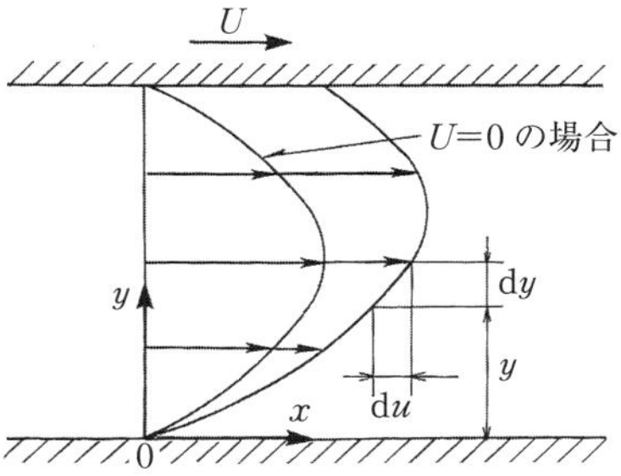

図2.2　平行平板間の流れ

このような流れに式(2.6)を拡張すると，固体壁から y 離れた断面上の せん断応力 τ は

$$\tau = \mu \frac{\mathrm{d}u}{\mathrm{d}y} \tag{2.7}$$

で与えられる．この関係はニュートン(Newton)が実験により見出したもので，ニュートンの粘性の法則という．

気体の場合は，温度上昇によって分子運動が盛んとなり，混ざり合う分子の

アイザック・ニュートン
(Isaac Newton, 1642～1727)
イギリスの数学者・物理学者・天文学者．ケンブリッジ大学に学び，光のスペクトル分析，万有引力および微積分法の3大発見はあまりにも有名である．ニュートンの名前のつけられたものには，ニュートン環，ニュートン焦点，ニュートンの運動法則・粘性法則・抵抗法則など沢山あり，近代自然科学成立の最大の功労者である．

生地ウールスソープの近くグランサムにあるニュートンの像

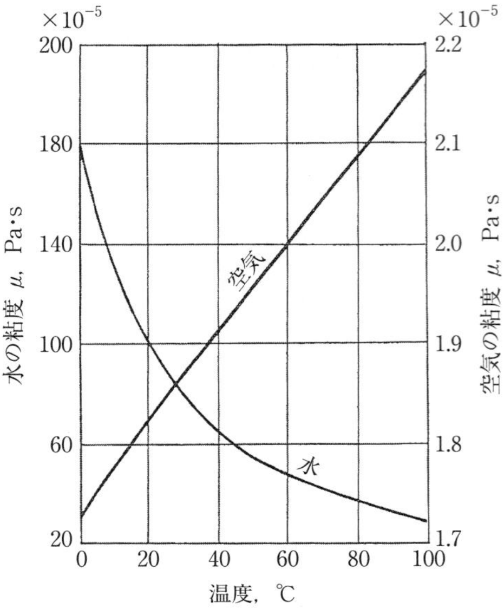

図 2.3　1 気圧における水，空気の温度による粘度の変化

個数が増えるため粘度は大きくなる．しかし，液体は温度が上がると，分子が離れて分子間の引力が小さくなり，粘度は減少する．温度と粘度との関係は，気体と液体では逆の性質となる．**図 2.3** に，空気および水の温度による粘度の変化を示す．

粘度の単位は，SI 単位系では Pa·s（パスカル秒），CGS 単位系では dyn·s/cm²，工学単位系では kgf·s/m² となる．CGS 単位系の 1 dyn·s/cm² を 1P〔ポアズ（poise），6.3.2 項の"円管内の流れ"で述べるハーゲン-ポアズイユの式が粘度測定に利用されているので，その名前をとった〕といい，その 1/100 を 1 cP（センチポアズ）という．

$$1\,\mathrm{P} = 100\,\mathrm{cP} = 0.1\,\mathrm{Pa\cdot s} = 0.010197\,\mathrm{kgf\cdot s/m^2}$$

また，粘度 μ を密度 ρ で割った値を動粘度（kinematic viscosity）といい ν で表す．

$$\nu = \frac{\mu}{\rho} \tag{2.8}$$

流体の運動に対する粘性の影響は ν によって表されるので，動粘度という名称がつけられた．この単位は，単位系に関係なく m²/s となる．CGS 単位系では 1 cm²/s を 1 St〔ストークス（Stokes），9.3.3 項の"球の抗力"で述べるストークスの式が粘度測定に利用されるから，この名前をとった〕といい，その 1/100 を 1 cSt（センチストークス）という．

$$1\,\mathrm{St} = 1\times10^{-4}\,\mathrm{m^2/s}$$
$$1\,\mathrm{cSt} = 1\times10^{-6}\,\mathrm{m^2/s}$$

標準気圧のもとにおける水および空気の粘度μおよび動粘度νを**表 2.6** に示す．

油の動粘度νは，だいたい 30～100 cSt である．石油製品の温度による動粘度の変化の度合を表す数値を粘度指数（viscosity index）という[1]．粘土指数が大きいとは，温度による動粘度の変化が小さいことを意味している．なお，油は高圧で使用されることも多いが，油の粘度は圧力の増加とともに，やや増加する傾向にある．

表 2.6 水と空気の粘度と動粘度（標準気圧）

温度	水			空気		
	粘度 μ		動粘度 ν	粘度 μ		動粘度 ν
℃	Pa·s	kgf·s/m^2	m^2/s	Pa·s	kgf·s/m^2	m^2/s
	$\times10^{-5}$	$\times10^{-6}$	$\times10^{-6}$	$\times10^{-5}$	$\times10^{-6}$	$\times10^{-6}$
0	179.2	182.2	1.792	1.724	1.758	13.33
10	130.7	133.3	1.307	1.773	1.808	14.21
20	100.2	102.2	1.004	1.822	1.858	15.12
30	79.7	81.3	0.801	1.869	1.906	16.04
40	65.3	66.6	0.658	1.915	1.953	16.98

2.5 ニュートン流体と非ニュートン流体

粘性流体は，ニュートンの粘性の法則が成り立つかどうかによって分類できる．水，油，空気などは，せん断応力τが速度こう配 du/dy に比例する．すなわち，比例定数である粘度（粘性係数）が一定のものをニュートン流体（Newtonian fluid），そうでないものを非ニュートン流体（non-Newtonian fluid）と呼ぶ．**図 2.4** は，さまざまな流体の流体に加える力の大きさと粘度の変化との関係を示したものである．

非ニュートン流体には，ビンガム流体〔Bingham fluid，塑性流体（plastic fluid）〕，擬塑性流体（pseudoplastic fluid），ダイラタント流体（dilatant fluid）などがある．

ビンガム流体（塑性流体）：

例えば，固形バターがある．ある程度の力（降伏値）を加えないと動き出さず，降伏値を過ぎるとニュートン流体のように一定の粘性係数となる流体をい

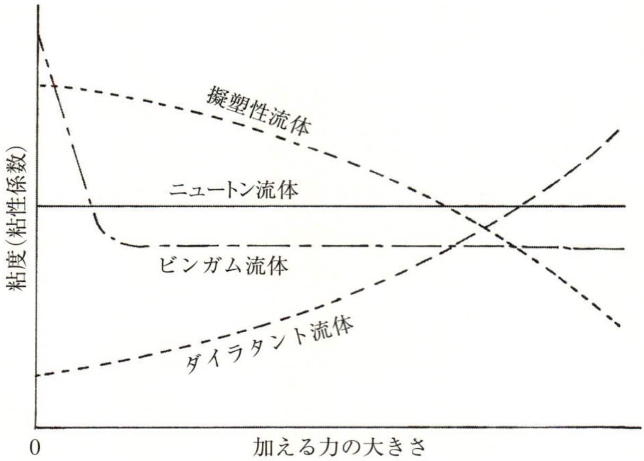

図 2.4　流動曲線

う．

擬塑性流体：

ビンガム流体と異なり，降伏値はもたないが，力を加えることにより粘度が下がる流体をいう．マヨネーズやケチャップなどはこれに属する．箸を立てても倒れない．

ダイラタント流体：

擬塑性流体とは逆に，力を加えることにより粘度が大きくなる流体をいう．代表的なものとしては，コンスターチと水を 1：1 位で混ぜ合わせたものがこれに当たる．現象として，力を加えなければ水のような流体状態を保ち，力を加えると固化する．

このほかにも，時間依存流体というものがある．これには，一定の速度で流動するとき，粘度が時間とともに減少するチクソトロピー流体，時間とともに増加するレオクシー流体がある．

このように，非ニュートン流体はきわめて多様であり，これらの力学的挙動はレオロジー（rheology）という物質の変形と流動に関する科学において詳しく取り扱われている．

2.6 表面張力

液体の表面は，分子力のために縮まろうとして，自由表面はあたかも弾力のある薄膜を張ったように各部分が互いに引き合っている状態にある．自由表面上の仮想した切り口の単位長さ当たりの引張力を表面張力(surface tension)という．各種の液体の表面張力を**表 2.7** に示す．

表 2.7　液体の表面張力(20℃)

液体	表面流体	N/m	kgf/m
			$\times 10^{-2}$
水	空気	0.0728	0.742
水銀	空気	0.476	4.85
水銀	水	0.373	3.80
メチルアルコール	空気	0.023	0.23

図 2.5　いもの葉の上の露

図 2.5 に示すように，草の葉の上の露は球状をしているが，これも表面張力によって縮まろうとするからである．したがって，内部の圧力は外部より高くなる．液滴の直径を d，表面張力を T，内部の圧力上昇を Δp とすると，**図 2.6** のような力のつりあいから

$$\pi d T = \frac{\pi d^2}{4} \Delta p$$

$$\therefore \ \Delta p = \frac{4T}{d} \tag{2.9}$$

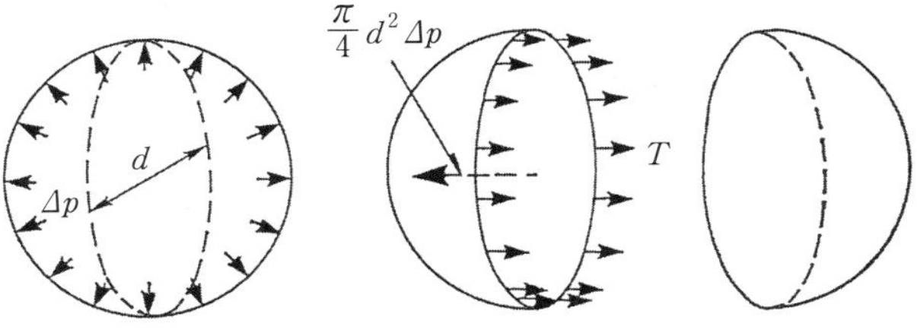

図 2.6　液滴内部の圧力上昇と表面張力との つりあい

なる関係式を得る．液体の中に小さな気泡があるときも，まったく同様である．

液体の自由表面に細管を立てると，表面張力と液体と固体の間の付着力との関係により，**図 2.7** に示すように液は管内を上昇あるいは下降する．このような現象を毛管現象(capillarity)という．**図 2.8** に示すように，管の直径を d，液体の壁に対する接触角を θ，液の密度を ρ，水面の平均高さを h とすると，付着力によって壁に付いた液体が表面張力によって管内の液を引き上げようとする力と管内の液体の重量とのつりあいから，次式を得る．

$$\pi d T \cos\theta = \frac{\pi d^2}{4} \rho g h$$

$$h = \frac{4 T \cos\theta}{\rho g d} \tag{2.10}$$

水やアルコールが常温で，また空気中でガラス管と境を接するとき $\theta \fallingdotseq 0$，水銀では $\theta = 130° \sim 150°$ である．空気中でガラス管を液体中に立てた場合

$$\left.\begin{array}{ll} \text{水では} & h = 30/d \\ \text{アルコールでは} & h = 11.6/d \\ \text{水銀では} & h = -10/d \end{array}\right\} \tag{2.11}$$

である(ここで，単位は mm)．液柱を用いて圧力を測定する場合は，毛管現象に注意を払う必要がある．

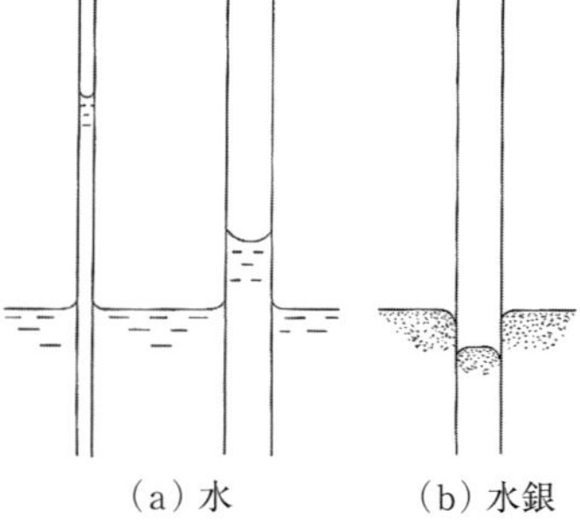

図 2.7　毛管現象による液面の変化

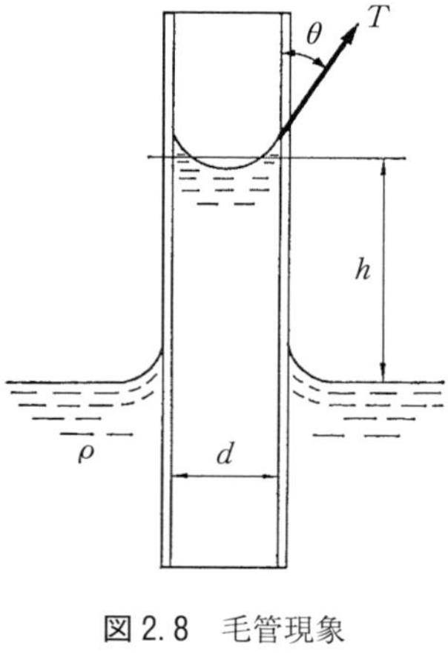

図 2.8　毛管現象

2.7 圧 縮 性

図2.9のように，圧力 p のとき体積 V の流体が，さらに圧力 Δp だけ上昇したために体積が ΔV だけ減じたとする．この場合，流体の体積ひずみは $\Delta V/V$ であるから，体積弾性係数(bulk modulus) K は次の式で表される．

$$K=\frac{\Delta p}{\Delta V/V}=-V\frac{\mathrm{d}p}{\mathrm{d}V} \tag{2.12}$$

その逆数 β

$$\beta=\frac{1}{K} \tag{2.13}$$

を圧縮率(compressibility)といい，この数値が直接流体の圧縮性の大小を表す．常温・常圧の水では $K=2.2\times10^9$ Pa で，また空気では断熱変化を仮定すると $K=1.4\times10^5$ Pa となる．水の場合 $\beta=4.6\times10^{-5}\,\mathrm{cm^2/kgf}$ で 1 気圧上げても約 0.005% しか縮まない．

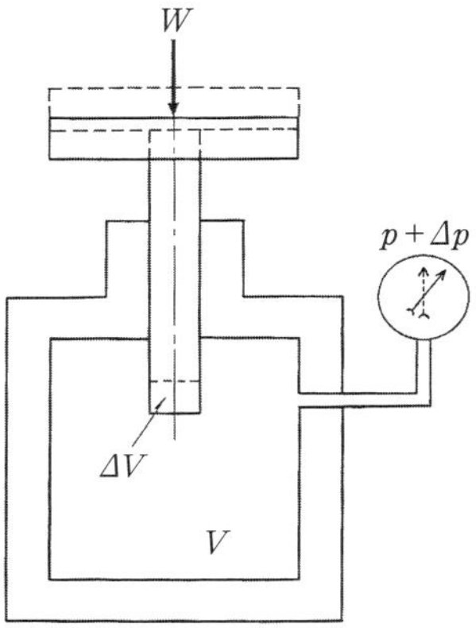

図 2.9　流体の体積弾性係数の測定

流体の密度を ρ，質量を M とすると，$\rho V=M=$ const. であるから，ΔV だけ体積が減少したときの密度の増加を $\Delta\rho$ とすれば

$$K=\rho\frac{\Delta p}{\Delta\rho}=\rho\frac{\mathrm{d}p}{\mathrm{d}\rho} \tag{2.14}$$

体積弾性係数 K は，流体中を伝わる圧力波の速度に密接に関係し，流体内を伝わる音速 a は次の式で与えられる(13.2 節参照)．

$$a=\sqrt{\frac{\mathrm{d}p}{\mathrm{d}\rho}}=\sqrt{\frac{K}{\rho}} \tag{2.15}$$

2.8 完全気体の性質

気体の圧力を p，比体積を v，絶対温度を T，気体定数(gas constant)を R とすると，ボイル-シャルル(Boyle-Charles)の法則より

$$pv=RT \tag{2.16}$$

が成り立つ．この式を気体の状態式という．比体積 v は，式(2.4)と式(2.5)に

表 2.8　気体定数 R と比熱比 κ

気体	分子記号	密度，kg/m^3 比重量，kgf/m^3 (0℃，760 mmHg)	R (SI 単位系) m^2/(s^2·K)	R' (工学単位系) m/K	$\kappa=\frac{c_p}{c_v}$
ヘリウム	He	0.1785	2078.1	211.91	1.66
空気	—	1.293	287.1	29.27	1.402
一酸化炭素	CO	1.250	296.9	30.28	1.400
水素	H_2	0.0899	4124.8	420.3	1.409
酸素	O_2	1.429	259.8	26.49	1.399
二酸化炭素	CO_2	1.977	189.0	19.25	1.301
メタン	CH_4	0.717	518.7	52.89	1.319

注）R と R' との関係は $R=gR'$ となる．一般には，R, R' とも R で表されており，R, R' の区別は慣用のものではない．また，気体定数はガス定数ともいわれる．

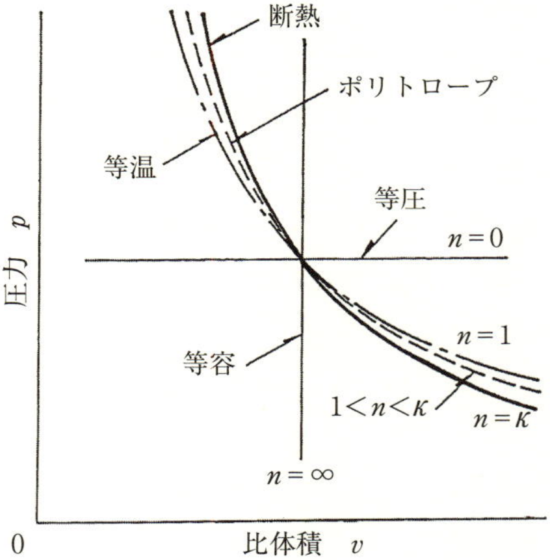

図 2.10　完全気体の状態変化

示すように $v=1/\rho$ (SI 単位系) と $v'=1/\gamma$ (工学単位系) の 2 種類あり，どちらをとるかによって，**表 2.8** に示すように R の値と単位が変わってくる．本書では，SI 単位系と工学単位系の気体定数をそれぞれ R と R' で表すこととする．

式(2.16)に従う気体を完全気体(perfect gas)，あるいは理想気体(ideal gas)という．厳密にいえば，実在の気体はすべて完全気体ではないが，液化温度より相当高い温度にある気体は完全気体とみなしてよい．

完全気体の状態変化は，次の式で表される．

$$pv^n=\text{const.}$$

この指数 n をポリトロープ指数(polytropic exponent)といい，この値が 0 から∞に変化することにより，**図 2.10** に示すように，等圧，等温，ポリトロープ，断熱，等容の 5 種類の変化をする．特に，断熱変化の場合は $n=\kappa$ となる．κ は

定圧比熱 c_p と定容比熱 c_v との比 c_p/c_v で比熱比(ratio of specific heat, アイゼントロピック指数)という．種々の気体に対する値を表 2.8 に示した．

《演習問題》

1. 質量の工学単位，力の SI 単位をそれぞれの基本単位から導け．
2. 粘度および動粘度を SI 単位と工学単位で示し，両者の関係を求めよ．
3. 4℃，1 気圧の水の密度 ρ は 1000 kg/m^3 である．このときの比重量 γ，比体積 v, v' を求めよ．
4. 4℃，1 気圧の水の比重量 γ は 1000 kgf/m^3 である．このときの密度 ρ，比体積 v, v' を求めよ．
5. 常温，常圧の水の体積を 1% 縮めるに要する圧力を SI 単位(Pa)と工学単位(kgf/cm^2)で求めよ．ただし，水の圧縮率 $\beta = 4.6 \times 10^{-5}$ cm^2/kgf とする．
6. **図 2.11** に示すように，2 枚の平板を液体の中に鉛直に立てた場合，毛管現象によって平板の間に液面の上昇する高さを示す式を導け．また，ガラス平板を間隔 1 mm あけて水中に立てた場合，水面の上昇する高さは何ほどか．
7. 20℃ の水中に直径 1 mm の気泡がある．この気泡の内部の圧力は外部よりどれだけ高いか．SI 単位と工学単位で示せ．
8. 20℃ の水の表面に置かれた直径 20 mm の細い線でできた環をもち上げるのにどれだけの力が必要か．ただし，環の重さは省略する．

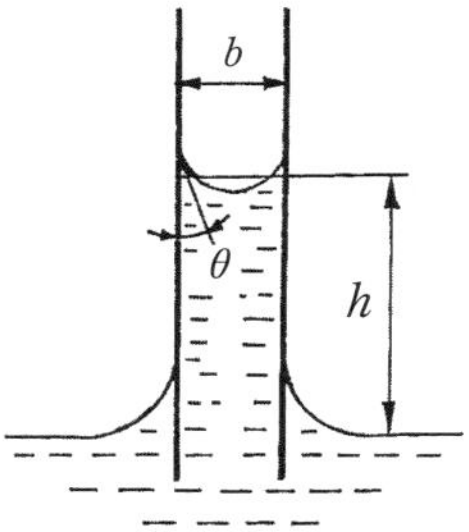

図 2.11

9. **図 2.12** に示すように，内径 125 mm の長い管の中に，それと同心に直径 122 mm，長さ 200 mm の円筒があり，そのすき間に油膜ができている．この円筒を 1 m/s の速度で動かすにはどれだけの力が必要か．油の動粘度は 30 cSt，比重は 0.9 とする．
10. 20℃ の水中を伝わる音の速度 a を計算せよ．ただし，水の圧縮率 $\beta = 4.6 \times 10^{-5}$ cm^2/kgf とする．

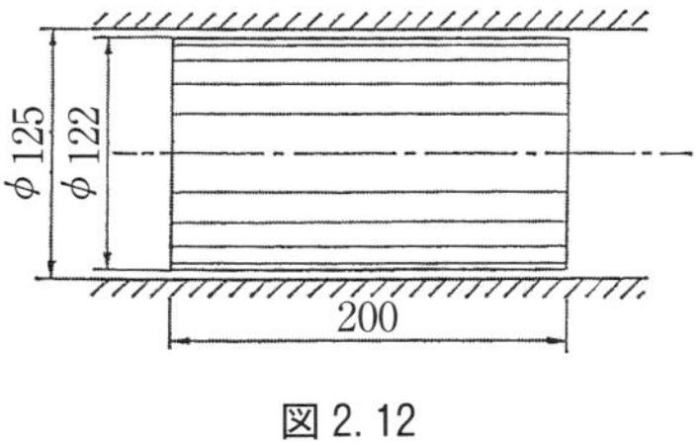

図 2.12

参考文献

1)　JIS K 2283-2000　原油及び石油製品—動粘度試験方法及び粘度指数算出方法

3. 流体の静力学

静止している流体について，力のつりあいを考えるのが流体の静力学(fluid statics)である．液体の場合は，高さによる圧力の変化が大きいので，それを考えて取り扱わなければならない．また，相対的静止，例えば容器が高速運動をしている場合でも，容器に対して流体が相対的につりあいの状態にある場合は，容器に固定した座標系で流体の運動を考えれば，静止している流体と同じように考えることができる．

3.1 圧　　力

面積 A の平板に一様な流体圧力が作用して，平板を押す力が P であるとき

$$p = \frac{P}{A} \tag{3.1}$$

で表される p を圧力(pressure)，P を全圧力(total pressure)という．圧力が一様でないときの 1 点の圧力は，その点を中心とした微小面積 ΔA に働く全圧力を ΔP とすると

$$p = \lim_{\Delta A \to 0} \frac{\Delta P}{\Delta A} = \frac{\mathrm{d}P}{\mathrm{d}A} \tag{3.2}$$

で表される．

3.1.1 圧力の単位

SI 単位では圧力の単位はパスカル(Pa)であるが，バール(bar)または水柱メートル(mH_2O，mAq[†1])で表すことも多い．圧力の単位の換算を**表 3.1** に示す．

また，工学単位系では kgf/m^2，kgf/cm^2，mmHg，cmAq，mAq などの単位が多く用いられている．そのほか，気圧(atmospheric pressure)を用いること

†1 38 頁の Aq(Aqua)の旅を参照．

表 3.1　圧力換算

単位の名称	単位	換算
パスカル	Pa	1 Pa = 1 N/m^2
バール	bar	1 bar = 0.1 MPa
重量キログラム毎平方メートル	kgf/m^2	1 kgf/m^2 = 9.80665 Pa
水柱メートル	mH_2O mAq	1 mH_2O = 9806.65 Pa
気圧	atm	1 atm = 101 325 Pa
水銀柱メートル	mHg	1 mHg = 1/0.76 atm
トル	Torr	1 Torr = 1 mmHg

もある．これには

$$1\,\text{atm} = 760\,\text{mmHg}\,(273.15\,\text{K} = 9.80665\,\text{m/s}^2)$$
$$= 1.0332\,\text{kgf/cm}^2 = 101\,325\,\text{Pa} \tag{3.3}$$

および

$$1\,\text{at} = 1\,\text{kgf/cm}^2 = 10\,\text{mAq}\,(277.15\,\text{K},\ g = 9.80665\,\text{m/s}^2)$$
$$= 98\,066.5\,\text{Pa} \tag{3.4}$$

とあって，前者は気象学上の標準 1 気圧で，これを標準気圧といい，後者は kgf/cm^2 の略称で，工学気圧ともいう．

3.1.2 絶対圧とゲージ圧

圧力を表すのに，完全真空を基準にする方法と，大気圧を基準にする方法の 2 通りの方法がある．前者を絶対圧（absolute pressure）といい，後者をゲージ圧（gauge pressure）という．すなわち，次の式が成り立つ．

（ゲージ圧）=（絶対圧）−（大気圧）

ゲージ圧では，大気圧以下の圧力は

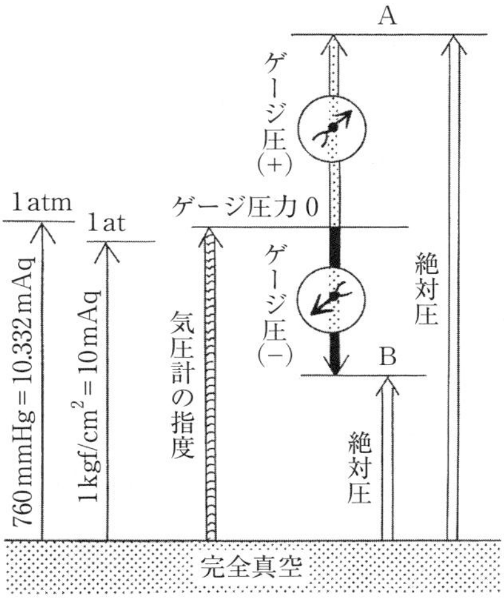

図 3.1　絶対圧とゲージ圧

負として表される．**図 3.1** に，これらの関係を示す．圧力測定用計器は，普通ゲージ圧を示すようにできている．

3.1.3 圧力の性質

圧力は，次の三つの性質をもつ．

(1) 流体の圧力は，流体と接触する壁面に常に垂直に作用する．

(2) 静止流体内の 1 点における圧力は，いずれの方向にも同一である．

図 3.2 のように，静止流体中に単位幅の微小三角柱を考えて各微小面 $\mathrm{d}A_1$, $\mathrm{d}A_2$, $\mathrm{d}A$ に働く圧力を p_1, p_2, p とすると，水平方向および鉛直方向の力のつりあいから次の式が成立する．

$$p_1\mathrm{d}A_1 = p\,\mathrm{d}A\sin\theta, \quad p_2\mathrm{d}A_2 = p\,\mathrm{d}A\cos\theta + \frac{1}{2}\mathrm{d}A_1\mathrm{d}A_2\rho g$$

三角柱の自重は高位の無限小であるから省略し，幾何学的な関係から

$$\mathrm{d}A\sin\theta = \mathrm{d}A_1, \quad \mathrm{d}A\cos\theta = \mathrm{d}A_2$$

となるから

$$p_1 = p_2 = p \tag{3.5}$$

の関係が得られる．角 θ は任意にとることができるから，静止流体内の 1 点における圧力はいずれの方向にも同一である．

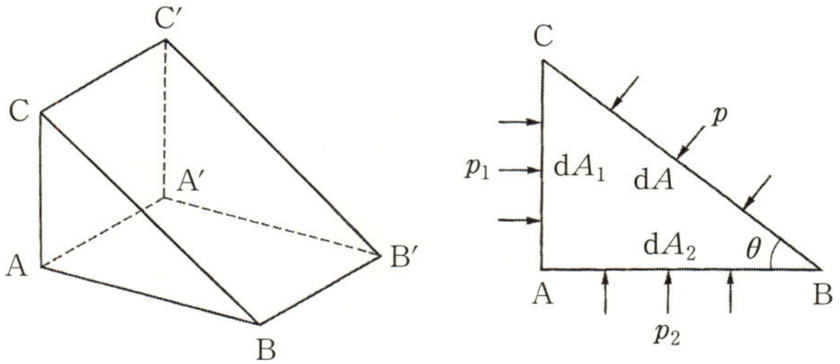

図 3.2　微小三角柱に作用する圧力

(3) 密閉容器中の流体に加えた圧力は，すべての部分にそのままの強さで伝わる〔パスカル(Pascal)の原理〕．

図 3.3 において，面積 A_1 の小さなピストンを F_1 の力で押せば，$p = F_1/A_1$ なる液圧を発生し，それが面積 A_2 の大きなピストンを $F_2 = pA_2$ で押すことになる．

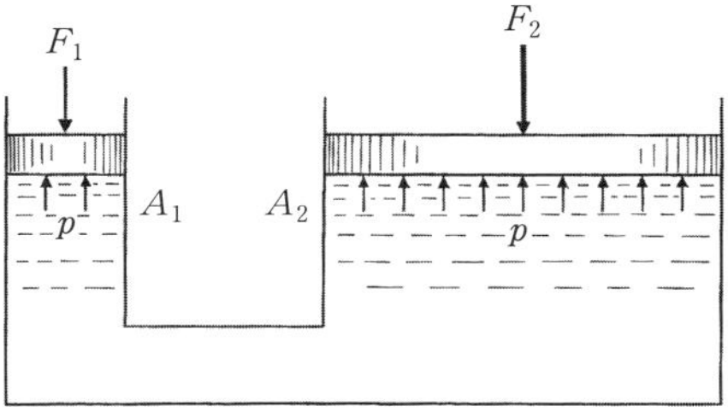

図 3.3　水圧機

$$F_2 = F_1 \frac{A_2}{A_1} \tag{3.6}$$

で，小さな力で大きな力 F_2 を発生することができる．これが水圧機の原理である．

ブレーズ・パスカル
(Blaise Pascal, 1623〜1662)
フランスの数学者・物理学者・哲学者．早くから天才的科学者としての才能を示し，19 歳で計算機を発明し，流体力学でパスカルの原理を発見した．圧力の単位は，これまで CGS 系，MKS 系と多くの単位が使われていたが，この業績を記念して SI 単位においてパスカルを使用することに決まった．

3.1.4 静止している流体の圧力

一般に，静止流体内では位置の高低により圧力が異なる．流体中に**図 3.4** のような微小円柱を考える．断面積を $\mathrm{d}A$ として下面に働く圧力を p とすれば，$\mathrm{d}z$ 離れた上面に働く圧力は $p+(\mathrm{d}p/\mathrm{d}z)\,\mathrm{d}z$ であるから，この円柱に働く力のつりあいから

$$p\,\mathrm{d}A - \left(p + \frac{\mathrm{d}p}{\mathrm{d}z}\mathrm{d}z\right)\mathrm{d}A - \rho g\,\mathrm{d}A\,\mathrm{d}z = 0$$

$$\frac{\mathrm{d}p}{\mathrm{d}z} = -\rho g \tag{3.7}$$

となり，液体の場合は ρ が一定であるから次のようになる．

$$p = -\rho g \int \mathrm{d}z = -\rho g z + c \tag{3.8}$$

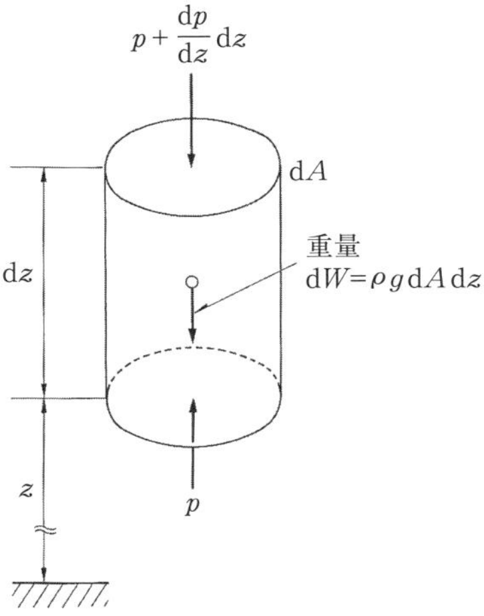

図 3.4　鉛直な微小円柱のつりあい

図 3.5 のように，液面から深さ z_0 の所に原点をとり，液面に働く圧力を p_0 とすれば，$z = z_0$ のとき $p = p_0$ となるので

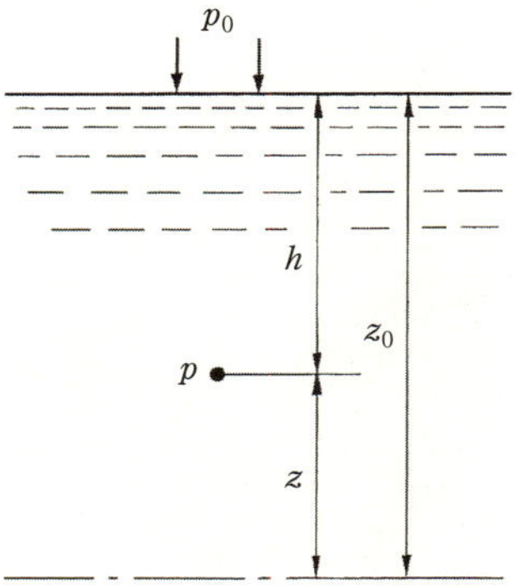

図 3.5　液体内の圧力

$$c = p_0 + \rho g z_0$$

となる．これを式(3.8)に入れると

$$p = p_0 + (z_0 - z)\rho g = p_0 + \rho g h \qquad (3.9)$$

となり，液体の内部の圧力は深さに比例して増すことがわかる．

気体の場合，すなわち地球を取り巻く大気について高度と圧力との関係を考えてみる．この場合，密度が圧力によって変化するから，液体の場合のように簡単に積分することができない．高度が増すと気温が低くなるが，この温度変化をポリトロープ変化とすると，$pv^n =$ const. が成り立つ．

$z = 0$（海面）における圧力を p_0，密度を ρ_0 とすれば

$$\frac{p}{\rho^n} = \frac{p_0}{{\rho_0}^n} \qquad (3.10)$$

この ρ を式(3.7)に代入すると

$$\mathrm{d}z = -\frac{\mathrm{d}p}{\rho g} = -\frac{1}{g}\frac{{p_0}^{1/n}}{\rho_0}p^{-1/n}\mathrm{d}p = -\frac{1}{g}\frac{p_0}{\rho_0}\left(\frac{p_0}{p}\right)^{1/n}\mathrm{d}\left(\frac{p}{p_0}\right) \qquad (3.11)$$

となる．この式を積分して，基準高度として $z = 0$（海面）をとると

$$z = \int_0^z \mathrm{d}z = \frac{1}{g}\frac{n}{n-1}\frac{p_0}{\rho_0}\left[1 - \left(\frac{p}{p_0}\right)^{(n-1)/n}\right] \qquad (3.12)$$

となる．高度と大気圧との関係は，式(3.12)より次の関係が得られる．

$$\frac{p(z)}{p_0} = \left(1 - \frac{n-1}{n}\frac{\rho_0 g}{p_0}z\right)^{n/(n-1)} \qquad (3.13)$$

また，式(3.10)，(3.13)より，密度は

$$\frac{\rho(z)}{\rho_0} = \left(1 - \frac{n-1}{n}\frac{\rho_0 g}{p_0}z\right)^{1/(n-1)} \qquad (3.14)$$

となる．海面と高度 z の点の絶対温度を T_0, T とすると，式(2.16)より

$$\frac{p}{\rho T} = \frac{p_0}{\rho_0 T_0} = R \qquad (3.15)$$

式(3.13)～(3.15)から

$$\frac{T(z)}{T_0}=1-\frac{n-1}{n}\frac{\rho_0 g}{p_0}z \tag{3.16}$$

式(3.16)より

$$\frac{\mathrm{d}T}{\mathrm{d}z}=-\frac{n-1}{n}\frac{\rho_0 g}{p_0}T_0=-\frac{n-1}{n}\frac{g}{R} \tag{3.17}$$ †2

となる．

航空工学では，標準大気圧の状態として海上で $p_0=101.325$ kPa，$T_0=288.15$ K，$\rho_0=1.225$ kg/m^3 の値をとることにしている[1)]．高度 11 km までの対流圏(troposphere)では，高度 100 m ごとに気温が 0.65℃ ずつ下がり，11 km 以上 20 km までは −56.5℃ で一定となる．対流圏について p_0, T_0, ρ_0 の値を式(3.17)に入れて n を求めると，$n=1.235$ となる．

3.1.5 圧力の計測

(1) マノメータ

液柱の高さによって流体の圧力を求めるものをマノメータ(manometer)という．例えば，パイプの中を流れている液体の圧力を測定する場合には，**図 3.6**(a)に示すようにマノメータを立てて，上昇した液柱の高さ H を測定して圧力 p を求める．大気圧を p_0，液体の密度を ρ とすると

$$p=p_0+\rho g H \tag{3.18}$$

となる．圧力 p が大きいときは，H が高くなって不便なので，図(b)のようにU字管マノメータにして水銀のような密度の大きな液 ρ' を入れると，次のようになる．

$$p+\rho g H=p_0+\rho' g H'$$
$$\therefore\ p=p_0+\rho' g H'-\rho g H \tag{3.19}$$

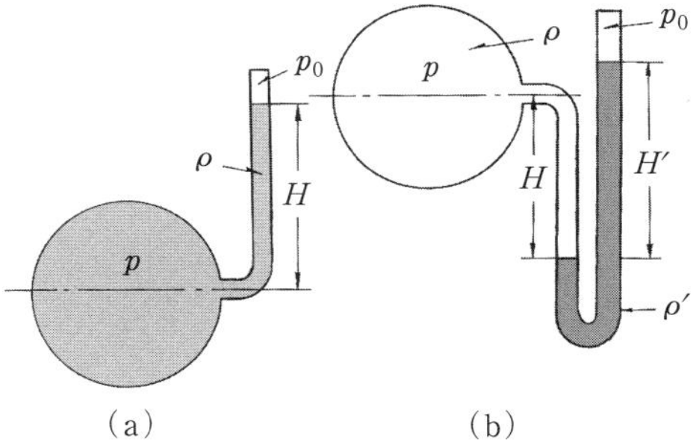

図 3.6　マノメータ

---

†2　$v'=1/\gamma$ の関係を用いる場合には，式(3.10)〜(3.17)で $\rho=\gamma/g$ の関係により ρ を γ におき換えればよい．例えば，式(3.17)は

$$\frac{\mathrm{d}T}{\mathrm{d}z}=-\frac{n-1}{n}\frac{\gamma_0}{p_0}T_0=-\frac{n-1}{n}\frac{1}{R'} \tag{3.17'}$$

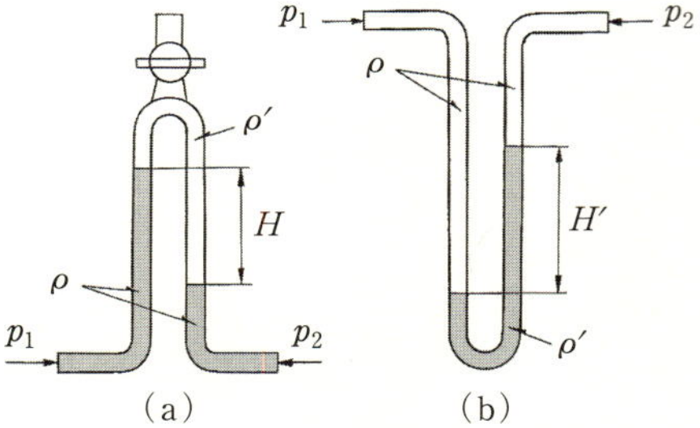

図 3.7　示差圧力計(1)

空気圧測定の場合は $\rho' \gg \rho$ なので，式(3.19)の $\rho g H$ は省略できる．

流体が流れている2本の管の間の圧力差を測定したいような場合は，**図 3.7** に示す示差圧力計(differential manometer)を用いる．図(a)は差圧が微小な場合で，上部に測定液体より密度の小さい液体を入れるか，気体を詰めて用いる．

$$p_1 - p_2 = (\rho - \rho')gH \tag{3.20}$$

ρ' が気体の場合は

$$p_1 - p_2 = \rho g H \tag{3.21}$$

である．同(b)は差圧の大きい場合で，測定流体よりも密度の大きい液柱を用い

$$p_1 - p_2 = (\rho' - \rho)gH' \tag{3.22}$$

ρ が気体の場合には

$$p_1 - p_2 = \rho' g H' \tag{3.23}$$

である．

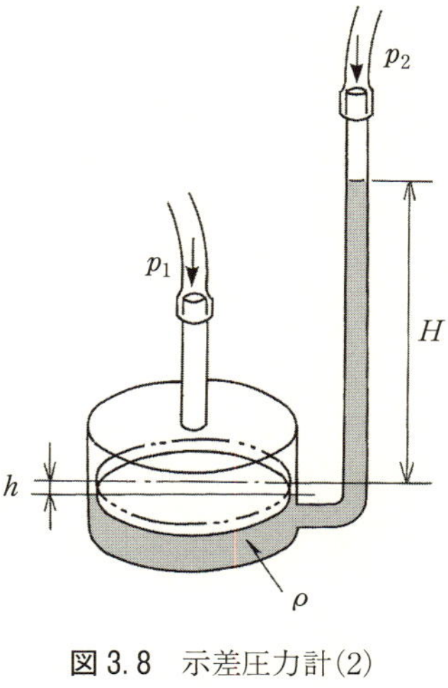

図 3.8　示差圧力計(2)

図 3.7 に示すような U 字管マノメータでは，差圧を読むのに左右の水位を同時に読まなくてはならないので，変動する圧力の測定には不便である．この場合，**図 3.8** のように一方の管の断面積を十分大きくしておけば，そのタンク内の液面の変動は無視できるので，もう一方の管の液面だけから H を測定できる．

微圧を測定する場合には，**図 3.9** のようにガラス管を適当な角度傾けて傾斜マノメータとして用いる．傾斜角を α，液面の移動を L とすれば，差圧 H は

$$H = L\sin\alpha \tag{3.24}$$

となる．したがって，α を小さくすれば読みが拡大される．微圧計としては，このほかゲッチンゲン型微圧計，チャトック傾斜微圧計などがある．

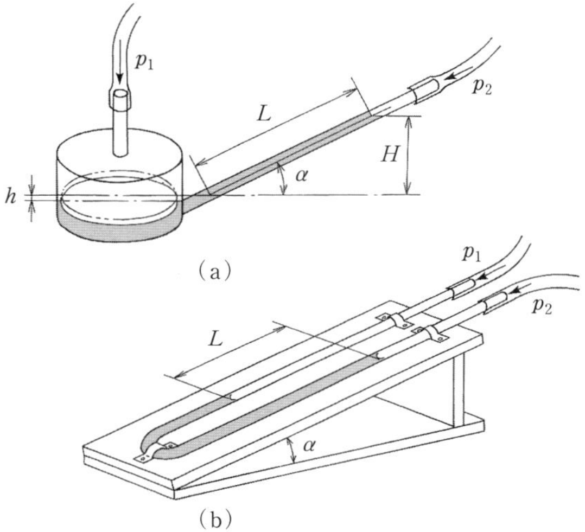

図 3.9　傾斜マノメータ

(2) 弾性式圧力計

弾性式圧力計は，流体の圧力を弾性体の変形による力とつりあわせ，その変位から圧力を計測する形式の圧力計で，ブルドン管(**図 3.10**)，ダイアフラム(**図 3.11**)が広く用いられている．このうち，図 3.10 のブルドン管圧力計は，工業用として最も広く用いられている圧力計である．図に示す

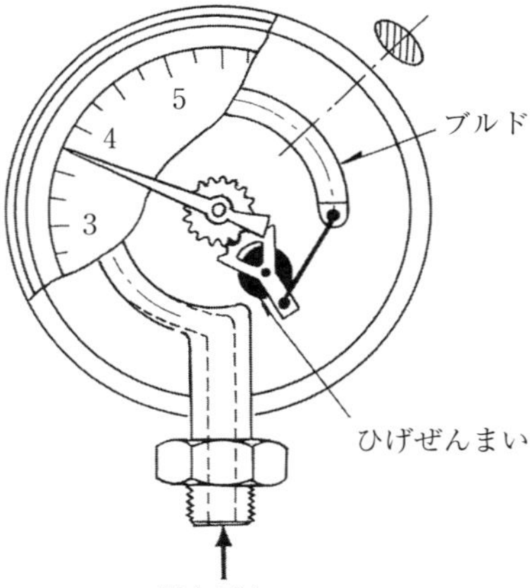

図 3.10　ブルドン管圧力計

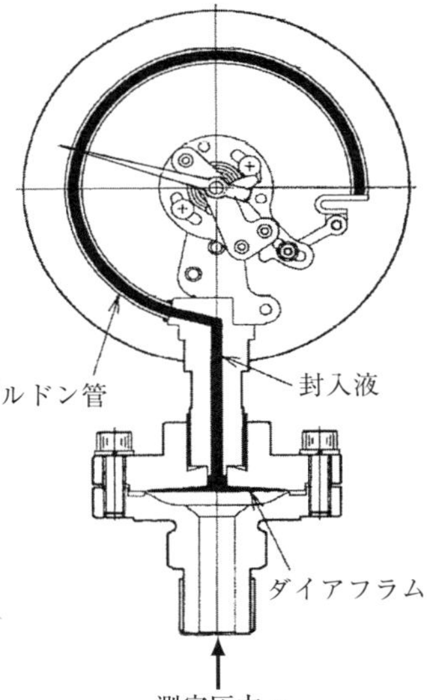

図 3.11　隔膜式圧力計

ように，だ円形の断面をもった金属曲管（ブルドン管）の内部に測ろうとする圧力を導くと，断面は円形になろうとするので，自由端が外側に向かって動く．この動きを拡大して圧力を読み取るのである．圧力が大気圧以下（真空）になると自由端が内側に向かって動くので，真空計（vacuum gauge）として使用できる．

図 3.11 の隔膜式圧力計は，測定流体が直接ブルドン管に侵入しないようにダイアフラム（薄膜）で仕切られ，その内部には圧力伝達用の液が封入されている．したがって，測定液体に腐食性がある場合，また高粘度で凝固の心配がある場合でも安全かつ正確に圧力の測定ができる．

(3) 電気式圧力変換器

電気式圧力変換器は，圧力をダイアフラム，ベローズなどの弾性体を経て，力または変位に変換し，抵抗線ひずみゲージ，半導体ひずみゲージ（ピエゾ抵抗効果を利用），圧電素子（ピエゾ圧電効果を利用）を用いて電気量の変化として取り出す．これらの圧力変換器は固有振動数が高いため，変動する圧力の測定に有利である．

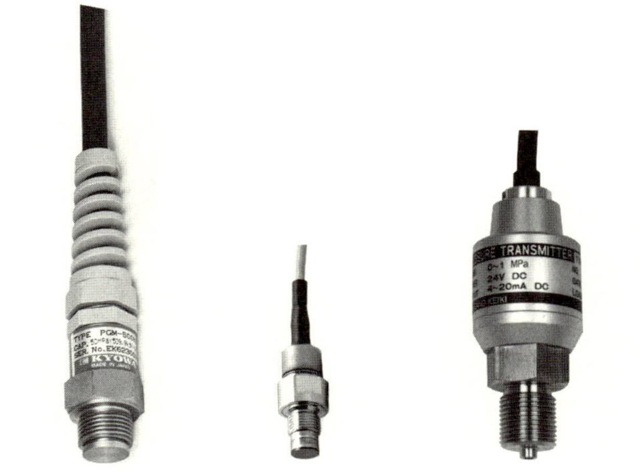

PGM-E　圧力範囲 1～50 MPa　(a) 接着方式*1

PHC-B　2～20 MPa　(b) 物理蒸着方式*1

KH15　0.1～100 MPa　(c) 化学蒸着方式*2

図 3.12　電気式圧力変換器〔*1：(株)共和電業 提供，*2：長野計器(株) 提供〕

なお，ひずみゲージ方式には，金属の薄膜(ダイアフラム)に抵抗金属の箔を接着したもの〔図 3.12(a)〕，金属の薄膜に物理蒸着(スパッタリング)方式により抵抗金属の膜をつけたもの〔図(b)〕，化学蒸着方式によりシリコンの膜をつけたもの〔図(c)〕などの種類がある．

(4) 圧力標準器

圧力計の検査・校正用の標準圧力計としては，図 3.13 に示すような卓上用重錘型圧力計が使用されている．圧力計のトレーサビリティをとるための中間標準としても使われる．

(圧力範囲 0.1〜100 MPa)

図 3.13　卓上用重錘型圧力標準器〔長野計器(株)提供〕

3.2 液体の入れものに掛かる力

ダムの堤防，ダムの水門あるいは水槽の壁などのような水圧を受けている固体壁の全体に掛かっている力はどのくらいか．また，ダムの水門を開けようとする水圧による回転力はどのくらいであろうか．内圧の掛かった円筒容器を引き裂く力はどんな力であろうか．ここでは，このような力について考えてみよう．

3.2.1 堤防や水門に掛かる水圧

図 3.14 に示すように，水平面と θ の角をなしている堤防に掛かる水圧による力は全体でどのくらいになるか．いま，大気圧を考えないとすると，上辺の圧力は 0 である．堤防の微小面積 $\mathrm{d}A$ に働く全圧力 $\mathrm{d}P$ は $\rho gh\mathrm{d}A=\rho gy\sin\theta\mathrm{d}A$ であるから，水面下の堤防

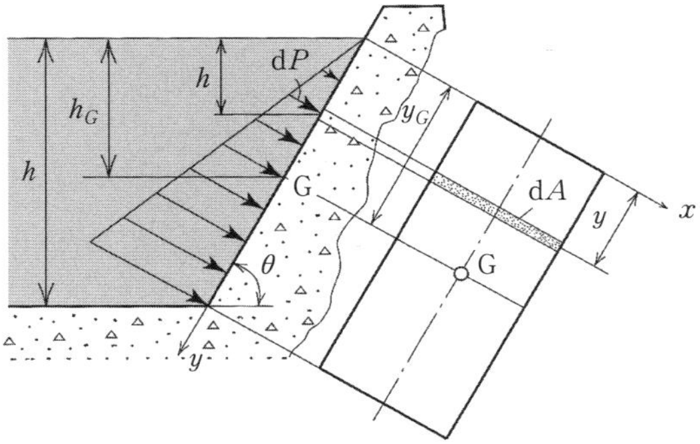

図 3.14　堤防に掛かる力

の面積に働く全圧力 P は次のようになる．

$$P=\int_A \mathrm{d}P=\rho g\sin\theta\int_A y\,\mathrm{d}A$$

堤防の面積 A の図心を G[†3]，その y 座標を y_G，液面からの深さを h_G とすると，$\int_A y\,\mathrm{d}A=y_G A$ となり，次式を得る．

$$P=\rho g\sin\theta\cdot y_G A=\rho g h_G A \tag{3.25}$$

すなわち，全圧力 P は図心 G における圧力と水面下の堤防の面積 A との積に等しい．

次に，**図 3.15** のような長方形の水門（面積 A）の扉は水圧によってどのようなトルク（回転力）が回転軸（x 軸）に掛かるかを考えてみよう．この扉の全面に掛かる力 P は，式(3.25)より $\rho g y_G A$ となる．

また，扉を水平方向に分割した微小面積 $\mathrm{d}A$ に掛かる力は $\rho g y\mathrm{d}A$ であり，この力の x 軸まわりのモーメントは $\rho g y\mathrm{d}A\times y$ となり，扉全体では $\int \rho g y^2\mathrm{d}A=\rho g\int y^2\mathrm{d}A$ となる．$\int y^2\mathrm{d}A$ を x 軸に関する断面二次モーメント I_x という．

平板上の各点の水圧による水門の回転軸（x 軸）まわりのモーメントの総和と等しいモーメントをただ一つの力 P で生ずるための P の作用点，すなわち圧力の中心（center of pressure）C の位置を求めてみる．C の位置を y_C とすると

$$Py_C=\rho g I_x \tag{3.26}$$

となる．いま，I_G を図心 G を通り，x 軸に平行な軸に関する断面二次モーメントとすると

$$I_x=I_G+Ay_G{}^2 \tag{3.27}$$

の関係がある[†4]．長方形板と

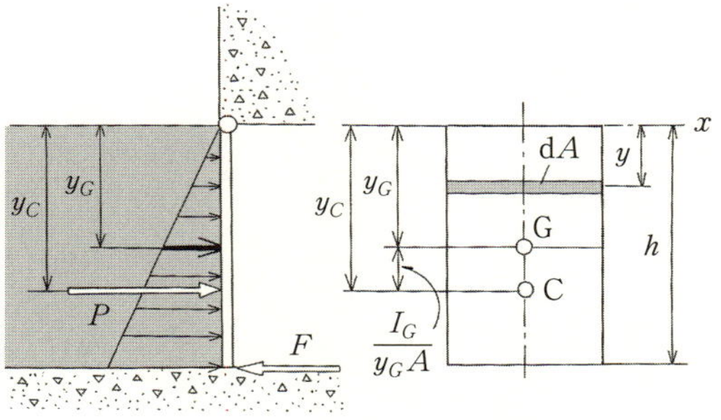

図 3.15　水門に作用する回転力(1)（水門の回転軸と水面とが一致した場合）

---

†3　ある平面図形の面に一様に質量が分布したときの質量の中心，すなわち重心に当たる点を図心という．

†4　「平行軸の定理」：任意の軸に関する断面二次モーメントは，図心を通ってこの軸に平行な軸に関する断面二次モーメントと，断面積とこの軸から図心までの距離の 2 乗の積との和に等しい．

円板の I_G を示すと，**図 3.16** のとおりである．

式(3.27)を式(3.26)に代入して y_C を求めると，次のようになる．

$$y_C = y_G + \frac{I_G}{A\,y_G} = y_G + \frac{h^2}{12\,y_G} \tag{3.28}$$

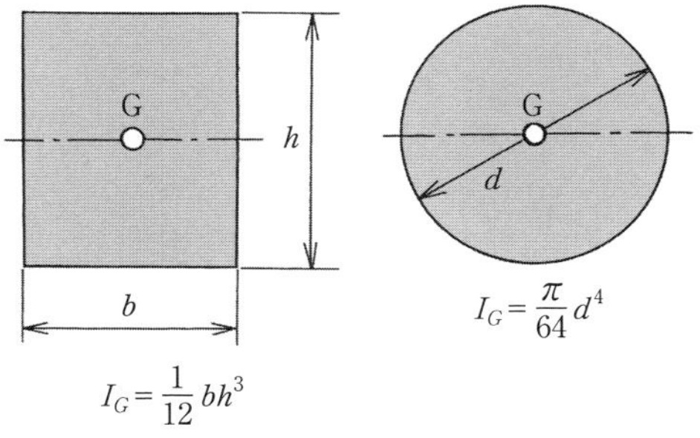

図 3.16　図心 G を通る軸に関する断面二次モーメント

式(3.28)より，全圧力 P の作用点 C は図心 G より $h^2/(12\,y_G)$ だけ深い所にあることがわかる．

水門が水面下にある**図 3.17** のような場合の y_C の位置は，式(3.28)の右辺第 2 項の y_G を h_G に変えた式(3.29)となる．

$$y_C = y_G + \frac{h^2}{12\,h_G} \tag{3.29}$$

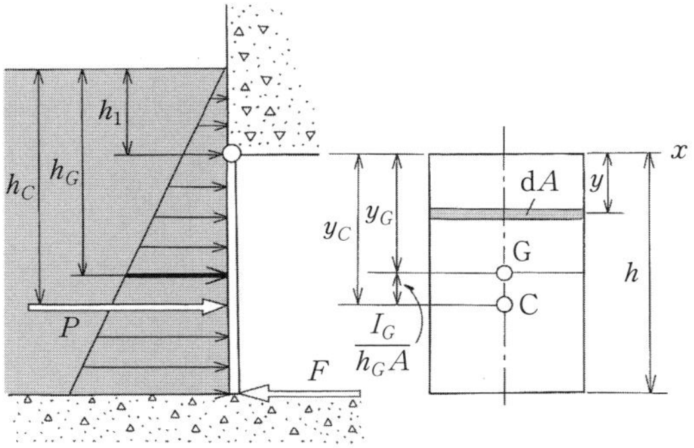

図 3.17　水門に作用する回転力(2)(水門が水面下にある場合)

3.2.2 円筒を引き裂く力

図 3.18(a)のように薄肉円筒に内圧が掛かっている場合，円筒はどんな力で長手方向に引き裂かれるであろうか．いま，図(b)のような円筒を半分にした容器を考え，その直径を d，長さを l，内

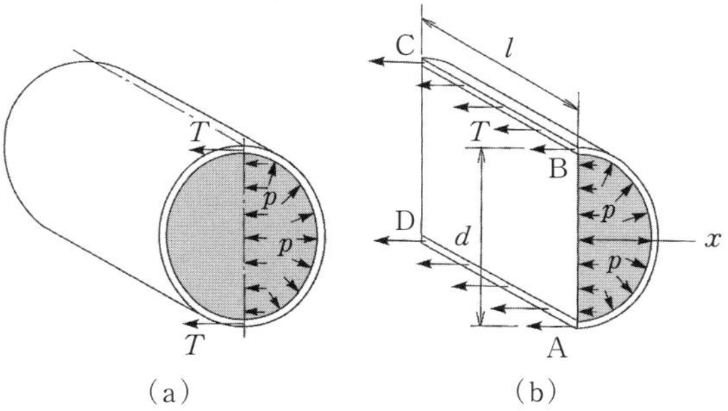

図 3.18　内圧を受ける円筒

圧を p とする．垂直壁 ABCD に働く力は pdl で，これは円筒の壁面に働く x 方向の力とつりあっている．すなわち，一般に曲面に圧力 p が作用する場合の全圧力が x 方向に働く力は，その曲面の投影面積に同じ圧力が作用するときの全圧力 pdl に等しい．すなわち，この力が円筒を BC 線，AD 線で二つに引き裂こうという力 $2Tl$（T：単位長さに働く力）となる．

$$2Tl = pdl$$

$$T = p\frac{d}{2} \tag{3.30}$$

この T による引張応力が許容応力以下であれば安全である．これを利用して圧力タンクの設計ができる．

3.3 アルキメデスの原理

流体中にある物体の全表面には流体の圧力が働き，この合力は鉛直上方に働く．これを浮力（buoyancy）という．空気の浮力は，物体の重力に比べて小さいので無視することが多い．

図 3.19(a)のように密度 ρ の液体中に立方体があるとする．水平方向に流体から受ける圧力は左右つりあっている．鉛直方向については，立方体の上面の面積 A に掛かる力 F_1 は大気圧を p_0 とすると

$$F_1 = (p_0 + \rho g h_1)A \tag{3.31}$$

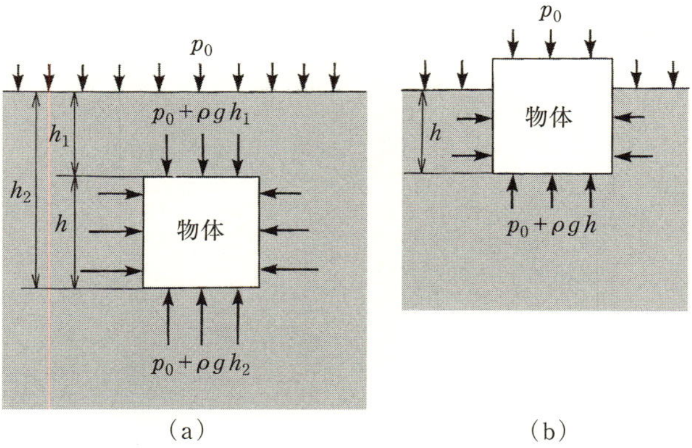

図 3.19　液体中にある立方体

下面の受ける力 F_2 は

$$F_2 = (p_0 + \rho g h_2) A \tag{3.32}$$

したがって，物体の全表面の受ける圧力の合力 F，すなわち浮力は流体中にある物体の体積を V とすると

$$F = F_2 - F_1 = \rho g (h_2 - h_1) A = \rho g h A = \rho g V \tag{3.33}$$

このことは，図(b)のように浮いている場合についても同様である．上式より，流体中の物体は物体が排除した流体の重さに等しい浮力を受ける．これをアルキメデス(Archimedes)の原理という．また，排除した液体の重心を浮力の中心といい，浮力の作用点である．

アルキメデス
(Archimedes, BC 287～212)
古代ギリシア最大の数学者・物理学者・技術者．有名な「アルキメデスの原理」の発見者として知られる．天文学者の父から星学の手引きを受け，早くから天文観測を行った．水力で回るプラネタリウム，スクリューポンプを発明した．てこ・重心・浮力など，剛体力学や流体力学に関する研究を行った．理論と実践を兼備した科学者の一人である．

次に，船の安定性について考えてみよう．**図 3.20** に，水に浮んだ重さ W の船がわずかな角 θ 傾いた場合を示す．船が傾くことによって重心 G の位置は変わらないが，浮力の中心(船の排除した水の重心)C は新しい位置 C′ に移動するので，偶力 $Ws = Fs$ を生じ，船を元に戻そうとするので安定である．

偶力 Ws を復元力という．浮力の中心 C′ を通る鉛直線(浮力 F の作用線)と船の中心線との交点 M をメタセンタといい，GM をメタセンタの高さ[†5]と呼

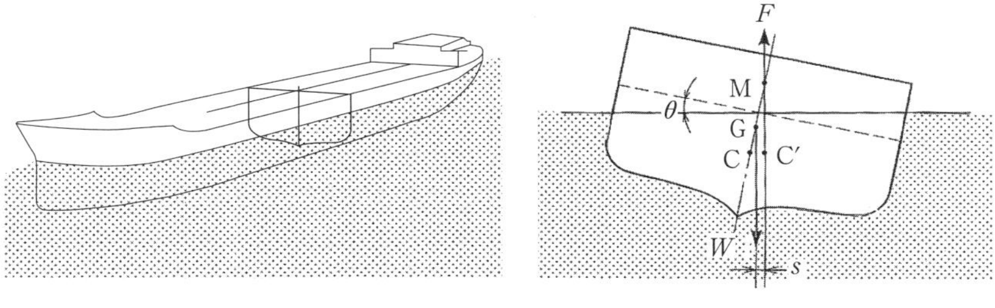

図 3.20　船の安定性

ぶ．図のように，MがGより上にあれば復元力が働き船は安定であるが，MがGより下になると，偶力は船の傾きを増す方向に作用するので不安定である．

3.4 相対的静止の状態

液体を入れた容器が，直線運動あるいは回転運動をしても液体に相対的な流れを生ぜず，容器と液体が一体となって運動していれば，静止状態の力学で取り扱うことができる．このような状態を相対的静止の状態という．

3.4.1 等加速度直線運動

図3.21 のように液が容器に入れられ，水平面に沿って一定の加速度で直線運動をしているとする．この液体の面上に質量 m の微小要素を考え，その加速度を α とすると，m に作用する力は鉛直方向下向きの重力 $-mg$ と，加速度に対して反対向きの慣性力 $-m\alpha$ とである．

重力と慣性力との合力 F に垂直な方向に沿っては力の成分がないから F の方向を法線としてもつような面で圧力は一定となる．すなわち，等圧面となる．

自由表面と x 方向とのなす角を θ とすれば

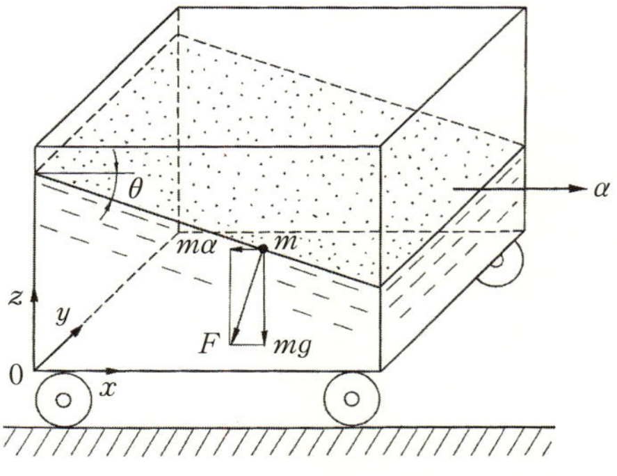

図3.21　等加速度直線運動

$$\tan\theta = \frac{\alpha}{g} \qquad (3.34)$$

となる．

液体内部の圧力 p は，自由表面からその表面に垂直方向に測った深さを h とすれば，その方向の加速度 $\beta = F/m$ であるから

$$p = \rho\beta h \qquad (3.35)$$

となり，静止の場合と同じである．

---

†5　実際の船でメタセンタの高さはどのくらいであろうか．軍艦は0.8〜1.2 m，帆船は1.0〜1.4 m，大型客船は0.3〜0.7 m くらいといわれている．これらの船が太平洋に出た場合，受ける波の周期は12〜13秒である．

3.4.2 回転運動

図3.22のように，円筒容器に液体を入れ中心軸のまわりに一定な角速度 ω で回転している場合，液面の高さについて考えてみよう．このように，角速度一定の運動を剛体的回転といい，液面はくぼんだ自由表面となる．

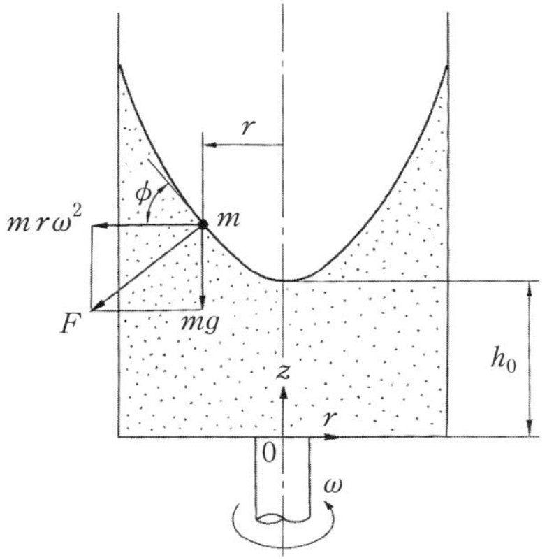

図3.22 鉛直軸のまわりの回転運動

いま，図に示すように円柱座標系 (r, θ, z) をとる．等圧面上に質量 m の微小要素を考え，これに働く力を考えると，垂直方向に重力加速度 g に基づく力 $-mg$ が，また水平方向に遠心加速度 $r\omega^2$ に基づく力 $-mr\omega^2$ が働いている．

容器と液体は一体となって回転しているので，液体は容器に対して相対的静止の状態にあるので，前の例と同様に合力 F は液の自由表面と垂直となる．自由表面と水平方向のなす角を ϕ とすれば

$$\tan\phi = \frac{mr\omega^2}{mg} = \frac{r\omega^2}{g} \tag{3.36}$$

$$\tan\phi = \frac{\mathrm{d}z}{\mathrm{d}r}$$

ゆえに

$$\frac{\mathrm{d}z}{\mathrm{d}r} = \frac{r\omega^2}{g} \tag{3.37}$$

積分定数を c とすると

$$z = \frac{\omega^2}{2g}r^2 + c \tag{3.38}$$

となる．$r=0$ で $z=h_0$ とすれば $c=h_0$ となり，式(3.37)は

$$z - h_0 = \frac{\omega^2 r^2}{2g} \tag{3.39}$$

となる．自由表面は回転放物面である．

Aq(Aqua)の旅

Aq は Aqua の略である．Aqua は水を意味するラテン語で，同じく水を意味するサンスクリット語の Arghya(閼伽)と同語源である(リーダーズ英和辞典)．このように辞典には書いてあるが，Arghya は，最初は水の意味ではなく“貴重な”という意味であった．後に水の意味になっていったものであるから，本来は同語源でないかも知れない．しかし，閼伽は水の意味で使われるようになったのだから奇妙な一致である．

Aqua は広くヨーロッパに広がり，イタリア語で“アクア”，ギリシア語で“アクア”，スペイン語で“アグア”と，ともに同じ語源によっており，“アクアラング”(潜水具)のアクアもこれである．

閼伽は，インドから中国を経て日本に入り，古くは和名抄(931～937 年)，源氏物語の若紫(1001～1011 年)に閼伽という言葉が見える．下って，平家物語(13 世紀始め頃)の大原御幸のくだりに，“宵々ごとの閼伽の水，むすぶ袂(たもと)もしおるるに……”とある．また，徒然草(1330 年頃)に“閼伽棚”という言葉も出てくるが，これは水桶を置く棚のことである．舟の底に溜まった水は，いまも“あか”と呼ばれている．

Aqua と閼伽はともに水を意味し，Aqua はヨーロッパに，閼伽はアジアに普及し，Aq は水圧の単位として現在広く世界中で使用されているということは，大変興味あることである．

大原御幸：後白河法皇と建礼門院との対面の図(1186 年初夏の頃)

《演 習 問 題》

1. 深さ 6500 m の海底における水圧の強さを求めよ．ただし，海水の比重は 1.03 とする．
2. **図 3.23** における点 A の圧力 p を求めよ．
3. **図 3.24** の示す圧力差 p_1-p_2 を求めよ．
4. **図 3.25** の傾斜マノメータにおいて，$h=1$ mm 変化すると H は何 mm となるか．ただし，断面積 $A=100a$，$\alpha=30°$ とする．

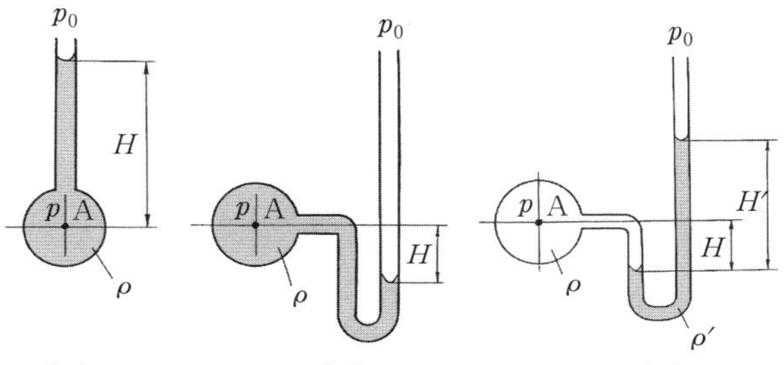

(a)　(b)　(c)

図 3.23

5. **図 3.26** に示すような高さ 3 m，幅 5 m の長方形の板が，上縁が水深 5 m の位置にあるように垂直に水中にあるとき，この板の受ける全圧力 P と圧力の中心の位置 h_c を求めよ．

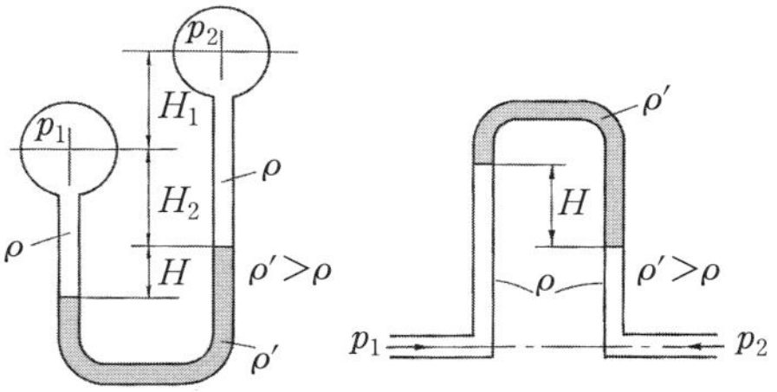

(a)　(b)

図 3.24

6. **図 3.15** ならびに**図 3.17** の水門の下部の止めに掛かる力 F は何ほどか．ただし，水門の高さ h を 3 m，幅を 1 m とし，図 3.17 の h_1 を 2 m とする．
7. **図 3.27** に示すような高さ 2 m，幅 1 m の水門がある．下部の止めに掛かる力は何ほどか．

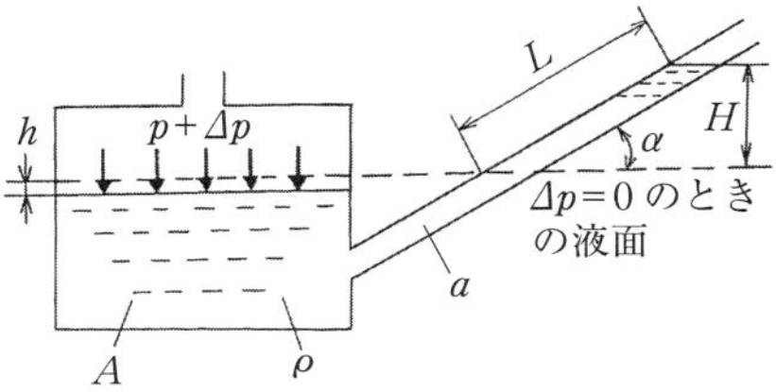

図 3.25

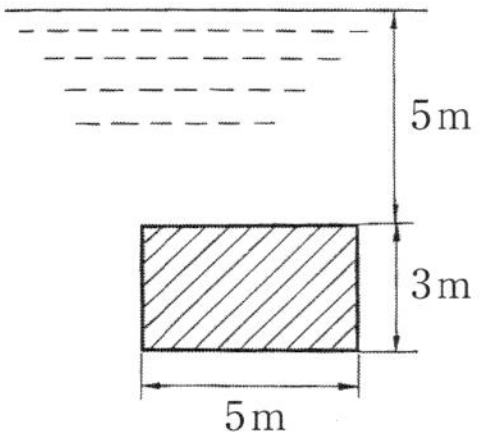

図 3.26

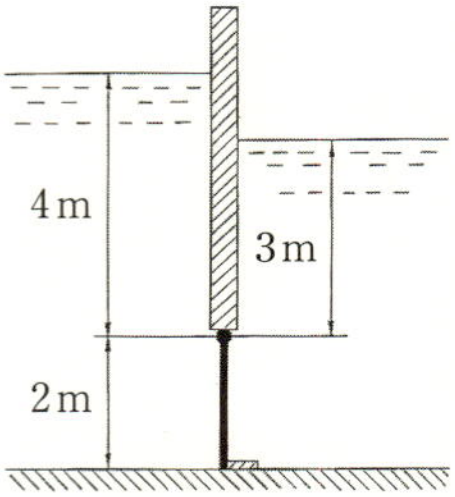

図 3. 27

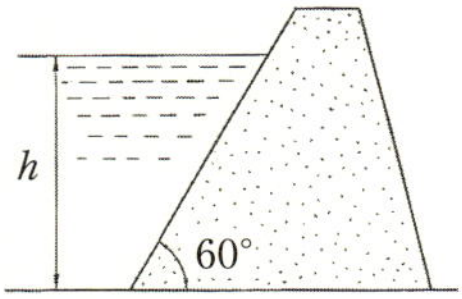

図 3. 28

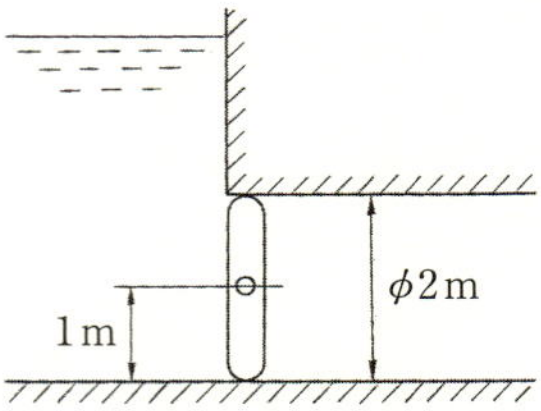

図 3. 29

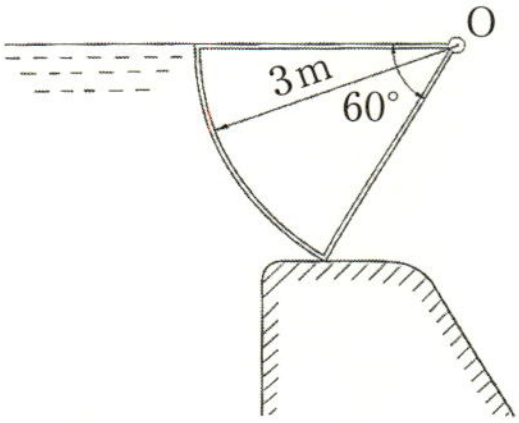

図 3. 30

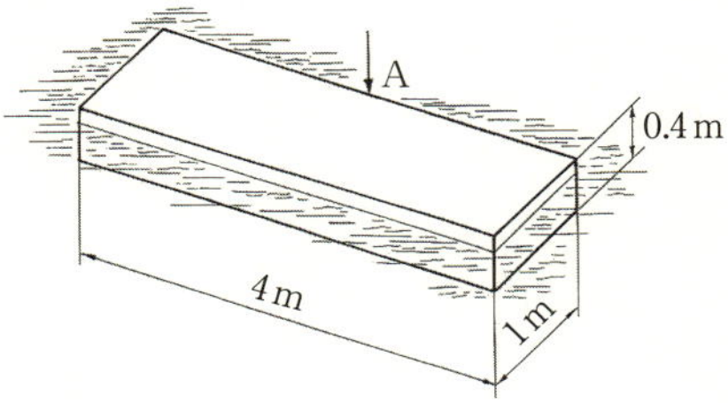

図 3. 31

8. **図 3. 28** に示すダムの壁面の単位幅に掛かる全圧力はどれだけか．ただし，水深が 15 m で壁が 60° 傾斜しているとする．また，全圧の作用点は壁に沿って水面からどの位置にあるか．

9. **図 3. 29** のような直径 2 m の円形水門が水平な軸に支えられている．水門を閉じておくための軸まわりのモーメントはどれだけか．

10. 長さ 5 m の円形の水門が **図 3. 30** のように取り付けられ，水が水門の上面まで貯えられている．この水門に掛かる水平方向と垂直方向の分力の大きさならびに全圧力 P の大きさと方向を求めよ．

11. 比重 0.92 の氷山が比重 1.025 の海水に浮んでいる．水面より上に出た氷山の体積が 100 m^3 であるならば氷山の全体積 V はいくらか．

12. **図 3. 31** に示すような比重 0.8 の物体が水に浮んでいる．この一端 A を押して離した場合のメタセンタの高さ h と振動の周期 T を求めよ†6．ただし，水の付加質量に

†6　h：メタセンタの高さ，V：排水体積，I：水線面の中心線まわりの断面二次モーメント，e：浮力の中心から重心までの高さとすると，$h=I/V-e$ となる．
J：重心を通る長軸まわりの慣性モーメント，θ：傾いた角度，m：質量とすると，横揺れに対する運動の式は（θ が小さい場合），$J(\mathrm{d}^2\theta/\mathrm{d}t^2)=-mgh\theta$ より，T：周期，$k=\sqrt{J/m}$：重心まわりの回転半径とすると，$T=2\pi(k/\sqrt{gh})$ となる．

よる影響は省略する．

13. 水を高さ h まで入れた半径 r_0 の円筒容器を中心軸のまわりに回転させたところ，水面の高さの差が h' になった．回転角速度 ω はいくらか．$r_0 = 10$ cm，$h = 18$ cm とした場合，$h' = 10$ cm となったときの ω と，水底が現れ始める回転数 n を求めよ．

参考文献

1）ISO 2533-1975E　標準大気圧

4. 流れの基礎

流体の運動を考えるのに2通りの方法がある．一つは任意の流体粒子に着目し，その速度や加速度などの時々刻々の変化を観察する方法で，これをラグランジュ(Lagrange)の方法と呼ぶ．他の一つは，特定の流体粒子についてではなく，速度や圧力などの変化を空間内の点の位置 x, y, z と時間 t の関数として取り扱う方法で，これをオイラー(Euler)の方法と呼ぶ．現在，後者の取扱いが有効である場合が多い．

本章では，流体の運動を考える場合，必要となる基礎的な事柄について述べる．

4.1 流線，流脈線，流跡線と流管

流体の流れを表す線に流線(stream line)，流脈線(streak line)，流跡線(path line)がある．流体粒子の動きは見ることが難しいので，流れの中に煙や固体粒子といった流れを追跡するもの(トレーサ)を混入させるなどして上記の線を見えるようにする．この見えない流れを見えるようにすることを流れの可視化(flow visualization)という．そこで，この3種類の線の物理的な意味について考えてみよう．

流線とは，**図4.1**(a)および**図4.2**に示すように，ある時刻における各点の流体粒子の速度ベクトルが接線となるような曲線をいう．つまり，それぞれの点における速度ベクトルと流線の方向は一致するので，流線を横切る流れはない．二次元流れを考え，x および y の方向の速度をそれぞれ u, v とすれば，流線の傾き $\mathrm{d}y/\mathrm{d}x$ と速度ベクトルの傾き v/u が等しいので，次の流線の方程式が得られる．

$$\frac{\mathrm{d}y}{\mathrm{d}x}=\frac{v}{u} \tag{4.1}$$

動いている物体まわりの流線を観察する場合，観察者と物体との相対関係に

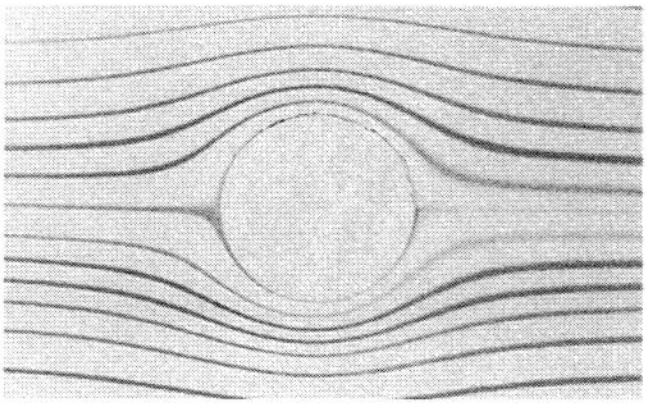

（a）円柱まわり定常流れの流線（非常に遅い流れ，グリセリン(85%)＋メチレンブルー結晶，流速 1 cm/s，円柱直径 9 mm，$Re=1$）（注入流脈法）

（b）円柱背後の非定常流れの流脈線（やや早い流れ，水，流速 2.6 cm/s，円柱直径 8 mm，$Re=195$）（水素気泡法）

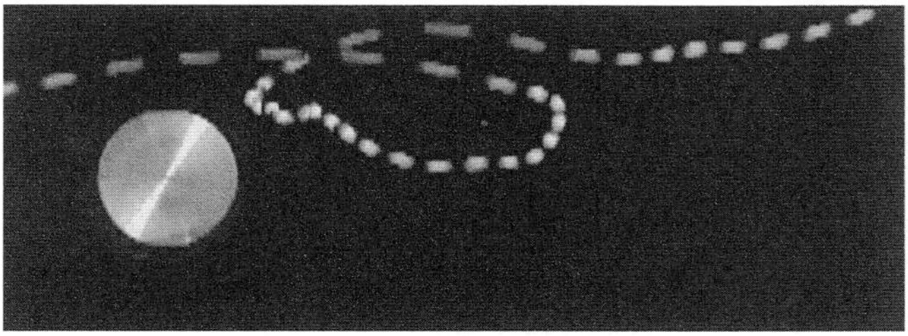

（c）円柱背後の非定常流れの流跡線（やや早い流れ，水，流速 1.5 cm/s，円柱直径 12 mm，$Re=177$）（注入流跡法）

図 4.1　流れを表す線

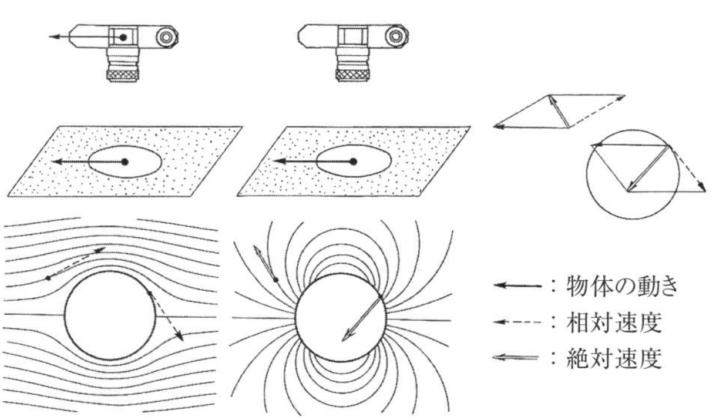

（a）相対流線　（b）絶対流線

図 4.2　相対流線と絶対流線

より見える流線が変わってくる．水槽の中においた円柱とカメラとを図 4.2 (a)のように一緒に動かすと相対流線が得られ，図(b)のように円柱だけ動かすと絶対流線が得られる．

流脈線とは，流れの中にある 1 点を次々に通過した流体粒子のつながりをいい，図 4.1(b)に示すように，流れの上流の各点から水素気泡を発生させ，これをトレーサとして円柱の背後の非定常流れを瞬間的に捉えると，流れの乱れを示す流脈線が得られる．例えば，煙突から連続的に出された煙がたなびく線も流脈線である．

流跡線とは，1 点から出た一つの粒子のたどった軌跡をいい，図(c)に示すように，流れの中に浮かぶ微小粒子(例えば，ポリスチレンの微小粒子)の動きを長時間露光で捉えると流跡線が得られる．

流れが定常流の場合は，流線，流脈線と流跡線はすべて一致するが，非定常流の場合には 3 者はそれぞれ異なる線となって現れる．したがって，流れの可視化を行うときは，得られる線がどの線であるかを区別する必要がある．

流管(stream tube)とは，**図 4.3** に示すように，流体中に任意の閉曲線 A を考え，その曲線上の各点を通る流線を引いてできる仮想的な管をいう．

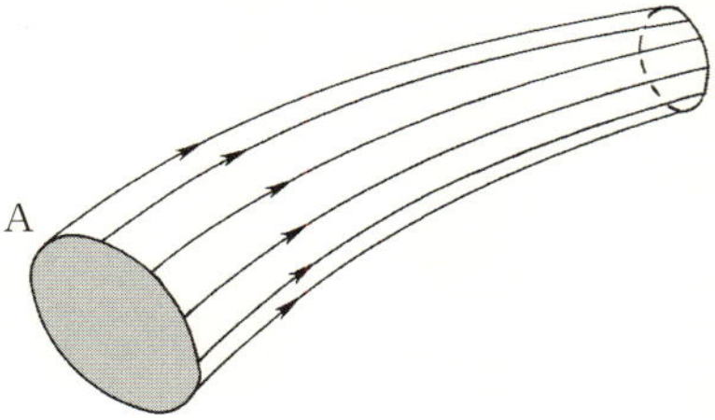

図 4.3　流管

流管の壁を通して流体の出入りはないから，ちょうど固体の管の流れている流体と同様に考えられ，定常運動する流体を力学的に取り扱う場合に便利である．

4.2 定常流と非定常流

流れの中のどの点をとっても，速度，圧力，密度などで表される流れの状態が時間的に変化しない流れを定常流(steady flow)といい，流れの状態が時間によって変わる流れを非定常流(unsteady flow)という．水道のコックを手で回しながら水を出しているとき，蛇口の流れは非定常流で，手を離して一定の開度で水を出しているときの流れは定常流である．

4.3 三次元流れ，二次元流れ，一次元流れ

空中を飛ぶ野球のボール，走っている自動車のまわりの流れなどの一般の流れは，すべて x, y, z 方向の速度成分をもっており，これを三次元流れ(three-dimensional flow)という．x, y, z 軸方向の速度成分を u, v, w とすると

$$u = u(x, y, z, t), \quad v = v(x, y, z, t), \quad w = w(x, y, z, t) \tag{4.2}$$

で表される．

しかし，すき間の狭い二つの平行平板間を流れる水の流れを平行平板に垂直な面で切ってみると，流れの状態がその平面に平行なすべての平面について同じであるような切断平面が考えられるとき，このような流れを二次元流れ(two-dimensional flow)といい，x, y の二つの座標で記述できる．x, y 方向の速度成分を u, v とすると

$$u = u(x, y, t), \quad v = v(x, y, t) \tag{4.3}$$

で表すことができ，三次元流れの場合より取扱いが簡単となる．

より簡単な場合として，管内の水の流れを平均速度で考えると，流れは x 方向の速度成分のみをもっている．このような流れの状態が一つの座標 x のみで決まるような流れを一次元流れ(one-dimensional flow)といい，速度 u は x と t のみの関数となる．

$$u = u(x, t) \tag{4.4}$$

この場合は，取扱いがより一層簡単となる．

自然界の現象はすべて三次元であるが，これを二次元あるいは一次元で考えてよい場合も多い．三次元の場合は二次元よりも変数が多くなるので，それを解くのは容易でない．本書では，三次元の式は省略する．

4.4 層流と乱流

風の静かな日に立ち昇る煙突の煙は，**図 4.4**(a)に示すように一条の線となって見られる．しかし風が速く流れると，図(b)のように乱れて渦を巻いたり，周囲の空気中に拡散してしまったりする．このような流れの状態を系統的に調べたのはレイノルズ(Reynolds)である．レイノルズは，**図 4.5** のような装置を用い，着色液をガラス管の入口に導き，ハンドルによって弁を徐々に開けていく

(a) 風の静かな日

(b) 風のある日

図 4.4　煙突からの煙

図 4.5　レイノルズの実験[1)]

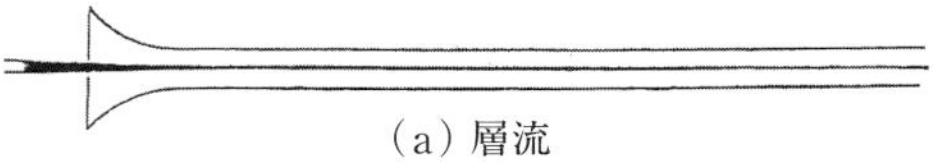

(a) 層流

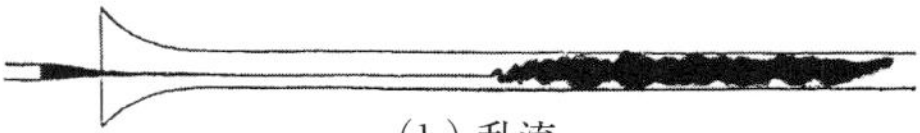

(b) 乱流

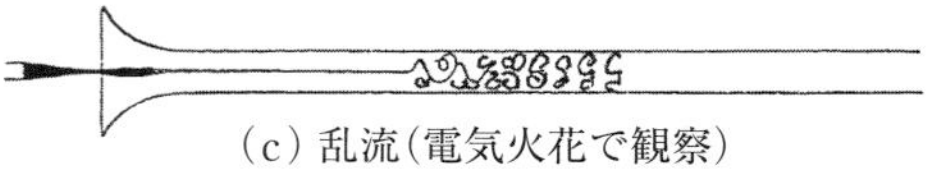

(c) 乱流(電気火花で観察)

図 4.6　レイノルズによる層流から乱流への遷移のスケッチ

と，はじめは着色液が**図 4.6**(a)に示すように1本の糸のように周囲と混じらずに流れていき，ガラス管内の水の流速がある値に達すると，図(b)のように着色液の線は急に乱れ，周囲の水と混じり合ってしまうことを観察した．前者を層流(laminar flow)，後者を乱流(turbulent flow)，層流から乱流に移るときの流速を臨界速度(critical velocity)と名づけた．

身近な例として，**図 4.7**のように水道の蛇口をわずかに開いて低い速度で水を流す場合がある．水の表面は滑らかで層流状態で流出するが，蛇口をだんだんと開いて水の速度が早くなると，乱流となり，表面は粗く，不透明となる．

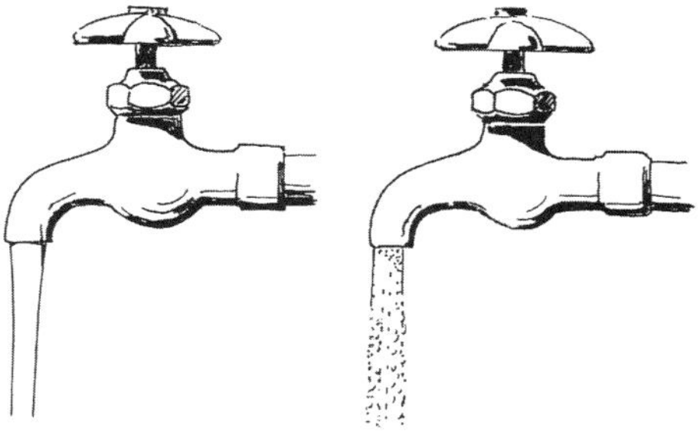

（a）層流　（b）乱流

図 4.7　蛇口から流出する水

オズボーン・レイノルズ
（Osborne Reynolds, 1842～1912）
イギリスの数学者・物理学者．その研究は，力学・熱力学・電気学・船舶・圧延摩擦・蒸気機関などと，物理学と工学の全分野に及んだ．キャビテーション現象およびそれに伴う騒音を調べ，層流と乱流を区別して流れの相似則を支配する無次元数を導いた．また，乱流における粘性流体の運動方程式，油膜潤滑の理論に大きな貢献をした．

4.5 レイノルズ数

レイノルズは，直径 7.9 mm，15 mm，27 mm のガラス管を用いて水温を 4～44℃ に変えて多数の実験を行い，平均速度 v，ガラス管内径 d，水の密度 ρ および粘度 μ の値がどのようであっても，無次元数 $(\rho v d/\mu)$ の値がある値になると，層流から乱流に移ることを発見した．後に，レイノルズの功績を記念して，

$$Re = \frac{\rho v d}{\mu} = \frac{v d}{\nu} \quad (\nu：動粘度) \tag{4.5}$$

をレイノルズ数（Reynolds number）と呼ぶことになった．特に，速度が臨界速度 v_c のとき，$Re_c = v_c d/\nu$ を臨界レイノルズ数（critical Reynolds number）と呼ぶ．Re_c の値は，管に流入する流体中に存在する乱れに非常に影響するが，いかにタンクの水を乱しても層流を保つレイノルズ数を低臨界レイノルズ数（lower critical Reynolds number）といい，その値はシラー（Schiller）[2] によれば 2320 といわれている．タンク内の水を静めて実験すると，Re_c は大きな値となる．その上限を高臨界レイノルズ数（higher critical Reynolds number）といい，エックマン（Ekman）は 5×10^4 を得ている．

4.6 非圧縮性流体と圧縮性流体

一般に，液体を非圧縮性流体(incompressible fluid)，気体を圧縮性流体(compressible fluid)という．しかし，液体でも油圧機器などのように高圧になると圧縮性を考慮する必要が生じ，気体でも圧力変化の少ないときは圧縮性を無視してよい．この判定の基準として $\Delta\rho/\rho$ またはマッハ数 M〔10.4.1(4)項および 13.3 節参照〕が用いられるが，その数値は取り扱う問題の性質と精度によって異なる．

4.7 流体の回転と渦

図 4.8　狭まり流路を流れる流体粒子の変形と回転(水素気泡法)

狭まり流路を通る流体粒子は，**図 4.8** に示すように変形と回転をしながら流れる．いま**図 4.9** のように流体微小要素 $0\mathrm{A''B''C''}$ が点 0 の速度 (u, v) の流れに乗って反時計まわりに回転しながら流されて $\mathrm{d}t$ 時間後に $0'\mathrm{A'B'C'}$ に移動したとする．各頂点はそれぞれ微妙に速度が異なるため $0'\mathrm{A'B'C'}$ はひずんでいる．回転角変位を考えるために，回転のない状態で流された点線で示す $0'\mathrm{ABC}$ と比較すると，時間 $\mathrm{d}t$ に対する変位 $\mathrm{AA'}$ と変位 $\mathrm{CC'}$ は次のように表すことができる．

$$\mathrm{AA'} = \left[\left(v + \frac{\partial v}{\partial x}\mathrm{d}x\right) - v\right]\mathrm{d}t = \frac{\partial v}{\partial x}\mathrm{d}x\,\mathrm{d}t$$

$\mathrm{CC'}$ は，図よりベクトルの方向から考えて負となるので

$$\mathrm{CC'} = -\left[\left(u + \frac{\partial u}{\partial y}\mathrm{d}y\right) - u\right]\mathrm{d}t = -\frac{\partial u}{\partial y}\mathrm{d}y\,\mathrm{d}t$$

これらは，微小角変位 $\mathrm{d}\theta_1$ と $\mathrm{d}\theta_2$ を用いて次のように表すこともできる．

$$AA' = \frac{\partial v}{\partial x}\mathrm{d}x\mathrm{d}t = \mathrm{d}x\sin\mathrm{d}\theta_1 \approx \mathrm{d}\theta_1\mathrm{d}x,$$

したがって $\dfrac{\mathrm{d}\theta_1}{\mathrm{d}t} = \dfrac{\partial v}{\partial x}$

$$CC' = -\frac{\partial u}{\partial y}\mathrm{d}y\mathrm{d}t = -\mathrm{d}y\sin\mathrm{d}\theta_2 \approx \mathrm{d}\theta_2\mathrm{d}y,$$

したがって $\dfrac{\mathrm{d}\theta_2}{\mathrm{d}t} = -\dfrac{\partial u}{\partial y}$

ここで，$\mathrm{d}\theta_1/\mathrm{d}t$ と $\mathrm{d}\theta_2/\mathrm{d}t$ は両辺の角速度を表しているので，微小要素の回転角速度 ω は両者の平均をとって

$$\omega = \frac{1}{2}\left(\frac{\mathrm{d}\theta_1}{\mathrm{d}t} + \frac{\mathrm{d}\theta_2}{\mathrm{d}t}\right) = \frac{1}{2}\left(\frac{\partial v}{\partial x} - \frac{\partial u}{\partial y}\right) \qquad (4.6)$$

となる．上式のカッコの中を

$$\zeta = \frac{\partial v}{\partial x} - \frac{\partial u}{\partial y} \qquad (4.7)^{\dagger 1}$$

とおき，ζ を渦度(vorticity)と呼ぶ．すなわち，渦度 ζ は流体微小要素の回転角速度の2倍を表しており，渦運動を定量的に評価することができる．

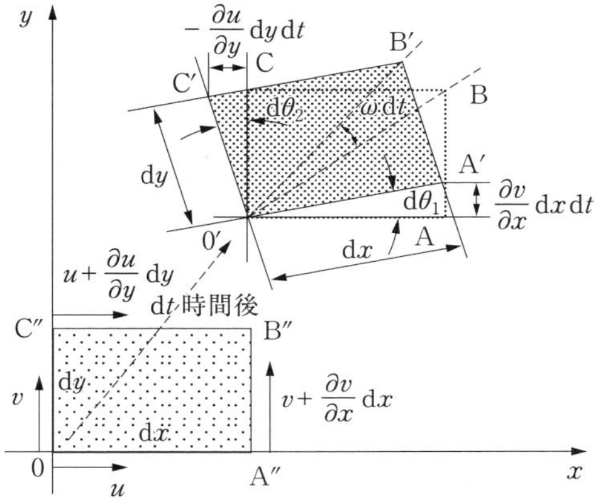

図 4.9　流体微小要素の回転

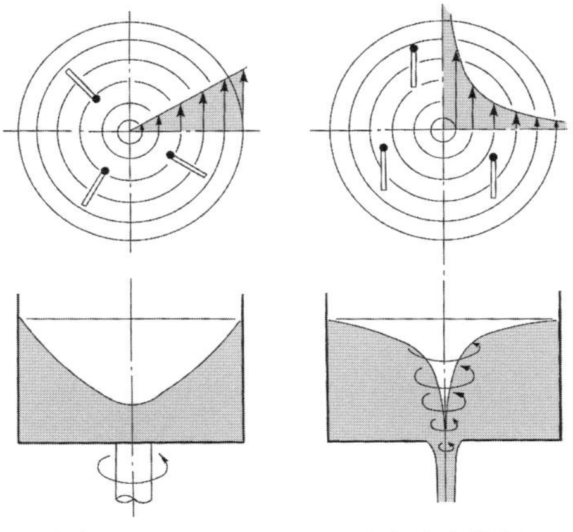

（a）強制渦流れ　（b）自由渦流れ

図 4.10　渦流れ

†1　一般に，ベクトル $\boldsymbol{V}$（x, y, z 成分が u, v, w）について次のような x, y, z 成分をもつベクトル $\boldsymbol{\zeta}$ をベクトル $\boldsymbol{V}$ の回転(rotation)といい，rot $\boldsymbol{V}$，curl $\boldsymbol{V}$，$\boldsymbol{\nabla}\times\boldsymbol{V}$ などと書くことができる．$\boldsymbol{\nabla}$ はナブラ(nabla)と呼ばれる．

$$\boldsymbol{\zeta} = \mathrm{rot}\,\boldsymbol{V} = \mathrm{curl}\,\boldsymbol{V} = \boldsymbol{\nabla}\times\boldsymbol{V} = \left[\frac{\partial w}{\partial y} - \frac{\partial v}{\partial z}, \frac{\partial u}{\partial z} - \frac{\partial w}{\partial x}, \frac{\partial v}{\partial x} - \frac{\partial u}{\partial y}\right]$$

式(4.7)は二次元流れ $w=0$ の場合である．$\boldsymbol{\nabla}$ は $\boldsymbol{i}(\partial/\partial x) + \boldsymbol{j}(\partial/\partial y) + \boldsymbol{k}(\partial/\partial z)$ を表す演算子である．$\boldsymbol{i}, \boldsymbol{j}, \boldsymbol{k}$ は x, y, z 軸上の単位ベクトルである．

渦度が0の場合，すなわち流体の運動が

$$\frac{\partial v}{\partial x}-\frac{\partial u}{\partial y}=0 \qquad (4.8)$$

となる場合を渦なし流れ(irrotational flow)という．

図 4.10(a)のように，液体を入れた円筒容器を鉛直軸のまわりに一定の角速度で回転させる．液体は流線に沿って回転運動をすると同時に，要素自身も回転する．図(a)の上図に示すように，木片を浮かせて観察すればよくわかる．この場合は，流体は渦をもつ流れ(rotational flow)で，このような流れを強制渦流れ(forced vortex flow)という．図(b)のように，容器の底にあけた小さな穴から液体を流出させる場合に見られる旋回流れの場合には，液体は回転運動をしても，その微小要素はいつも同じ方向を向いており，回転はしない．この場合は渦なし流れで，このような流れを自由渦流れ(free vortex flow)という．

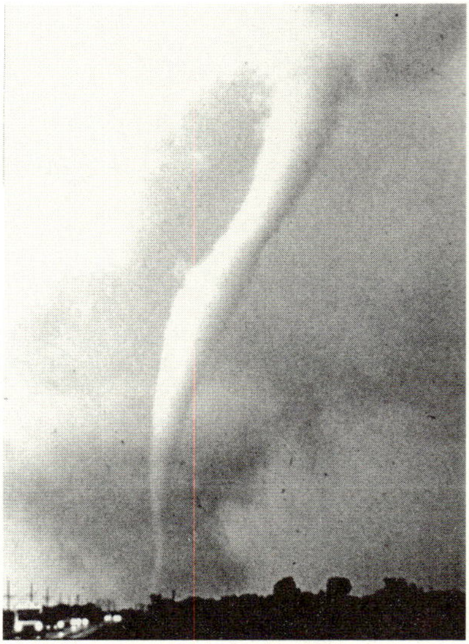

図 4.11　竜巻〔National Center for Atomospheri Research (Bowder USA) 提供〕

台風，渦潮，竜巻(**図 4.11**)などは，われわれに身近な自然界の渦の例である．これらの渦は複雑であるが，基本的な形としては中心部に強制渦の核があり，その周辺部は自由渦となっている．自然界に生ずる渦は，一般にこの形態をとっているものが多い．

4.8 循　　環

図 4.12 に示すように，流体中に任意の閉曲線 s を考え，その曲線上の任意の点における速度 v_s の接線方向の分速度 v_s' をこの曲線に沿って積分したものを循環(circulation) Γ といい，反時計方向の回転を正とする．v_s と v_s' の間の角を θ とすると

$$\Gamma = \oint v_s' \mathrm{d}s = \oint v_s \cos\theta \mathrm{d}s \tag{4.9}$$

次に，閉曲線 s 内を x 軸，y 軸に平行な線で微小面積に分割し，そのうちの一つの長方形 ABCD（面積 $\mathrm{d}A$）の循環 $\mathrm{d}\Gamma$ を考えると

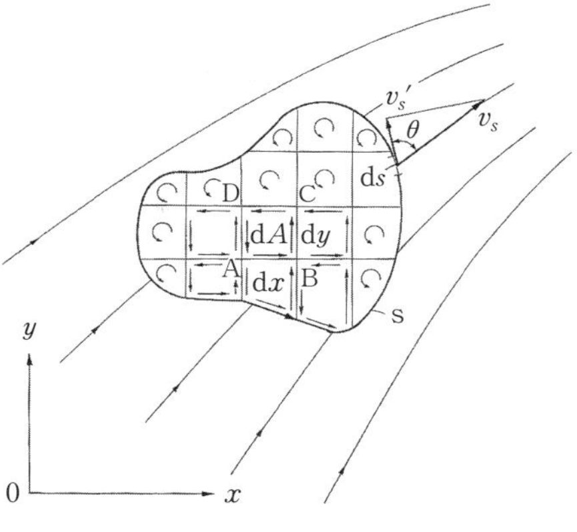

図 4.12　循環

$$\mathrm{d}\Gamma = u\mathrm{d}x + \left(v + \frac{\partial v}{\partial x}\mathrm{d}x\right)\mathrm{d}y - \left(u + \frac{\partial u}{\partial y}\mathrm{d}y\right)\mathrm{d}x - v\mathrm{d}y$$
$$= \left(\frac{\partial v}{\partial x} - \frac{\partial u}{\partial y}\right)\mathrm{d}x\mathrm{d}y$$
$$= \zeta\mathrm{d}x\mathrm{d}y = \zeta\mathrm{d}A \tag{4.10}$$

となる．ζ は渦流れの角速度 ω の 2 倍〔式(4.6)〕であって，循環は渦度と面積との積に等しい．式(4.10)を全面積について積分すれば，各辺上の積分は互いに打ち消し合い，結果として閉曲線 s 上の積分だけ残ることになる．すなわち，

$$\Gamma = \oint v_s' \mathrm{d}s = \int_A \zeta\mathrm{d}A \tag{4.11}$$

となる．

式(4.11)より，渦度 ζ の面積積分は循環に等しいことがわかる．この関係は，ストークス(Stokes)によって導かれたもので，ストークスの定理という．これより，ある閉曲線の内部に渦が存在しないときは，そのまわりの循環が 0 となることがわかる．また，この定理は，ポンプ，送風機などの羽根車内の流れや，航空機の翼まわりの流れなどを流体力学的に研究する場合に用いられる．

ジョージ・ガブリエル・ストークス
(George Gabriel Stokes, 1819～1903)
イギリスの数学者・物理学者．アイルランドのスクリーンに生まれ，ケンブリッジで教育を受けて数学の教授となり，終生英国にとどまり，理論物理学者として名声を高めた．王立学会に提出した論文は 100 篇以上にのぼり，流体力学関係のものを含め，多くの分野にまたがっている．1845 年の論文にナビエ-ストークスの方程式の誘導が含まれている．

永楽銭の穴を通る油

戦国時代の末期，松波庄九郎(後の斎藤道三)が図のように永楽銭をつまみ，その上から升を傾けて流れ落ちる油を永楽銭の穴を通して下の受け壺に注ぐという妙技を披露し，人を集め，油を売り，すさまじくもうけたという話は有名である．これが水では，こうはいかない．油は，強い粘性の作用により乱流になりにくいから，一すじの糸となって乱れない．これも流体力学の巧妙な応用である．しかも，レイノルズよりも300年も前のことである．

作家 司馬遼太郎は，国盗り物語(一)(新潮社刊，1971-11)で次のように述べている．

“油はマスから七彩の糸になって流れ落ち，永楽銭の穴に吸い込まれていく．至芸である．

「マスは天竺須弥の山，油は補陀落那智の滝，とうとうたらり，とうたらり，仏天からしたたり落つるおん油は，永楽善智の穴を通り，やがては灯となり，無明なる人の世照らす灯明かりの……」

と節おもしろく唄い始めた．声もいい，節ぶりもいい，おもわず皆が聞き惚れた…….”

これは，NHK大河ドラマ“国盗り物語”として昭和48年に放送され，好評であった．

《演習問題》

1. 次の□の中に適当な言葉を入れよ．
   (1) 時間的に変化しない流れを□という．定常流における流れの□□□などは□のみの関数であって，水力学の対象となる流れの大部分はこれに属する．時間的に変化する流れを□といい，流れの□□□などは□と□の関数となる．□□□などの流れはこれに属する．
   (2) 流速は自由渦流れでは半径に□し，強制渦流れでは半径に□する．
2. 流体中を半径5 cmの円柱が反時計方向に毎分300回転で回っているとき，円柱に接する流体の循環を求めよ．

3. 直径 3 cm の円管内を水が流速 2 m/s で流れている場合，この流れは層流か乱流か．水の動粘度は 1×10^{-6} m^2/s とする．
4. 二次元流れにおいて，流速が次式で与えられるとき，この流れの流線の方程式を求めよ．

$$u=kx,\quad v=-ky$$

5. 次のように流速が与えられたとき，渦をもつ流れか，渦なし流れかを示せ．

(1) $u=-ky$, $v=kx$ （k は定数）

(2) $u=x^2-y^2$, $v=-2xy$

(3) $u=-\dfrac{ky}{x^2+y^2}$, $v=\dfrac{kx}{x^2+y^2}$

6. 円管内の流れの臨界レイノルズ数を 2320 として 20℃ の水または空気が内径 1 cm の管を流れる場合の臨界速度を求めよ．
7. 直径 1 m の円柱が反時計方向に 1 分間に 500 回転している．円柱のまわりの流体は円柱について回るとして，円柱のまわりの循環を求めよ．

参考文献

1) Reynolds, O.: Philosophical Transactions of the Royal Society, **174** (1883) p. 935.
2) Wien, W. und Harms, F.: Handbuch der Experimental Physik, IV, 4 Teil (1932) p. 127, Akademische Verlagsgesellschaft.

5. 一次元流れ(流れで保存される量の仕組み)

一般の流れは三次元的であるが，これを一次元で考えてよい場合も多い．例えば管内の流れを考える場合，平均速度で考えれば，一次元流れとなって取扱いが非常に簡単になる．

本章では，一次元流れとして取り扱ってよい場合について連続の式，ベルヌーイの式，運動量の式を使って解く方法について述べる．

5.1 質量流量の保存

連続して流れている流れでは，管の径が変わっても，各断面を単位時間に通る流体の質量は変わらない．これは，物質不滅の法則にほかならない．

いま，**図 5.1** のように管の径が途中で小さくなった場合，断面 1, 2 の断面積を A_1, A_2，平均速度を v_1, v_2，密度を ρ_1, ρ_2 とすると

$$\rho_1 A_1 v_1 = \rho_2 A_2 v_2$$

すなわち

$$\rho A v = \text{const.} \tag{5.1}$$

水のような非圧縮性流体では，ρ は一定となるので次のようになる．

$$A v = \text{const.} \tag{5.2}$$

$\rho A v$ は単位時間当たりにある断面を通る流体の質量で，これを質量流量(mass flow rate)，$A v$ はその体積で，これを体積流量(volumetric flow rate)という．なお，$\rho g A v = \gamma A v$ (γ：比重量)はその重量を表し，これを重量流量(weight flow rate)と呼んでいる．また，式(5.1)，(5.2)は流れがとぎれないで連続して流れていることを表しているの

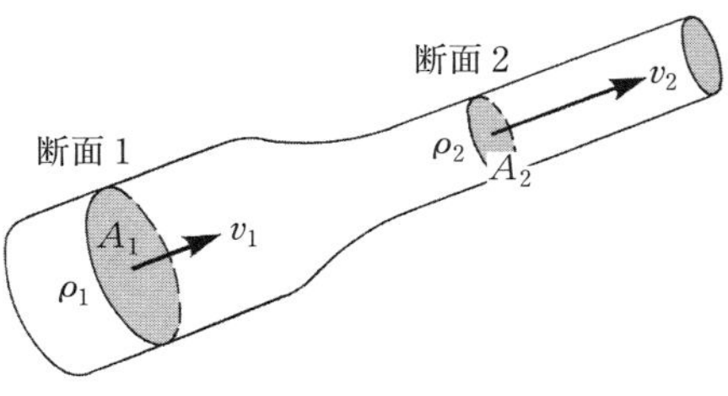

図 5.1　質量流量の保存

で，これを連続の式(continuity equation)という．連続の式は，質量保存の法則(law of conservation of mass)を流れの場に適用したものである．これからわかるように，流れの速度は管の断面積に反比例するので，管径が小さくなるほど早く流れることになる．

5.2 エネルギーの保存

5.2.1 ベルヌーイの式

遊園地に行くとジェットコースタが軽快に走っている(**図5.2**)．これを眺めていると，高く昇った所では速度が遅く，低く下がった所ではすごいスピードで動いている．これは，高い所では位置エネルギーが大きくなる代わりに運動エネルギーは少なくなり，低く下がったときには位置エネルギーは小さくなり，その分，速度エネルギーが大きくなることによる．しかし，この両方を加えると，どの場所でも同じである．これは，固体のエネルギー不滅の法則と呼ばれている．

図 5.2　ジェットコースタの運動

図 5.3(a)，(b)は，流体の位置エネルギー(水位)と運動エネルギー(筒先から噴出する水)との関係を示している．流体は，この二つのエネルギーのほかに，図(c)に示すように圧力があるために，大きな運動のエネルギーを得る(筒先から勢よく噴出する)ことができる．水圧機あるいは油圧機器なども，圧力エネルギーにより仕事をする．流体においては，この三つのエネルギーは互いに交換し合うことができ，三つを加え合わせた全エネルギーは変わらない．これが，流体のエネルギー保存則(law of conservation of energy)であり，ベルヌーイの定理(Bernoulli's theorem)と呼ばれる．

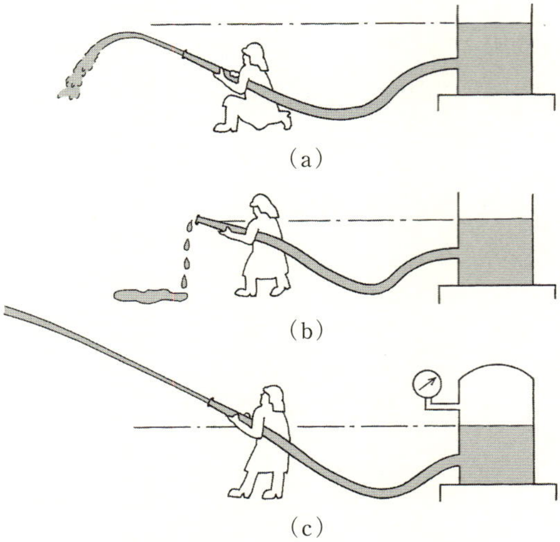

図 5.3 流体エネルギーの保存

図 5.4 のように流線 s を座標にとり，流線に沿い断面積 dA，長さ ds の微小円筒を考え，そこの流速を v とする．この円筒の下面に働く圧力を p とすると，ds だけ離れた上面には $p+(\partial p/\partial s)\,\mathrm{d}s$ の圧力が働く．また，この微小円筒に働く重力は $\rho g\,\mathrm{d}A\,\mathrm{d}s$ である．この微小円筒にニュートンの運動の第 2 法則を適用すると，この微小円筒に作用する力は圧力差による力と外力（この場合は重力）の流線方向成分のみを考えればよいから，次式のようになる．

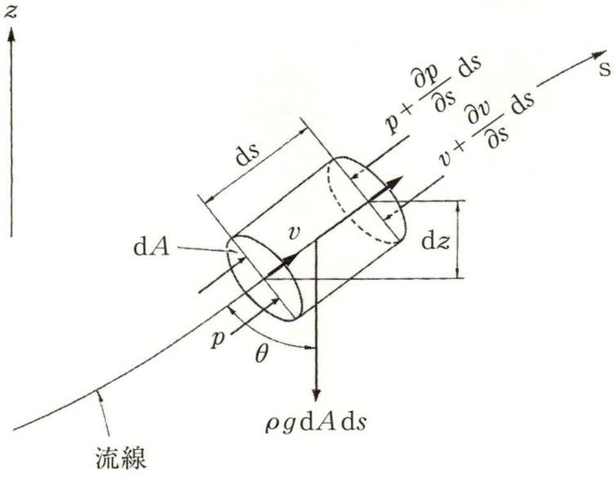

図 5.4 流線上の流体に作用する力

$$\rho\,\mathrm{d}A\,\mathrm{d}s\frac{\mathrm{d}v}{\mathrm{d}t}=-\mathrm{d}A\frac{\partial p}{\partial s}\mathrm{d}s-\rho g\,\mathrm{d}A\,\mathrm{d}s\cos\theta$$

$$\frac{\mathrm{d}v}{\mathrm{d}t}=-\frac{1}{\rho}\frac{\partial p}{\partial s}-g\cos\theta \tag{5.3}$$

一次元流れでは，流速 $v=v(s,t)$ であるから，dt 時間の速度変化 dv は

$$\mathrm{d}v=\frac{\partial v}{\partial t}\mathrm{d}t+\frac{\partial v}{\partial s}\mathrm{d}s$$

である．したがって，加速度 dv/dt は次のようになる．

$$\frac{\mathrm{d}v}{\mathrm{d}t}=\frac{\partial v}{\partial t}+\frac{\partial v}{\partial s}\frac{\mathrm{d}s}{\mathrm{d}t}=\frac{\partial v}{\partial t}+v\frac{\partial v}{\partial s}$$

また，z 軸を図 5.4 のように鉛直上方にとると

$$\cos\theta=\frac{\mathrm{d}z}{\mathrm{d}s}$$

であるから，式(5.3)は次式のようになる．

$$\frac{\partial v}{\partial t}+v\frac{\partial v}{\partial s}=-\frac{1}{\rho}\frac{\partial p}{\partial s}-g\frac{\mathrm{d}z}{\mathrm{d}s} \tag{5.4}$$

定常流のときは $\partial v/\partial t=0$ となるので，上式は

$$v\frac{\mathrm{d}v}{\mathrm{d}s}=-\frac{1}{\rho}\frac{\mathrm{d}p}{\mathrm{d}s}-g\frac{\mathrm{d}z}{\mathrm{d}s} \tag{5.5}$$

となる．式(5.4)，(5.5)は，非粘性流体の一次元流れに対するオイラー(Euler)の運動方程式と呼ばれる．非圧縮性流体のときは，この式の未知数 v, p の二つであるから，この式のほかに連続の式(5.2)を連立させて，また圧縮性流体の場合にはさらに ρ が未知数となるので，気体の状態式(2.16)を合わせて解くことができる．

式(5.5)を s について積分して整理すると

$$\int\frac{\mathrm{d}p}{\rho}+\frac{v^2}{2}+gz=\text{const.} \tag{5.6}$$

となる．非圧縮性流体($\rho=\text{const.}$)の場合には

$$\frac{p}{\rho}+\frac{v^2}{2}+gz=\text{const.} \tag{5.7}$$

式(5.7)の各項を g で割ると

$$\frac{p}{\rho g}+\frac{v^2}{2g}+z=H=\text{const.} \tag{5.8}$$

また，式(5.7)の各項に ρ を掛けると

$$p+\frac{\rho v^2}{2}+\rho gz=\text{const.} \tag{5.9}$$

となる．

式(5.7)の各項の単位は $\mathrm{m^2/s^2}$ である．これは $\mathrm{kg\cdot m^2/(s^2\cdot kg)}$ と表すことができる．$\mathrm{kg\cdot m^2/s^2}=\mathrm{J}$ は仕事を表すので，式(5.7)は

レオンハルト・オイラー
(Leonhard Euler, 1707～1783)
スイスで生れた数学者．ヤコブ・ベルヌーイ(D. ベルヌーイの伯父)の弟子で，D. ベルヌーイの親友となった．ニュートン力学の数学的発展に多大の貢献をするとともに，完全流体の運動方程式，剛体の運動方程式を作成した．病のため，はじめに一眼，次いで両眼とも失明したが，それにも屈せず研究を続けた．

ダニエル・ベルヌーイ
（Daniel Bernoulli, 1700～1782）
オランダに生れた数学者．オイラーの親しい友人であった．彼は，流体運動の法則を普遍的なものにするために努力し，静水力学と動水力学の種々のざん新な問題を扱った．そして，流体力学を意味する“hydrodynamica”というラテン語をつくり出した．

p/ρ, $v^2/2$, gz がそれぞれ単位質量当たりの圧力エネルギー，運動エネルギー，位置エネルギーを表している．

式(5.8)の各項の単位は m で，単位重量当たりの各エネルギーを表している．式(5.9)の各項の単位は kg/(s²·m)で，単位体積当たりの各エネルギーを表している．このように，式(5.7)～(5.9)は，流線上において流体の圧力エネルギー，運動エネルギー，位置エネルギーの合計，すなわち全エネルギーが常に一定であるというエネルギー保存則を表している．これをベルヌーイ(Bernoulli)の式という．

式(5.8)の各項は長さの単位をもっているので，次のように呼ぶ．

$p/(\rho g)$：圧力ヘッド（pressure head）[†1]
$v^2/(2g)$：速度ヘッド（velocity head）
z　　：位置ヘッド（potential head）
H　　：全ヘッド　（total head）

また，流線が水平なとき，あるいは気体の場合は，式(5.9)において ρgh を省略できるので

$$p_s + \frac{\rho v^2}{2} = p_t \tag{5.10}$$

の形で用いられる．ここで，p_s を静圧(static pressure)，また $\rho v^2/2$ を動圧(dynamic pressure)，p_t を全圧(total pressure)，またはよどみ点圧力(stagnation pressure)という．静圧 p_s は，**図 5.5** のように，流れに平行な固体壁面に面に直角に小孔をあけて取り出すことができる．

ベルヌーイの式は一つの流線上において成立するものであるが，**図 5.6** のような管路内の流れにも応用することができる．管路を水平とすると，式(5.8)

†1　ヘッドは水の高さにおき換えて水頭ともいう．

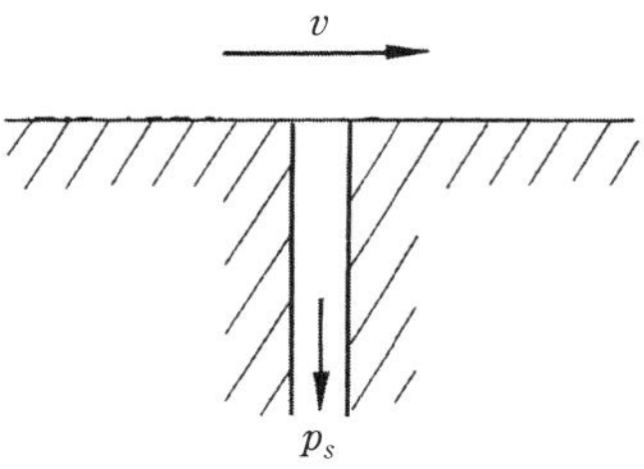

図 5.5　静圧の取出し

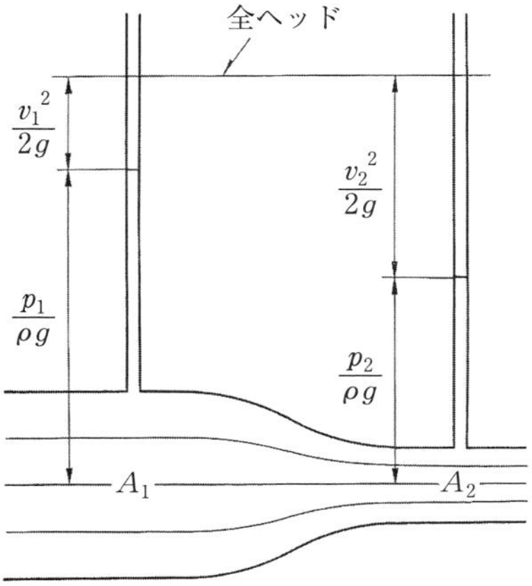

図 5.6　圧力ヘッドと速度ヘッドの変換

において $z_1 = z_2$ となり，次の関係式が得られる．

$$\frac{p_1}{\rho g} + \frac{v_1^2}{2g} = \frac{p_2}{\rho g} + \frac{v_2^2}{2g} \qquad (5.11)$$

また，連続の式から次のようになる．

$$v_1 A_1 = v_2 A_2 \qquad (5.12)$$

したがって，$A_1 > A_2$ であれば $v_1 < v_2$ となり，$p_1 > p_2$ となる．すなわち，流路の狭い所(流線の密な所)では，流速が大きく，また圧力ヘッドが低くなる．

図 5.7 に示すようにタンク 1 からタンク 2 に水が流れる場合，断面 1, 2, 3 についてのベルヌーイの式は，式(5.8)より

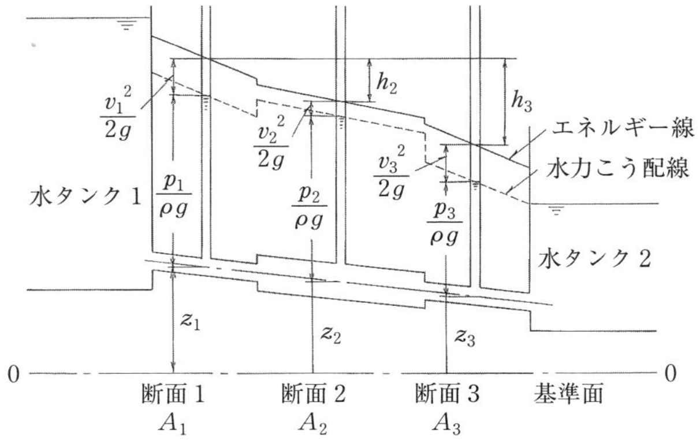

図 5.7　水力こう配線とエネルギー線

$$\frac{p_1}{\rho g}+\frac{{v_1}^2}{2g}+z_1=\frac{p_2}{\rho g}+\frac{{v_2}^2}{2g}+z_2+h_2=\frac{p_3}{\rho g}+\frac{{v_3}^2}{2g}+z_3+h_3 \quad (5.13)$$

となる．h_2, h_3 は断面 1 とそれぞれの断面との間の損失ヘッド（loss of head）である．図において，管路の各点における圧力ヘッドの高さを結ぶ線を水力こう配線（hydraulic grade line），全ヘッドの高さを結ぶ線をエネルギー線（energy line）という．

5.2.2 ベルヌーイの式の応用

理想流体の一次元流れのいろいろな問題は，連続の式とベルヌーイの式を併用することにより解くことができる．

(1) ベンチュリ管

図 5.8 のように，管の一部を細く絞って管路内の流量を測定する装置をベンチュリ管（Venturi tube）という．管の絞られた部分では速度が増大する．その結果，降下する圧力を測定して管路内の流量を測定する．

ベンチュリ管の断面積を A，速度を v，圧力を p とし，添字 1, 2 をそれぞれを断面 1, 2 の状態を表すとすると，ベルヌーイの式より

$$\frac{p_1}{\rho g}+\frac{{v_1}^2}{2g}+z_1=\frac{p_2}{\rho g}+\frac{{v_2}^2}{2g}+z_2$$

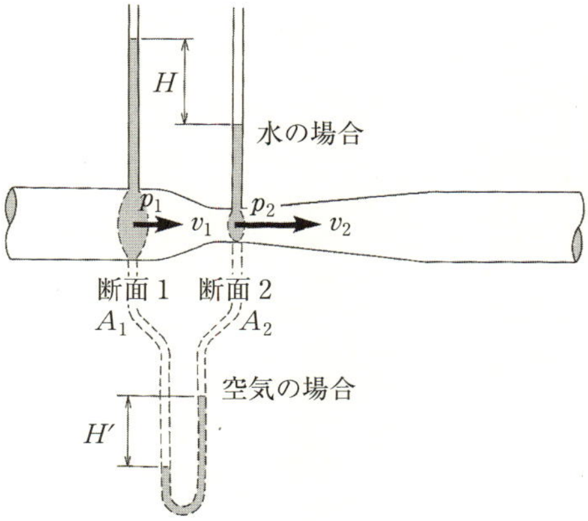

図 5.8　ベンチュリ管

ジョバンニ・バティスタ・ベンチュリ
（Giovanni Battista Venturi, 1746～1822）
イタリアの物理学者．波らんに富んだ人生で，司祭，教師，会計検査官などを経て，最後に実験物理学の教授となった．オリフィスに付けた種々の口金の所にできる渦の効果や流量を調べ，ベンチュリ管の基本原理や開水路の跳水現象などを明らかにした．

管路が水平に置かれているとすると

$$z_1 = z_2, \quad \frac{p_1 - p_2}{\rho g} = \frac{{v_2}^2 - {v_1}^2}{2g}$$

連続の式より

$$v_1 = v_2 \frac{A_2}{A_1}$$

ゆえに

$$v_2 = \frac{1}{\sqrt{1-(A_2/A_1)^2}} \sqrt{2g \frac{p_1 - p_2}{\rho g}} \tag{5.14}$$

また

$$\frac{p_1 - p_2}{\rho g} = H$$

したがって，流量は

$$Q = A_2 v_2 = \frac{A_2}{\sqrt{1-(A_2/A_1)^2}} \sqrt{2gH} \tag{5.15}$$

となる．

流れている流体が気体の場合は，U 字管によって $p_1 - p_2$ を測定する．なお，実際には断面 A_1 から A_2 までの間において，摩擦などによる多少のエネルギー損失があるから，上式を次のように修正する．

$$Q = C \frac{A_2}{\sqrt{1-(A_2/A_1)^2}} \sqrt{2gH} \tag{5.16}$$

C を流量係数(coefficient of discharge)といい，実験によって決める．式(5.16)は，管が傾斜している場合にも適用できる．

(2) ピトー管

パリで研究していたピトー(Pitot)は，ある日，非常に簡単な流速測定装置を思いついた．それは，ガラス管の下端を 90° に曲げて，それを流れに対向して支え，その水位が水面より上昇する高さを測定することにより流速を出そうとするものである．彼は，この着想が頭に浮かぶや，すぐに先端を曲げたガラス管をもってセーヌ河に走っていったといわれている．**図 5.9** のようにして実験した結果は，予想を裏づけるものであった．その着想をまとめた装置は**図 5.10** のようなもので，この装置をピトー管(Pitot tube)と呼び，現在も広く使

アンリー・ド・ピトー
(Henri de Pitot, 1695～1771)
フランスに生れ，パリで数学と物理学を学び，土木技師として沼地の排水，橋・水道の建設，洪水対策などを進めた．彼の著書は，水理学のほか，構造，測量，天文学，数学，衛生設備，および操船理論にも及んでいる．有名なピトー管は，流速測定装置として 1732 年に発表された．

予想どおり，管を流れに向けると管内の水は上昇する．この高さから流速を算出できるはずだ
H

図 5.9　ピトーの最初の実験

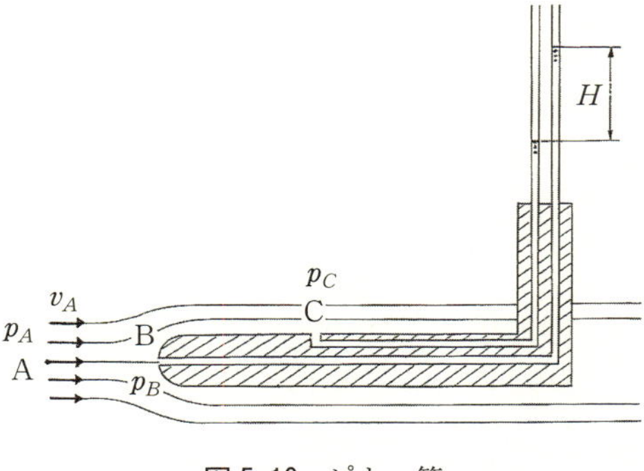
H
p_C
C
v_A
p_A
B
A
p_B

図 5.10　ピトー管

用されている．それは，流線形をした先端に，流れに直面して一つの孔が，また流れに直角方向にもう一つの孔があけられ，別々の圧力を取り出すようになっている．

上流の流れを乱さない位置 A の静圧と速度をそれぞれ p_A, v_A とする．ピトー管の開口部 B では流れはせき止められ，速度は 0，圧力は p_B となる．B をよどみ点(stagnation point)という．A と B の間にベルヌーイの式を適用すると

$$\frac{p_A}{\rho g}+\frac{{v_A}^2}{2g}=\frac{p_B}{\rho g}$$

$$v_A=\sqrt{2g\frac{p_B-p_A}{\rho g}} \tag{5.17}$$

となる．A のすぐ近くの流線が C を通り，孔は流線に直角にあけられているので，C で取り出す圧力は静圧 p_C のみである．したがって，$p_A=p_C$ より式(5.17)は

$$v_A=\sqrt{2\frac{p_B-p_C}{\rho}} \tag{5.18}$$

となり，$(p_B-p_C)/(\rho g)=H$ なので，次式を得る．

$$v_A=\sqrt{2gH} \tag{5.19}$$

流れている流体が気体のときは，U 字管によって p_B-p_C を測定する．

なお，実際のピトー管では，その形状や流体の粘性による損失を受けるため，次のように修正する．

$$v_A=C_v\sqrt{2gH} \tag{5.20}$$

C_v は速度係数(coefficient of velocity)と呼ばれている．

(3) 小孔からの流出(1)―水面が変化しない場合

図 5.11 に示すように，水槽側面の小孔から水が噴出している場合を考えてみる．このような孔をオリフィス(orifice)という．噴流は，図に示すように小孔から少し離れた所で収縮し，最小断面 B をもつ．ここで，流線はほぼ平行で，圧力は噴流の外部から中心まで一様と考えられる．この部分を縮流(vena contracta)と呼ぶ．

水面上の流体粒子 A が流れて断面 B にきたとすると，ベルヌーイの式より

$$\frac{p_A}{\rho g}+\frac{{v_A}^2}{2g}+z_A$$
$$=\frac{p_A}{\rho g}+\frac{{v_B}^2}{2g}+z_B$$

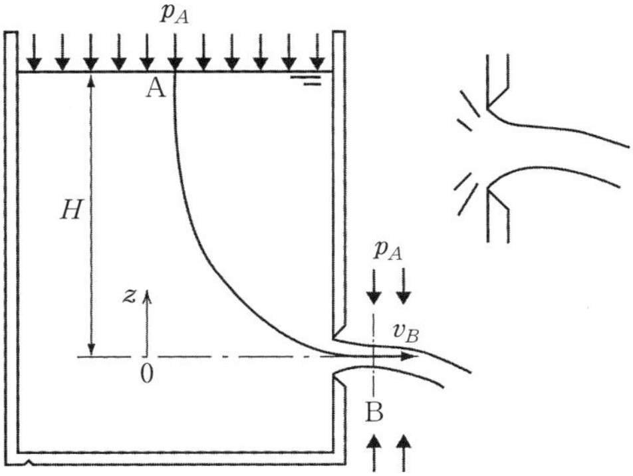

図 5.11　小孔からの流出(1)

となる．水槽は大きく，水面の高さは変化しないとすれば，点Aにおいては $v_A=0$，$z_A=H$ となり，点Bでは $z_B=0$ となる．p_A は大気圧を表す．

$$\frac{p_A}{\rho g}+H=\frac{p_A}{\rho g}+\frac{{v_B}^2}{2g}$$

$$\therefore\ v_B=\sqrt{2gH} \tag{5.21}$$

式(5.21)をトリチェリ(Torricelli)の定理という．

a. 収縮係数

噴流の最小断面の面積 a_c と小孔の面積 a との比 C_c を収縮係数(coefficient of contraction)といい，だいたい0.65くらいの値となる．

$$a_c=C_c\,a \tag{5.22}$$

b. 速度係数

噴流の最小断面の速度は流体の粘性，小孔の縁の影響などで理論値 v_B，すなわち $\sqrt{2gH}$ より小さくなる．実際の速度 v と $\sqrt{2gH}$ との比 C_v を速度係数(coefficient of velocity)といい，だいたい0.95くらいの値となる．

$$v=C_v v_B=C_v\sqrt{2gH} \tag{5.23}$$

c. 流量係数

したがって，実際の流量 Q は

$$Q=C_c\,a\cdot C_v v_B=C_c C_v\,a\sqrt{2gH} \tag{5.24}$$

となる．さらに，$C_cC_v=C$ とおき

$$Q=C\,a\sqrt{2gH} \tag{5.25}$$

と表す．C は流量係数(coefficient of discharge)と呼ばれる．鋭い縁のある小孔では，C はおよそ0.60である．

(4) 小孔からの流出(2)—水面が変化する場合

理論流出速度 v は

$$v=\sqrt{2gH}$$

である．**図5.12** に示すように $\mathrm{d}t$ 時間に $\mathrm{d}Q$ 流出し，水面の降下を $-\mathrm{d}H$ とする．

$$\mathrm{d}Q=C\,a\sqrt{2gH}\,\mathrm{d}t=-\mathrm{d}H\cdot A$$

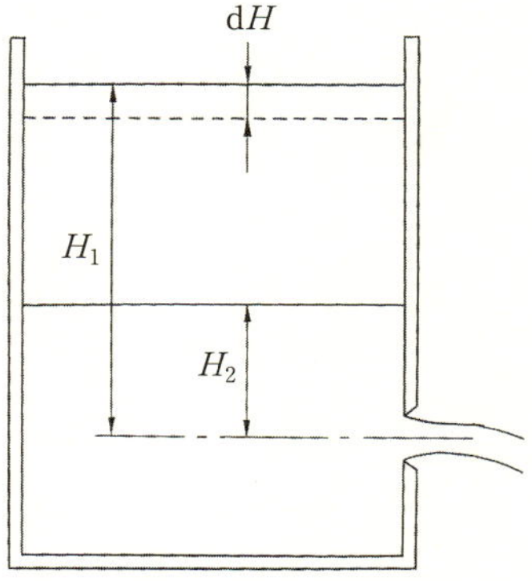

図5.12 小孔からの流出(2)

$$\mathrm{d}t = \frac{-A\,\mathrm{d}H}{Ca\sqrt{2gH}}$$

$$\int_{t_1}^{t_2} \mathrm{d}t = -\frac{A}{Ca\sqrt{2g}} \int_{H_1}^{H_2} \frac{\mathrm{d}H}{\sqrt{H}}$$

水面が H_1 から H_2 に下がるまでの時間は，次のとおりである．

$$t_2 - t_1 = \frac{2A}{Ca\sqrt{2g}} (\sqrt{H_1} - \sqrt{H_2}) \qquad (5.26)$$

(5) 小孔からの流出 (3)—水面降下速度一定の水槽断面

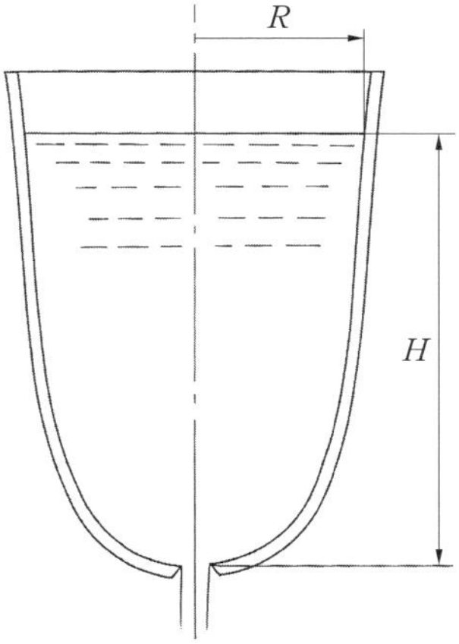

図 5.13　小孔からの流出(3)

図 5.13 に示すように底面に面積 a の小孔があり，そこから水が流出するとする．

$$\mathrm{d}Q = Ca\sqrt{2gH}\,\mathrm{d}t = -\mathrm{d}H \cdot A = -\mathrm{d}H \cdot \pi R^2$$

水面の降下速度 V は上式より

$$V = -\frac{\mathrm{d}H}{\mathrm{d}t} = \frac{Ca\sqrt{2gH}}{\pi R^2} \qquad (5.27)$$

$$H = \left(\frac{\pi V}{Ca\sqrt{2g}}\right)^2 R^4 \qquad (5.28)$$

$$H \propto R^4 \qquad (5.29)$$

すなわち，垂直線に対し R^4 の曲線をもつ断面形状であれば，水面降下速度は一定である†2.

図 5.14 は，約 3400 年前にエジプトでつくられた水面の位置で時刻を示す水時計である．

図 5.14　3400 年前のエジプトの水時計（ロンドン科学博物館）

†2　昔の水時計を漏刻(ろうこく)といい，水面の降下速度が一定につくられている．漏刻がはじめて使用されたのは天智天皇の 10 年(671 年)4 月 25 日である．太陽歴にすると 6 月 10 日に当たるので，大正 9 年から“時の記念日”に定められた．滋賀大津の近江神宮で，この日，漏刻祭が行われる．

(6) せ　き

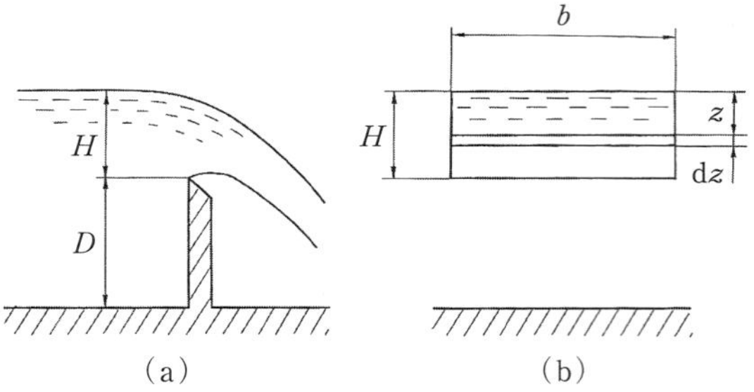

図 5.15　せき

図 5.15 のように水路を板または壁でせき止め，これを越えて水が流れる場合，これをせき(weir)といい，水路の流量測定に用いられる．

図において，水面から任意の深さ z の所に微小深さ dz を考える．ここの水路幅を b とすると，微小面積 bdz を一つのオリフィスのように考えると，ベルヌーイの式から

$$v=\sqrt{2gz}$$

そこを通る流量 dQ は，流量係数を C とすると

$$\mathrm{d}Q=Cb\mathrm{d}z\sqrt{2gz}$$

この式を積分すると

$$Q=Cb\sqrt{2g}\int_0^H\sqrt{z}\,\mathrm{d}z=\frac{2}{3}Cb\sqrt{2g}\,H^{3/2} \tag{5.30}$$

となる．式(5.30)により，H を測定することによって流量 Q が計算される．

5.3 運動量の保存

5.3.1 運動量の式

図 5.16 に示すように飛んでいる野球のボールは簡単にグローブで受け止めることができる．しかし，走っている自動車は短時間に止めることは難しい．

このように，物体の運動の大きさを考えるのには速度だけでは不十分で，質量 M と速度 v の積 Mv を用いて運動の大きさの目安とする．この量を運動量(momentum)という．ニュートンの運動の第2法則から，物体のもつ運動量の単位時間当たりの変化は物体に働いた力に等しいという関係が得られる．

いま，速度 v_1 (m/s) で動いている質量 M(kg) の物体が t 秒後に速度 v_2 (m/s)になったとすると，加えた力 F(N)は次式で与えられる．

$$F = \frac{Mv_2 - Mv_1}{t} \tag{5.31}$$

すなわち，加えた力は単位時間の運動量の増加として保存される．このことは，運動量の保存則（law of conservation of momentum）を表している．これを運動量の式という．

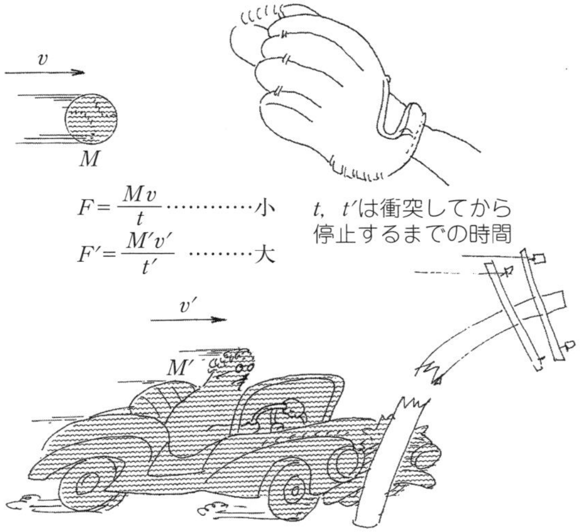

図 5.16　車は急に止まらない

噴流の反力，あるいは流れに接する固体壁に及ぼす力などを求める場合，運動量の変化を調べれば，内部の複雑な現象に立ち入ることなく，比較的簡単に力を求めることができる．

実際の計算では，流れの中に仮想面（検査面）を考え，その面内で運動量の式を用いて運動量の変化と力との関係を求める．**図 5.17** のような曲管内を流体が流れる場合，検査面を ABCD とし，断面 AB，断面 CD の面積を A_1, A_2，速度を v_1, v_2，圧力を p_1, p_2 とする．流体が曲管に及ぼす力を F とすると，曲管が流体に及ぼす力は $-F$ となる．この力と断面 AB，断面 CD に加わる圧力が流体に作用し，その力によって流体の運動量は変化する[†3]．F の x, y 方向の分力をそれぞれ F_x,

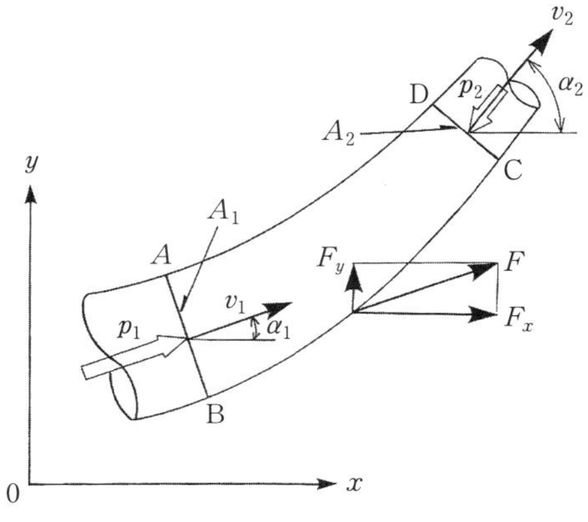

図 5.17　曲管内の流れ

†3　運動量の変化＝断面 CD での運動量 − 断面 AB での運動量

F_y とすると，運動量の式より

$$\left.\begin{aligned} -F_x + A_1 p_1 \cos\alpha_1 - A_2 p_2 \cos\alpha_2 = m(v_2 \cos\alpha_2 - v_1 \cos\alpha_1) \\ -F_y + A_1 p_1 \sin\alpha_1 - A_2 p_2 \sin\alpha_2 = m(v_2 \sin\alpha_2 - v_1 \sin\alpha_1) \end{aligned}\right\} \quad (5.32)$$

となる．上式において，m は質量流量を表し，体積流量を Q とすると，次の関係がある．

$$m = \rho Q = \rho A_1 v_1 = \rho A_2 v_2 = \frac{\gamma}{g} Q$$

式(5.32)から F_x, F_y を求めることができる．

$$\left.\begin{aligned} F_x = m(v_1 \cos\alpha_1 - v_2 \cos\alpha_2) + A_1 p_1 \cos\alpha_1 - A_2 p_2 \cos\alpha_2 \\ F_y = m(v_1 \sin\alpha_1 - v_2 \sin\alpha_2) + A_1 p_1 \sin\alpha_1 - A_2 p_2 \sin\alpha_2 \end{aligned}\right\} \quad (5.33)$$

式(5.33)は運動量変化が力に等しいような形をしているが，m には単位時間当たりという意味が入っているので，運動量の時間的変化が力に等しいことを示していることに注意してほしい．

曲管に作用する合力は，次の式によって求められる．

$$F = \sqrt{F_x{}^2 + F_y{}^2} \quad (5.34)$$

5.3.2 運動量の式の応用

運動量の式は，流体が物体に及ぼす力を考える場合，大変有効である．

(1) 噴流の力

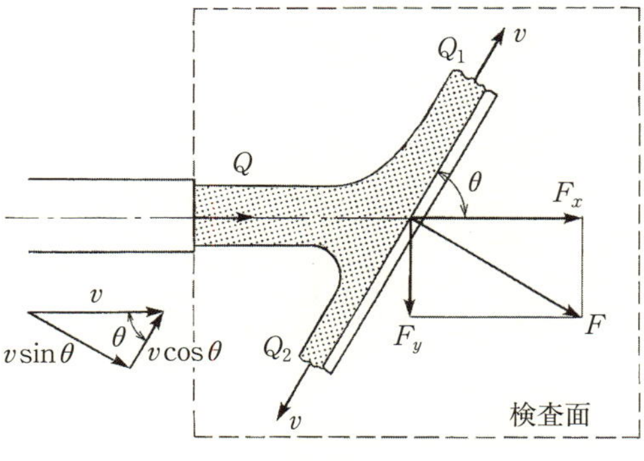

図 5.18　静止平板に働く噴流の力

図 5.18 に示すように，静止している傾斜平板に二次元噴流が当たって上下 2 方向に分かれる場合を考えてみよう．

噴流の内部の圧力は外部と等しく，平板に衝突する前後で損失は生じないものとする．損失がないため，平板に衝突後これに沿って同一速度 v で流れ出るとする．検査面を図 5.18 のように考える．平板に直角な方向についてみると，噴流は $v\sin\theta$ で平板に垂直に当たったあとは 0 となるので，平

板に垂直に作用する力 F は運動量の保存則を適用すると

$$F=\rho Qv\sin\theta \tag{5.35}$$

噴流の方向に働く力 F_x は

$$F_x=F\sin\theta=\rho Qv\sin^2\theta \tag{5.36}$$

噴流の直角方向に働く力 F_y は

$$F_y=F\cos\theta=\rho Qv\sin\theta\cos\theta \tag{5.37}$$

となる．

次に，平板に沿って流れる流量は Q_1, Q_2 に分かれる．この Q_1 と Q_2 の割合が平板の傾斜角度 θ によってどう変わるかを求めてみよう．この場合，流れの損失を無視すると平板に沿っては力が働かないから，平板に沿う方向に運動量の式を適用すると，

$$\rho Qv\cos\theta=\rho Q_1v-\rho Q_2v$$

したがって

$$Q\cos\theta=Q_1-Q_2$$

連続の式 $Q=Q_1+Q_2$ を用いて，Q_1 および Q_2 を求めると

$$Q_1=Q\frac{1+\cos\theta}{2} \tag{5.38}$$

$$Q_2=Q\frac{1-\cos\theta}{2} \tag{5.39}$$

となる．

図 5.18 の平板が噴流と同一方向に u の速度で運動している場合には，平板に対する噴流の相対速度は $v-u$ であるから，平板に到達する流量 Q' は

$$Q'=Q\frac{v-u}{v}$$

平板に直角方向の速度変化は $(v-u)\sin\theta$ であるから，平板に垂直に及ぼす力 F は

$$F=\rho Q'(v-u)\sin\theta=\rho Q\frac{(v-u)^2}{v}\sin\theta \tag{5.40}$$

(2) 急拡大管の損失

図 5.19 のような急拡大管について，管は水平とし，管摩擦損失を無視し，広がり損失を h_s とし，断面 1 と 2 の間にベルヌーイの式を適用すると

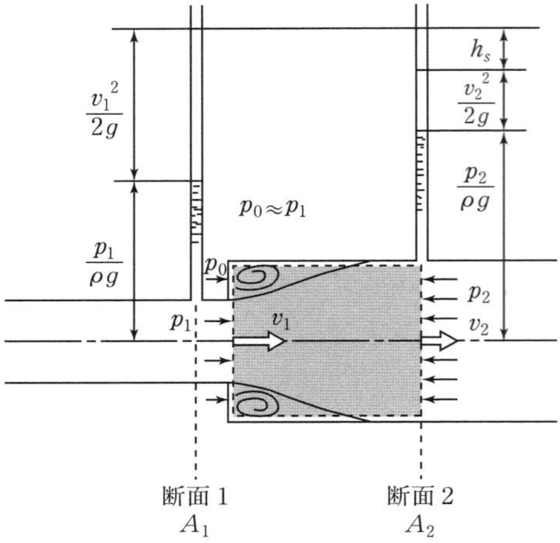

図 5.19　急拡大管

$$\frac{p_1}{\rho g}+\frac{v_1^2}{2g}=\frac{p_2}{\rho g}+\frac{v_2^2}{2g}+h_s$$

$$\therefore\ h_s=\frac{p_1-p_2}{\rho g}+\frac{v_1^2-v_2^2}{2g} \tag{5.41}$$

となる．

急拡大部においては，流れは噴流となって下流管に流入する．拡大管直後の圧力 p_0 は実験的に p_1 にほぼ等しいので，検査面を図の破線のようにとる．断面 1 と検査面入口での圧力および速度は等しいと仮定して運動量の式を適用すると

$$\rho Q(v_2-v_1)=(p_1-p_2)A_2 \tag{5.42}$$

となる．$Q=A_1v_1=A_2v_2$ であるから，上式より

$$\frac{p_1-p_2}{\rho g}=\frac{Q}{A_2}\frac{v_2-v_1}{g}=\frac{v_2}{g}(v_2-v_1) \tag{5.43}$$

となり，式(5.43)を式(5.41)に代入して次式を得る．

$$h_s=\frac{(v_1-v_2)^2}{2g}=\left(1-\frac{A_1}{A_2}\right)^2\frac{v_1^2}{2g} \tag{5.44}$$

はく離した流れの状態も考えず，またごく概算的な取扱いであるにもかかわらず式(5.44)はほぼ実際と一致する．この h_s をボルダ-カルノー(Borda-Carnot)損失という．

(3) ジェットポンプ

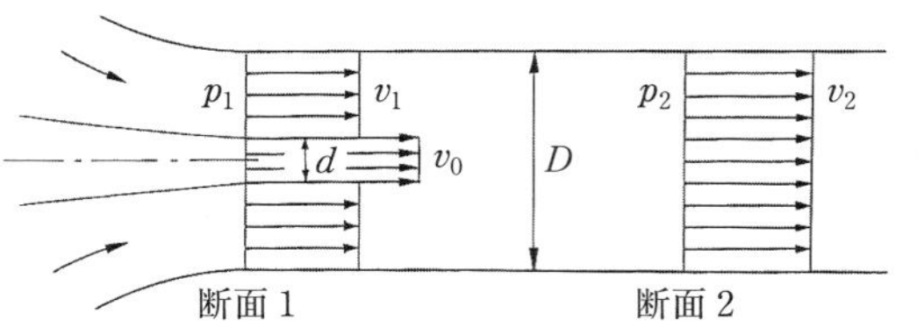

図 5.20　ジェットポンプ

図 5.20 のように，水管内に水のジェットを噴出させ，周囲の水と混合して水を運び出す構造のポンプをジェットポンプという．

断面 1 でのジェットの噴

出速度を v_0，周囲の水の速度を v_1 とし，断面 2 では混合が終わり，流れは一様速度 v_2 になっているとすれば，

流出した運動量　：$\dfrac{\pi D^2}{4}\rho {v_2}^2$

流入した運動量　：$\dfrac{\pi}{4}(D^2-d^2)\rho {v_1}^2+\dfrac{\pi}{4}d^2\rho {v_0}^2$

運動量の増加　　：$\dfrac{\pi}{4}\rho[D^2{v_2}^2-(D^2-d^2){v_1}^2-d^2{v_0}^2]$

流体に作用した力：$\dfrac{\pi}{4}D^2(p_1-p_2)$

運動量の式により

$$\rho[D^2{v_2}^2-(D^2-d^2){v_1}^2-d^2{v_0}^2]=D^2(p_1-p_2)$$

連続の式を用いて整理すると，次のようになる.

$$p_2-p_1=\rho\frac{d^2}{D^2}\frac{D^2-d^2}{D^2}(v_0-v_1)^2 \tag{5.45}$$

この式は，p_2-p_1 が常に正であることを示している．すなわち，圧力差に逆らってジェットポンプが水を送り出すことができることを表している.

(4) プロペラの効率

図 5.21 に示す直径 D のプロペラが U なる速度で右から左へ動いている場合，相対的には静止したプロペラに左から右に速度 U の流れが当たると考えればよい.

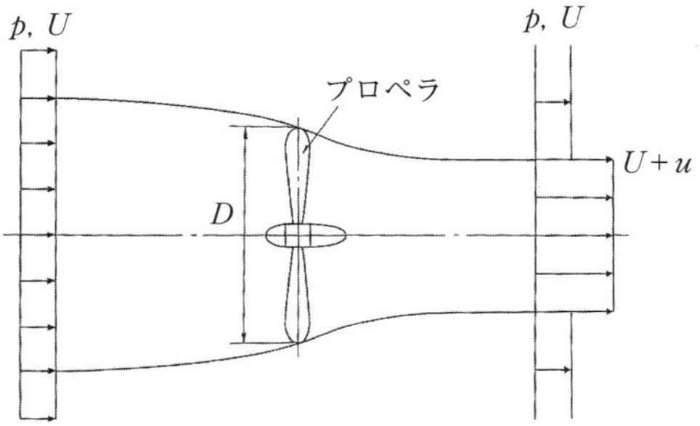

図 5.21　プロペラ前後の流れ

プロペラに推力 T が発生するためには，プロペラを通過する流体に運動量の変化を生ずる必要があるので，下流側の流体は加速されて速度 $U+u$ になったとする．プロペラの直前，直後の圧力差を Δp，プロペラを通過する流速を u' とすると，ベルヌーイの式より

$$\Delta p=\frac{1}{2}\rho[(U+u)^2-U^2] \tag{5.46}$$

推力 T は

$$T=\Delta p A=\frac{1}{2}\rho A(2Uu+u^2) \tag{5.47}$$

また，プロペラを通過する流体に加えられた力は推力 T の反作用であるので，この流体に運動量の式を適用すると

$$T=\rho Q[(U+u)-U]=\rho Qu=\rho Au'u \tag{5.48}$$

したがって，

$$u'=U+\frac{u}{2} \tag{5.49}$$

となる．

プロペラが流体に対してなす仕事は毎秒 Tu' であり，それによりプロペラを移動させる仕事は TU であるから，プロペラの理論効率 η は

$$\eta=\frac{TU}{Tu'}=\frac{1}{1+u/(2U)} \tag{5.50}$$

となる．したがって，u が小さいほど効率が高くなる．しかし，この計算では流れの旋回や摩擦抵抗を無視しているので，この理論から求めた効率は達しうる上限を示すものである．

5.4 角運動量の保存

5.4.1 角運動量の式

（a）遅いスピン　　（b）早いスピン

図 5.22　銀盤の女王

質量 M の物体が半径 r，回転速度 v の回転運動をしている場合の角運動量は

$$\begin{aligned}角運動量&=慣性モーメント\times角速度\\&=Mr^2\times\frac{v}{r}=Mrv\end{aligned} \tag{5.51}$$

この物体に与えるトルク（回転力）は

$$\begin{aligned}トルク&=角運動量の変化\\&=慣性モーメント\\&\quad\times角加速度\end{aligned} \tag{5.52}$$

これは，ニュートンの運動の第2法則に相当するもので，角運動量の保存則(law of conservation of angular momentum)を表している．

図5.22は，銀盤の女王の華麗な演技を表している．同じ角運動量をもって回転している場合，手を広げ，片足を横に出して慣性モーメントを大きくすれば，彼女の回転は遅くなる．これは，まさに式(5.52)の関係を端的に表している．

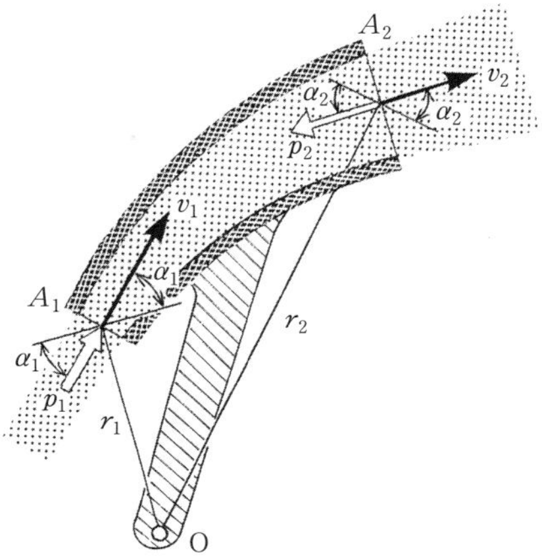

図5.23　軸Oを中心として回転できるように支持した曲管内の流れ

流体の流れに式(5.52)の関係を適用すると，水車やポンプの回転羽根車内を流体が流れるときの，その軸に作用するトルクを求めることができる．図5.23のような曲管内を流体が流れている場合，断面積 A_1 から断面積 A_2 の間の流体が管壁に及ぼす力により管を軸Oのまわりに回そうとするモーメント(トルク)を T とする[†4]と，角運動量の式より

$$T + A_2 p_2 r_2 \cos\alpha_2 - A_1 p_1 r_1 \cos\alpha_1 = m(r_2 v_2 \cos\alpha_2 - r_1 v_1 \cos\alpha_1) \tag{5.53}$$

となる．

5.4.2 ポンプや水車の動力

図5.24のポンプの羽根車の回転により，流体は翼に沿って流れるものとする．半径 r_1, r_2 における周速度を u_1, u_2，流体の絶対速度を v_1, v_2，羽根車に対する相対速度を w_1, w_2，絶対速度と周速度となす角を α_1, α_2，羽根から送り出される質量流量を m とすれば，図からわかるように，圧力の方向が羽根車の中心を通るので，式(5.53)の左辺の第2項と第3項は0となるので，トルク T は次式のようになる．

$$T = m(r_2 v_2 \cos\alpha_2 - r_1 v_1 \cos\alpha_1) \tag{5.54}$$

†4　回転ならびにトルクの方向は，通常，反時計まわりを正とする．

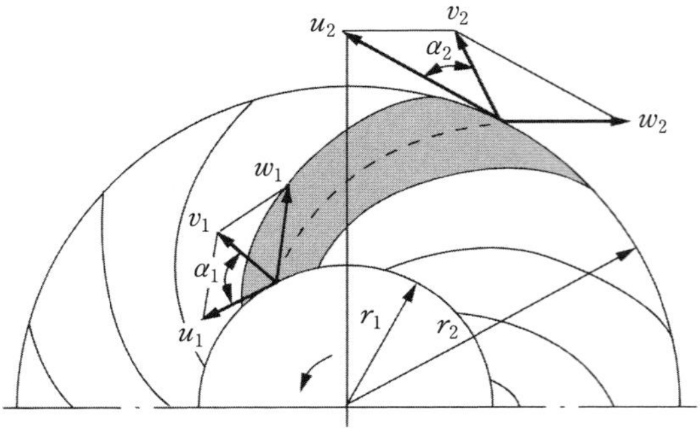

図 5.24　遠心ポンプの羽根車内の流れ

このように，羽根車の入口と出口の速度の状態だけによって羽根車の軸に与えるトルクを求めることができる．

軸に与える動力 L は，羽根車の角速度を ω とすれば

$$L = T\omega \qquad (5.55)$$

である．水車の場合も同様に，トルクや動力を求めることができる．

《演 習 問 題》

1. 流れが定常であるとき，オイラーの運動方程式を積分してベルヌーイの式を導け．

2. 図 5.25 に示すような管路における流速 v_1, v_2, v_3 を求めよ．ただし，流量 $Q = 800\ l/\text{min}$ であり，断面 1, 2, 3 における管径 d_1, d_2, d_3 は $d_1 = 50$ mm, $d_2 = 65$ mm, $d_3 = 100$ mm である．

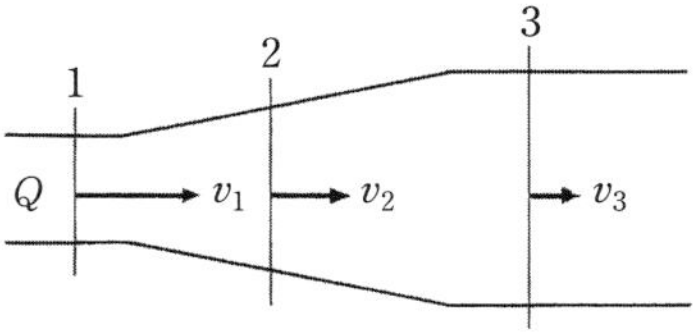

図 5.25

3. 図 5.25 の管路を水が流れている．断面 1 における圧力 $p_1 = 24.5$ kPa（0.25 kgf/cm²）であるとき，断面 2, 3 における圧力 p_2, p_3 はいくらとなるか．

4. 図 5.26 で，流量 Q が半径 r_1 の管を通って中心に流入し，2 枚の円板間を放射状に流れて大気中に流出する．円板間の圧力分布を求めよ．また，下の r_1 から r_2 までの円板に掛かる全圧力 P を計算せよ．ただし，摩擦損失は無視する．

5. 図 5.26 において，$r_1 = 7$ cm の管から流量 $Q = 0.013$ m³/s の水が $r_2 = 30$ cm の 2 枚の円板間を通って放射状に流出するとき，$r = 12$ cm における圧力と流速を求めよ．ただし，$h = 0.3$ cm とし摩擦損失は無視する．

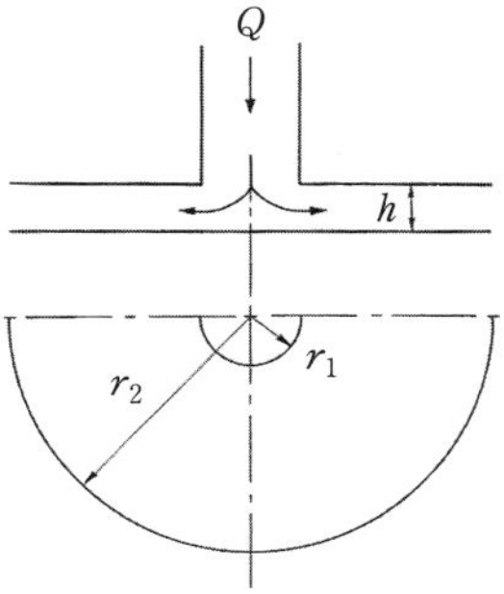

図 5.26

6. 図 5.27 のようにタンクに穴があいていて $a \ll A$ とする．タンクに入れてある水が

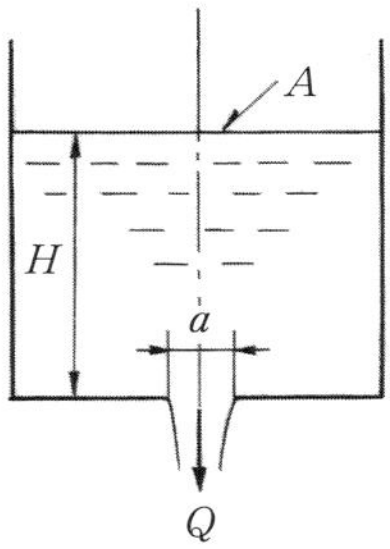

図 5. 27

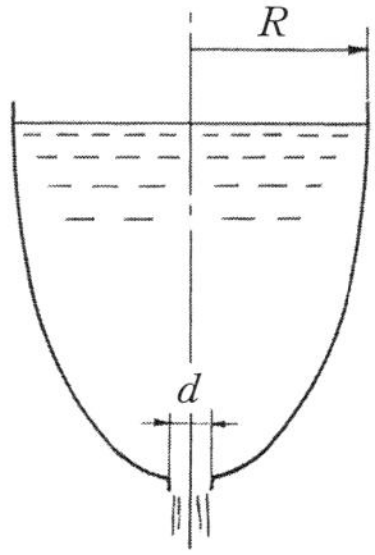

図 5. 28

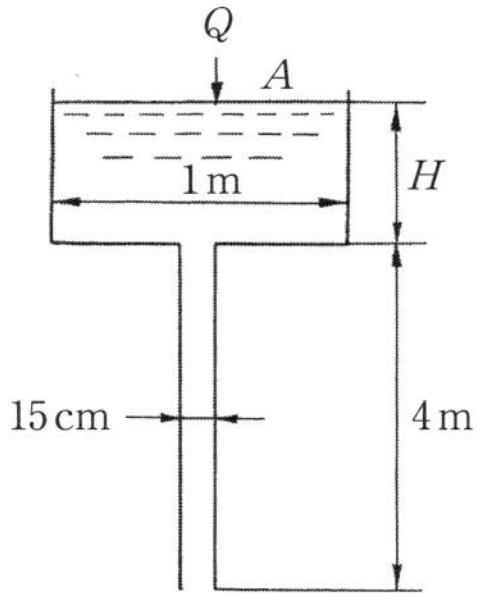

図 5. 29

流出するに要する時間 t を求めよ.

7. **図 5. 28** のように，容器の水が底面にあけた小孔から流出する場合，水面降下速度を一定にするためには断面形状をどのようにしたらよいか. 容器の水の容積を $2\,l$ とし，測定時間 1 時間の水時計を製作するためには，容器の最初の水面の半径 R と底面の小孔の直径 d の比 $R/d=100$ とし，小孔の流量係数 $C=0.6$ とした場合，R, d をどれだけにしたらよいか.

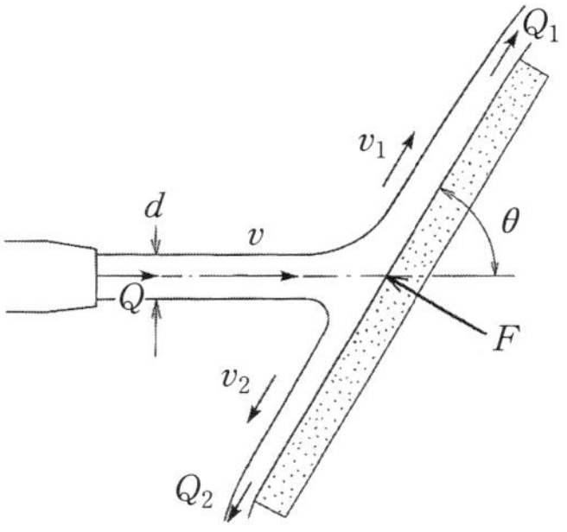

図 5. 30

8. **図 5. 29** のように長さ 4 m，径 15 cm の円管を付けた径 1 m の円筒水槽に毎秒当たり $Q=0.2\,\mathrm{m}^3$ の水が供給されているとき，水槽の水深 H はいくらになるか. また，管内の圧力分布を求めよ.

9. **図 5. 30** のように，流量 Q，直径 d の水の噴流が角度 θ の静止板に当たっている. この静止板を支えるのに必要な力とその方向を求めよ. また，$\theta=60°$，$d=25$ mm，$Q=0.12\,\mathrm{m}^3/\mathrm{s}$ のときの Q_1, Q_2, F を求めよ.

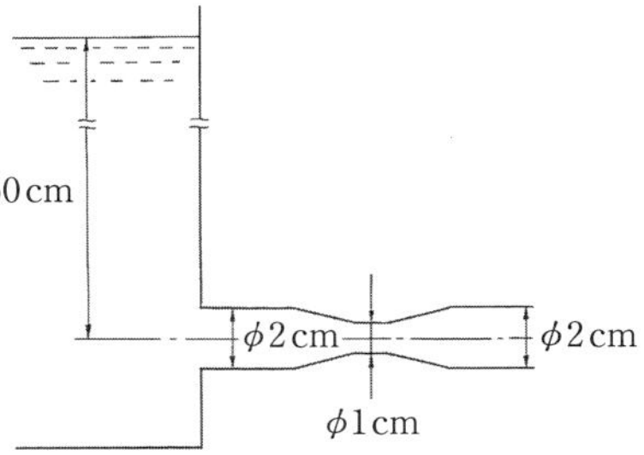

図 5. 31

10. **図 5. 31** のように，ヘッド 50 cm の水槽から水が絞り部を通って流出するとき，絞り部における圧力を求めよ.

11. **図 5. 32** は家庭用スプリンクラを示す. 噴口径 5 mm で噴出速度 5 m/s とすると，このスプリンクラの回転数 n は何ほどか. また，このスプリンクラを止めるために必

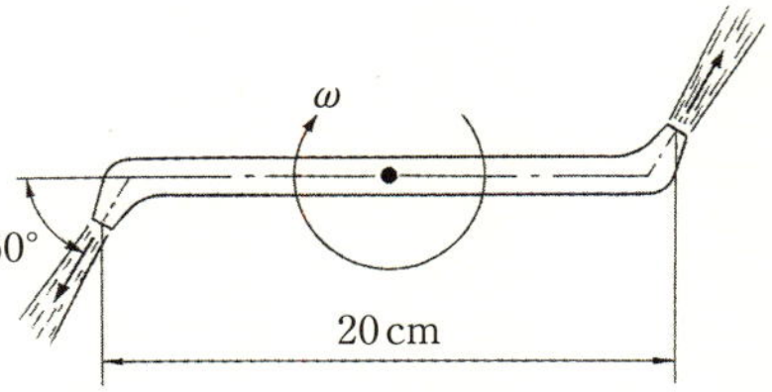

図 5. 32

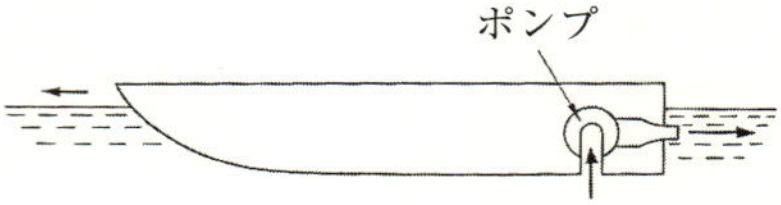

図 5. 33

要な回転モーメントはいくらか．ただし，摩擦はないものとする．

12. 5 m/s で流れている河を**図 5. 33** のようなジェット推進の船が 10 m/s の速度で昇っている．ジェットの流量 0.15 m^3/s，噴出速度 20 m/s とすると，この船の推進力 F は何ほどか．このようなジェット船は，吉野熊野国立公園内の瀞峡（どろきょう）に実際に使われている．

13. **図 5. 34** の水槽側面に設けた直径 $d = 50$ mm のオリフィスから毎秒 3.6×10^{-3} m^3 の水が流出している．噴流の最小断面の直径 $d' = 40$ mm であった．このオリフィスの収縮係数 C_c，速度係数 C_v，流量係数 C を求めよ．

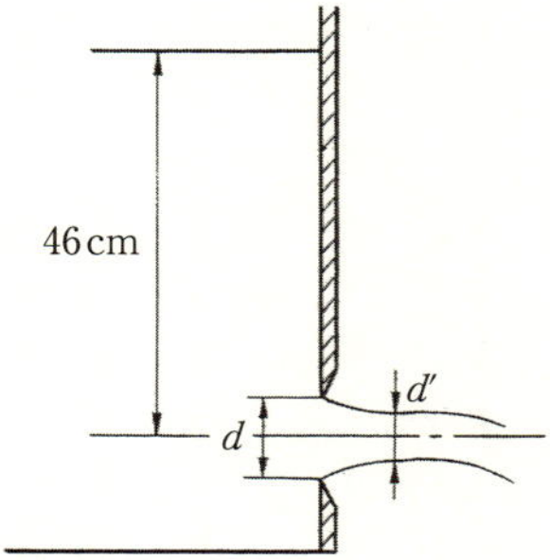

図 5. 34

6. 粘性流体の流れ

実在の流体は，すべて大なり小なり粘性をもっている．その影響がわずかな場合は，理想流体の流れとして取り扱うことができるが，その影響が無視できない場合は粘性流体として取り扱わなければならない．例えば，流れによる損失，流れの中にある物体に働く抗力，流れが物体からはがれる現象などを解析するためには，粘性流体として取り扱う必要がある．

本章では，二次元非圧縮性粘性流体の流れにおいて，速度および圧力などの関係を解析的に求める基本的な事項について述べる．

6.1 連続の式

流れの中に，**図 6.1** のような各辺の長さ $\mathrm{d}x$, $\mathrm{d}y$ で単位厚さの流体微小要素†1を考える．x, y 方向の流速を u, v とする．x 方向について，流入した質量流量から流出した質量流量を引けば，微小要素に単位時間に溜まった流体質量となる．

$$\rho u \mathrm{d}y - \left[\rho u + \frac{\partial(\rho u)}{\partial x}\mathrm{d}x\right]\mathrm{d}y = -\frac{\partial(\rho u)}{\partial x}\mathrm{d}x\mathrm{d}y$$

同様に，y 方向の流れで単位時間に溜まった流体質量は

$$-\frac{\partial(\rho v)}{\partial y}\mathrm{d}x\mathrm{d}y$$

となる．

この溜まった流体によって，微小要素の流体質量 $(\rho \mathrm{d}x\mathrm{d}y)$ は単

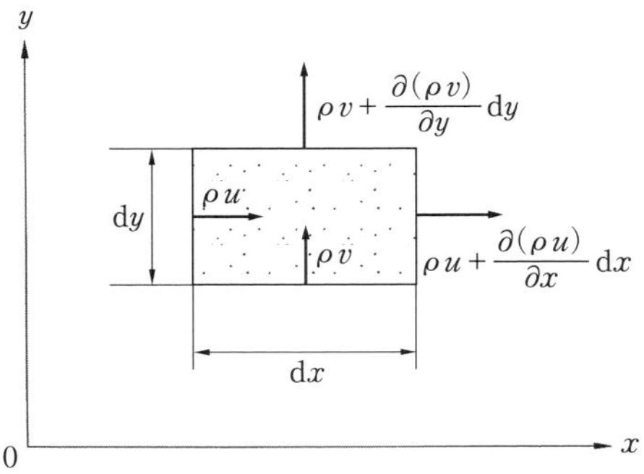

図 6.1 流体微小要素の流れのつりあい

†1 この流体微小要素の体積は $\mathrm{d}x\mathrm{d}y \times 1$ でその次元は L^3 である（L は長さを表す）．

位時間に $\partial(\rho\,\mathrm{d}x\,\mathrm{d}y)/\partial t$ だけ増加するはずである．したがって，次式が成立する．

$$-\frac{\partial(\rho u)}{\partial x}\mathrm{d}x\,\mathrm{d}y-\frac{\partial(\rho v)}{\partial y}\mathrm{d}x\,\mathrm{d}y=\frac{\partial(\rho\,\mathrm{d}x\,\mathrm{d}y)}{\partial t}$$

$$\therefore\ \frac{\partial\rho}{\partial t}+\frac{\partial(\rho u)}{\partial x}+\frac{\partial(\rho v)}{\partial y}=0 \qquad (6.1)^{\dagger 2}$$

式(6.1)を連続の式という．この式は，圧縮性流体の非定常流に対しても成り立つ．定常流の場合は，第1項が0となる．

非圧縮性流体の場合は ρ ＝const. であるから

$$\frac{\partial u}{\partial x}+\frac{\partial v}{\partial y}=0 \qquad (6.2)^{\dagger 2}$$

となる．この式も定常流，非定常流ともに成り立つ．

図 6.2 のような軸対称の流れの場合，円柱座標系を用いると式(6.2)は次式のようになる．

$$\frac{\partial u}{\partial x}+\frac{1}{r}\frac{\partial(rv)}{\partial r}=0 \qquad (6.3)$$

連続の式は粘性の有無に関係しないので，理想流体も同じ式が適用できる．

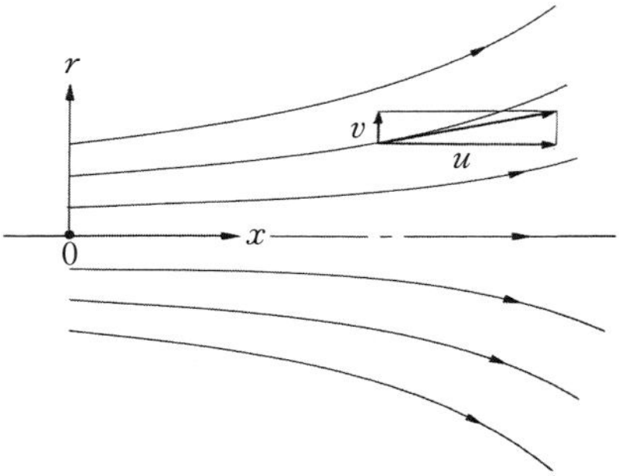

図 6.2　軸対称流れ

6.2 ナビエ-ストークスの方程式

流れの中に図 6.3(a)のように各辺 $\mathrm{d}x$, $\mathrm{d}y$ で単位厚さの流体微小要素を考え，この要素にニュートンの運動の第2法則を適用する．この要素に作用する力を $F(F_x, F_y)$ とすると，x, y 方向に対して，それぞれ次式が得られる．

†2　一般に，ベクトル $\boldsymbol{V}$(x, y, z 成分が u, v, w)に対して $\partial u/\partial x+\partial v/\partial y+\partial w/\partial z$ をベクトル $\boldsymbol{V}$ の発散(divergence)といい，div $\boldsymbol{V}$ または $\nabla\cdot\boldsymbol{V}$ と書く．これを用いれば，式(6.1)，(6.2)［二次元流れ，$w=0$］は，それぞれ

$$\frac{\partial\rho}{\partial t}+\mathrm{div}(\rho\boldsymbol{V})=0\ \text{あるいは}\ \frac{\partial\rho}{\partial t}+\nabla\cdot(\rho\boldsymbol{V})=0 \qquad (6.1)'$$

$$\mathrm{div}(\rho\boldsymbol{V})=0\ \text{あるいは}\ \nabla\cdot(\rho\boldsymbol{V})=0 \qquad (6.2)'$$

と書ける．

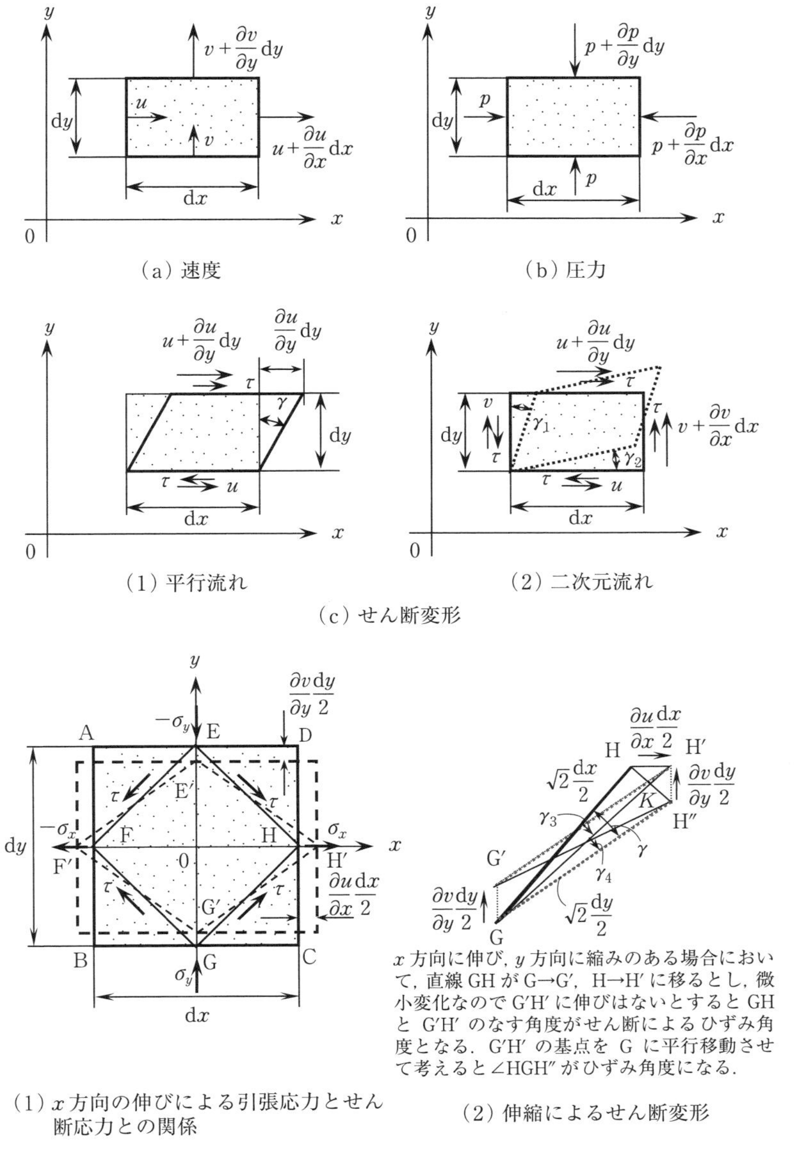

(d) 伸び変形

図 6.3　流体要素のつりあい

$$\rho\,\mathrm{d}x\mathrm{d}y\frac{\mathrm{d}u}{\mathrm{d}t}=F_x,\quad \rho\,\mathrm{d}x\mathrm{d}y\frac{\mathrm{d}v}{\mathrm{d}t}=F_y \tag{6.4}$$

式(6.4)の左辺は，流体微小要素の質量と加速度の積で慣性力(inertia force)を表す．この要素の速度変化は，時間の経過および位置移動の両者によって生ずるから，dt 時間の速度変化 du は，次式のようになる．

$$\mathrm{d}u=\frac{\partial u}{\partial t}\mathrm{d}t+\frac{\partial u}{\partial x}\mathrm{d}x+\frac{\partial u}{\partial y}\mathrm{d}y$$

したがって，

$$\frac{\mathrm{d}u}{\mathrm{d}t}=\frac{\partial u}{\partial t}+\frac{\partial u}{\partial x}\frac{\mathrm{d}x}{\mathrm{d}t}+\frac{\partial u}{\partial y}\frac{\mathrm{d}y}{\mathrm{d}t}=\frac{\partial u}{\partial t}+u\frac{\partial u}{\partial x}+v\frac{\partial u}{\partial y}$$

となる．これを式(6.4)に代入すると

$$\left.\begin{aligned}\rho\left(\frac{\partial u}{\partial t}+u\frac{\partial u}{\partial x}+v\frac{\partial u}{\partial y}\right)\mathrm{d}x\mathrm{d}y=F_x\\ \rho\left(\frac{\partial v}{\partial t}+u\frac{\partial v}{\partial x}+v\frac{\partial v}{\partial y}\right)\mathrm{d}x\mathrm{d}y=F_y\end{aligned}\right\} \tag{6.5}$$

となる．

次に，この微小要素に働く力 $F(F_x, F_y)$ としては，体積力(body force，質量力ともいう) $F_B(B_x, B_y)$ と，面積力(area force)として圧力による力(pressure force) $F_p(P_x, P_y)$ および粘性による力(viscous force) $F_S(S_x, S_y)$ が考えられる．すなわち，

$$F_x=B_x+P_x+S_x,\quad F_y=B_y+P_y+S_y \tag{6.6}$$

である．それぞれを詳しく説明すると，以下のようになる．

(1) 体 積 力

体積と密度に比例する力で，直接質量に作用する力，重力，遠心力，電磁気力などがある．

単位質量の流体に作用する外力の x, y 方向の成分を X, Y とすると，密度 ρ，単位厚さの微小体積 dxdy×1 に作用する力は，重力の場では $X=0, Y=-g$ であるので，

$$B_x=0,\quad B_y=-\rho g\,\mathrm{d}x\mathrm{d}y \tag{6.7}$$

(2) 面 積 力

圧力，せん断応力，引張応力のように面積に作用する力である．

(a) 圧力による力 $F_p(P_x, P_y)$〔図(b)〕

$$\left.\begin{aligned} P_x &= p\,\mathrm{d}y - \left(p + \frac{\partial p}{\partial x}\mathrm{d}x\right)\mathrm{d}y = -\frac{\partial p}{\partial x}\mathrm{d}x\,\mathrm{d}y \\ &\text{同様に} \\ P_y &= -\frac{\partial p}{\partial y}\mathrm{d}x\,\mathrm{d}y \end{aligned}\right\} \tag{6.8}$$

(b) 粘性による力 $F_S(S_x, S_y)$

i) せん断変形による面に平行な力 S_{x_1}

固定壁に沿う平行な流れでは，せん断応力 τ はニュートンの粘性の法則により $\tau = \mu(\partial u/\partial y)$ で表されるが，速度こう配 $\partial u/\partial y$ はひずみ角度変位速度 $\partial\gamma/\partial t$ に置き換えることができる．図(c)(1)より $\tan\gamma = \partial u/\partial y$，$\gamma$ を微小とすると $\gamma = \partial u/\partial y$ となる．これは，単位時間当たりの角度変位なので，t 時間後の角度変位は $\gamma = (\partial u/\partial y)t$ となる．これを t で微分すると，$\partial\gamma/\partial t = \partial u/\partial y$ だから，せん断応力 $\tau = \mu(\partial\gamma/\partial t)$ となり，ひずみ角度変位速度でせん断応力が表せる．複雑になると，せん断応力はひずみ角度変位速度で表した方がわかりやすい．

このままではせん断応力の偶力が微小要素に生じてしまうので，二次元流れでは，図(c)(2)に示すように，その偶力を打ち消すようなせん断応力が y 方向には存在する．

変位ひずみ角度は $\gamma = \gamma_1 + \gamma_2$ となるので，二次元せん断応力はひずみ角度変位速度 $\partial\gamma/\partial t$ を使って

$$\tau = \mu\frac{\partial\gamma}{\partial t} = \mu\left(\frac{\partial\gamma_1}{\partial t} + \frac{\partial\gamma_2}{\partial t}\right) = \mu\left(\frac{\partial u}{\partial y} + \frac{\partial v}{\partial x}\right)$$

したがって，x 方向のせん断力 S_{x_1} は次式のようになる．

$$\begin{aligned} S_{x_1} &= -\tau\,\mathrm{d}x + \left(\tau + \frac{\partial\tau}{\partial y}\mathrm{d}y\right)\mathrm{d}x = \frac{\partial\tau}{\partial y}\mathrm{d}x\,\mathrm{d}y \\ &= \mu\left[\frac{\partial}{\partial y}\left(\frac{\partial u}{\partial y}\right) + \frac{\partial}{\partial x}\left(\frac{\partial v}{\partial y}\right)\right]\mathrm{d}x\,\mathrm{d}y = \mu\left(\frac{\partial^2 u}{\partial y^2} - \frac{\partial^2 u}{\partial x^2}\right)\mathrm{d}x\,\mathrm{d}y \end{aligned} \tag{6.9}$$

$$\left(\because\ \text{連続の式：}\frac{\partial u}{\partial x} + \frac{\partial v}{\partial y} = 0,\quad \frac{\partial v}{\partial y} = -\frac{\partial u}{\partial x}\right)$$

ii) 伸び変形による面に直角な x 方向の力 S_{x_2}

図(d)(1)のように各辺 $\mathrm{d}x$, $\mathrm{d}y$（簡単にするため $\mathrm{d}x = \mathrm{d}y$ とする）で単位厚さの流体微小要素 ABCD を考えると，x 方向への伸びの変形を生ずる流れでは y

方向に縮むことになる．伸び変形は，せん断変形とは無関係のように思えるが，座標軸を 45° 回転すると，微小要素 ABCD の引張応力はそれらに内接する四角柱 EFGH のせん断応力で表すことが可能となる．

いま単位時間当たり（$\mathrm{d}t=1$ と考える）の変形を考えると，このせん断変形速度 $\partial\gamma/\partial t$ は，図(d)(2)において伸びと縮みにより $\partial\gamma/\partial t=\partial\gamma_3/\partial t+\partial\gamma_4/\partial t$ であり，x 方向の伸びによる角度変化 $\partial\gamma_3/\partial t$ は

$$\frac{\partial\gamma_3}{\partial t}=\angle\mathrm{HGK}\approx\sin\angle\mathrm{HGK}=\frac{\mathrm{HK}}{\mathrm{GH}}=\frac{2}{\sqrt{2}\,\mathrm{d}x}\frac{\mathrm{d}x}{2\sqrt{2}}\frac{\partial u}{\partial x}=\frac{1}{2}\frac{\partial u}{\partial x}$$

同様に，y 方向の縮みによる角度変化 $\partial\gamma_4/\partial t$ は

$$\frac{\partial\gamma_4}{\partial t}=\angle\mathrm{H''GK}\approx\sin\angle\mathrm{H''GK}=\frac{\mathrm{KH''}}{\mathrm{GH''}}=\frac{2}{\sqrt{2}\,\mathrm{d}y}\left(-\frac{\mathrm{d}y}{2\sqrt{2}}\frac{\partial v}{\partial y}\right)$$

$$=-\frac{1}{2}\frac{\partial v}{\partial y}=\frac{1}{2}\frac{\partial u}{\partial x}\quad\left(\because\ \text{連続の式：}\frac{\partial u}{\partial x}+\frac{\partial v}{\partial y}=0\right)$$

となり，$\partial\gamma/\partial t=\partial\gamma_3/\partial t+\partial\gamma_4/\partial t=\partial u/\partial x$ となる．したがって，四角柱 EFGH の四つの面には，せん断応力 τ が働く．

$$\tau=\mu\frac{\partial\gamma}{\partial t}=\mu\frac{\partial u}{\partial x}$$

いま，せん断応力 τ により EG 面に生ずる x 方向の引張応力を σ_{x_1} とすると，図(d)(1)からわかるように

$$\sigma_{x_1}\mathrm{EG}=2\tau\,\mathrm{EH}\frac{1}{\sqrt{2}}$$

$$\therefore\ \sigma_{x_1}=2\tau\frac{1}{\sqrt{2}}\frac{\mathrm{EH}}{\mathrm{EG}}=\frac{2}{\sqrt{2}}\frac{\sqrt{2}\,\mathrm{d}y}{2}\frac{1}{\mathrm{d}y}\tau=\tau=\mu\frac{\partial u}{\partial x}$$

となるので，EG の面に働く引張応力は $\mu(\partial u/\partial x)$ である．y 方向に伸びる場合も，同様に x 方向に圧縮応力 $\sigma_{x_2}=-\mu(\partial v/\partial y)$ が生ずるので，EG 面に働く引張応力 σ_x は，最終的に x 方向の引張応力と圧縮応力の和となる．

$$\sigma_x=\sigma_{x_1}+\sigma_{x_2}=\mu\left(\frac{\partial u}{\partial x}-\frac{\partial v}{\partial y}\right)\tag{6.10}$$

連続の式(6.2)より次のようになる．

$$\sigma_x=2\mu\frac{\partial u}{\partial x}$$

各辺 $\mathrm{d}x$, $\mathrm{d}y$ で単位厚さの微小要素を考えると，$\mathrm{d}x$ の距離にある面では x 方

向の引張応力は $\sigma_x+(\partial\sigma_x/\partial x)\,\mathrm{d}x$ となり，それが $\mathrm{d}y\times1$ の面に働くので，x 方向の引張力 S_{x_2} は

$$S_{x_2}=-(\sigma_x)_x\,\mathrm{d}y+(\sigma_x)_{x+\mathrm{d}x}\,\mathrm{d}y=\left[-\sigma_x+\left(\sigma_x+\frac{\partial\sigma_x}{\partial x}\mathrm{d}x\right)\right]\mathrm{d}y$$
$$=\frac{\partial\sigma_x}{\partial x}\,\mathrm{d}x\mathrm{d}y=2\mu\,\frac{\partial^2 u}{\partial x^2}\,\mathrm{d}x\mathrm{d}y \tag{6.11}$$

したがって，粘性による x 方向の力 S_x は式(6.9)，(6.11)より次式となる．

$$\left.\begin{aligned}&S_x=S_{x_1}+S_{x_2}=\mu\left(\frac{\partial^2u}{\partial x^2}+\frac{\partial^2u}{\partial y^2}\right)\mathrm{d}x\mathrm{d}y\\&\text{同様に}\\&S_y=\mu\left(\frac{\partial^2v}{\partial x^2}+\frac{\partial^2v}{\partial y^2}\right)\mathrm{d}x\mathrm{d}y\end{aligned}\right\} \tag{6.12}$$

式(6.7)，(6.8)，(6.12)を式(6.5)に代入すると，次の式が得られる．

$$\left.\begin{aligned}&\rho\left(\frac{\partial u}{\partial t}+u\frac{\partial u}{\partial x}+v\frac{\partial u}{\partial y}\right)=\rho X-\frac{\partial p}{\partial x}+\mu\left(\frac{\partial^2u}{\partial x^2}+\frac{\partial^2u}{\partial y^2}\right)\\&\underbrace{\rho\left(\frac{\partial v}{\partial t}+u\frac{\partial v}{\partial x}+v\frac{\partial v}{\partial y}\right)}_{\text{慣性項}}=\underbrace{\rho Y}_{\text{体積力項}}-\underbrace{\frac{\partial p}{\partial y}}_{\text{圧力項}}+\underbrace{\mu\left(\frac{\partial^2v}{\partial x^2}+\frac{\partial^2v}{\partial y^2}\right)}_{\text{粘性項}}\end{aligned}\right\} \tag{6.13}$$

これらの式をナビエ(Navier)-ストークス(Stokes)の方程式という．慣性項のうち座標によって変化する力

$$\rho\left(u\frac{\partial u}{\partial x}+v\frac{\partial u}{\partial y}\right),\quad \rho\left(u\frac{\partial v}{\partial x}+v\frac{\partial v}{\partial y}\right)$$

を対流項という．

軸対称の流れの場合，円柱座標系を用いると，式(6.13)は次式のようになる．

$$\left.\begin{aligned}&\rho\left(\frac{\partial u}{\partial t}+u\frac{\partial u}{\partial x}+v\frac{\partial u}{\partial r}\right)=\rho X-\frac{\partial p}{\partial x}+\mu\left(\frac{\partial^2u}{\partial x^2}+\frac{1}{r}\frac{\partial u}{\partial r}+\frac{\partial^2u}{\partial r^2}\right)\\&\rho\left(\frac{\partial v}{\partial t}+u\frac{\partial v}{\partial x}+v\frac{\partial v}{\partial r}\right)=\rho R-\frac{\partial p}{\partial r}+\mu\left(\frac{\partial^2v}{\partial x^2}+\frac{1}{r}\frac{\partial v}{\partial r}-\frac{v}{r^2}+\frac{\partial^2v}{\partial r^2}\right)\end{aligned}\right\} \tag{6.14}$$

ここで，R は単位質量の流体に作用する外力の r 方向の成分を表す．

渦度 ζ は

$$\zeta=\frac{\partial v}{\partial x}-\frac{\partial u}{\partial r} \tag{6.15}$$

ルイ・マリー・アンリ・ナビエ
(Louis Marie Henri Navier, 1785〜1836)
フランスのディジョンに生まれ，教育面と橋りょう技術の面で活躍した．パリのセーヌ河にかけた吊橋の設計で注目を浴びた．また，流体の運動の解析でオイラーの扱った力のほかに隣接分子の間の反発，吸収による仮想的な力を考えて，流体の運動方程式を求めた．その後，コーシー，ポアソン，サンブナンらの研究を経て，ストークスが粘性を含む現在の式を誘導した．

せん断応力は

$$\tau = -\mu\left(\frac{\partial u}{\partial r} + \frac{\partial v}{\partial x}\right) \tag{6.16}$$

である．これに加えて連続の式(6.3)を用いると，円管内の流れなどのような軸対称の流れを解析するのに便利である．

いま，体積力項を省略し，式(6.13)の上式をyで，また下式をxで偏微分して両式から圧力項を消去し，渦度の式(4.7)を用いて書き換えると，

$$\rho\left(\frac{\partial \zeta}{\partial t} + u\frac{\partial \zeta}{\partial x} + v\frac{\partial \zeta}{\partial y}\right) = \mu\left(\frac{\partial^2 \zeta}{\partial x^2} + \frac{\partial^2 \zeta}{\partial y^2}\right) \tag{6.17}$$

となる．

式(6.17)は，渦度輸送方程式(vorticity transport equation)と呼ばれる．この式は，流体運動による渦度の変化が粘性による渦度の拡散に等しいことを示しており，この右辺を拡散項という．

理想流体では$\mu = 0$であるから右辺は0となり，渦度は流れていく過程では変化しないことがわかる．これをヘルムホルツ(Helmholz)の渦定理という．

ここで，代表寸法l(物体の幅，長さ，管の内径など)，代表速度U(物体まわりの流れの一様流速，管内の平均流速など)を使って，いままで説明した連続の式(6.2)，ナビエ-ストークスの方程式(6.13)(体積力項は無視する)，渦度輸送方程式(6.17)を無次元化する．無次元量は右肩に＊を付けた次式で表す．

$$\left.\begin{aligned} &x^* = \frac{x}{l},\quad y^* = \frac{y}{l},\quad t^* = \frac{t}{l/U},\quad u^* = \frac{u}{U},\quad v^* = \frac{v}{U},\quad p^* = \frac{p}{\rho U^2} \\ &\zeta^* = \frac{\partial v^*}{\partial x^*} - \frac{\partial u^*}{\partial y^*},\quad Re = \frac{\rho U l}{\mu}\ (\text{レイノルズ数}) \end{aligned}\right\} \tag{6.18}$$

式(6.18)を用いて式(6.2),(6.13),(6.17)を無次元化すると，次式のようになる．

連続の式(6.2)　$\dfrac{\partial u^*}{\partial x^*}+\dfrac{\partial v^*}{\partial y^*}=0$

ナビエ–ストークスの方程式(6.13)（体積力項は無視）

$$\frac{\partial u^*}{\partial t^*}+u^*\frac{\partial u^*}{\partial x^*}+v^*\frac{\partial u^*}{\partial y^*}=-\frac{\partial p^*}{\partial x^*}+\frac{1}{Re}\left(\frac{\partial^2 u^*}{\partial x^{*2}}+\frac{\partial^2 u^*}{\partial y^{*2}}\right)$$

$$\frac{\partial v^*}{\partial t^*}+u^*\frac{\partial v^*}{\partial x^*}+v^*\frac{\partial u^*}{\partial y^*}=-\frac{\partial p^*}{\partial y^*}+\frac{1}{Re}\left(\frac{\partial^2 v^*}{\partial x^{*2}}+\frac{\partial^2 v^*}{\partial y^{*2}}\right)$$

渦度輸送方程式(6.17)

$$\frac{\partial \zeta^*}{\partial t^*}+u^*\frac{\partial \zeta^*}{\partial x^*}+v^*\frac{\partial \zeta^*}{\partial y^*}=\frac{1}{Re}\left(\frac{\partial^2 \zeta^*}{\partial x^{*2}}+\frac{\partial^2 \zeta^*}{\partial y^{*2}}\right)$$

(6.19)

連続の式とナビエ–ストークスの方程式の無次元化からわかるように，物体の形状が相似でレイノルズ数 Re が同じ流れは，同一の境界条件において同一の無次元解をもち，流れの状態は相似となる．これをレイノルズの相似則と呼び，10.4 節でいくつかの相似則と適用例について述べる．式(6.19)の渦度輸送方程式右辺の拡散項の係数 $1/Re$ は拡散係数(coefficient of diffusion)と呼ばれ，Re が小さいほど拡散係数が大きいことになるので，渦度の拡散が大となる．この現象は，固体の中を熱が伝わっていくのによく似ている．

6.3 層流の速度分布

ナビエ–ストークスの方程式において，慣性力を表す項のうち対流項が非線形[†3]であるため，一般の流れに対する解析的な解を得ることは容易でない．いままで求められている厳密解は，ある特別な流れについてだけである．次に，その二つの例を示す．

6.3.1 平行平板間の流れ

図 6.4 のように，二つの平行平板の間を粘性流体が層流の状態で流れている助走区間(7.1 節参照)を過ぎたところを考えてみよう．このような平行流れ

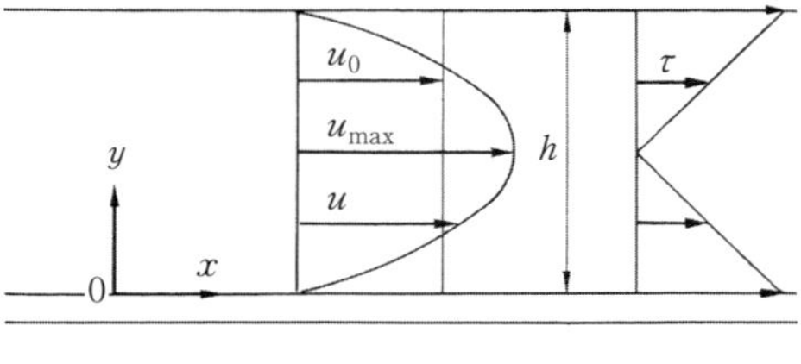

図 6.4　平行平板間の層流速度分布とせん断応力分布

†3　未知関数とその偏導関数に関して一次式でない場合を非線形という．

の場合，ナビエ-ストークスの方程式(6.13)はきわめて簡単となる．すなわち，

(1) 速度は u のみで $v=0$ だから，式(6.13)の上式一つだけでよい．

(2) 定常流なので，u の変化がなく $\partial u/\partial t=0$ となる．

(3) 質量力もないので，$\rho X=0$ となる．

(4) 定常流で十分発達した流れなので，u の変化がなく $\partial u/\partial x=0$, $\partial^2 u/\partial x^2=0$ となる．

(5) h は小さく，圧力こう配は y に無関係で，圧力 p は x のみの関数となる．

したがって，式(6.13)の上式は

$$\mu\frac{\mathrm{d}^2u}{\mathrm{d}y^2}=\frac{\mathrm{d}p}{\mathrm{d}x} \tag{6.20}$$ †4

となり，y について2回積分すると

$$u=\frac{1}{2\mu}\frac{\mathrm{d}p}{\mathrm{d}x}y^2+c_1y+c_2 \tag{6.21}$$

となる．境界条件 $y=0$, h において $u=0$ を用いて，c_1, c_2 を求めると

$$u=-\frac{1}{2\mu}\frac{\mathrm{d}p}{\mathrm{d}x}(h-y)y \tag{6.22}$$

となって，速度分布が放物線となることがわかる．

$y=h/2$ で $u_{\max}$ となり

$$u_{\max}=-\frac{1}{8\mu}\frac{\mathrm{d}p}{\mathrm{d}x}h^2 \tag{6.23}$$

流量 Q は

$$Q=\int_0^h u\,\mathrm{d}y=-\frac{1}{12\mu}\frac{\mathrm{d}p}{\mathrm{d}x}h^3 \tag{6.24}$$

---

†4 液体中に微小体積 $\mathrm{d}x\,\mathrm{d}y$ (単位幅)を考え，その各面に働く力のつりあいを考えると，次式が得られる．

$$p\,\mathrm{d}y-\left(p+\frac{\mathrm{d}p}{\mathrm{d}x}\mathrm{d}x\right)\mathrm{d}y-\tau\,\mathrm{d}x+\left(\tau+\frac{\mathrm{d}\tau}{\mathrm{d}y}\mathrm{d}y\right)\mathrm{d}x=0$$

$$\therefore\ \frac{\mathrm{d}\tau}{\mathrm{d}y}=\frac{\mathrm{d}p}{\mathrm{d}x}$$

$\tau=\mu(\mathrm{d}u/\mathrm{d}y)$ であるから，

$$\mu\frac{\mathrm{d}^2u}{\mathrm{d}y^2}=\frac{\mathrm{d}p}{\mathrm{d}x} \tag{6.20$'$}$$

となり，同じ式が得られる．

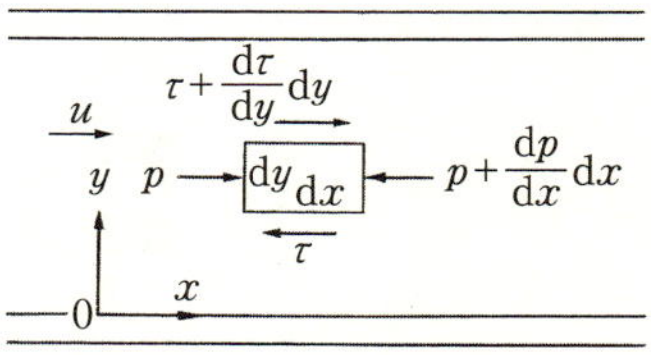

平行平板間の微小体積に働く力

である．これより，平均流速 u_0 は

$$u_0 = \frac{Q}{h} = -\frac{1}{12\mu}\frac{\mathrm{d}p}{\mathrm{d}x}h^2$$

$$= \frac{1}{1.5}u_{\max} \qquad (6.25)$$

粘性によるせん断応力 τ は，次式のようになる．

$$\tau = \mu\frac{\mathrm{d}u}{\mathrm{d}y} = -\frac{1}{2}\frac{\mathrm{d}p}{\mathrm{d}x}(h-2y) \qquad (6.26)$$

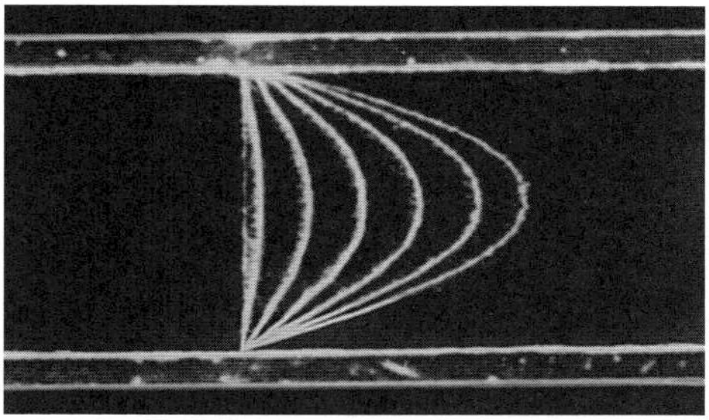

水，流速 0.5 m/s，$Re = 140$

図 6.5 平行平板間の流れ（水素気泡法）

図 6.4 に，速度分布およびせん断応力分布を示した．この流れを水素気泡法で可視化したものが **図 6.5** で，理論とよく一致していることがわかる．

流れの方向の平板の長さを l とし，その間の圧力差を Δp とすれば

$$-\frac{\mathrm{d}p}{\mathrm{d}x} = \frac{\Delta p}{l} \qquad (6.27)$$

となり，式(6.24)に代入すると次式のようになる．

$$Q = \frac{\Delta p\, h^3}{12\mu l} \qquad (6.28)$$

図 6.6†5 のように，一つの平板が x 方向に一定速度 U，または $-U$ で動く場合には，$y = 0$ のとき $u = 0$，また $y = h$ のとき $u = \pm U$ という境界条件によって，式(6.21)の c_1, c_2 を決めると，

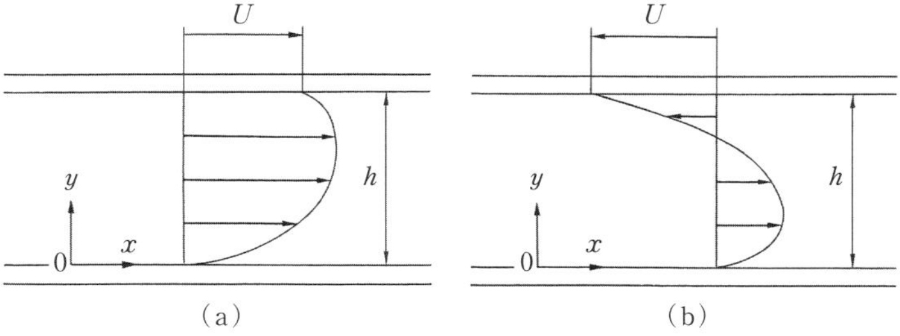

図 6.6 クエット-ポアズイユの流れ

†5 2 枚の平行平板の間に粘性流体を入れ，平板の一方を固定し，もう一方を速度 U で動かした場合の流れをクエットの流れといい，両方の円板を固定して圧力差によって流した流れを二次元ポアズイユの流れという．この二つを組み合わせた図 6.6 のような流れをクエット-ポアズイユの流れという．

$$u=\frac{\Delta p}{2\mu l}(h-y)y\pm\frac{Uy}{h} \tag{6.29}$$

となり，流量 Q は次式のようになる．

$$Q=\int_0^h u\,\mathrm{d}y=\frac{\Delta p h^3}{12\mu l}\pm\frac{Uh}{2} \tag{6.30}$$

6.3.2 円管内の流れ

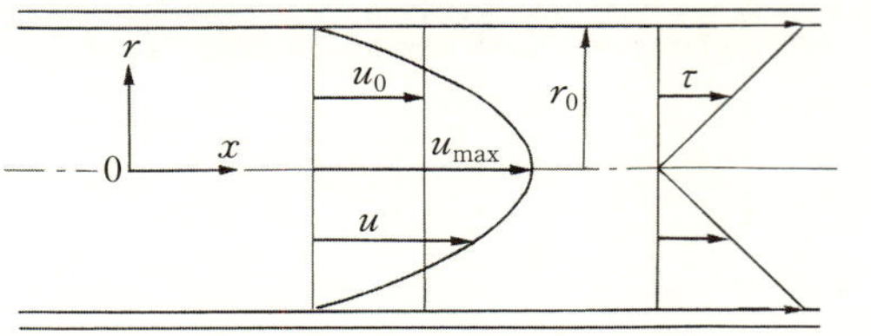

図 6.7　円管内の層流速度分布とせん断応力分布

図 6.7 に示すように，長い円管内の流れは軸対称の平行流れである．この場合は，円柱座標系を用いたナビエ–ストークスの方程式(6.14)を用いると便利である．前と同じ条件で式を簡略にすると

$$\frac{\mathrm{d}p}{\mathrm{d}x}=\mu\left(\frac{\mathrm{d}^2u}{\mathrm{d}r^2}+\frac{1}{r}\frac{\mathrm{d}u}{\mathrm{d}r}\right) \tag{6.31}$$

上式を積分して

$$u=\frac{1}{4\mu}\frac{\mathrm{d}p}{\mathrm{d}x}r^2+c_1\log r+c_2 \tag{6.32}$$

となる．境界条件より，$r=0$ における流速は有限でなければならないので，$c_1=0$, $r=r_0$ のとき $u=0$ より c_2 を決めると

$$u=-\frac{1}{4\mu}\frac{\mathrm{d}p}{\mathrm{d}x}(r_0{}^2-r^2) \tag{6.33}$$

となる．これから，速度分布は回転放物面となることがわかる．$r=0$ で u_{max} となり

$$u_{max}=-\frac{1}{4\mu}\frac{\mathrm{d}p}{\mathrm{d}x}r_0{}^2 \tag{6.34}$$

円管内を通る流量 Q は

$$Q=\int_0^{r_0}2\pi r u\,\mathrm{d}r=-\frac{\pi r_0{}^4}{8\mu}\frac{\mathrm{d}p}{\mathrm{d}x} \tag{6.35}$$

となる．これより，平均流速 u_0 は

$$u_0=\frac{Q}{\pi r_0{}^2}=-\frac{r_0{}^2}{8\mu}\frac{\mathrm{d}p}{\mathrm{d}x}=\frac{1}{2}u_{max} \tag{6.36}$$

粘性によるせん断応力 τ は，次のように表される．

$$\tau = -\mu \frac{\mathrm{d}u}{\mathrm{d}r} = -\frac{1}{2}\frac{\mathrm{d}p}{\mathrm{d}x} r \tag{6.37}$$ †6

速度分布およびせん断応力分布を図 6.7 に示した．この流れを水素気泡法で可視化したものが**図 6.8** である．

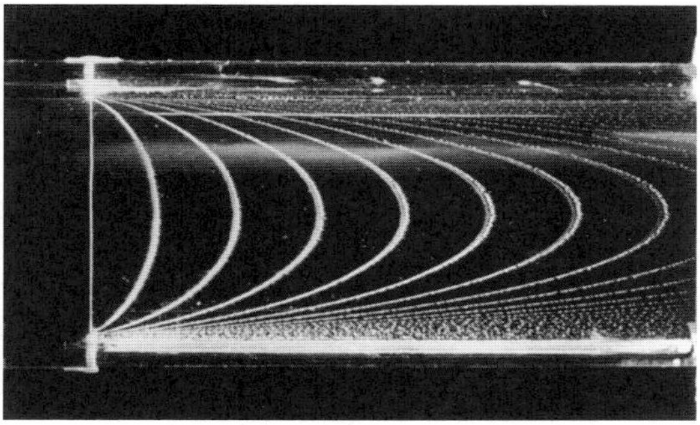

水，流速 2.4 m/s，$Re = 195$

図 6.8　円管内の速度分布（水素気泡法）

長さ l の間の圧力降下を Δp で示すと式(6.35)より

$$\Delta p = \frac{128\mu l Q}{\pi d^4} = \frac{32\mu l u_0}{d^2} \tag{6.38}$$

となる．この関係は，ハーゲン(Hagen, 1839 年)とポアズイユ(Poiseuille, 1841 年)によって，それぞれ独立に見出されたので，ハーゲン-ポアズイユの式という．この式により，圧力降下 Δp を測定して液体の粘度 μ を求めることができる．

6.4 乱流の速度分布

層流は乱れがなく流れが安定であるが，レイノルズ数 Re が大きくなると遷移域を経て乱流となる．乱流になると，レイノルズが着色液を流した実験から観察したように，流体粒子は時間的な平均速度以外に不規則な短い周期の微小変動速度をもつようになる．これは，熱線流速計（11.1.2 項参照）を用いて測定すると，**図 6.9** に示すような変動速度が記録される．

---

†6　式(6.37)は，力のつりあいから導くことができる．
右図より

$$\pi r^2 \frac{\mathrm{d}p}{\mathrm{d}x}\mathrm{d}x + 2\pi r \tau \mathrm{d}x = 0, \quad \tau = -\mu\frac{\mathrm{d}u}{\mathrm{d}r}$$

$$\left(\frac{\mathrm{d}u}{\mathrm{d}r} < 0 \text{ であるから} - \text{を付ける}\right)$$

$$\frac{\mathrm{d}u}{\mathrm{d}r} = \frac{1}{2\mu}\frac{\mathrm{d}p}{\mathrm{d}x} r \tag{6.37$'$}$$

を得る．

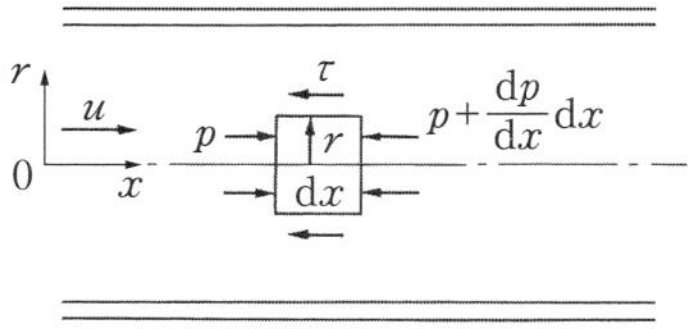

円管内の円柱部分に働く力

ゴットヒルフ・ハインリヒ・
ルドウィッヒ・ハーゲン
(Gotthilf Heinrich Ludwing
Hagen, 1797～1884)
ドイツの水理技師．ヘッド差と流量との関係について実験を行った．また，のこくずを水に混ぜて真ちゅう管に流し，出口の流れを観察した．粘性を含む一般的な相似パラメータの発見までに至らなかったが，層流から乱流への遷移が，管径，流速および水温に関係することを報告している．

ジャン・ルイ・ポアズイユ
(Jean Louis Poiseuille,
1799～1869)
フランスの医師で，物理学者．心臓のポンプ力，血管や毛細管中の血液の運動，毛細管中の流れの抵抗などについて研究を行った．ガラスの毛細管(直径 0.029～0.142 mm)の実験で，流量が圧力差と管内径の4乗の積に比例し，管長に反比例する実験式を得た．

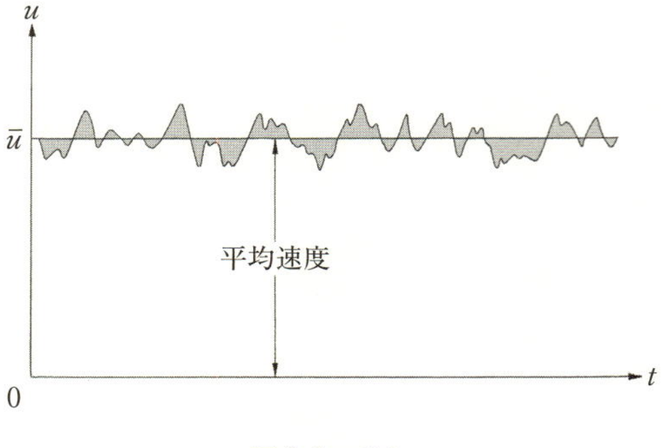

図 6.9　乱れ

二次元流れを考えると

$$u = \overline{u} + u', \quad v = \overline{v} + v'$$

と表せる．ここで，$\overline{u}, \overline{v}$ は時間的平均速度で，u', v' は変動速度である．

いま，2枚の平板間の流れのように，x 方向に u という速度をもつ流れを考えると，$u = \overline{u} + u', v = v'$ となる．乱流のせん断応力 τ は，速度の異なる2層の間に作用する摩擦力である層流せん断応力(粘性摩擦応力) τ_l と，乱流を構成している分子の塊(渦粒子)が混じり合う，いわゆる乱れによる乱流せん断応力 τ_t との和となる．

$$\tau = \tau_l + \tau_t \tag{6.39}$$

いま，乱流せん断応力のみを考えてみる．**図 6.10** に示すように，x 軸に平行な微小面積 dA を単位時間に y 方向に通る流体の質量は $\rho v' dA$ である．この流体が u' の速度をもっているので，運動量は $(\rho v' dA)u'$ である．この流体の移動によって，上側の流体は x の正方向に単位面積当たり，単位時間に $\rho u'v'$ の運動量を増す．これによって，面 dA にせん断応力を生ずる．すなわち，乱流によるせん断応力は $\rho u'v'$ に比例することがわかる．レイノルズは，ナビエ-ストークスの方程式に $u=\overline{u}+u'$, $v=\overline{v}+v'$ を代入して，ある時間にわたって平均化操作をして，せん断応力として粘性によるもののほかに $-\rho\overline{u'v'}$ が加わることを導いた．

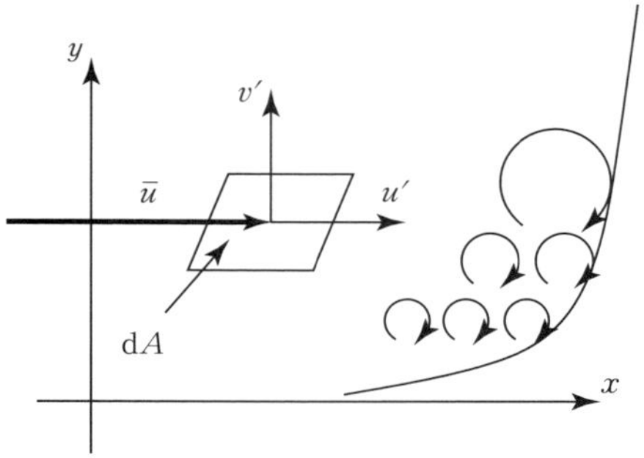

図 6.10　乱れによる運動量輸送・エネルギー輸送の概念

$$\tau_t = -\rho\overline{u'v'} \tag{6.40}$$

とおけば，τ_t は乱流によって生ずる応力で，これをレイノルズ応力（Reynolds stress）という．この式からわかるように，レイノルズ応力を計算するためには，変動速度の相関[†7] $\overline{u'v'}$ が必要である．**図 6.11** に，平行平板間の乱流中のせん断応力を示す．

レイノルズ応力を層流の場合と同様に

$$\tau_t = \rho\nu_t\frac{d\overline{u}}{dy} \tag{6.41}$$

と表せば，乱流内のせん断応

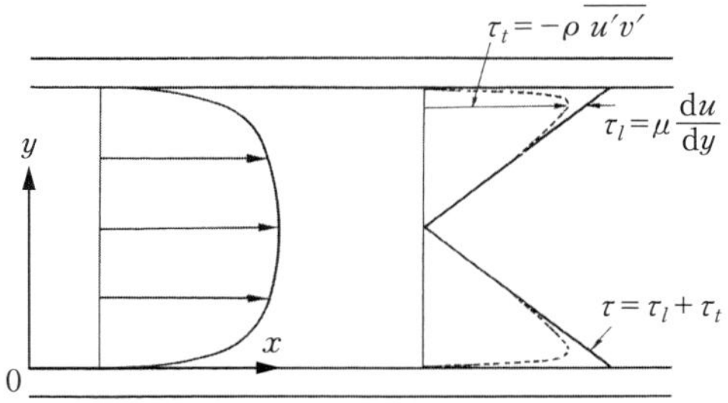

図 6.11　平行平板間の乱流速度分布とせん断応力分布（壁付近はやや拡大して図示）

†7　一般的に十分に沢山ある 2 種類の量の積の平均を相関といい，この値が大きいと相関が強いという．乱流を考える場合には相関として 2 方向の変動速度の積の時間平均をとり，この値が大きいときは 2 方向の変動速度が時間的に同じように変化することを示し，0 に近い場合は 2 方向の変動速度に関連性が少なく，負になると逆向きに変化することを示す．

ルドウィッヒ・プラントル
(Ludwig Prandtl, 1875〜1953)
ドイツに生れ，ハノーバ工科大学，次いでゲッチンゲン大学で教職についた．境界層理論を提唱し，近代の流体力学の創始者といわれている．また，ブラジウス，カルマンなど著名な学者を育てた．プラントル著，白倉・橘監訳“流れ学”（コロナ社）がある．

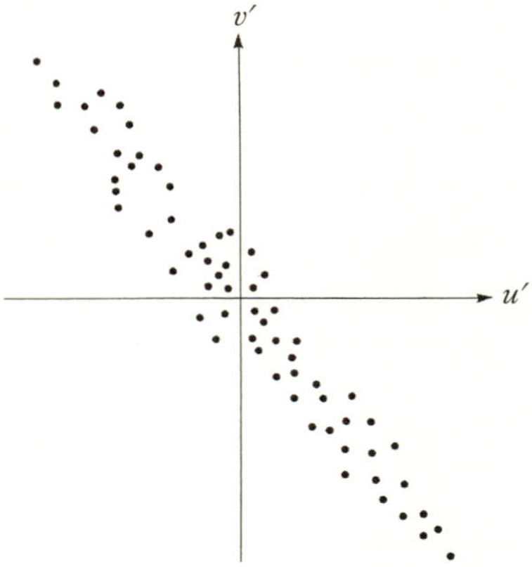

図 6.12　u', v' の相関

力として次式のようになる．

$$\tau = \tau_l + \tau_t = \rho(\nu + \nu_t)\frac{\mathrm{d}\overline{u}}{\mathrm{d}y} \tag{6.42}$$

この ν_t を乱流動粘度(turbulent kinematic viscosity：渦動粘度，乱流拡散係数)という．ν_t は，流体の種類，圧力，温度などで定まる物性値でなく，流れの状態によって変化する量である．

プラントル(Prandtl)は，乱流を構成している分子の塊(渦粒子)が平均して行程 l だけ移動すると，他の渦粒子との衝突によってその部分の性質に同化すると考え，次の式を仮定した．

$$|u'| \fallingdotseq |v'| = l\left|\frac{\mathrm{d}\overline{u}}{\mathrm{d}y}\right| \tag{6.43}$$

この l をプラントルは混合距離(mixing length)と名づけた．

図 6.10 に示したように，乱流ではエネルギー・カスケードと呼ばれる運動量・エネルギーの輸送構造があり，主流からのエネルギーは大きな渦から小さな渦に移り，さらに小さくなって熱エネルギーとなって散逸する．

せん断流れの乱れの測定を行った結果によると，u' と v' の分布は**図 6.12** に示すようになり，$\overline{u'v'}$ は負となる確率が大きい．また，プラントルは比例定数も含めて

$$-\overline{u'v'}=l^2\left(\frac{\mathrm{d}\overline{u}}{\mathrm{d}y}\right)^2$$

のように混合距離 l を定義し直して次式のようにした．

$$\tau_t=-\rho\overline{u'v'}=\rho l^2\left(\frac{\mathrm{d}\overline{u}}{\mathrm{d}y}\right)^2 \tag{6.44}$$ †8

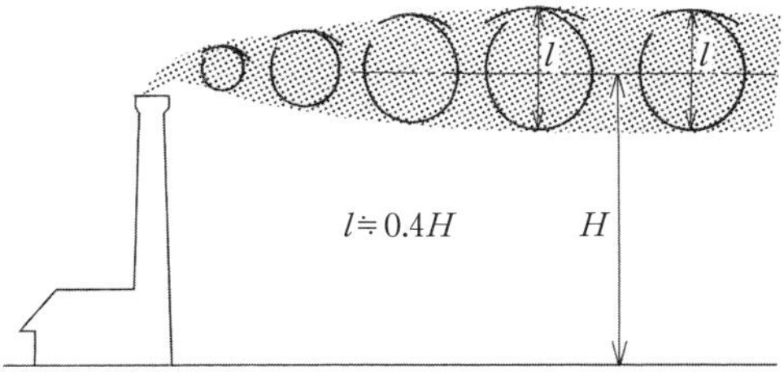

図 6.13 煙突からの煙の渦

式(6.44)の関係はプラントルの混合距離仮説と呼ばれ，乱流せん断応力の計算に広く利用されている．混合距離 l は物性値ではなく，速度こう配，壁からの距離などにより変化する量である．この l の導入により，式(6.41)の ν_t を計算できる変化量におき換えた．

しかし，ここまできて，プラントルは行きづまってしまった．というのは，l に具体性を与えなければこの先の展開が望めないのである．困惑したプラントルは気晴らしに外に出てみた．はるか向うに何本も煙突があり，煙が**図 6.13** のように微風に流れていた．この煙の渦は地表に近い場合はそんなに大きくないが，地表から離れた渦は大きく渦巻いていることに気がついた．プラントルは，これを見て渦の大きさは地面から渦の中心までの距離の約 0.4 倍であることを見出した．この着想を早速乱流の流れに応用して $l=0.4y$ の関係を導いた．この関係を式(6.44)に代入して次式を得た．

$$\frac{\mathrm{d}\overline{u}}{\mathrm{d}y}=\frac{1}{0.4y}\sqrt{\frac{\tau_t}{\rho}} \tag{6.45}$$

次に，τ_t を何とか具体化したいというので，壁近くの流れに注目してみた．ここには，**図 6.14** に示すように壁の存在により乱流混合が抑制され，粘性の影響が支配的である薄い層 δ_0 ができる．このきわめて薄い層を粘性底層†9 (viscous sublayer)といい，クライン(Kline)によって明らかにされた．ここでは，速度分布は層流と同じ直線とみなすことができ，式(6.42)の ν_t はほとんど

†8 せん断応力の符号が速度こう配の符号と関係するとの約束に従えば

$$\tau_t=\rho l^2\left|\frac{\mathrm{d}\overline{u}}{\mathrm{d}y}\right|\frac{\mathrm{d}\overline{u}}{\mathrm{d}y}$$

と記述される．

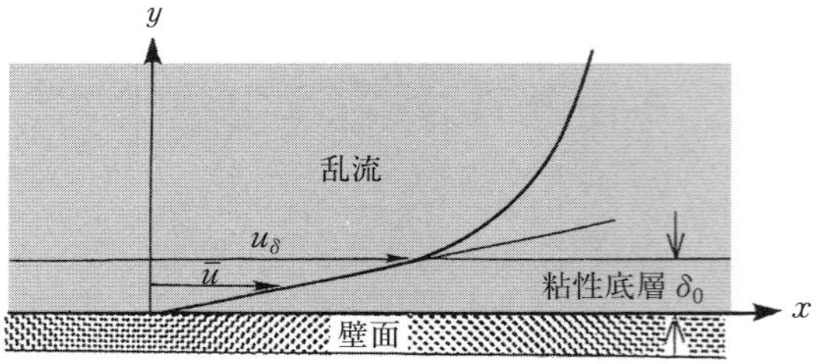

図 6.14　粘性底層

0 となる．τ_0 を壁面に働くせん断応力とすると，この部分では

$$\tau_0 = \mu \frac{d\overline{u}}{dy} = \mu \frac{\overline{u}}{y}$$

$$(y \leqq \delta_0)$$

$$\frac{\tau_0}{\rho} = \nu \frac{\overline{u}}{y} \quad (6.46)$$

となる．$\sqrt{\tau_0/\rho}$ は速度のディメンションをもち，摩擦速度(friction velocity)と呼ばれる．ここで，$\sqrt{\tau_0/\rho} = u_*$ とすると，式(6.46)は

$$\frac{\overline{u}}{u_*} = \frac{u_* y}{\nu} \quad (6.47)$$

となる．$y = \delta_0$ のとき $\overline{u} = u_\delta$ とおくと

$$\frac{u_\delta}{u_*} = \frac{u_* \delta_0}{\nu} = R_\delta \quad (6.48)$$

となる．ここで，R_δ はレイノルズ数である．

ステファン・ジェイ・クライン
(Stephen Jay Kline, 1922～1997)
アメリカ・ロサンゼルスに生まれ，スタンフォード大学で教職につき，多くの研究者を育てた．研究室では，系統的な乱流境界層の可視化実験を行い，乱流の乱雑な混合に至るバースティング(bursting)と呼ばれる過程を明らかにし，乱流発生メカニズムの解明に偉大な貢献をした．

次に，粘性底層を越えた壁近傍では乱流が支配的なので $\tau_t = \tau_0$ と仮定すれば†10，式(6.45)を積分して

$$\frac{\overline{u}}{u_*} = 2.5 \log y + c \quad (6.49)$$

$y = \delta_0$ のとき $\overline{u} = u_\delta$ の関係を用いて

$$c = \frac{u_\delta}{u_*} - 2.5 \log \delta_0 = R_\delta - 2.5 \log \delta_0 \quad (6.50)$$

となる．これを式(6.49)に代入し

†9　従来，この層は層流であると考えられ，層流底層(laminar sublayer)と呼ばれていたが，最近，スタンフォード大学のクラインらの可視化の研究より，ここでも壁面に平行な乱れ変動(バースティング)を伴うことがわかり，粘性底層と呼ばれるようになった．

†10　$\tau_t = \tau_0$ は壁近傍についての仮定から得られたものであるが，さらに中心に向かって壁を離れたところでも実験とかなりよく合う[1])．

$$\frac{\overline{u}}{u_*} = 2.5\log\frac{y}{\delta_0} + R_\delta$$

これに式(6.48)の関係を代入すると，次式のようになる†11.

$$\frac{\overline{u}}{u_*} = 2.5\log\frac{u_* y}{\nu} + A \tag{6.51}$$

式(6.51)を円管に適用して実験結果を用いて $\log_{10}(u_* y/\nu)$ に対して $\overline{u}/u_*$ をプロットすると**図 6.15** となる．この図より積分定数 A を求めると $A=5.5$ となり，次式のようになる．

$$\frac{\overline{u}}{u_*} = 5.75\log_{10}\frac{u_* y}{\nu} + 5.5 \tag{6.52}$$

この式は，誘導過程からみて壁付近でのみ成立すると考えられるが，図からわかるように，実験結果との比較から管中心まで適用できることがわかった．これを対数速度分布といい，レイノルズ数 Re にかかわらず適用される．

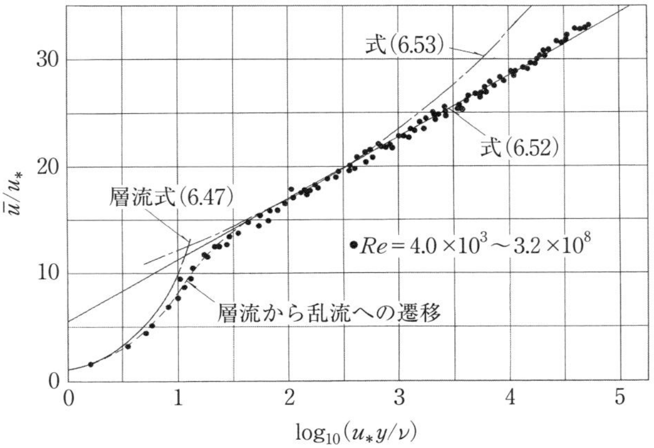

図 6.15 円管内速度分布(実験値は Nikuradse, Reichardt による)

また，別にプラントルは，実験から**図 6.16** に示すように円管内の乱流の速度分布として

$$\frac{\overline{u}}{\overline{u}_{\max}} = \left(\frac{y}{r_0}\right)^{1/n} \quad (0 \leqq y \leqq r_0) \tag{6.53}$$

なる指数関数の式を導いている．n はレイノルズ数 Re によって変化し，$Re=$

†11 $\overline{u}/u_* = u^+$，$u_* y/\nu = y^+$ と表すこともある．

テオドール・フォン・カルマン
（Theodor von Kármán, 1881～1963）
王立ブダペスト工科大学に学び，ゲッチンゲン大学，アーヘン工科大学，カリフォルニア工科大学で教職についた．カルマン渦列として知られる円柱後流の渦の研究をはじめ，物体の抗力，乱流など多くの流体力学の業績を残した．カルマン著，谷訳“飛行の理論”（岩波書店）がある．

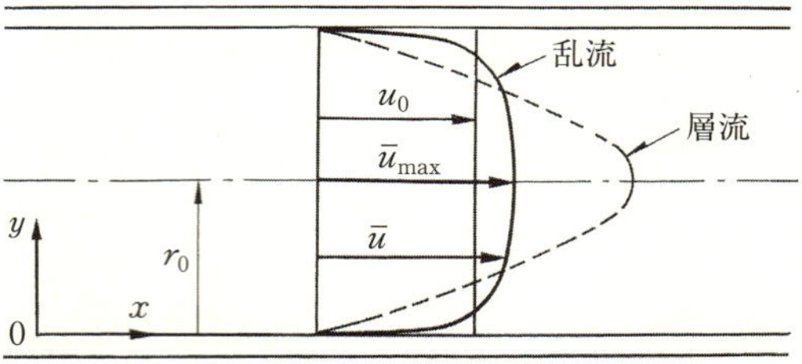

図 6.16　円管内の乱流速度分布

1×10^5 では 7 となる．一般に，この付近の流れを取り扱う場合が多いので，$n=7$ とした式がよく用いられる．これをカルマン－プラントルの 1/7 乗べきの法則という[2)]．なお，$n=3.45\,Re^{0.07}$ なる実験式もある[3)]．$u_0/\bar{u}_{max}$ は 0.8～0.88 である．なお，図には平均速度 u_0 を合わせた層流速度分布も示した．

日常接する流れは乱流で，伝熱・物質のかく拌など応用上にも重要で，可視化技術，熱線流速計，レーザドップラー流速計（11.1.3 項参照）など計測技術の進歩とコンピュータ数値計算の発達と相まって乱流構造の解明に多くの研究がなされつつある．

6.5 境界層

流体の運動が粘性の影響を受けなければ，理想流体の流れとして取り扱うことができ，式(6.13)の粘性項が省略できるので解析が容易となるが，固体周囲の流れは粘性摩擦のために，このような取扱いはできない．しかし，この摩擦の影響を受けるのは壁に近いごく薄い部分である．プラントルは，この現象を取り上げ，流れの場を二つの部分に分けることを考えた．すなわち，

(1) 摩擦抵抗によって流れの運動が支配される壁に近い領域

(2) それより外の理想流体の流れと仮定できる摩擦の影響のない領域

である．前者を境界層（boundary layer），後者を主流（main flow）と呼ぶ．

この考え方により，物体や流路に働く摩擦抗力などの計算が比較的容易にで

きるようになり，流体の力学の発達に非常な貢献をした．

6.5.1 境界層の生成

図 6.17 に示すように，流れの中に置かれた物体から遠く離れた所では一様の流れ U となり，速度こう配はない．物体壁面上では流速 0 で，そこに滑りはまったく生じない．そのため，壁面近くでは摩擦力の影響により流速が連続的に変化して一様流れに結び付く．すなわち，物体表面は速度こう配の大きな薄い層で包まれていることがわかる．この層は，物体後方で物体から離れて後流（wake）という渦を伴った速度の遅い領域を形成する．

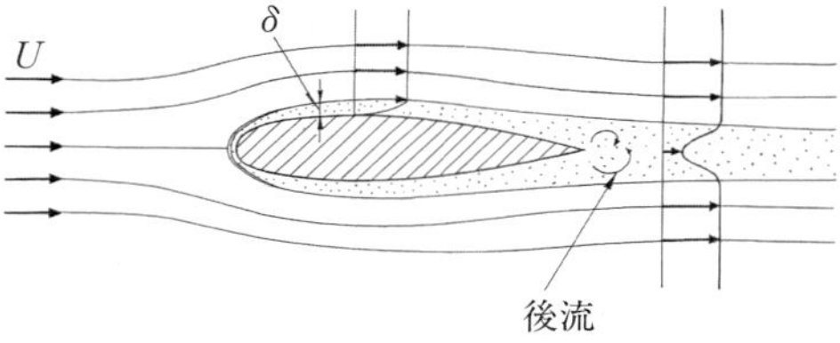

図 6.17　物体のまわりの境界層

われわれは，日常いろいろの面で境界層の存在を認識している．例えば，**図 6.18** のように，海水浴に行って海浜で強い風に当たった場合，海浜に寝そべると風はあまり当たらないが，立っていると強い風圧を受けることは誰でも経験することである．この場合，地上の境界層は 1 m 以上にも広がり，地面に近いほど風速は小さくなっているからである．境界層内の速度 u は，物体表面からの距離が増すに従って大きくなり，主流の速度に漸近する．したがって，境界層の厚さを正確に求めることは困難なので，通常主流 U の 99% の速度をもつ点の物体表面からの距離を境界層厚さ（boundary layer thickness）δ として定義することが多い．境界層は，流れとともに連続的に厚くなる．これを可視化すると **図 6.19** のようになる．この厚さは，飛行機の前部で数 mm，飛行船の後部では 50 cm くらいになる．

図 6.18　寝そべっている方が風の当たり方が弱い

ここで，流量と抗力を問題にするときは，δ よりも

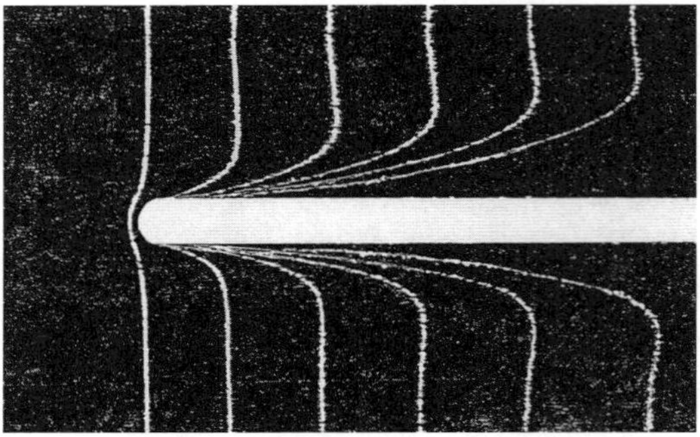

水，流速 0.6 cm/s，板厚 5 mm

図 6.19　平板上の境界層の発達（水素気泡法）

以下に述べる排除厚さ（displacement thickness）δ^* と運動量厚さ（momentum thickness）θ が有効である．

$$U\delta^* = \int_0^\delta (U-u)\,\mathrm{d}y \tag{6.54}$$

$$\rho U^2 \theta = \rho \int_0^\delta u(U-u)\,\mathrm{d}y \tag{6.55}$$

δ^* は，**図 6.20**(a)において二つの陰影部の面積を等しくする位置であり，境界層の形成により，物体が非粘性流体の中にある場合に比べて δ^* だけ大きくなることに相当する．したがって，主流の状態を近似的に非粘性流として求める場合，物体を δ^* だけ大きくして計算した方がより実際に近い結果が得られる．また，物体壁面の存在による単位時間当たりの運動量の減少が，速度 U で厚み θ の部分を単位時間当たりに通過する運動量と等しいような θ を運動量厚さという．運動量の保存則によれば，運動量の減少は物体に作用する力に相当するので，運動量厚さ θ を使って粘性によって生ずる物体の抗力を求めることができる．

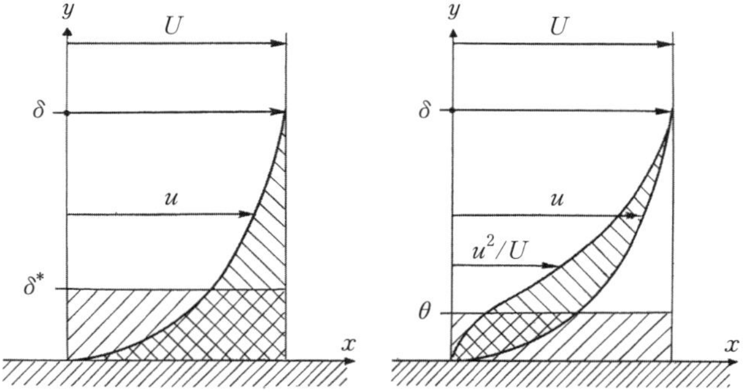

(a) 排除厚さ　　(b) 運動量厚さ

図 6.20　排除厚さと運動量厚さ

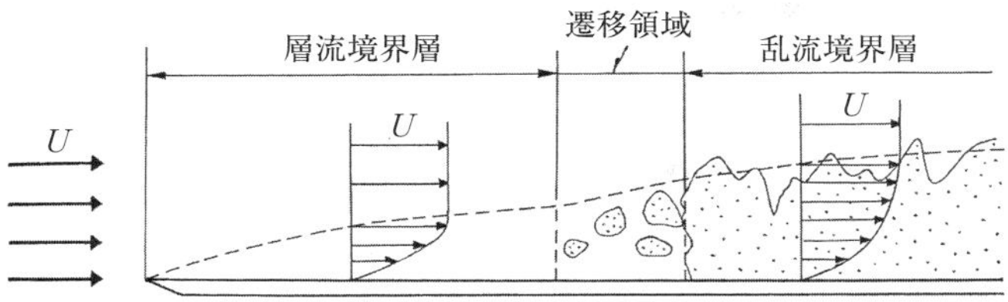

図 6.21　平板表面の境界層

一様な流れの中に平板を置いた場合，速度は板の表面では 0 であるが，この部分とすぐ外側の部分の間に粘性によるせん断応力が働くので，やがて外側の部分の速度が落ち，それがまたその外側に及び，境界層は**図 6.21** に示すように板の先端から順次厚さを増す．このようにして，流体粒子は層状をなして滑らかに流れていく．この層を層流境界層という．しかし，ある程度下流にいくと乱流境界層に遷移する．

この遷移の原因は，流れの中に内在する微小なかく乱がしだいに増幅され，ついに流れを乱流状態にするためである．境界層の遷移は瞬間的に起こるのではなく，流れの方向にある程度の長さを必要とし，この領域を遷移領域（transition zone）という．遷移領域では層流状態と乱流状態が混在しており，下流にいくほど乱流状態の占める割合が多くなり，ついには乱流境界層に移る．層流境界層，乱流境界層の速度分布は，管内流れの場合のそれぞれの速度分布と同じである．

6.5.2 境界層の運動方程式

流体は非圧縮性で，定常な層流境界層内の流れでは，連続の式（6.2）とナビエ–ストークスの方程式（6.13）は，方程式各項の大きさ（オーダー）を見積もることにより簡単化される．

連続の式については，第 1 項と第 2 項は同程度の大きさと考えられるので，式（6.2）と同じである．ナビエ–ストークスの方程式の x 方向の式の粘性項 $\partial^2 u/\partial x^2$ は $\partial^2 u/\partial y^2$ に比べて十分小さいので省略できる．また，y 方向の式では y 方向流速 v は x 方向流速 u に比べて小さいので，圧力項のみ残る．

以上より，連続の式とナビエ–ストークスの方程式は次式のように表すことができる．

$$\frac{\partial u}{\partial x}+\frac{\partial v}{\partial y}=0 \tag{6.56}$$

$$\rho\left(u\frac{\partial u}{\partial x}+v\frac{\partial u}{\partial y}\right)=-\frac{\partial p}{\partial x}+\mu\frac{\partial^2 u}{\partial y^2} \tag{6.57}$$

$$\frac{\partial p}{\partial y}=0 \tag{6.58}$$

式(6.56)～(6.58)を層流の境界層方程式という.

定常な乱流境界層についても同様に考えて

$$\frac{\partial \overline{u}}{\partial x}+\frac{\partial \overline{v}}{\partial y}=0 \tag{6.59}$$

$$\rho\left(\overline{u}\frac{\partial \overline{u}}{\partial x}+\overline{v}\frac{\partial \overline{u}}{\partial y}\right)=-\frac{\partial \overline{p}}{\partial x}+\frac{\partial \tau}{\partial y} \tag{6.60}$$

$$\tau=\mu\frac{\partial \overline{u}}{\partial y}-\rho\overline{u'v'} \tag{6.61}$$

$$\frac{\partial \overline{p}}{\partial y}=0 \tag{6.62}$$

が成立する. 式(6.59)～(6.62)を乱流の境界層方程式という.

6.5.3 境界層のはく離

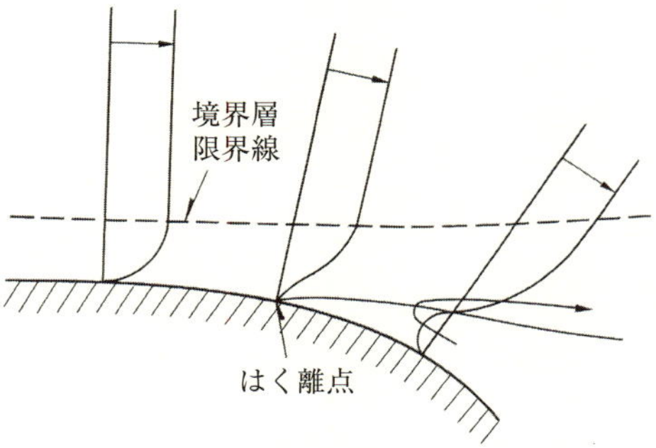

図 6.22　境界層のはく離

流れの方向に圧力が減少するような流れでは, 流体は加速され, 境界層は薄くなる. 狭まり流れでは, このような負の圧力こう配となるので, 流れは安定し, 乱れはしだいに減少する.

ところが, **図 6.22** に示すような広がり流れ, あるいは曲面を通る流れは, 流れの方向に圧力が増加する. すなわち, 正の圧力こう配をもつ流れではこれと違ってくる. 壁から遠い部分の流体は流速が大きく, 慣性が大きいため, 下流の高い圧力に打ち勝って下流まで進むこともできる. しかし, 壁近くの流速の小さい流体は, 慣性が小さいため, 圧力に打ち勝って下流まで到達することができず, ますます流速が小さくなり, ついには速度こう配が0となる．このような点を流れのはく離点(separation point)という．その下流においては，速度こう配が逆に負となって逆流を生ずる．はく離領域においては，普通の境界層よりももっと渦が生じ，流れは一層乱れる．そのため，エネルギー損失を増すことになる．このため，広がり流れは，本来不安定でエネルギー損失が大きい．

6.6 潤滑の理論

図 6.23 に示すように，油膜を挟んでくさび状すき間をなしている2平面があり，上の平面は x 軸に対して α だけ傾いている長さ l の静止平面，また下の平面は x 方向に一定速度 U で動く無限に長い平面とする．下の平面が動くことにより，この平面に付着した油はくさびの中に引き込まれる結果，内部の圧力が高くなって上面を押し上げ，2平面が接触しないようにする．これが軸受の原理である．この流れでは，油膜の厚さが流れの方向の平面の長さに比べて小さいので，粘性の作用が支配的である遅い流れとなり，平行平板間の流れ(6.3.1項参照)と同様に考えて式(6.13)より次式のようになる．

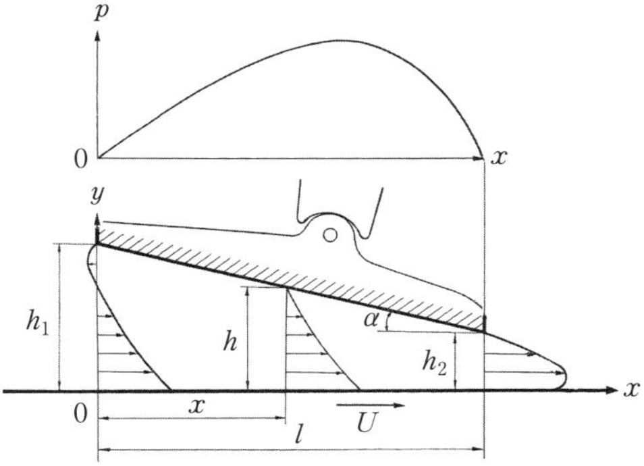

図 6.23　傾斜平板間の流れと圧力分布(滑り軸受)

$$\mu \frac{\partial^2 u}{\partial y^2} = \frac{\mathrm{d}p}{\mathrm{d}x} \tag{6.63}$$

この場合，平行平板の流れと違い，流速 u は x と y の関数であるため，左辺は偏微分とする．

式(6.63)を y について2回積分して，境界条件 $y=0$ で $u=U$, $y=h$ で $u=0$ を用いると

$$u = U\left(1 - \frac{y}{h}\right) - \frac{\mathrm{d}p}{\mathrm{d}x}\frac{h^2}{2\mu}\frac{y}{h}\left(1 - \frac{y}{h}\right) \tag{6.64}$$

となる．ここを通る単位幅当たりの流量 Q は，次式のようになる．

$$Q=\int_0^h u\,\mathrm{d}y \tag{6.65}$$

式(6.64)を式(6.65)に代入すると

$$Q=\frac{Uh}{2}-\frac{h^3}{12\mu}\frac{\mathrm{d}p}{\mathrm{d}x} \tag{6.66}$$

$(h_1-h_2)/l=\alpha$ の関係より

$$h=h_1-\alpha x \tag{6.67}$$

となり，これを式(6.66)に代入すると，

$$\frac{\mathrm{d}p}{\mathrm{d}x}=\frac{6\mu U}{(h_1-\alpha x)^2}-\frac{12\mu Q}{(h_1-\alpha x)^3} \tag{6.68}$$

式(6.68)を積分すると

$$p=\frac{6\mu U}{\alpha(h_1-\alpha x)}-\frac{6\mu Q}{\alpha(h_1-\alpha x)^2}+c \tag{6.69}$$

$x=0$，$x=l$ のとき $p=0$ とすると

$$Q=\frac{h_1 h_2}{h_1+h_2}U,\quad c=-\frac{6\mu U}{\alpha(h_1+h_2)}$$

となり，式(6.69)は次のようになる．

$$p=\frac{6\mu U(h-h_2)}{(h_1+h_2)h^2}x \tag{6.70}$$

式(6.70)より $h>h_2$ であるから $p>0$ となる．したがって，上面を下面に対して浮き上がらせておくことができる．この圧力分布を図示すると図 6.23 のようになり，この p を積分すると軸受の単位幅当たりの支持荷重 P が得られる．

$$P=\int_0^l p\,\mathrm{d}x=\frac{6\mu U l^2}{(h_1-h_2)^2}\left(\log\frac{h_1}{h_2}-2\frac{h_1-h_2}{h_1+h_2}\right) \tag{6.71}$$

式(6.71)より，圧力による力 P が最大値となるのは $h_1/h_2=2.2$ のときで，このとき P は

$$P_{\max}=0.16\frac{\mu U l^2}{{h_2}^2} \tag{6.72}$$

となる．この滑り軸受はスラスト軸受(thrust bearing)として使用されることが多い．以上が潤滑の理論で，レイノルズによってはじめて解析された．

ジャーナル軸受(journal bearing)の原理も上記の場合とほとんど同じである

が，油膜の厚さ h が式(6.67)に示すような x の一次式でないために，計算が少し複雑となる．この解析はゾンマーフェルト(Sommerfeld)らによって行われている．

弘法も筆の誤り

これは，プラントルのような偉大な学者でも時には間違った考えをするという一つの例である．あるとき，プラントルの指導の下で，ヒーメンツが円筒表面のはく離点を観察するための実験装置を組み立てていた．目的は，境界層理論から計算されたはく離点を実験的に確かめることであった．彼の期待に反して実験装置で観察された流れは激しい振動を示した．

この振動を聞いて，プラントルは，これは円筒の断面が真円でないことが主な原因であると考えた．しかし，円筒を注意深く再生したにもかかわらず振動はおさまらなかった．プラントルの助手であったカルマンは，この背後にはある本質的な自然現象が存在すると考えた．彼は，円筒後流に生ずる渦列の安定性を計算しようと試みた．週末も休まず計算結果をまとめて月曜日にプラントルに見せた．その結果を見て，プラントルはカルマンにいった．“君は良い研究をした．早急に論文にまとめなさい．私がその論文を学士院に提出してあげましょう”．

【後書き】

偉大な学者でも時には間違いを犯すこともあるが，わかればすぐ直すところが偉大なところである．なお，プラントルの数多くの優れた実験は，この手回しの回流水槽で行われたとのことである．

《演習問題》

1. 二次元圧縮性流体の流れにおける連続の式は次のようになることを示せ.

$$\frac{\partial \rho}{\partial t}+\frac{\partial(\rho u)}{\partial x}+\frac{\partial(\rho v)}{\partial y}=0$$

2. 非圧縮性流体の流れが軸対称の場合, 連続の式を円柱座標を用いて示せ.
3. 平行平板間を層流で流れている場合, ①速度分布, ②平均速度と最大速度, ③流量損失および④圧力損失のそれぞれを表す式を導け.
4. 円管内を層流で流れている場合, ①速度分布, ②平均速度と最大速度, ③流量損失および ④圧力損失のそれぞれを表す式を求めよ.
5. 円管内を乱流で流れている場合, 速度分布を $\overline{u}=\overline{u}_{\max}(y/r_0)^{1/7}$ として, ①平均速度と最大速度との関係および ②平均速度で流れる位置の半径 r を求めよ.
6. 直径 50 cm の円管を水が平均速度 4 cm/s で流れている. 速度分布を $\overline{u}=\overline{u}_{\max}(y/r_0)^{1/7}$ とし, 壁から 5 cm の場所のせん断応力が 5.3×10^{-3} N/m²(5.4×10^{-4} kgf/m²) の場合, この点の乱流動粘度 ν_t, 混合距離 l を計算せよ. ただし, 水の温度は 20℃ とし, 平均速度は最大速度の 0.8 倍とする.
7. 同心二重管の環状すき間を粘性流体が層流状態で流れているとする. この場合の流量 Q を表す式を導け, ただし, 内径を d, すき間を h とし $h \ll d$ とする.
8. 静止平面(上面)の長さ 60 cm の滑り軸受に 0.09 Pa･s (0.9 P) の油が満たされている. 静止平面に幅 1 cm 当たり 5×10^2 N (51 kgf) の荷重を支持したい. 移動平面(下面)が 5 m/s の速度で動く場合, 最小油膜厚さ h_2 はいくらか.
9. 摩擦速度 $\sqrt{\tau_0/\rho}$ (τ_0 : 壁面せん断応力, ρ : 流体密度)が速度の次元をもつことを示せ.
10. **図 6.24** に示すようなピストンが 6 m/s の速度でシリンダ内を左から右に運動している. いま, ピストンとシリンダの間に潤滑油が満たされ, 油膜膜を形成しているものとし, ピストンが運動するとき受ける摩擦力はいくらか. ただし, 油の動粘度 $\nu=50$ cSt, 比重 0.9, ピストンの外径 $d_1=122$ mm, シリンダの内径 $d_2=125$ mm, ピストンの長さ $l=160$ mm とし, ピストンの左側は右側より 10 kPa 圧力が高いものとする.

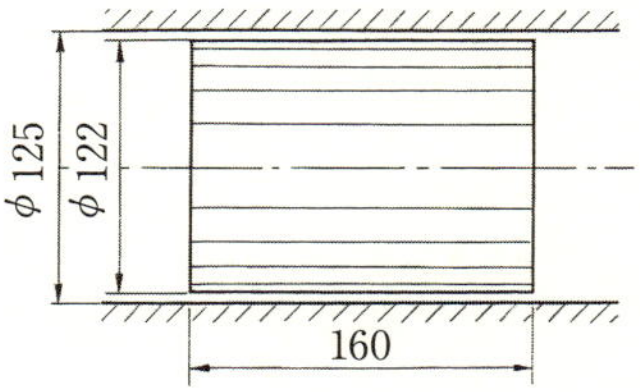

図 6.24

参考文献

1) Goldstein, S.: Modern Developments in Fluid Dynamics (1965) p. 336, Dover Publications, Inc.
2) Schlichting, H.: Boundary Layer Theory (1968) p. 563, McGraw-Hill Book Co.
3) 板谷 : 日本機械学会論文集, 7, 26 (1941-2) Ⅲ-25.

7. 管内流れ

粘性をもった非圧縮性流体が管内を充満して流れる場合を考える．前章では，この場合の速度および圧力などの関係を解析的に求めることを述べたが，ここでは，より実用的な観点から，実質的な立場をとって平均流速を用いて損失を表す手法について述べる．この方法を拡大して，管摩擦損失のほか，管の断面積の変化，管の曲がり，弁などの損失の表し方についても考えてみることとする．

管で水を送った歴史は古く，遠くローマ帝国の時代から（紀元前1世紀頃から），**図 7.1** に示すように鉛管，粘土管が市中の給水系統に用いられていた．

図 7.1　鉛製の水道管（イギリス，バースのローマ遺跡）

7.1 助走区間内の流れ

タンクから入口部に十分丸味のついた管に流体が流入する場合を考える．入口では，ほぼ等速度分布で，圧力ヘッドは $v^2/(2g)$（v：平均流速）だけ低くなる．粘性流体は壁面で流速が0となるので，壁面に近い流体を減速させ，下流にいくに従って減速の範囲は拡大し，ついには管中心まで境界層が発達するようになる．その状況は**図 7.2** に示すようで，入口からちょうど境界層が中心まで発達するまでの間を助走区間（inlet region），あるいは入口区間（entrance

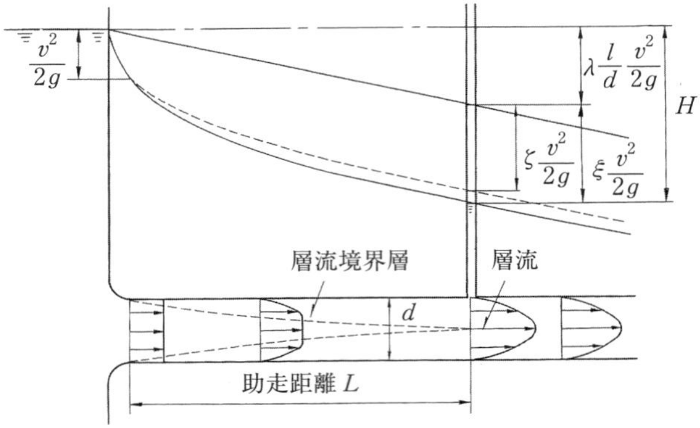

(a) 層流

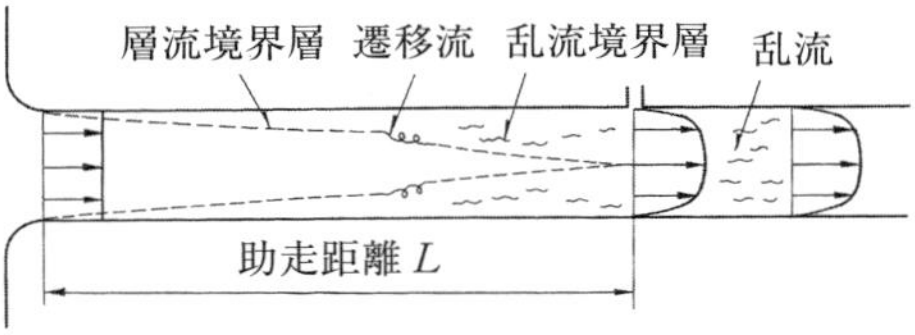

(b) 乱流

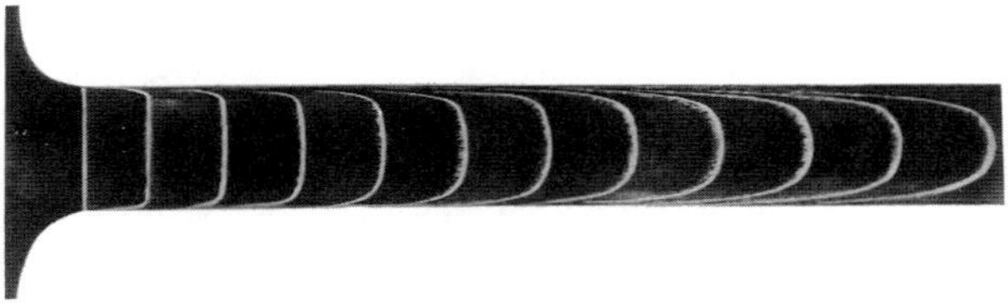

(c) 層流(水素気泡法)

図 7.2　円管内の流れ

region)といい，その長さ L を助走距離(inlet length)，あるいは入口長さ(entrance length)という．L の値については次式がある．

層流：

$L = 0.065\,Re\cdot d$　　ブジネ(Boussinesq)の計算

　　ニクラゼ(Nikuradse)の実験

$L = 0.06\,Re\cdot d$　　浅尾・岩浪・森の計算[1)]

乱流：

$L = 0.693\,Re^{1/4} \cdot d$　ラッコ(Latzko)の計算

$L = (25 \sim 40)d$　ニクラゼの実験

助走区間下流において，管路に取り付けた液柱計で測定する管路の静圧は，図7.2のようにタンクの水位よりHだけ低くなる(lは入口からの長さ).

$$H = \lambda \frac{l}{d} \frac{v^2}{2g} + \xi \frac{v^2}{2g} \tag{7.1}$$

$\lambda(l/d)(v^2/2g)$は，摩擦のための損失ヘッド(loss of head，単位重量の流体が失うエネルギー)を表す．$\xi(v^2/2g)$は，速度分布が完成したときにもっているエネルギーと，速度分布の変化中に消費される余分のエネルギー損失との和に相当する圧力降下を表す.

$x = L$で一定の速度分布になった流体がもつ速度エネルギーは，

$$E = \int_0^{d/2} 2\pi r u \frac{\rho u^2}{2} \mathrm{d}r \tag{7.2}$$

のようになり，この式のuに層流の速度分布の式(6.33)を代入して計算するとEが求められる．また，平均速度vで考えた速度エネルギーは

$$E' = \frac{\pi d^2}{4} v \frac{\rho v^2}{2}$$

となり，$E/E' = \zeta$とおくとζは2となる．乱流の場合には，実験から1.09となる.

このエネルギーに相当する速度ヘッドは

$$\frac{E}{(\pi d^2/4) v \rho g} = \zeta \frac{v^2}{2g} \tag{7.3}$$

であり，入口長さLに達したとき，これだけの速度ヘッドをもつようになるために，それだけ圧力ヘッドは減少する．このほかに，速度分布が変化するための余分のエネルギー損失が加わるので，ξの値はζよりその分だけ大きくなる．$\xi(v^2/2g)$は，管の助走区間における摩擦損失以外の圧力降下が一定速度分布を仮定したときの圧力降下よりどの程度増大するかを示すものである．ξの値については，層流で$\xi = 2.24$〔ブジネ(Boussinesq)の計算〕，2.16〔シラー(Schiller)の計算〕，2.7〔ハーゲン(Hagen)の実験〕，2.36〔中山・遠藤の実験〕[2)]，また乱流で$\xi = 1.4$〔バーゲンの実験，ラッパ状の入口のない管〕などがある.

7.2 管摩擦による損失

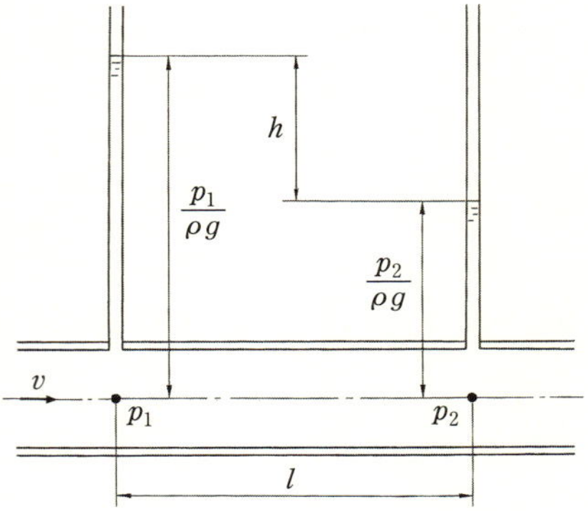

図 7.3　管摩擦損失

図 7.3 のように，助走区間を過ぎて速度分布が完成した領域における流れで考えてみる．内径 d の円管内を平均流速 v で流体が流れているとき，任意の距離 l だけ離れた 2 点の圧力を p_1, p_2 とする．ここで流速 v と損失ヘッド $h=(p_1-p_2)/(\rho g)$ との関係を図示すると **図 7.4** のようになり，層流では，式(6.38)からも明らかなように損失ヘッド h は流速 v に比例する．また乱流になると，$v^{1.75\sim2}$ に比例するようになる．

損失ヘッドは，式(7.1)で示したように次式で表される．

$$h=\lambda\frac{l}{d}\frac{v^2}{2g} \tag{7.4}$$

この式をダルシー－ワイズバッハ(Darcy－Weisbach)の式といい，係数 λ を管摩擦係数(friction coefficient of pipe)という．

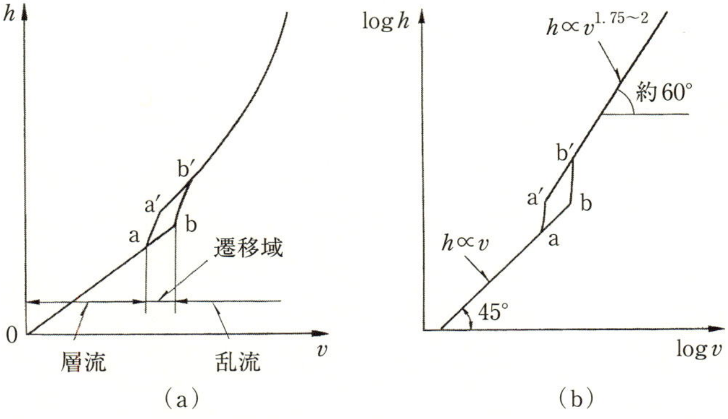

図 7.4　流速と損失ヘッドとの関係

7.2.1 層　　流

この場合には，式(6.38)と式(7.4)より

$$\lambda = 64\frac{\mu}{\rho v d} = \frac{64}{Re} \tag{7.5}$$

となり，壁面粗さの影響が見られない．それは，層流域では慣性の影響が小さく，粘性の影響が大きいため，壁面の粗さによる流れの乱れが壁面近くに限定されるためと思われる．

7.2.2 乱　　流

λ は，一般にレイノルズ数 Re と管壁の粗さによって変わる．

(1) 滑らかな円管

粗さが粘性底層の内部にあるとき，すなわち式(6.47)および図6.15より，壁面の凹凸の高さ ε が

$$\varepsilon \leqq 5\frac{\nu}{u_*} \quad \text{(流体力学的に滑らか)} \tag{7.6}$$

であれば，粗さの影響は見られず，λ は Re のみによって変わり，滑らかな管とみなすことができる．

滑らかな管の場合には，次のような式がつくられている．

ブラジュース(Blasius)の式

$$\lambda = 0.3164 Re^{-1/4} \quad (Re = 3\times10^3 \sim 1\times10^5) \tag{7.7}$$

ニクラゼ(Nikuradse)の式

$$\lambda = 0.0032 + 0.221 Re^{-0.237} \quad (Re = 1\times10^5 \sim 3\times10^6) \tag{7.8}$$

カルマン-ニクラゼ(Kármán-Nikuradse)の式

$$\lambda = 1/[2\log_{10}(Re\sqrt{\lambda}) - 0.8]^2 \quad (Re = 3\times10^3 \sim 3\times10^6) \tag{7.9}$$

板谷の式[3)]

$$\lambda = \frac{0.314}{0.7 - 1.65\log_{10}Re + (\log_{10}Re)^2} \tag{7.10}$$

式(7.4)に式(7.7)を代入すると $h = cv^{1.75}$ (ここで，c は定数)の関係が誘導され，図7.4の乱流の関係が得られる．

(2) 粗い円管

式(6.52)および図6.15より

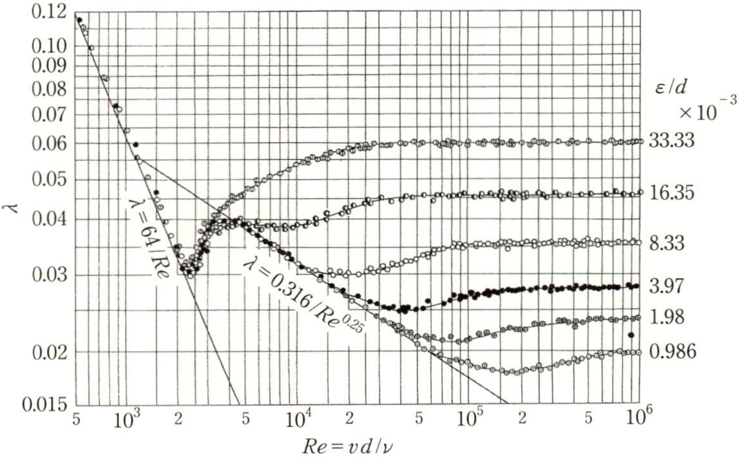

図 7.5　砂粒を付けた粗さのある円管の摩擦係数[4)]

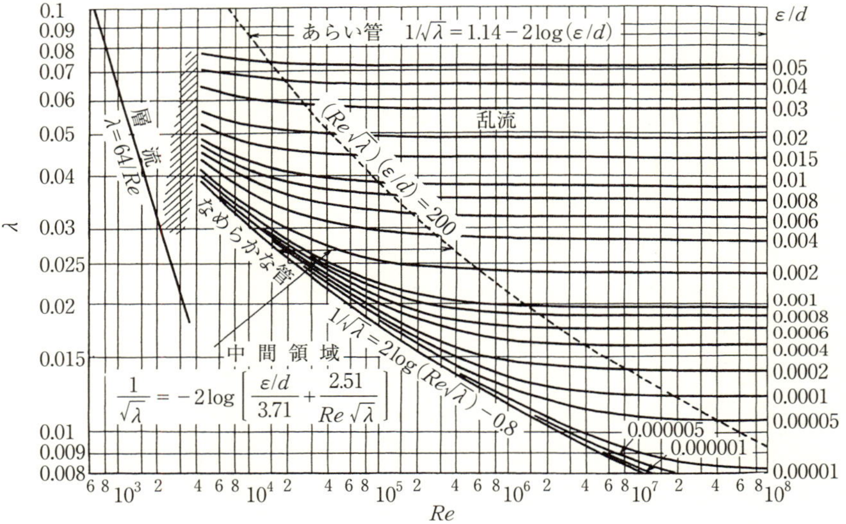

図 7.6　ムーディ線図[5)]

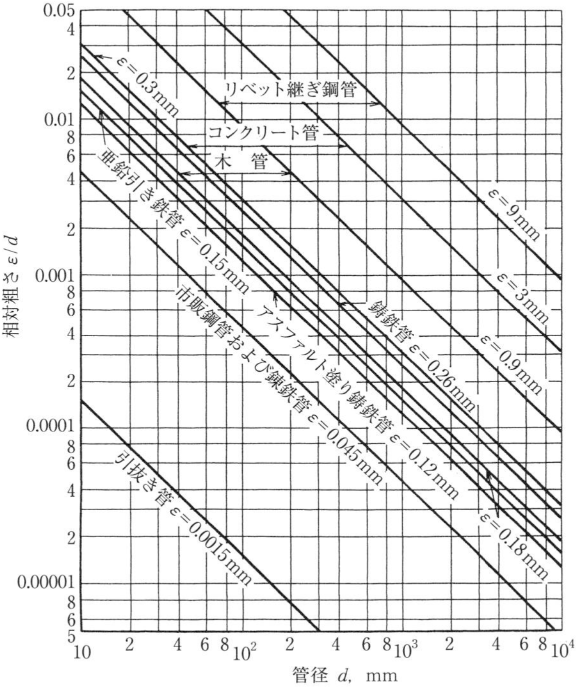

図7.7　実用管の粗さ

$$\varepsilon \geqq 70\frac{\nu}{u_*}\ (\text{完全に粗い}) \tag{7.11}$$

の場合は壁面の凹凸が乱流域にまで及んでおり，これは粗い管の場合となり，λ は粗さのみで決まり Re に無関係となる．

規則的な粗さの場合については，ニクラゼがふるい分けした直径の一様な砂粒を管の内面に漆付けして実験を行い，**図7.5**に示す結果を得ている[4]．これによると，$Re > 900/(\varepsilon/d)$ で

$$\lambda = \frac{1}{[1.74 - 2\log_{10}(2\varepsilon/d)]^2} \tag{7.12}$$

となり，この場合の速度分布は次式で表される．

$$\frac{u}{u_*} = 8.48 + 5.75\log_{10}(y/\varepsilon) \tag{7.13}$$

不規則な粗さをもつ一般に市販されている管の λ に対しては，**図7.6**に示すムーディ線図(Moody diagram)[5] がある．市販の新しい管については，**図7.7**の ε/d を用いて図7.6の右縦軸によるムーディー線図と Re の交点により λ を容易に求めることができる．

7.3 円管以外の管の摩擦損失

円管以外の管，例えば長方形管，だ円管などの場合に圧力損失はどのように

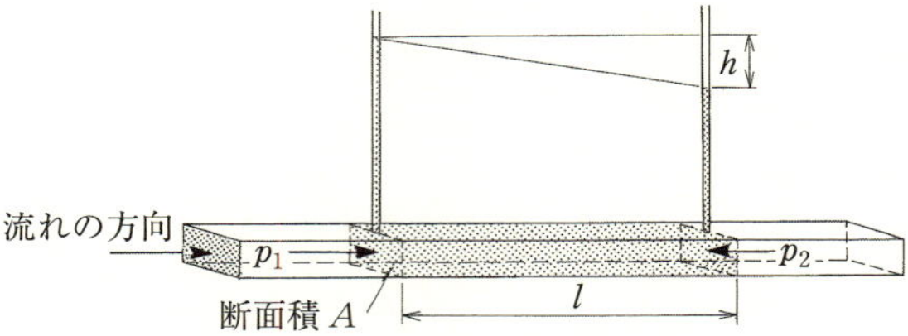

図 7.8　長方形管の流れ

なるか．断面が円形以外の場合には，かどの部分に二次流れを生じたりして流れが複雑になるが，次のようにして円管の場合と同様な取扱いをする．

図 7.8 に示すような長方形管に流体を流した場合，長さ l の間の圧力降下を h，管の各辺を a, b，断面積を A，断面において流体に接触している壁の長さ（ぬれ縁長さという）を s とする．壁面上のせん断応力を τ_0 とすれば，管長 l の壁面上に働くせん断力は $\tau_0 sl$ となり，これにつりあう圧力に基づく力は ρghA であるから，次式となる．

$$\rho ghA = \tau_0 sl \tag{7.14}$$

上式から，τ_0 は A/s（断面積とぬれ縁長さの比）に依存する．$A/s = m$ は，水力平均深さ（hydraulic mean depth）と呼ばれる（8.1 節参照）．円の場合は $A = (\pi/4)d^2$，$s = \pi d$ であるから，$m = d/4$ の関係が得られる．すなわち，円管以外の管に対しては，式(7.4)の d の代わりに $4m$（水力直径という）を代表寸法として代入して，次式によって計算する．

$$h = \lambda \frac{l}{4m}\frac{v^2}{2g}, \quad \lambda = f(Re, \varepsilon/4m) \tag{7.15}$$

ここで，$Re = 4mv/\nu, \varepsilon/d = \varepsilon/4m$ として円管に対するムーディ線図による λ を用いればよい．なお，$4m$ は縦横 a, b の長方形断面および内径 d_1，外径 d_2 の二重管の断面について，それぞれ次式のようになる．

$$4\frac{ab}{2(a+b)} = \frac{2ab}{a+b}, \quad 4\frac{(\pi/4)(d_2{}^2 - d_1{}^2)}{\pi(d_1 + d_2)} = d_2 - d_1 \tag{7.16}$$

7.4 管路の諸損失[6)]

管路内を流体が流れるときには，摩擦損失のほかに断面積の変化，流れの方向変化，合流や分岐，曲がり部分や弁などを通過する際に流れが乱れることによって損失ヘッドを生ずる．このような原因による損失ヘッドは，一般に次の式で表される.

$$h_s=\zeta\frac{v^2}{2g} \tag{7.17}$$

この v は，損失ヘッドを生ずる場所の影響を受けない断面における平均流速であり，損失を生ずる場所の前後で平均流速が変化するような場合には，一般に大きな方の流速を使用する.

7.4.1 断面積が急変する場合の損失

(1) 広くなる場合

急拡大管の場合の広がり損失 h_s は，式(5.44)に示したように

$$h_s=\frac{(v_1-v_2)^2}{2g}=\left(1-\frac{A_1}{A_2}\right)^2\frac{{v_1}^2}{2g} \tag{7.18}$$

となる．実際には

$$h_s=\xi\,\frac{(v_1-v_2)^2}{2g} \tag{7.19}$$

または

$$h_s=\zeta\,\frac{{v_1}^2}{2g} \tag{7.20}$$

$$\zeta=\xi\left(1-\frac{A_1}{A_2}\right)^2 \tag{7.21}$$

となる．ξ は1に近い値である.

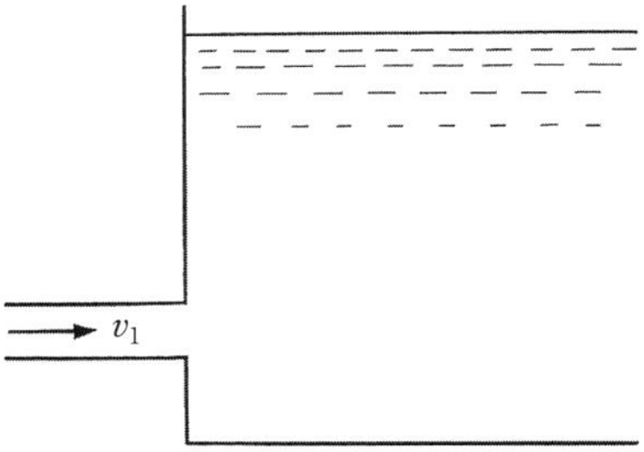

図 7.9　管路出口

図 7.9 のような管路出口においては，$v_2\fallingdotseq 0$ であるから，式(7.19)は

$$h_s=\xi\,\frac{{v_1}^2}{2g} \tag{7.22}$$

となる.

(2) 狭くなる場合

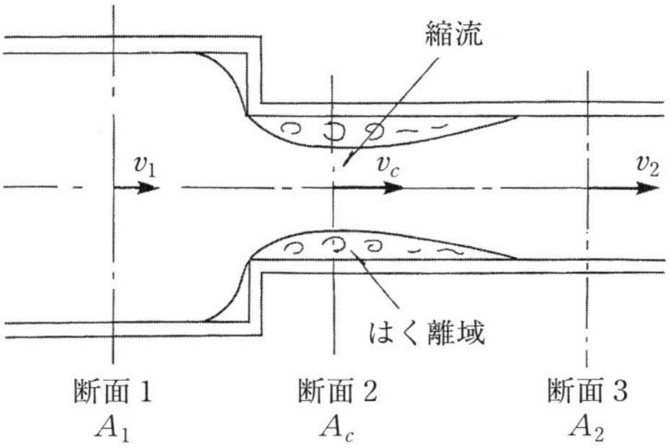

図 7.10　急縮小管

断面1(断面積 A_1)から，流体は慣性のために断面 2(断面積 A_c)にまで収縮して，断面 3(断面積 A_2)に広がる．流れが加速されるときの損失はきわめて少

なく，減速するときには**図 7.10** に示すように急拡大と同様な損失ヘッドが起こる．式(7.18)と同様に

$$h_s = \frac{(v_c - v_2)^2}{2g} = \left(\frac{A_2}{A_c} - 1\right)^2 \frac{{v_2}^2}{2g} = \left(\frac{1}{C_c} - 1\right)^2 \frac{{v_2}^2}{2g} \tag{7.23}$$

となる．ここで，$C_c = A_c/A_2$ は収縮係数である．例えば，$A_2/A_1 = 0.1$ で $C_c = 0.61$ となる[7]．

a. 管路入口

図 7.11 に示すように，広い容器から流出するような場合の損失ヘッドは，次式で表される．

$$h_s = \zeta \frac{v^2}{2g} \tag{7.24}$$

ここで，ζ は入口損失係数，v は管内の平均流速を表す．ζ の値は，図に示すような値となる[8]．

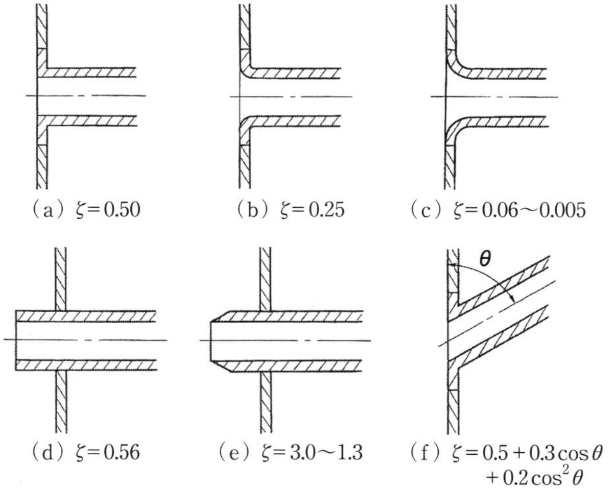

図 7.11　入口形状と損失係数 ζ[8]

b. 絞　　り

流れの断面積を減少し，管路または流体通路内に抵抗をもたせるものを一般に絞りという．絞りには，チョーク，オリフィス，ノズルの 3 種類がある．面

積を減少した通路で，その長さが断面寸法に比べて比較的長い絞りをチョークと呼んでいる(JIS B 0118)．オリフィスについては，5.2.2(3)項と11.2.2(1)項に，またノズルについては11.2.2(2)項に述べてあるので，ここではチョークについて述べる．

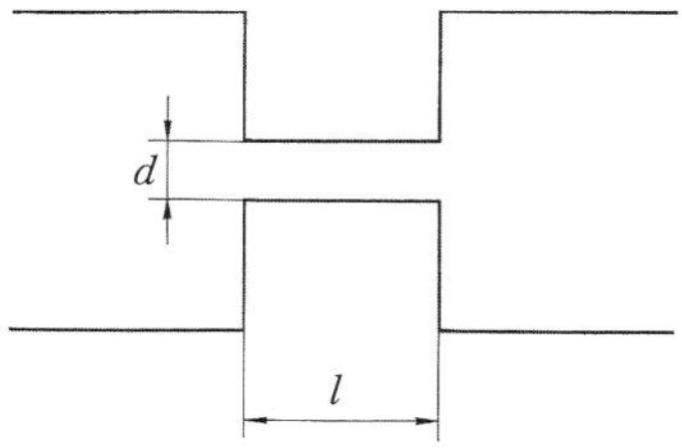

図7.12　チョーク

図7.12に示すようなチョークの流量係数Cは，絞り前後の圧力差をΔpとすると，式(5.25)と同様に

$$Q = C\frac{\pi d^2}{4}\sqrt{\frac{2\Delta p}{\rho}} \tag{7.25}$$

のように表せる．Cをチョークナンバー$\sigma = Q/(\nu l)$に関して表すと，**図7.13**のようになり，Cは次式のようになる[9]．

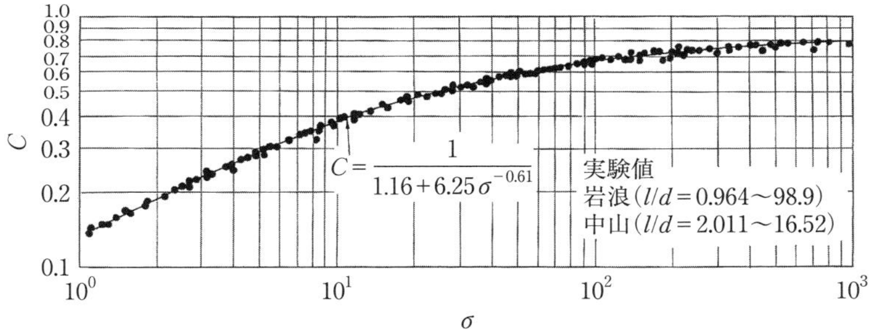

(a) 入口に丸みのない場合

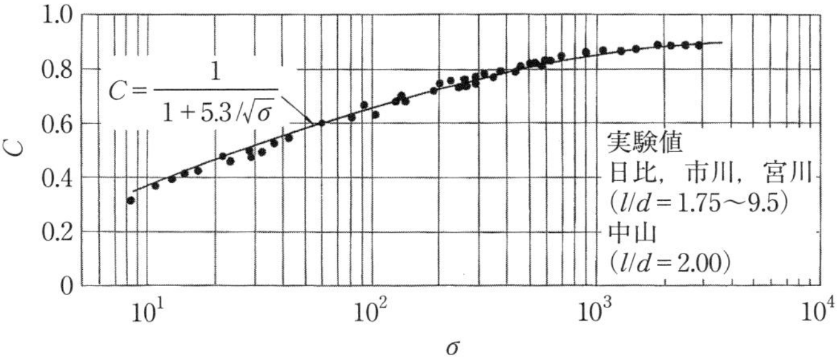

(b) 入口に丸みのある場合

図7.13　円筒型チョークの流量係数[9]

入口に丸みのない場合

$$C=\frac{1}{1.16+6.25\sigma^{-0.61}} \tag{7.26}$$

入口に丸みのある場合

$$C=\frac{1}{1+5.3/\sqrt{\sigma}} \tag{7.27}$$

7.4.2 断面積がゆるやかに変化する場合の損失

(1) 広がり管

図 7.14 に示すような広がり管の損失ヘッドは，急拡大の場合の式(7.19)と同じ形で

$$h_s=\xi\frac{(v_1-v_2)^2}{2g} \tag{7.28}$$

と表す．円形広がり管に対する ξ の値は，**図 7.15** のようになる[10),11)]．ξ の値は θ によって異なり，円形断面の場合，$\theta\fallingdotseq$ 5°30′ で最小となり $\xi=0.135$,

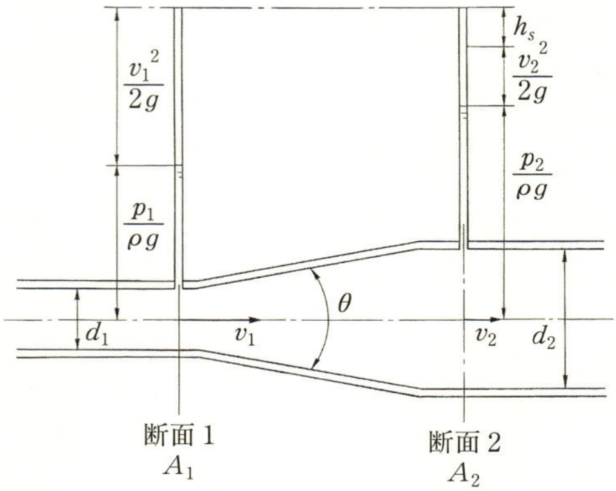

図 7.14　広がり流れ

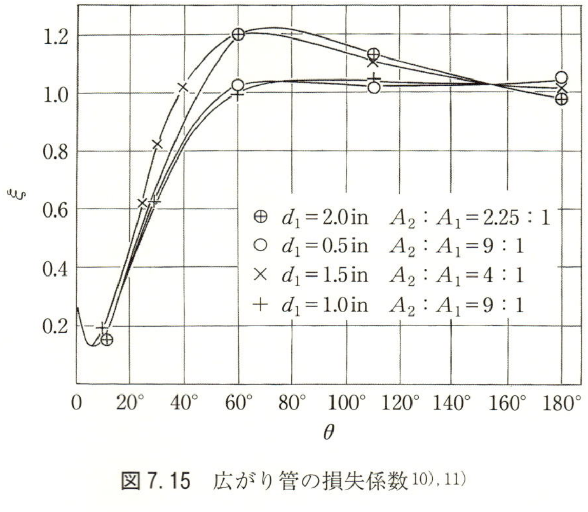

図 7.15　広がり管の損失係数[10),11)]

また正方形断面の場合 $\theta \fallingdotseq 6°$ で最小となり $\xi = 0.145$ となる．さらに，$\theta = 50° \sim 60°$ 以上ではほぼ一定して $\xi \fallingdotseq 1$ となる．

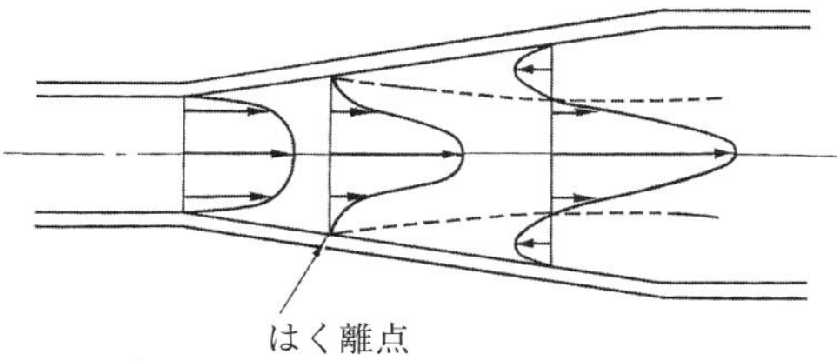

図 7.16　広がり管内の速度分布

二次元ダクトの場合，θ が小さいと側壁付着現象(壁効果)†1 により，流れは一方の側壁に付着して流れる．円管の場合は，θ が ξ の最小値を与える角度より大きくなれば，流れは途中で**図 7.16** のようにはがれる．このような流れのはがれに伴う乱れによって損失ヘッドは急激に増加する．この現象を可視化したものが**図 7.17** である．

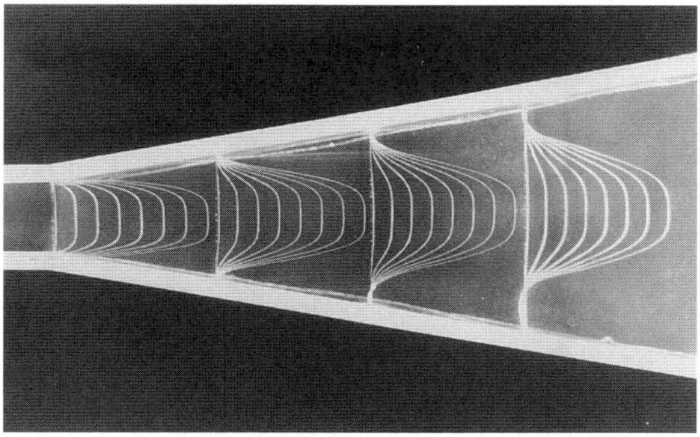

水，入口速度 6 cm/s，*Re*(入口) = 900，広がり角 20°

図 7.17　広がり管内に生ずるはく離(水素気泡法)

広がり管は，速度エネルギーを圧力エネルギーに変換する装置としても使用される．図 7.14 の場合，ベルヌーイの式を適用して，次式が得られる．

$$\frac{p_1}{\rho g} + \frac{{v_1}^2}{2g} = \frac{p_2}{\rho g} + \frac{{v_2}^2}{2g} + h_s$$

$$\therefore \quad \frac{p_2 - p_1}{\rho g} = \frac{{v_1}^2 - {v_2}^2}{2g} - h_s \tag{7.29}$$

損失を無視したときの p_2 を $p_{2\mathrm{th}}$ とすると

$$\frac{p_{2\mathrm{th}} - p_1}{\rho g} = \frac{{v_1}^2 - {v_2}^2}{2g} \tag{7.30}$$

†1　このように壁との間に低圧の渦領域ができ，壁面に付着して流動する現象は，1932 年に H.Coanda によって見出されたもので，その名をとってコアンダ効果という．フルイディクス(11.2.11 項参照)の基本原理となっている．

広がり管の圧力回復率 η は

$$\eta=\frac{p_2-p_1}{p_{2\mathrm{th}}-p_1}=1-\frac{h_s}{({v_1}^2-{v_2}^2)/(2g)} \tag{7.31}$$

となる．式(7.28)を代入すると，次のようになる．

$$\eta=1-\xi\frac{v_1-v_2}{v_1+v_2}=1-\xi\frac{1-A_1/A_2}{1+A_1/A_2} \tag{7.32}$$

(2) 細まり管

管断面がしだいに細くなる場合は，流れの方向に圧力が下がるため，流れに無理がなく，流れは混乱しないから，管摩擦以外の損失はほとんど起こらない．

7.4.3 流れの方向が変化する場合の損失

(1) ベンド

管が，**図7.18**のようにゆるやかに曲がる部分をベンド(bend)という．管摩擦による損失ヘッドのほかに流れの方向変化による損失も生じ，全ヘッド損失 h_b は次式で表される．

$$h_b=\zeta_b\frac{v^2}{2g}=\left(\zeta+\lambda\frac{l}{d}\right)\frac{v^2}{2g} \tag{7.33}$$

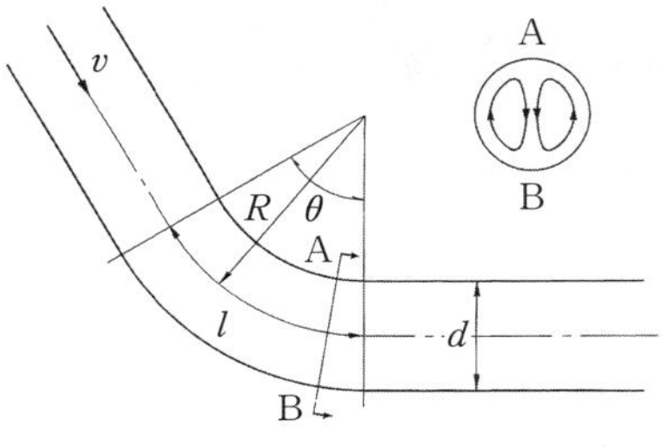

図7.18　ベンド

ここで，ζ_b は全損失係数で，ζ は流れが曲げられるための損失係数である．ζ の値を示すと，**表7.1**のようである[12),13)]．

曲がり部においては，遠心力のため図7.18に示したように二次流れが生じ，損失が大きくなる．曲がり部分に案内羽根

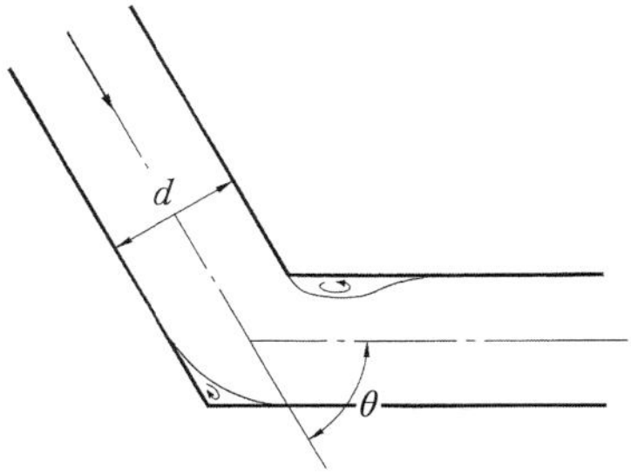

図7.19　エルボ

表7.1　ベンドの損失係数 ζ(滑らかな壁面 $Re=225\,000$，粗い壁面 $Re=146\,000$)[12),13)]

壁面	θ \ R/d	1	2	3	4	5
滑らか	15°	0.03	0.03	0.03	0.03	0.03
	22.5°	0.045	0.045	0.045	0.045	0.045
	45°	0.14	0.14	0.08	0.08	0.07
	60°	0.19	0.12	0.095	0.085	0.07
	90°	0.21	0.135	0.10	0.085	0.105
粗い	90°	0.51	0.51	0.23	0.18	0.20

表 7.2 エルボの損失係数 ζ[14)]

θ		5°	10°	15°	22.5°	30°	45°	60°	90°
ζ	滑らか	0.016	0.034	0.042	0.066	0.130	0.236	0.471	1.129
	粗い	0.024	0.044	0.062	0.154	0.165	0.320	0.687	1.265

を設ければ，損失ヘッドは非常に小さくなる．

(2) エ ル ボ

図 7.19 のように，管が急に曲がる部分をエルボ(elbow)という．損失ヘッド h_b は，式(7.33)と同じ形で与えられる．曲がり部で，流れが壁からはがれるため，ベンドより損失が大きい．**表 7.2** に，エルボの ζ の値を示す[14)]．

7.4.4 分岐管と合流管

(1) 分 岐 管

図 7.20 のように一つの管が二つに分かれる場合を分岐管という．h_{s_1} を①管から③管へ流れるときの損失ヘッド，また h_{s_2} を①管から②管へ流れるときの損失ヘッドとし，次のように表す．

$$h_{s_1}=\zeta_1\frac{{v_1}^2}{2g},\quad h_{s_2}=\zeta_2\frac{{v_1}^2}{2g} \tag{7.34}$$

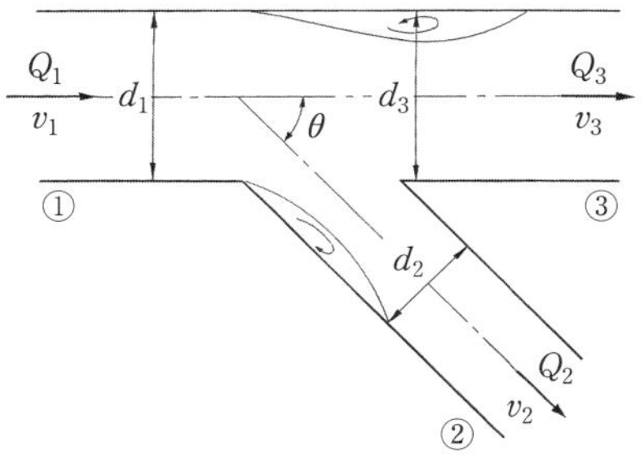

図 7.20 分岐管

損失係数 ζ_1, ζ_2 は，分岐角 θ，直径比 d_1/d_2 または d_1/d_3，流量比 Q_1/Q_2 または Q_1/Q_3 によって変わるので，いろいろの組合せで実験が行われて結果がまとめられている[15),16)]．

(2) 合 流 管

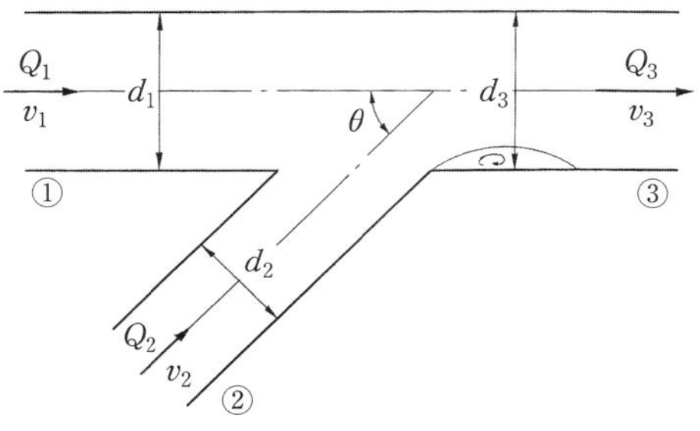

図 7.21 合流管

図 7.21 のように二つの管が一つに合流する場合，合流管という．h_{s_1} を①管から③管へ流れる

ときの損失ヘッド，また h_{s_2} を②管から③管へ流れるときの損失ヘッドとし，次のように表す．

$$h_{s_1}=\zeta_1\frac{{v_3}^2}{2g},\quad h_{s_2}=\zeta_2\frac{{v_3}^2}{2g} \tag{7.35}$$

ζ_1, ζ_2 は分岐管の場合と同様である[15),16)]．

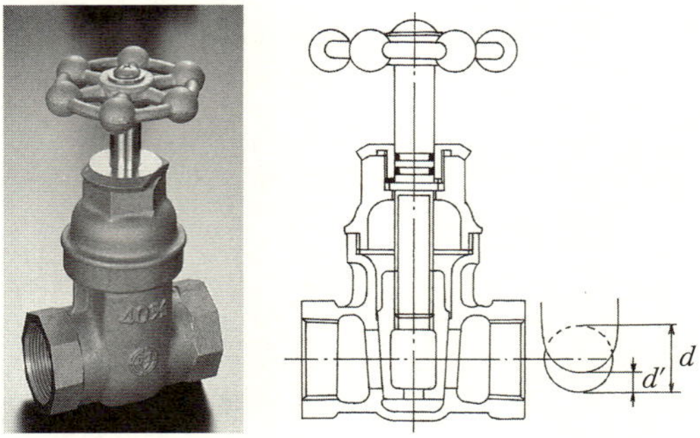

図 7.22　仕切り弁

7.4.5 弁とコック

弁類の損失ヘッドは断面積の変化によって起こり，その大きさは式(7.17)で表される．ただし，v は管路内で弁の影響を受けない点の平均流速を示す．

表 7.3　1 in 仕切り弁の ζ の値($d=25.5$ mm)[17)]

d'/d	1/8	1/4	3/8	1/2	3/4	1
ζ	211	40.3	10.15	3.54	0.882	0.233

(1) 仕切り弁

図 7.22 のような弁を仕切り弁(sluice valve)という．口径を d，弁の開きを d' とすれば，ζ は d'/d で異なる．**表 7.3** に，弁の呼び口径 1 in の ζ の値を示す[17)]．

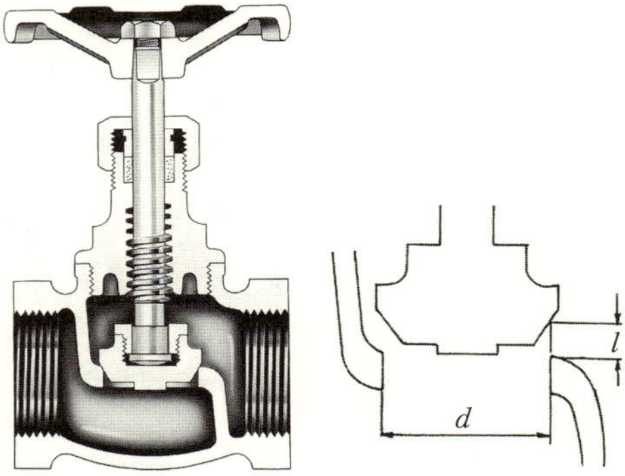

図 7.23　玉形弁

(2) 玉形弁

図 7.23 の玉形弁(globe valve)の種々の開きにおける ζ の値を**表 7.4** に示す[18)]．

表 7.4　1 in ねじ込み玉形弁の ζ の値($d=25.5$ mm)[18)]

l/d	1/4	1/2	3/4	1
ζ	16.3	10.3	7.68	6.09

(3) ちょう形弁

図 7.24 のちょう形弁(butterfly valve)の ζ の値を**表 7.5** に示す[19)]．弁板の傾き角 θ が大きくなると，弁直後における断面積が急に

大きくなるため，ξの値が大きくなる．

円形ちょう形弁で，$\theta=0$のときのξは

$$\xi \fallingdotseq \frac{t}{d} \tag{7.36}$$

となる．ここで，tとdは弁円板の厚さおよび直径である．

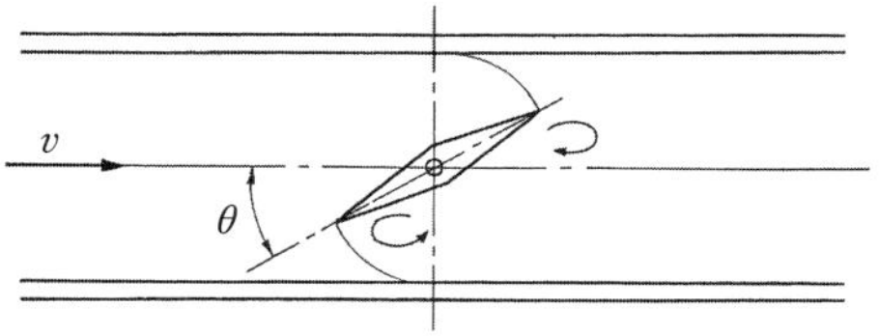

図 7.24　ちょう形弁

表 7.5　円形ちょう形弁のξの値[19]

θ	10°	20°	30°	50°	70°
ξ	0.52	1.54	3.91	32.6	751

(4) コック

図 7.25のコック(cock)のξの値を**表 7.6**に示す[19]．コックにおいても，角θの増加とともに流れの断面積の変化が著しくなり，ξの値が大きくなる．

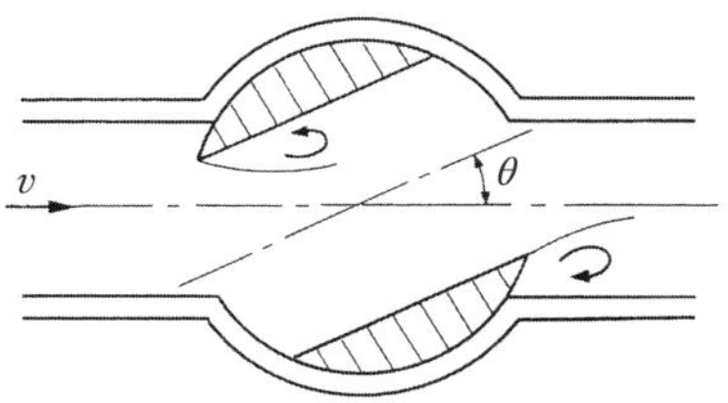

図 7.25　コック

表 7.6　コックのξの値[19]

θ	10°	30°	50°	60°
ξ	0.29	5.47	52.6	206

(5) その他の弁

各種の弁のξの値を**表 7.7**に示す[20]．

7.4.6 管路の総損失

管路の入口から出口までの総損失をh，流速をv，管の内径をd，管路の長さをlとすると

$$h=\left(\lambda\frac{l}{d}+\sum\xi\right)\frac{v^2}{2g} \tag{7.37}$$

となる．右辺第1項は摩擦による損失分を，また$\sum\xi(v^2/2g)$は入口，曲がり，弁などの各部における損失ヘッドを表す．管路が内径の異なる管からなる場合には，その中の任意の一つの管に対する流速に換算した値を用いればよい．

なお，水面の高さの差hの2個のタンクを管路で連結した場合には，一般に速度エネルギーも失われるので

$$h=\left(\lambda\frac{l}{d}+\sum\xi+1\right)\frac{v^2}{2g} \tag{7.38}$$

となる．ただし，管路が$l/d>2000$くらいに十分長く，かつ管路内に開きの小

表 7.7　各種の弁の損失係数[20]

<table>
<tr><th colspan="2">弁の種類</th><th>損失係数 ζ</th></tr>
<tr><td>リリーフ弁</td><td>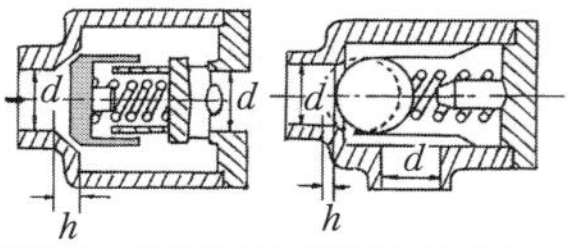
</td><td>
<table>
<tr><td>h/d</td><td>0.05</td><td>0.1</td><td>0.15</td><td>0.2</td><td>0.25</td><td>0.3</td></tr>
<tr><td>ζ</td><td>3.35</td><td>2.85</td><td>2.4</td><td>2.4</td><td>1.7</td><td>1.35</td></tr>
</table>
</td></tr>
<tr><td>円板弁</td><td>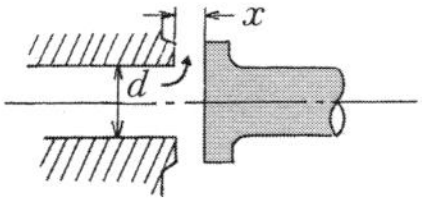
</td><td>絞りの面積 $a=\pi dx$
弁座穴断面積 $A=\pi d^2/4$
$x=d/4$ のとき $a=A$
損失係数 $\zeta=1.3+0.2(A/a)^2$</td></tr>
<tr><td>ニードル弁</td><td>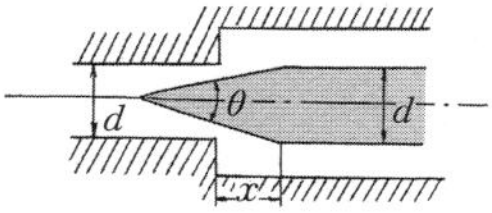
</td><td>$a=\pi\left(dx\tan\frac{\theta}{2}-x^2\tan^2\frac{\theta}{2}\right)$
$x=0$ のとき $Ax=0$
$\zeta=0.5+0.15(A/a)^2$</td></tr>
<tr><td>玉形弁</td><td>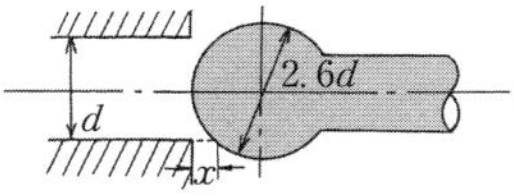
</td><td>$a \fallingdotseq 0.75\pi dx$
$\zeta=0.5+0.15(A/a)^2$</td></tr>
<tr><td>スプール弁</td><td>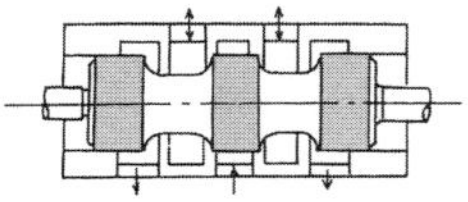</td><td>全開の位置で
$\zeta=3\sim5.5$</td></tr>
</table>

さな弁などがない場合には，摩擦損失に対して他の項を省略できる．逆に，h がわかっていれば，流速は式(7.37)あるいは式(7.38)から求めることができる．

一般に，流速は上水道管路においては，長距離であれば $v=1.0\sim1.5$ m/s，近距離では 2.5 m/s 程度までとる．水力発電所の導水路では，普通 2～5 m/s にとる．

7.5 揚　　水

ポンプは，**図 7.26** に示すように水にエネルギーを与えて揚水を行う．ポンプが水に与えるヘッド H を全揚程(total head)といい，両水面の高さの差 H_a

を実揚程(actual head)という.

$$H = H_a + h \tag{7.39}$$

の関係がある. h は h_s と h_d の和で, 管路の総損失を表す.

単位時間当たりにポンプを通過する水の体積を揚水量という. ポンプが水に与えるエネルギーは, 単位重量当たり H であるから, 単位時間当たりに水に与えるエネルギー L_w は

$$L_w = \rho g Q H \tag{7.40}$$

となる. このようなエネルギー L_w を水馬力(water horsepower)という.

ポンプに必要な動力 L_s を軸馬力(shaft horsepower)という.

$$\frac{L_w}{L_s} = \eta \tag{7.41}$$

この η をポンプの効率という. ポンプに供給されたエネルギーは, そのまま水に伝えられるのではなく, ポンプ内での損失があるから $\eta < 1$ となる.

図 7.27 に示すように, 揚水量 Q と全揚程 H との関係を表す曲線を揚程曲線(head curve)という. 一般に, 管路の総損失 h は管内平均流速の 2 乗に, したがって揚水量 Q の 2 乗に比例する. この h と H_a の和を Q に関して図示したものを抵抗曲線という. 揚水量は, 図に示すように揚程曲線と抵抗曲線との交点で与えられる.

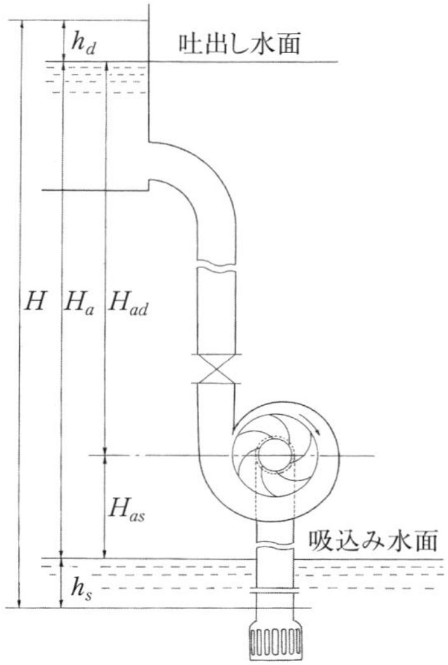

H：全揚程, H_{ad}：吐出し揚程, H_a：実揚程, h_s：吸込み側諸損失, H_{as}：吸込み揚程, h_d：吐出し側諸損失

図 7.26　揚水ポンプ

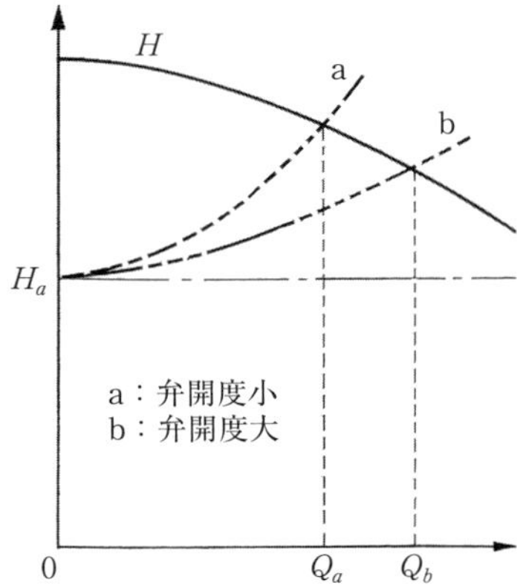

図 7.27　ポンプ全揚程と抵抗曲線

《演習問題》

1. 円管内を層流状態で流れる流体が一定の速度分布になったあとでもつ運動エネルギーは，平均速度で考えた運動エネルギーの2倍となることを証明せよ．
2. 円管内の流れで，流速と圧力損失はどのような関係となるか．
3. 円管内を流体が層流で流れる場合，管摩擦係数λは次式で示されることを証明せよ．

$$\lambda=\frac{64}{Re}$$

4. 円管内を乱流で流れている場合，管摩擦係数が$\lambda=0.3164\,Re^{-1/4}$に従うとして圧力損失が平均流速の1.75乗に比例することを示せ．
5. 円管内の流れにおいて，管摩擦係数が一定であれば，摩擦損失ヘッドは管の内径の5乗に逆比例することを示せ．また，内径の測定にα(%)の誤差があれば，損失ヘッドの誤差は何%となるか．
6. 直径50 mmの市販鋼管で長さ2000 mの目的地へ毎分0.5 m^{3}の水を送るには，どのくらい損失ヘッドが生じるであろうか．また，直径100 mmにすれば，損失ヘッドは何ほどか．水温は20℃とする．
7. **図7.28**に示すような管径100 mmの管路系で，毎分1 m^{3}の水を送水するに必要な軸馬力は何ほどか．ただし，ポンプ効率$\eta=80$%，仕切り弁の損失係数$\zeta_v=0.175$，90°エルボの損失係数$\zeta_{90}=1.265$，エルボの損失係数$\zeta_{45}=0.320$，管摩擦係数$\lambda=0.026$とする．

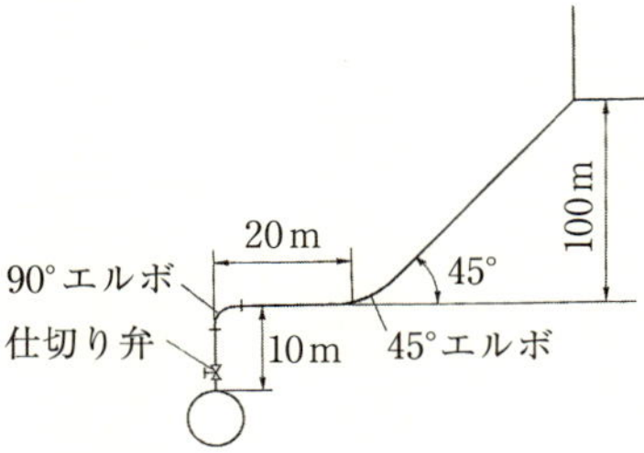

図7.28

8. 1辺20 cmの正方形のダクトにより流量0.6 m^3/sの空気を送る場合，長さ50 mで圧力損失Δpはどれだけあるか．空気は温度20℃，標準気圧とし，ダクトの内面は滑らかとする．
9. 直径40 mmの円管が，直径80 mmの円管に直結した急拡大管内を水が流れている．流量0.08 m^3/minのとき，広がり損失を求めよ．
10. 直径40 mmの円管を広がり角度10°で直径80 mmの円管に接続し，流量0.3 m^3/minの水を流した場合の損失ヘッドh_sと圧力回復率ηを求めよ．

参考文献

1)　浅尾ほか2名：日本機械学会論文集, **18**, 66（1952）p. 172.
2)　中山，遠藤：日本機械学会論文集, **24**, 145（1958-9）p. 658.
3)　板谷：日本機械学会誌, **48**, 332-333（1945-2～12）p. 84.
4)　Nikuradse, J.: V. D. I. Forshungsheft, **361**（1933）.
5)　Moody, L. F.: Trans. ASME, **66**, 8（1944）p. 671.
6)　技術資料，管路・ダクトの流体抵抗(1979)日本機械学会.
7)　Richter, H.: Rohrhydraulik, 3 Aufl.（1985）p. 172, Springer.
8)　Weisbach, J.: Ingenieur-und Maschienen-Mechanik, I（1896）p. 1003.
9)　日比ほか2名：油圧と空気圧, **2**, 2（1971-4）p. 72.
10)　Gibson, A. H.: Hydraulics.（1952）p. 91, Constable & Company.
11)　植松：日本機械学会論文集, **2**, 7（1936-5）p. 254.
12)　Hofmann, A.: Mitt. Hydr. Inst. T. H. München, **3**（1929）p. 45.
13)　Wasielewski, R.: Mitt. Hydr. Inst. T. H. München, **5**（1932）p. 66.
14)　Kirchbach, H. und Schubart, W.: Mitt. Hydr. Inst. T. H. München, **2**（1928）p. 72；**3**（1929）p. 121.
15)　Vogel, G.: Mitt. Hydr. Inst. T. H. München, **1**（1926）p. 75；**2**（1928）p. 61.
16)　Petermann, F.: Mitt. Hydr. Inst. T. H. München, **3**（1929）p. 98.
17)　Corp, C. I.: Bulll. Univ. Wisconsin, Engng. Series, **9**, 1（1922）p. 1.
18)　沖：水力学 (1942) p. 344, 岩波書店.
19)　Weisbach, J.: Ingenieur-und Maschienen-Mechanik, I（1896）p. 1050.
20)　Yeaple, F. D.: Hydraulic and Pneumatic Power Control（1966）p. 89, McGraw-Hill Inc.

8. 開水路の流れ

人工的につくられた水を流すための構造物を水路(water channel)といい，自由表面をもつ水路を開水路(open channel)または開きょという．ローマの水道は，紀元前312年に完成し，水路の長さ16.5 kmに及び，紀元305年には14の水道ができ，水路の延長578 kmに及んだといわれ，その歴史は長い．図1.1にローマの水道の復元図を示した．また，**図8.1**にその遺跡の写真を示す．

開水路では，水力平均深さが非常に大きく，したがってレイノルズ数が大きいため，流れは乱流である．本章で述べる実験式は，すべて流れが乱流の場合である．また，レイノルズ数が大きいため，摩擦係数はレイノルズ数によって変わらず，壁の粗さによって定まる．

図8.1　ローマの水道の遺跡

8.1 開水路の断面および流速が一定の場合の流れ

開水路では，流れている水が自由表面をもっており，重力の作用によって流れる．**図8.2**に示すように，断面一定，底面のこう配角θの開きょ内を定速v

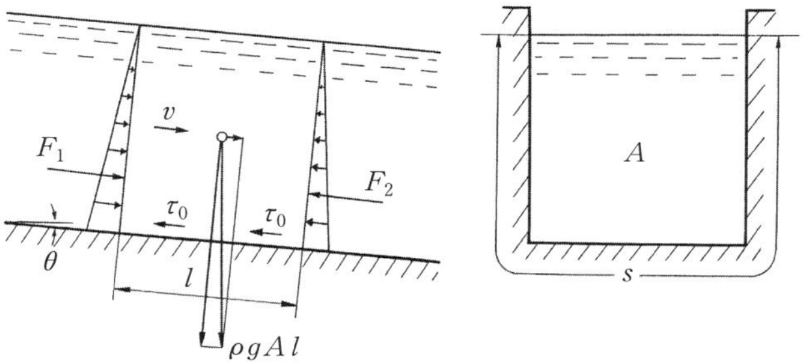

図 8.2　開水路

で水が流れるとする．任意の距離 l 離れた二つの断面の間にある水のつりあいを考える．水深は一様であるから，静水圧によって断面に作用する力 F_1, F_2 はつりあっている．したがって，流れの方向に作用する力は，水の重さの流れの方向の成分のみである．この力が，壁の摩擦力と等しい．開水路の断面積 A，ぬれ縁長さ s，壁のせん断応力の平均値を τ_0 とすれば，

$$\rho g A l \sin\theta = \tau_0 s l$$

θ は非常に小さいので

$$\text{こう配} = i = \tan\theta \fallingdotseq \sin\theta$$

となるから

$$\tau_0 = \rho g \frac{A}{s} i = \rho g m i \tag{8.1}$$

となる．ここで，$A/s = m$ は水力平均深さである．

τ_0 を摩擦係数 f を用いて $\tau_0 = f\rho v^2/2$ と表すと，

$$v = \sqrt{\frac{2g}{f} m i} \tag{8.2}$$

となる．

シェジー(Chézy)は，流速は $\sqrt{mi}$ に比例するとして，次式で表した．

$$v = c\sqrt{mi} \tag{8.3}$$

この式をシェジーの式，c を流速係数という．c の値は，次のガンギエ-クッタ(Ganguillet-Kutter)の式により求められる．

$$c = \frac{23 + (1/n) + (0.00155/i)}{1 + [23 + (0.00155/i)](n/\sqrt{m})} \tag{8.4}$$

また，次のバザン(Bazin)の式からも求められる．

$$c=\frac{87}{1+\alpha/\sqrt{m}} \tag{8.5}$$

また，次に示すマニング(Manning)の式も，最近よく用いられる．

$$v=\frac{1}{n}m^{2/3}i^{1/2} \tag{8.6}$$

式(8.4)，(8.6)の n，また式(8.5)の α は壁の状態によって変わる係数で，**表 8.1** にその値を示す．一般に，流速は 0.5～3 m/s である．これらの式および表の値は m, s の単位の場合である．

水路の流量は次式で計算される．

$$Q=Av=Ac\sqrt{mi}=\frac{1}{n}Am^{2/3}i^{1/2} \tag{8.7}$$

水路の断面の流速は一様でなく，最大流速は水面から深さの 0.1～0.4 倍のところに，また，平均流速 v は深さの 0.5～0.7 倍のところにある．

表 8.1　Ganguillet-Kutter，Manning の式の n，Bazin の式の α の値

壁面の状能	n	α
滑らかに削った木板，滑らかなセメント塗り	0.010～0.013	0.06
粗雑な木板，比較的滑らかなコンクリート	0.012～0.018	
れんが，モルタル類，切石積み	0.013～0.017	0.46
型板取外しのままのコンクリート	0.015～0.018	
砂利を露出した粗雑なコンクリート	0.016～0.020	1.30
粗石積み	0.017～0.030	
両岸石張り底面不規則な土	0.028～0.035	
断面が一様で，水深が大きな砂床の河川	0.025～0.033	
断面が一様で，岸に雑草のある砂利床の河川	0.030～0.040	
大きい石および雑草のある直線でない河川	0.035～0.050	2.0

8.2 開水路の最良断面形状

開水路内の流れの断面積 A が一定で，式(8.3)の c, i が一定の場合には，断面形状を適当に選び，ぬれ縁の長さ s を最小にすれば，平均流速 v および流量 Q は最大となる．すべての幾何学的形状の中で一杯に流した場合，円は与えら

れた面積に対してぬれ縁の長さが最も短い．したがって，円形開水路は重要である．

8.2.1 円形開水路

図 8.3 のような内径 r が一定の円形開水路における水面の位置と流速，流量との関係を調べてみる．

式(8.6)，(8.7)より

$$v=\frac{1}{n}\left(\frac{A}{s}\right)^{2/3}i^{1/2},\quad Q=\frac{1}{n}\frac{A^{5/3}}{s^{2/3}}i^{1/2}$$

$$A=r^2\left(\frac{\theta}{2}\right)-r^2\cos\left(\frac{\theta}{2}\right)\sin\left(\frac{\theta}{2}\right)$$

$$=\frac{r^2(\theta-\sin\theta)}{2}$$

$$s=r\theta$$

$$m=\frac{r}{2}\left(1-\frac{\sin\theta}{\theta}\right)$$

$$v=\frac{1}{n}i^{1/2}\left[\frac{r}{2}\left(1-\frac{\sin\theta}{\theta}\right)\right]^{2/3} \tag{8.8}$$

$$Q=\frac{1}{n}i^{1/2}\frac{\theta r^{8/3}}{2^{5/3}}\left(1-\frac{\sin\theta}{\theta}\right)^{5/3} \tag{8.9}$$

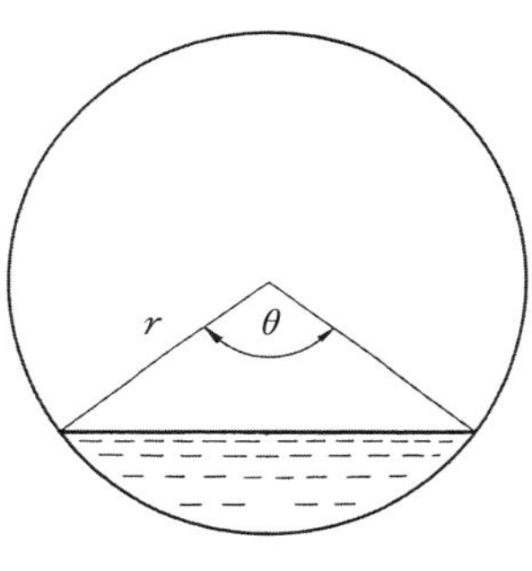

図 8.3　円形開水路

となる．

v_{full}, Q_{full} を，それぞれ水路一杯に流れた場合の流速ならびに流量とすると

$$\frac{v}{v_{\mathrm{full}}}=\left(1-\frac{\sin\theta}{\theta}\right)^{2/3} \tag{8.10}$$

$$\frac{Q}{Q_{\mathrm{full}}}=\frac{\theta}{2\pi}\left(1-\frac{\sin\theta}{\theta}\right)^{5/3} \tag{8.11}$$

である．θ と v, Q との関係を示すと，**図 8.4** のようになる．

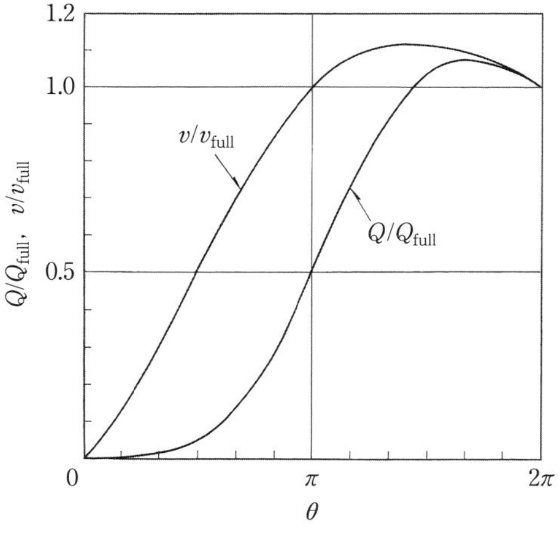

図 8.4　θ と v, Q との関係

8.2.2 長方形開水路

図 8.5 の場合，s が最小になる断面形状を求めてみる．

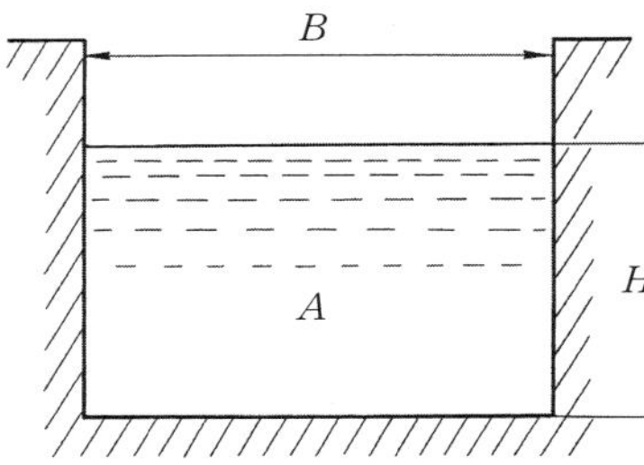

図 8.5　長方形開水路

$$s = B + 2H = \frac{A}{H} + 2H$$

$$\frac{\mathrm{d}s}{\mathrm{d}H} = -\frac{A}{H^2} + 2 = 0$$

$$A = 2H^2$$

したがって，

$$\frac{H}{B} = \frac{1}{2}$$

すなわち，c, A, i が一定の場合，v ならびに Q を最大にするには，開水路の深さを幅の半分にすればよい．

8.3 比エネルギー

開水路の多くの問題は，ベルヌーイの式を用いて解くことができる．**図 8.6** の開水路の中の点 A における圧力を p とすると，点 A における流体粒子の全ヘッドは

$$全ヘッド = \frac{p}{\rho g} + \frac{v^2}{2g} + z + z_0$$

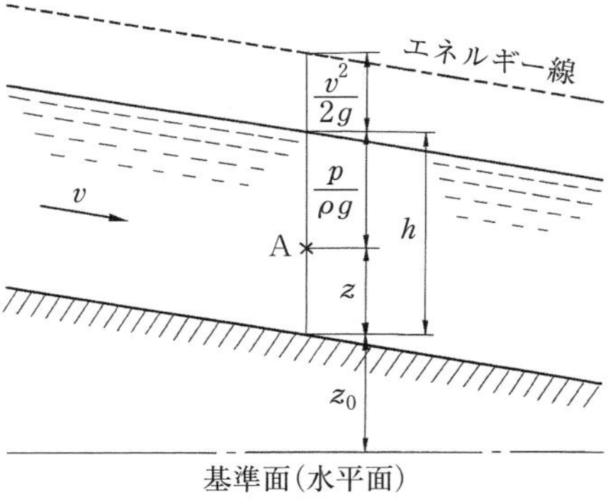

図 8.6　開水路の全ヘッド

開水路の深さを h とすると

$$h = \frac{p}{\rho g} + z$$

となる．したがって，全ヘッドは次のようにも書ける．

$$全ヘッド = h + \frac{v^2}{2g} + z_0 \tag{8.12}$$

また，開水路底を基準とした全ヘッドを比エネルギー(specific energy)といい，単位重量当たりのエネルギ

ーを表し，これを E とし，開水路の断面積を A，流量を Q とすると，

$$E = h + \frac{Q^2}{2gA^2} \tag{8.13}$$

である．この関係は，開水路の流れを解析するうえで非常に重要である．ここでは三つの変数 E, h, Q があるので，一つを一定として他の二つの関係を考えてみよう．

8.3.1 流量を一定とした場合

一定の流量 Q に対して，比エネルギーと水深との関係を示すと，**図 8.7** のようになる．比エネルギー最小の臨界点は $\mathrm{d}E/\mathrm{d}h = 0$ の場所である．

$$\frac{\mathrm{d}E}{\mathrm{d}h} = 1 - \frac{Q^2}{gA^3}\frac{\mathrm{d}A}{\mathrm{d}h} = 0$$

より

$$\frac{\mathrm{d}A}{\mathrm{d}h} = \frac{gA^3}{Q^2}$$

である．B を開水路の幅とすると，$\mathrm{d}A = B\mathrm{d}h$ であるので，臨界面積(critical area) A_c，臨界流速(critical velocity) v_c は，次式のようになる．

$$\left.\begin{aligned} A_c &= \left(\frac{BQ^2}{g}\right)^{1/3} \\ v_c &= \frac{Q}{A_c} = \left(\frac{gA_c}{B}\right)^{1/2} \end{aligned}\right\} \tag{8.14}$$

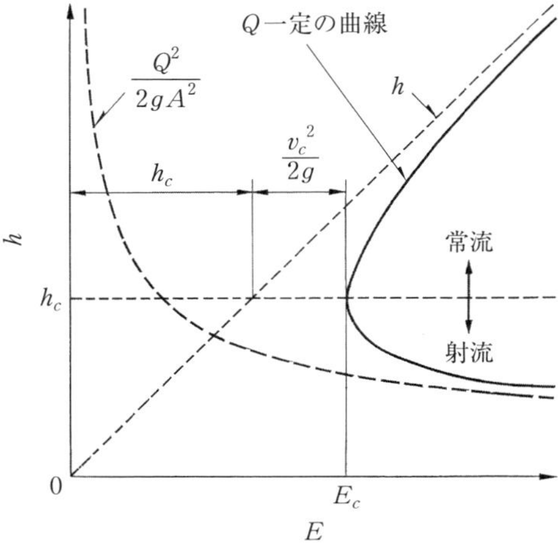

図 8.7 流量一定の曲線

いま長方形開水路を考え，単位幅当たりの流量を q とすると，$Q = qB$ となり，断面積 $A = hB$ であるので，比エネルギーが最小となる水深 h_c を求めると，式(8.14)より

$$h_c = \left(\frac{q^2}{g}\right)^{1/3} \tag{8.15}$$

となる．この h_c を臨界水深(critical depth)という．

臨界水深 h_c において，臨界状態の場合の比エネルギー（全ヘッド）E_c は

$$E_c = \frac{q^2}{2gh_c{}^2} + h_c$$

式(8.15)より

$$q^2 = gh_c{}^3$$

$$E_c = \frac{h_c}{2} + h_c = 1.5h_c \qquad (8.16)$$

となり，E_c は h_c の 1.5 倍である．

このときの臨界流速 v_c は，式(8.15)より

$$v_c = \frac{q}{h_c} = \sqrt{gh_c} \qquad (8.17)$$

となり，臨界状態では流速は水深が浅いとき開水路に発生した波，いわゆる長波(long wave)の伝ぱ速度に一致する．

流れの形態は，この h_c より深いか浅いかで異なる．水深が h_c より深い場合には，流速は長波の伝ぱ速度より遅くなり，流れは常流(tranquil flow)といわれる．水深が h_c より浅い場合には，流速は長波の伝ぱ速度より早くなり，流れは射流(rapid flow)といわれる．

8.3.2 比エネルギーを一定とした場合

長方形開水路では，式(8.13)より

$$q^2 = 2g(h^2E - h^3),$$

$$\frac{\mathrm{d}q}{\mathrm{d}h} = \frac{g}{q}(2Eh - 3h^2) = 0$$

$$E_c = 1.5h_c \qquad (8.18)$$

となる．

一定の E に対して q と h の関係を示すと **図 8.8** のようになる．

図 8.7 と図 8.8 を比較すると，流量一定で比エネルギー最小の状態と，比エネルギー一定で流量最大の状態とは，ともに同じ臨界状態であることがわかる．

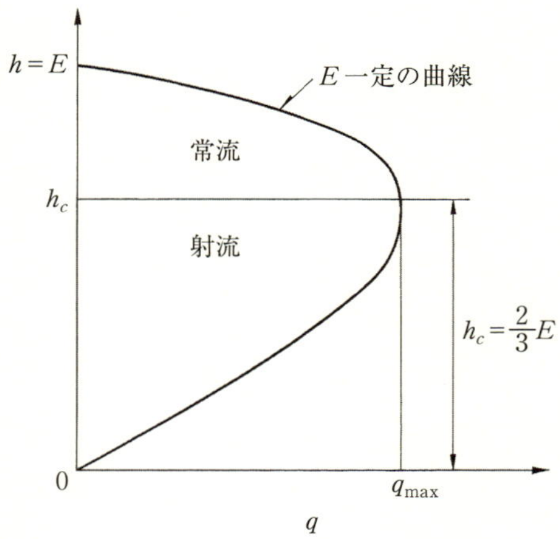

図 8.8　比エネルギー一定の曲線

8.3.3 水深を一定とした場合

長方形開水路では，式(8.13)より

$$\frac{E}{h}=1+\frac{q^2}{2gh^3} \qquad (8.19)$$

となる．

$q/\sqrt{gh^3}$ と E/h との関係をプロットすると，**図 8.9** のようになる．すなわち，比エネルギーは 1 から q とともに放物線的に増大する．そして臨界水深，すなわち $q^2=gh^3$ のとき $E/h=1.5$ となる．

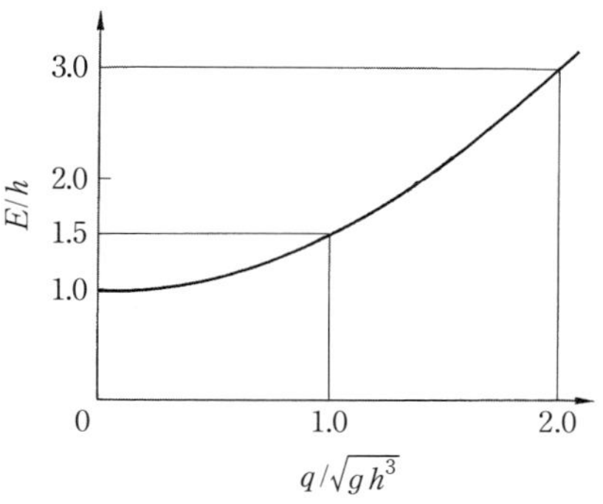

図 8.9　水深一定の曲線

8.4 跳　水

射流は不安定で，これを減速する場合，突然，常流に移る．この現象を跳水(hydraulie jump)という．例えば，**図 8.10**(a)のように，せきの底面のこう配が急な場合は射流となるが，下流でこう配がゆるやかになると，そのまま射流を続けることができず，突然，常流に移る．この状況を実験したものを **図 8.11** に示す．

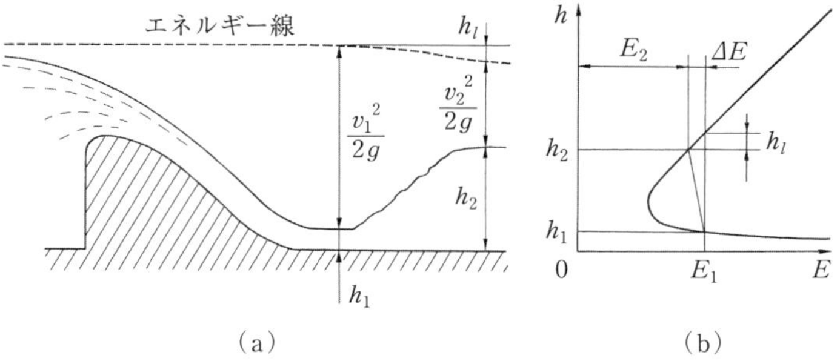

図 8.10　跳水

深さ h が小さい場合，開水路に発生した波(長波)が伝わる速度 a は $\sqrt{gh}$ (h が小さいとき)で，流れの速度の波の伝わる速度に対する比をフルード数(Froude number)という．常流のフルード数は 1 より小，すなわち流れの速度

図 8.11　せきの射流と跳水

ウィリアム・フルード
(William Froude, 1810～1879)
イギリスに生まれ，造船に従事した．60 歳代に船の抵抗の研究をはじめ，家の近くに曳船水槽(約 75 m)をつくった．死後，研究は息子のロバート・エドマンド・フルード(1846～1924)によって続けられた．慣性力と重力の条件下での相似について，彼の名を冠した無次元数が用いられている．

が波の伝わる速度より小さい．射流のフルード数は 1 より大，すなわち流れの速度が波の伝わる速度より大きい．このように，開水路の常流，射流は，圧縮性流体のそれぞれ亜音速流れ，超音速流れに相当している．

圧縮性流体の中細ノズル内の流れ(13.5.3 項参照)において，ノズルを通った超音速流は，背圧が低ければそのまま超音速を続けるが，背圧が高いときは，突然，衝撃波を伴って亜音速流れに移る．すなわち，跳水と衝撃波との間にはアナロジーがある．

跳水を起こすと，これによってエネルギーが消散できる〔図 8.10(b)〕ので，下流の開水路底の浸食が防止できる．

《演習問題》

1. **図 8.12** のような長方形開水路を木材でつくって水を流し，流量 0.5 m^3/s を得たい．必要なこう配 i を求めよ．ただし，マニングの式を用い，n の値は 0.01 とする．

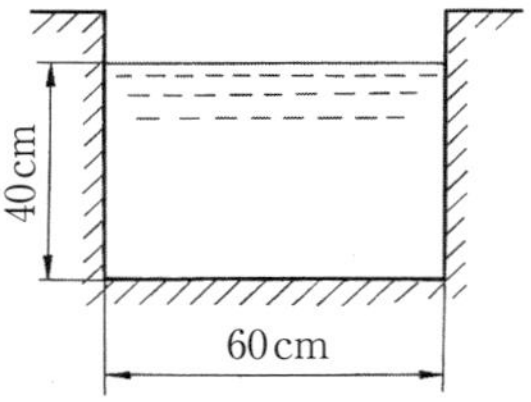

図 8.12

2. **図 8.13** に示す断面をもつコンクリート巻き開水路において，開水路のこう配を 0.002 とした場合の流量をシェジーの式とマニングの式より求めた流量 Q を比較せよ．ただし，$n=0.015$ とする．
3. 幅 5 m，水の深さ 2 m，こう配 1/2000 の滑らかなセメント塗り長方形開水路を流れる流量 Q はいくらか．バザンの式を用いて計算せよ．

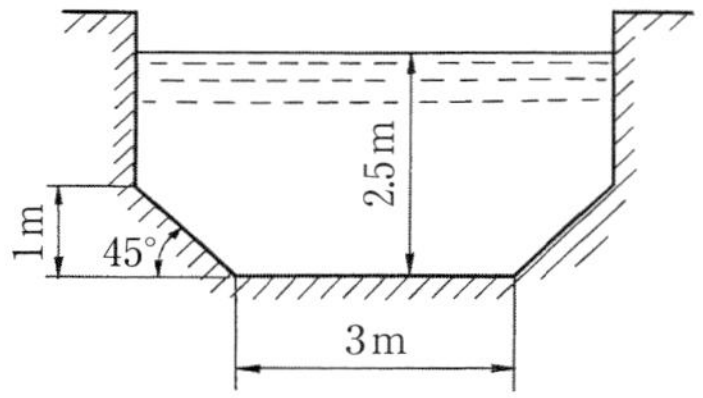

図 8.13

4. **図 8.14** に示すような円形開水路を用いて送水するとき，流速および流量が最大となる θ と深さ h はそれぞれいくらか．ただし，半径 $r=1.5$ m とする．
5. 幅 5 m の長方形開水路を 15 m^3/s の流量が水深 1.2 m で流れている．この流れは射流か常流か．このときの比エネルギー E はいくらか．

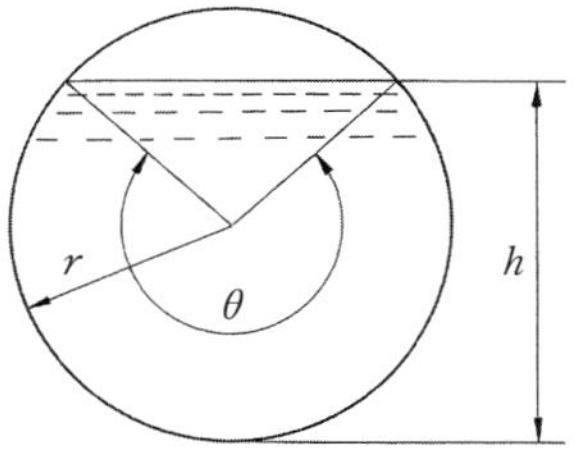

図 8.14

6. 幅 4 m の長方形開水路を 12 m^3/s の流量が流れているときの臨界水深 h_c および臨界流速 v_c を求めよ．
7. 幅 3 m の長方形開水路で，比エネルギー 2 m に対して，流しうる最大流量 Q_{max} はいくらか．
8. 幅 5 m の長方形開水路を 20 m^3/s の水量が流れている．この流れを跳水により常流に変えた場合の水深 h_c を求めよ．
9. 射流，跳水の現象はどのような場合に起こるか．

9. 抗力と揚力

7章と8章では周囲を固体の壁で囲まれた“内部流れ”について述べてきた．しかし，空中を野球のボールやゴルフのボールが飛んだり，自動車や列車が走行したり，飛行機が飛んだり，あるいは水中を潜水艦が航行したりする場合，どのように考えたらよいか．

本章では，このような固体壁の外側に沿う流れ，すなわち“外部流れ”について述べる．

9.1 物体のまわりの流れ

一様な流れの中に置かれた物体の周囲の流れは，流体の粘性のため，物体の表面に沿って速度変化の大きな薄い層，すなわち境界層(boundary layer)を形成する．さらに，流れは物体の後方ではく離(separation)し，渦を伴う後流(wake)となる．**図9.1**に，円柱と平板のまわりの流れの様子を示す．上流aからの流れは物体表面のbでせき止められ，そこで速度は0となる．bをよどみ点(stagnation point)と呼ぶ．bで流れは上下に分かれ，円柱ではcではく離し，渦を伴う後流となる．

物体からの影響を受けない上流aの圧力をp_∞，流速をUとし，よどみ点bの圧力をp_0とすると，次のようになる．

$$p_0 = p_\infty + \frac{\rho U^2}{2} \tag{9.1}$$

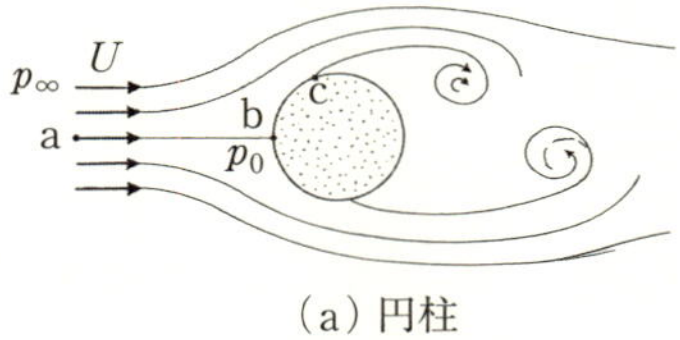

(a) 円柱

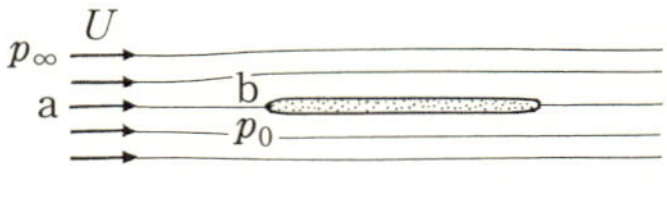

(b) 平板

図9.1 物体のまわりの流れ

9.2 物体に働く力

流れの中に物体を置くと，物体は周囲の流体から力を受ける．平板を流れの方向に置いた場合には下流方向の力を受けるだけであるが，翼を置いた場合は，**図 9.2** に示すように流れに対して傾いた力 R を受ける．一般に，物体に作用する力 R を，流れ U の方向の成分 D と，これに直角な方向の成分 L とに分解し，前者を抗力(drag)，後者を揚力(lift)という．

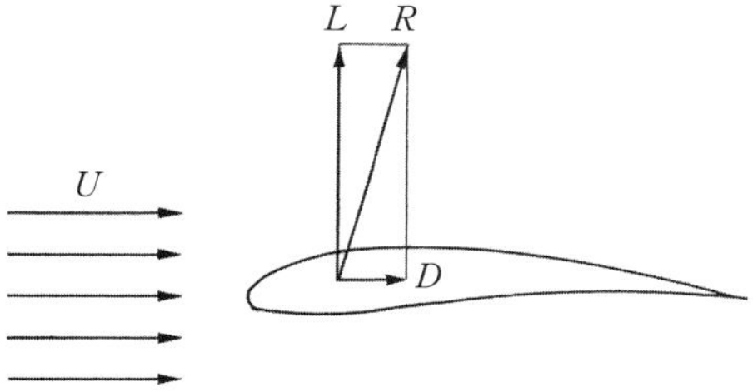

図 9.2　抗力と揚力

抗力および揚力は，次のようにして発生する．**図 9.3** において，物体表面の任意の微小面積 $\mathrm{d}A$ に作用する流体の圧力 p，単位面積当たりの摩擦力を τ とする．圧力 p による力 $p\mathrm{d}A$ は $\mathrm{d}A$ に垂直に作用し，摩擦応力 τ による力 $\tau\mathrm{d}A$ は面 $\mathrm{d}A$ の接線方向に働く．この力 $p\mathrm{d}A$ の流速 U の方向の成分を物体表面全体に対して積分した抗力 D_p を形状抗力(form drag)または圧力抗力(pressure drag)といい，$\tau\mathrm{d}A$ を同様に積分した抗力 D_f を摩擦抗力(friction drag)という．D_p, D_f を式で示すと，次のようになる．

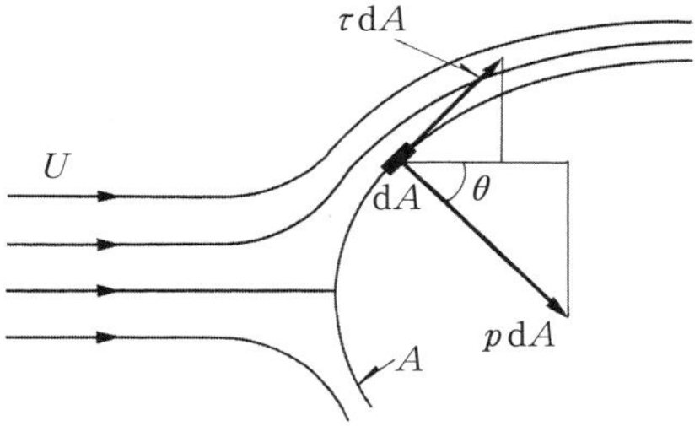

図 9.3　物体に働く力

$$D_p = \int_A p\,\mathrm{d}A\cos\theta \tag{9.2}$$

$$D_f = \int_A \tau\,\mathrm{d}A\sin\theta \tag{9.3}$$

物体の抗力 D は，圧力抗力 D_p と摩擦抗力 D_f の和であるが，物体の形状により，それぞれの抗力の占める比率が異なる．**表 9.1** に，形状の違いによる D_p と D_f の比率を示す．また，$p\mathrm{d}A$ および $\tau\mathrm{d}A$ の U に垂直な成分を積分すれ

表 9.1　形状の違いによる D_p と D_f の比率

形状	圧力抗力 D_p, %	摩擦抗力 D_f, %
	0	100
	≈10	≈90
	≈90	≈10
	100	0

ば，揚力 L が得られる．

9.3 物体の抗力

9.3.1 抗力係数

一様な流速 U の中に置かれた物体の抗力 D は式(9.2),(9.3)から求められるが，この理論的計算は，一般に簡単な形状のもので，限られた速度範囲のほかは困難である．したがって，任意形状の物体については数値計算と実験に頼るほかない．一般には，抗力 D は次のように表される．

$$D = C_D A \frac{\rho U^2}{2} \tag{9.4}$$

ここで，A は一様な流れの方向に直角な平面への物体の投影面積，また C_D は抗力係数(drag coefficient)と呼ばれる無次元数である．種々の形の物体の C_D の値を**表 9.2** に示す．

9.3.2 円柱の抗力

(1) 理想流体

流れの中に置かれた円柱について流体の粘性を省略して理論的に調べてみる．理想流体の流速 U の流れに直角に置かれた円柱のまわりの流れは**図 9.4** のようになり，円柱表面の任意の点における流速 v_θ は

$$v_\theta = 2U\sin\theta \tag{9.5}$$

となる〔12.5.2(2)項参照〕．

平行流れの圧力を p_∞，円柱表面の任意の点の圧力を p とすると，次のベルヌーイの式が成り立つ．

表 9.2　種々の物体の抗力係数

物体	寸法の割合	基準面積 A	抗力係数 C_D
円柱(流れの方向) 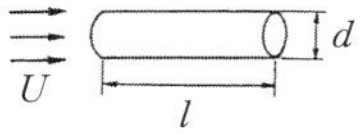	$l/d=1$ 2 4 7	$\frac{\pi}{4}d^2$	0.91 0.85 0.87 0.99
円柱(流れに直角) 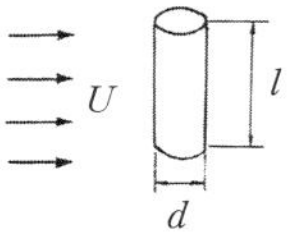	$l/d=1$ 2 5 10 40 ∞	dl	0.63 0.68 0.74 0.82 0.98 1.20
長方形板(流れに直角) 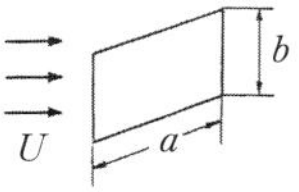	$a/b=1$ 2 4 10 18 ∞	ab	1.12 1.15 1.19 1.29 1.40 2.01
半球(底なし) 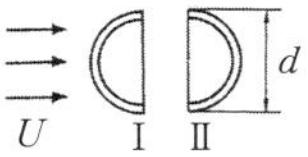	I (凸) Ⅱ (凹)	$\frac{\pi}{4}d^2$	0.34 1.33
円すい 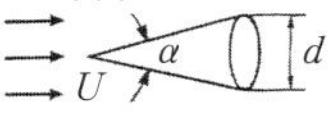	$\alpha=60°$ $\alpha=30°$	$\frac{\pi}{4}d^2$	0.51 0.34
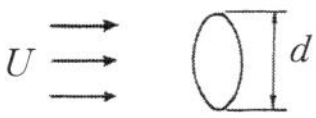		$\frac{\pi}{4}d^2$	1.2
		正面投影面積 	0.25 ~0.32

$$p_\infty + \frac{\rho U^2}{2} = p + \frac{\rho {v_\theta}^2}{2}$$

$$p - p_\infty = \frac{\rho(U^2 - {v_\theta}^2)}{2} = \frac{\rho U^2}{2}(1 - 4\sin^2\theta)$$

$$C_p = \frac{p - p_\infty}{\rho U^2/2} = 1 - 4\sin^2\theta$$

（C_p：圧力係数）

(9.6)

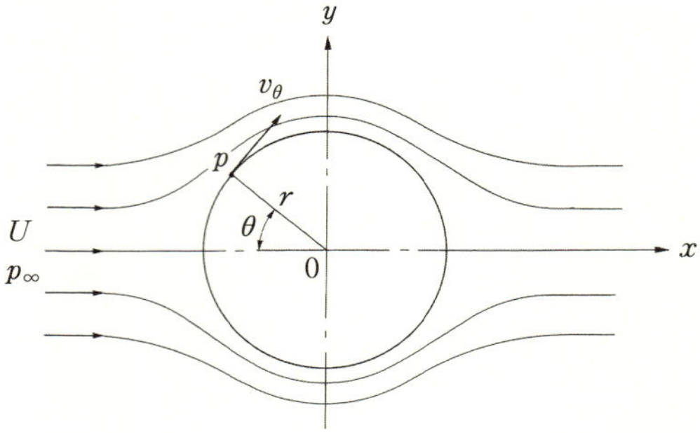

図 9.4　円柱のまわりの流れ

この圧力分布を図示すると**図 9.5** の理想流体のようになり[1]，流れに直角な中心線に対して左右対称となる．したがって，この圧力分布を積分して得られる圧力抵抗は0となり，円柱には何らの力も作用しないということになる．この現象は，実際の流れと矛盾するもので，抗力が0になるこの現象をダランベール〔d'Alembert (1717〜1783)，フランスの物理学者〕のパラドックス(paradox)という．

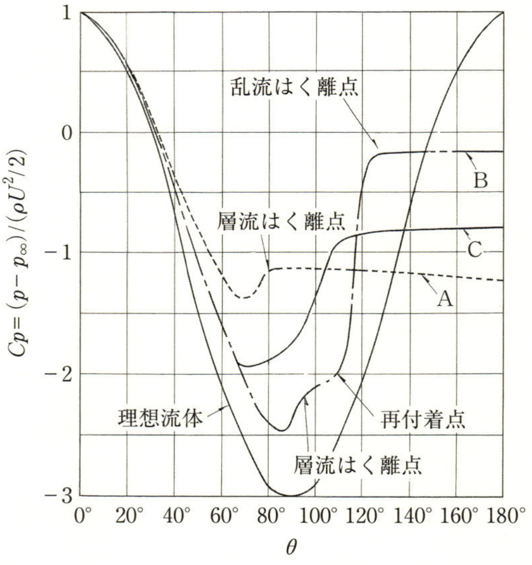

A：$Re = 1.1\times10^5$, B：$Re = 6.7\times10^5$, C：$Re = 8.4\times10^6$

図 9.5　円柱のまわりの圧力分布[1]

(2) 粘性流体

粘性のある実際の流れでは，円柱の背後の流れは $Re < 5$〔$Re = Ud/\nu$ (Re：レイノルズ数，d：円柱直径)〕において理想流体のような流れ(図 9.4)になる．$Re = 5$〜40 になると，**図 9.6**(a)に示すように境界層は a, a′ ではく離して回転方向反対の二つの渦を生ずる[2] が，外側の流線は渦の後で閉じている．この回転方向の反対な対の渦を双子渦(twin vortex)という．これより，Re の増加とともに渦は延びて不安定となり，周期的な振動を始

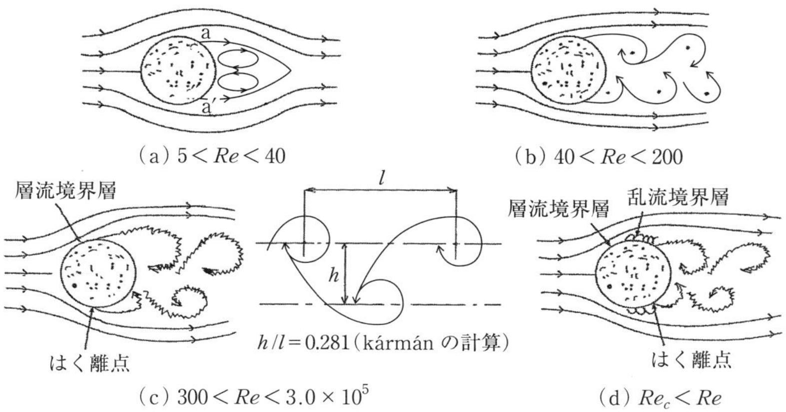

図 9.6 円柱のまわりの流れ[3)]

め，$Re=90$ 付近になると，渦は，図(b)に示すように交互に放出されるようになる．$Re=200$ くらいまで層流渦であるが，$200<Re<300$ の領域で後流は遷移し，乱流渦に移る．

しかし，図(c)に示すように境界層は $300<Re<3.0\times10^5$ 付近では層流であって，はく離点は前方よどみ点から測って 80° 付近に生ずる．この渦列をカルマン渦列(kármán vortex street)と呼ぶ．そして，$Re=3.0\times10^5$ を超えると，突然 乱流境界層に移り始め，$Re=3.8\times10^5$ で完全に乱流境界層になる．そして，図(d)に示すようにはく離点は 130° 付近に後退する[3)]．乱流境界層に移るこの Re を臨界レイノルズ数 Re_c と呼ぶ．

このように，実際の流体では，円柱表面に沿う流線は途中で円柱からはがれて背後に渦を生ずる．これを可視化すると**図 9.7** のとおりである．円柱の後半では，ちょうど広がり管の場合と同様で，流れがしだいに減速して速度こう配が 0 となり，その点がはく離点となり，それより下流では逆流して渦を生ずる〔7.4.2(1)項参照〕．このはく離点は，Re が大きくなると，図 9.6(d)のように下流に移る．それは，Re が大きくなることによって境界層が乱流となり，そのため流れの混合作用によって境界層内外の流体粒子が互いに混合し，はく離しにくくなるからである．双子渦の発生からカルマン渦に移る過程を可視化すると，**図 9.8** のとおりである．

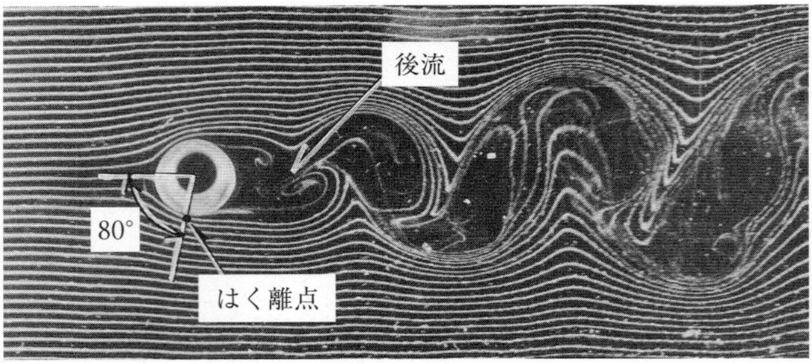

水，流速 2.4 cm/s，$Re = 195$

図 9.7　はく離とカルマン渦列（水素気泡法）

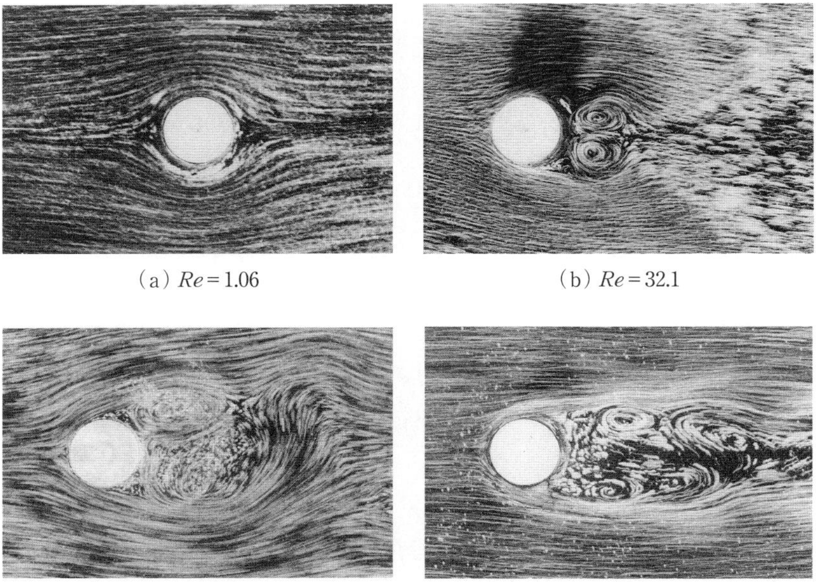

（a）$Re = 1.06$　（b）$Re = 32.1$

（c）$Re = 212$　（d）$Re = 275$

図 9.8　円柱のまわりの流れ（表面浮遊法）

層流状態と乱流状態の円柱表面の圧力分布を示すと，図 9.5 の曲線 A および B,C のようになり，円柱背後ではは く離により圧力が低くなり，流れの下流方向への力を受ける．

図 9.9 は，直径 d の円柱が一様な流速 U の流れに直角に置かれているとき，

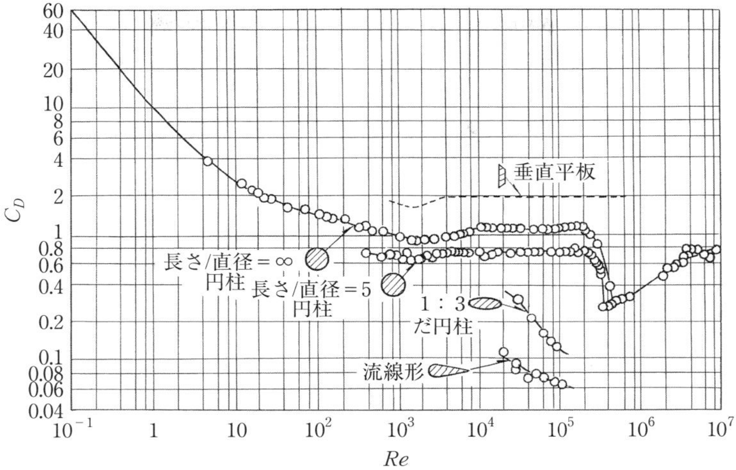

図 9.9　円柱およびその他の柱状物体の抗力係数 [4)]

Re による抗力係数 C_D の変化を示している[4)]．$Re=1\times10^3\sim2\times10^5$ の間では，$C_D=1\sim1.2$ とほぼ一定値となっている．この領域を亜臨界領域(subcritical region)という．Re_c 付近に達すると C_D が 0.3 に激減する．この領域を臨界領域(critical region)という．この現象からも，Re_c を境にして，はく離点の位置が図 9.6(d)に示したように急激に変化することが想像できる．さらに高い Re となると，C_D は 0.8 に漸近する．この領域を超臨界領域(supercritical region)という．

カルマン渦列について，テイラー〔Taylor, G. I.(1886～1975)，ケンブリッジ大学の気象学者〕は 1 秒ごとに物体から離れる渦の数，すなわち渦の発生周波数 f を $250<Re<2\times10^5$ に対して次式で与えた．

$$f=0.198\frac{U}{d}\left(1-\frac{19.7}{Re}\right) \tag{9.7}$$

fd/U は無次元数で，ストローハル数〔Strouhal,V.(1850～1922)，チェコの物理学者．1878 年に電線のうなりを研究した〕St と呼び，周期的に変動する非定常流で，非定常性の強さを示す尺度となっている．

カルマン渦が発生すると，物体は周期的な力を受け，その結果，振動して音を発する場合がある．電線が風に鳴る現象がこれに相当する．一般に，抗力の大部分は物体の背後で流れがはがれ，渦を生じて圧力が低下するために起こるから，抗力を少なくするためには，流れがはがれないような構造にすればよい．それが流線形である．

9.3.3 球の抗力

球の抗力係数は**図 9.10** のように変化する[5]．Re がやや高い範囲($Re=1\times10^3\sim2\times10^5$)では，抵抗は速度の 2 乗に比例し，$C_D$ は約 0.44 となる(亜臨界領域)．Re が 3×10^5 程度になると，円柱と同様に境界層が層流はく離から乱流はく離に変わるため，C_D は 0.1 以下に減少する(臨界領域)．さらに高い Re になると，C_D は 0.2 に漸近する(超臨界領域)．

また，球のまわりの遅い流れはストークスの流れとして知られている．連続の式とナビエ-ストークスの方程式より抗力 D は，U を流速，d を球の直径とすると

$$\left.\begin{array}{l} D=3\pi\mu Ud \\ \text{したがって} \\ C_D=24/Re \end{array}\right\} \tag{9.8}$$

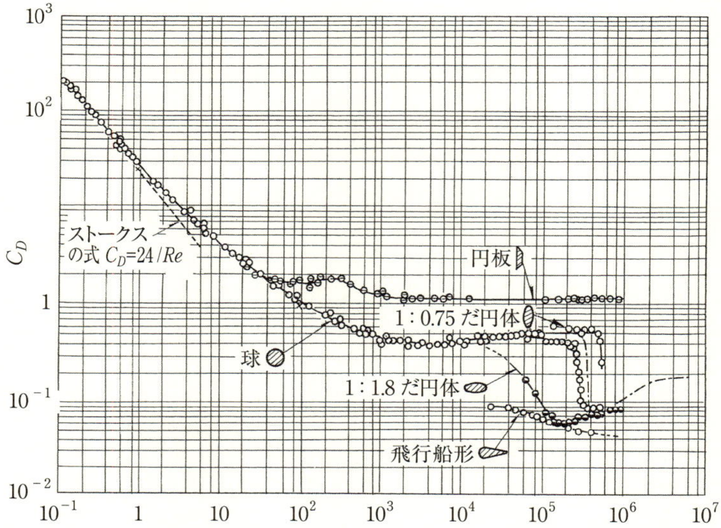

図 9.10　球およびその他の三次元物体の抗力係数[5]

となる．これをストークスの式という[6)]．$Re<1$ の範囲で実験とよく一致する．

9.3.4 平板の抗力

図 9.11 のように，長さ l の平板に平行に U なる流速の一様な流れが流れてくると，粘性によって境界層が発達していく．いま，平板の先端から x の距離における境界層の厚さを δ とする．この平板の単位幅について，x のところの境界層内の $\mathrm{d}y$ の層を流れる流体の流量 $\rho u \mathrm{d}y$ が，平板通過前後で運動量に差があるので，平板摩擦による抗力 D は，

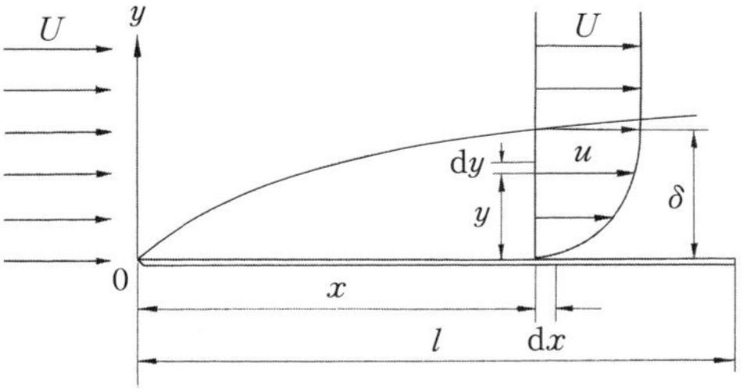

図 9.11　平板に沿う流れ

$$D=\int_0^{\delta}\rho u(U-u)\mathrm{d}y \tag{9.9}$$

となる．一方，壁面摩擦応力を τ_0 とすれば

$$D=\int_0^{x}\tau_0\,\mathrm{d}x$$

から次のようになる．

$$\tau_0=\frac{\mathrm{d}D}{\mathrm{d}x}=\rho\frac{\mathrm{d}}{\mathrm{d}x}\int_0^{\delta}u(U-u)\mathrm{d}y \tag{9.10}$$

(1) 層流境界層の場合

いま，u の分布を円管内の層流と同様に放物線状の速度分布とみて

$$\eta=\frac{y}{\delta},\quad \frac{u}{U}=2\eta-\eta^2 \tag{9.11}$$

とおいて，式(9.10)に代入すると，次のようになる．

$$\tau_0=\rho U^2\frac{\mathrm{d}\delta}{\mathrm{d}x}\int_0^{1}\frac{u}{U}\left(1-\frac{u}{U}\right)\mathrm{d}\eta=0.133\rho U^2\frac{\mathrm{d}\delta}{\mathrm{d}x} \tag{9.12}$$

一方，

$$\tau_0=\mu\left|\frac{\mathrm{d}u}{\mathrm{d}y}\right|_{y=0}=2\frac{\mu U}{\delta} \tag{9.13}$$

であるから，式(9.12)，(9.13)から

$$\delta \mathrm{d}\delta = 15.04 \frac{\mu}{\rho U} \mathrm{d}x$$

$$\frac{\delta^2}{2} = 15.04 \frac{\nu}{U} x + c$$

$x=0$ で $\delta=0$ から，$c=0$ となり

$$\delta = 5.48\sqrt{\frac{\nu x}{U}} = \frac{5.48}{\sqrt{R_x}} x \tag{9.14}$$

ここで，$R_x = Ux/\nu$ である．式(9.14)を式(9.13)に代入して

$$\tau_0 = 0.365\sqrt{\frac{\mu\rho U^3}{x}} = 0.730 \frac{\rho U^2}{2}\sqrt{\frac{\nu}{Ux}} \tag{9.15}$$

となる．**図 9.12** に示すように，境界層厚さ δ は $\sqrt{x}$ に比例して厚くなり，表面摩擦応力 τ_0 は $\sqrt{x}$ に逆比例して小さくなる．

平板全体の単位幅当たりの摩擦抵抗(片面)は，式(9.15)を積分して

$$D = \int_0^l \tau_0 \mathrm{d}x = 0.73\sqrt{\mu\rho U^3 l} \tag{9.16}$$

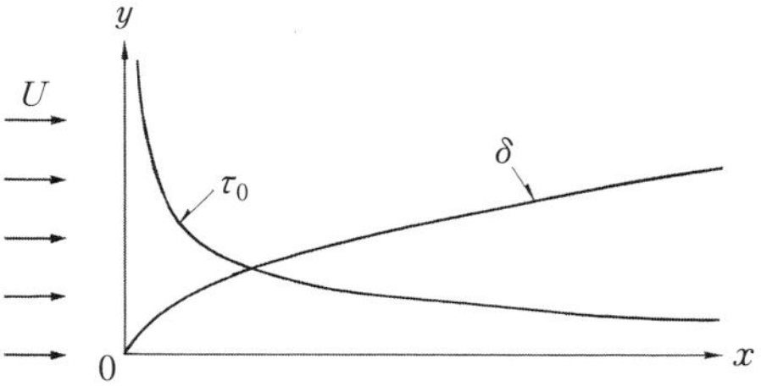

図 9.12　平板に沿っての境界層厚さと摩擦応力の変化

$$D = C_f l \frac{\rho U^2}{2} \tag{9.17}$$

と表すと，摩擦抗力係数 C_f は次式のようになる．

$$C_f = \frac{1.46}{\sqrt{R_l}} \tag{9.18}$$

ここで，$R_l = Ul/\nu$ である．以上の式は $R_l < 5\times10^5$ の範囲で実験値とだいたい一致する．

(2) 乱流境界層の場合

R_l の大きい場合は，層流境界層の領域が狭く，平板全長にわたって乱流境界層とみなすことができる．いま，u の分布を円管内の乱流と同様に

$$\frac{u}{U} = \left(\frac{y}{\delta}\right)^{1/7} = \eta^{1/7} \tag{9.19}$$

とおき，層流境界層のときと同様な方法[7] で

$$\delta = \frac{0.37x}{R_x^{1/5}} \tag{9.20}$$

$$\tau_0 = 0.029\rho U^2\left(\frac{\nu}{Ux}\right)^{1/5} \tag{9.21}$$

$$D = \frac{0.036\rho U^2 l}{R_l^{1/5}} \tag{9.22}$$

$$C_f = 0.072 R_l^{-1/5} \tag{9.23}$$

となる．これらの式は，$5\times10^5 < R_l < 1\times10^7$ の範囲で実験値とよくあう．実験によれば

$$C_f = 0.074 R_l^{-1/5} \tag{9.24}$$

とすれば，一層よく一致する．

平板前縁で層流境界層であり，そのあと乱流境界層になっている場合には，式(9.24)を修正して次式で表す．

$$C_f = \frac{0.074}{R_l^{1/5}} - \frac{1700}{R_l} \tag{9.25}$$

図 9.13 に R_l に対する C_f の関係を示す．

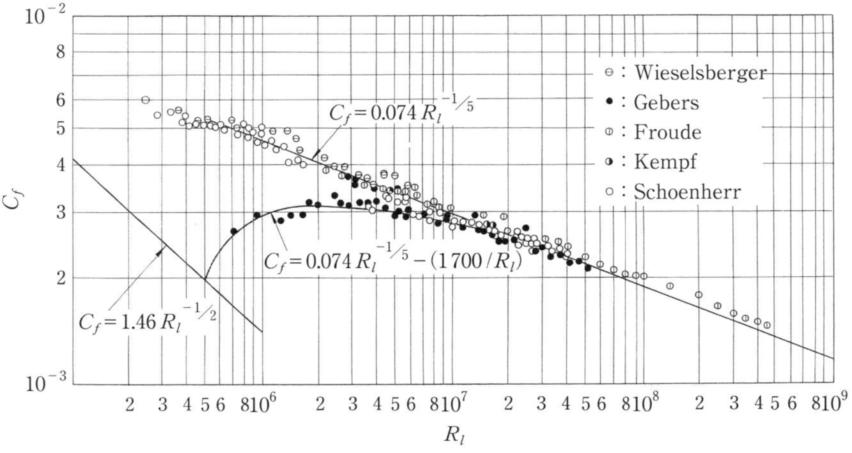

図 9.13　平板の摩擦抗力係数

9.3.5 回転円板に働く摩擦トルク

流体の中に円板を角速度 ω で回転させると，円板のまわりに流体の粘性によって境界層ができる．

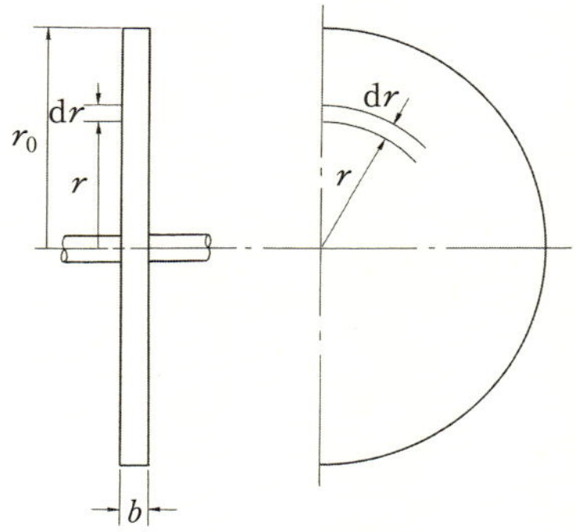

図 9.14　回転円板

いま，**図 9.14** のように円板の半径を r_0，厚さを b とし，任意の半径 r にある微小リング面積 $2\pi r \mathrm{d}r$ の受ける抵抗を $\mathrm{d}F$ とする．$\mathrm{d}F$ は，その部分の円周速度 $r\omega$ の 2 乗に比例するとし，摩擦係数 f とすると

$$\mathrm{d}F = f\frac{\rho(r\omega)^2}{2}2\pi r \mathrm{d}r$$

この表面摩擦によるトルク T_1 は

$$T_1 = \int_{r=0}^{r_0} r\mathrm{d}F = \frac{\pi f}{5}\rho\omega^2 r_0^{\,5} \tag{9.26}$$

となる．

また，円板の円筒部分の摩擦係数を f'，受ける抵抗を F' とすると

$$F' = f'\frac{\rho(r_0\omega)^2}{2}2\pi r_0 b$$

この表面摩擦によるトルク T_2 は

$$T_2 = \pi f'\rho\omega^2 r_0^{\,4} b \tag{9.27}$$

$f = f'$ とすると，この円板を回転させるために必要なトルク T は

$$T = 2T_1 + T_2 = \pi f\rho\omega^2 r_0^{\,4}\left(\frac{2}{5}r_0 + b\right) \tag{9.28}$$

また，その場合必要な動力 L は

$$L = T\omega = \pi f\rho\omega^3 r_0^{\,4}\left(\frac{2}{5}r_0 + b\right) \tag{9.29}$$

となる．

これらの計算は，渦巻きポンプや水車の羽根車の摩擦による損失動力を計算する場合などに使用される．

9.4 物体の揚力

9.4.1 揚力の発生

図 9.15 のように，一様な流れ U の中に置かれた円柱が角速度 ω で回転し，

はく離なしの場合を考えてみる．円柱表面の流体は，粘性のために円柱に付着して周速度 $u=r_0\omega$ で運動するから，円柱表面の任意の点(角 θ)における流速は一様な流速 U による接線速度 v_θ に u が加わる．すなわち，$2U\sin\theta+r_0\omega$ となる．

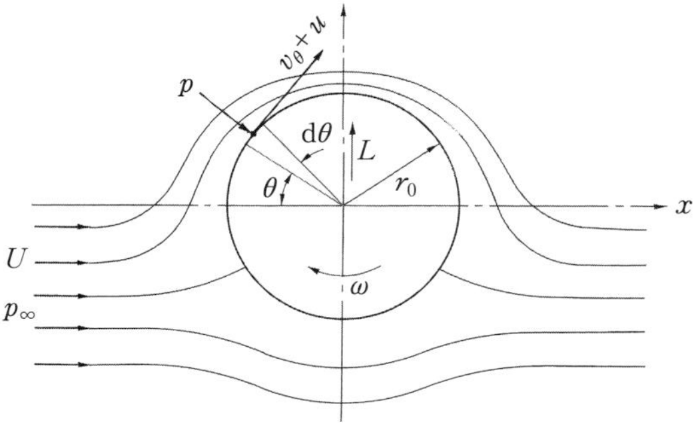

図 9.15　回転円柱に働く揚力

一様な流れの圧力を p_∞，円柱表面の任意の点の圧力を p として，粘性によるエネルギー損失が小さいとして無視すると，ベルヌーイの式から

$$p_\infty+\frac{\rho}{2}U^2=p+\frac{\rho}{2}(2U\sin\theta+r_0\omega)^2$$

$$\therefore\quad \frac{p-p_\infty}{\rho U^2/2}=1-\left(\frac{2U\sin\theta+r_0\omega}{U}\right)^2 \tag{9.30}$$

となる．したがって，単位幅の円柱表面を考え，その微小面積 $r_0\mathrm{d}\theta$ に作用する圧力 $p-p_\infty$ による力の y 方向の成分を円柱全表面で積分すると，単位幅の円柱に作用する揚力 L が求められる．

$$\begin{aligned}
L&=2\int_{-\pi/2}^{\pi/2}-(p-p_\infty)r_0\sin\theta\,\mathrm{d}\theta\\
&=-r_0\rho U^2\int_{-\pi/2}^{\pi/2}\left[1-\left(\frac{2U\sin\theta+r_0\omega}{U}\right)^2\right]\sin\theta\,\mathrm{d}\theta\\
&=-r_0\rho U^2\int_{-\pi/2}^{\pi/2}\left[1-\left(\frac{r_0\omega}{U}\right)^2-\frac{4r_0\omega}{U}\sin\theta-4\sin^2\theta\right]\sin\theta\,\mathrm{d}\theta\\
&=2\pi r_0^2\omega\rho U=2\pi r_0u\rho U
\end{aligned}\tag{9.31}$$

一様な流れ U の中に置かれた円柱に u なる周速度がある場合の円柱表面に沿っての循環は

$$\Gamma=2\pi r_0u$$

である．これを式(9.31)に代入すると

$$L=\rho U\Gamma \tag{9.32}$$

となる．

野球，庭球，ゴルフなどのボールに回転運動を与えると，ボールがカーブするのはこの揚力によるもので，これをマグヌス効果[†1]という[†2]．この式をクッタ－ジューコフスキー(Kutta－Joukowski)の式という．

一般に，平行な流れ U の中に置かれた物体の形(例えば，翼，ヨットの帆)によって循環 Γ が生ずるとき(9.4.2 項参照)にも，同じように，その断面の単位幅について式(9.32)の揚力 L を生ずる．

9.4.2 翼

流れの中に置かれた物体に作用する力のうち，抗力に比べて揚力が大きくなるようにつくられた物体を翼(wing, airfoil, blade)という．

翼断面の形状を翼形(airfoil section)といい，この形状の一例を**図 9.16** に示す．前縁(leading edge)と後縁(trailing edge)を結ぶ線を翼弦(chord)，その長さを翼弦長(chord length)という．翼形の上面と下面の中心点を結んだ線をそり線(camber line)といい，そり線の翼弦からの高さをそり(camber)というが，特にその最大値を指すことが多い．そり線または翼弦に垂直に測った翼の厚さを翼厚(thickness)，その最大値を最大翼厚(maximum thickness)という．

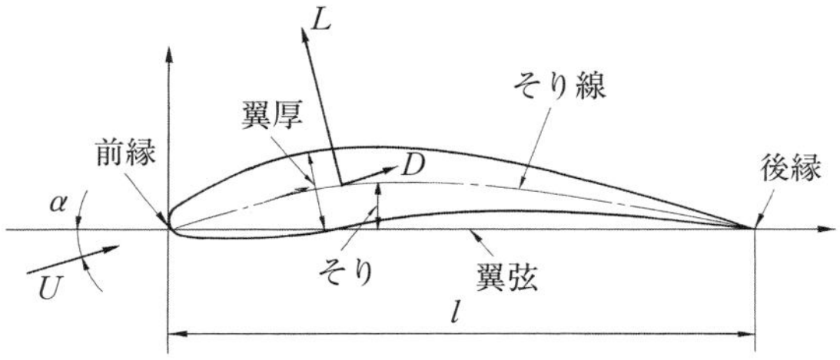

図 9.16　翼形

また，翼弦と流れの方向 U の間の角 α を迎え角(attack angle)という．翼幅を b，翼の最大投影面積を A としたとき，b^2/A をアスペクト比(aspect ratio，縦横比)という．翼弦の長さを l と

†1　マグヌス効果(Magnus effect)：一様流中に置かれた回転する円柱または球が一様流に対して垂直方向の力が働く現象のこと．

†2　ゴルフボールの表面にえくぼのようなくぼみが沢山ついているのは，ボールのまわりに乱気流をつくって空気の抵抗を少なくすることと，循環を大にして〔ゴルフボールの回転(スピン)は 1 秒間に 100 回転以上である〕有効な揚力を生み出すとともに安定した飛行をさせるためである(口絵 10 参照)．

すると，長方形の翼では $A=bl$ であるから，アスペクト比は $b^2/A=b/l$ となる．

翼形の性能に関する研究は，アメリカのNACA〔National Advisory Committee for Aeronautics，1959年以降はNASA（National Aeronautics and Space Administration）と改称〕，イギリスのRAF（Royal Aircraft Factory），ドイツのゲッチンゲン（Göttingen）大学で行われたものが有名で，翼形にそれぞれの名称をつけて呼んでいる．

翼に作用する揚力 L，抗力 D，モーメント（翼前縁のまわり，あるいは前縁から $l/4$ なる翼弦上の点に関するモーメント）M は，単位幅について，それぞれ次式で表される．

$$\left.\begin{aligned} L &= C_L l \frac{\rho U^2}{2} \\ D &= C_D l \frac{\rho U^2}{2} \\ M &= C_M l^2 \frac{\rho U^2}{2} \end{aligned}\right\} \tag{9.33}$$

C_L, C_D, C_M は，それぞれ揚力係数（lift coefficient），抗力係数（drag coefficient），モーメント係数（moment coefficient）と呼ばれ，翼形，迎え角，マッハ数およびレイノルズ数で定まる．

翼性能を示すには，迎え角 α に対する C_L, C_D, C_M の値を示すか，あるいは横軸に C_D, C_M をとり縦軸に C_L をとって表す．これらを性能曲線（characteristic curve）という．**図 9.17**，**図 9.18**，**図 9.19** にその一例を示す．

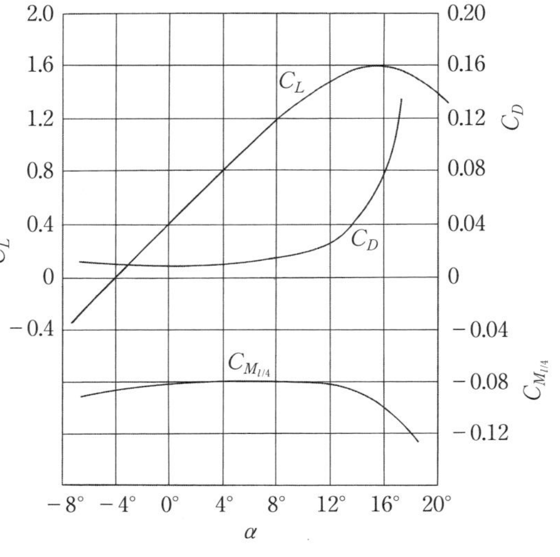

図 9.17 翼の性能曲線

揚力係数 C_L は，ある迎

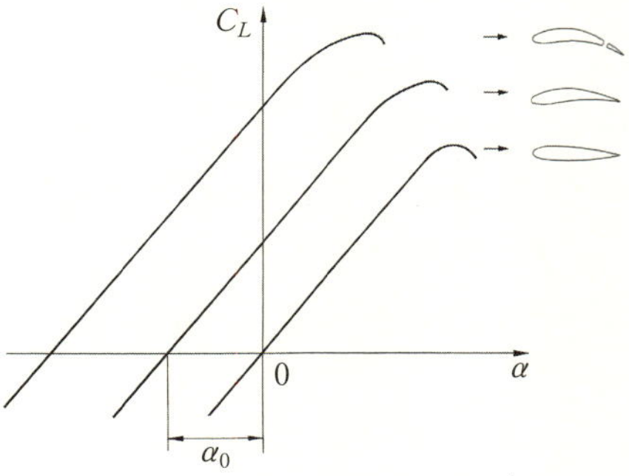

図 9. 18　翼の形状と性能

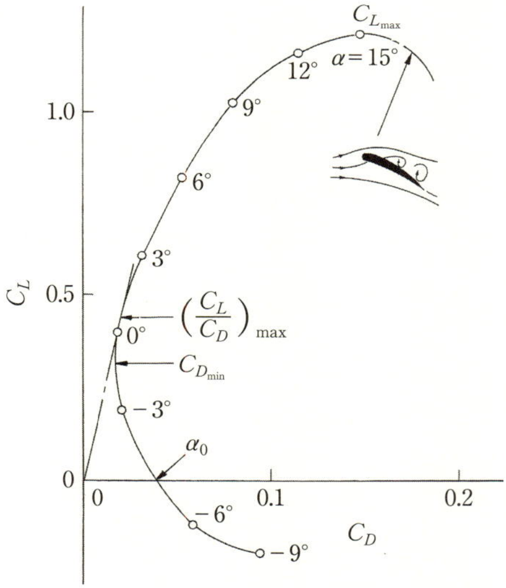

図 9. 19　翼の性能曲線(揚抗曲線)

え角 α_0 において 0 となる．この α_0 をゼロ揚力角(zero lift angle)という．迎え角がゼロ揚力角から増すに従って揚力係数 C_L は直線的に増加していくが，さらに増加すると C_L の増加はしだいにゆるやかとなり，あるところで最大値をとり，それ以後は急に減少する．これは，**図 9. 20** のように，迎え角が大きくなりすぎたために，翼上面で流れが翼面からはがれるためで，広がり管，あるいは物体後流で起こるはがれとまったく同様である．この現象を失速(stall)といい，C_L が最大となる α を失速角(stalling angle)，C_L の最大値を最大揚力係数(maximum lift coefficient)という．図 9. 18 に，翼の形状変化による性能の変化を示す．

図 9. 19 は，C_D を横軸，C_L を縦軸として翼の性能を表したもので，これを翼の揚抗曲線といい，揚抗比 C_L/C_D を最大にする迎え角を容易に見出すことができる．

翼に揚力が発生するのは，円柱を回転させたのと同じような循環流れを生じているからである．翼形の場合，循環流れは後縁をとがらせてあるために生ずる．翼を静止状態から動かすと，最初渦なし流れ(ポテンシャル流れ)の挙動により**図 9. 21**(a)に示すように，後方のよどみ点は点 A にでき，そのため後縁 B を回る流れになるが，後縁がとがっているため，翼面に沿って流れることができないので，はがれて図(b)のよ

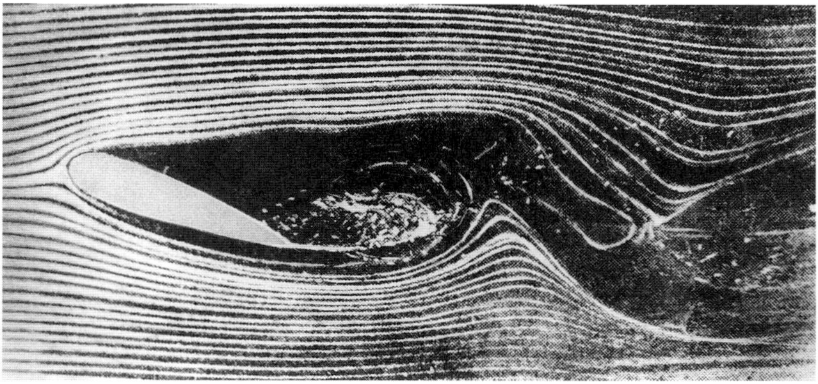

図 9.20　失速した翼のまわりの流れ(水素気泡法)

うな渦ができる．この渦は，主流によって流されて後方に移動し，翼上面の流れは後縁の方に吸い寄せられて後縁がよどみ点となり，図(c)のような流れとなる．一つの渦が発生すると，それと同じ強さの反対向きの渦も発生し，流れの場全体としては非回転流動とならなければならないので，翼が動き始めることによってできた渦〔出発点に残っているので出発渦(starting vortex)という〕に対して，翼形の中に同じ強さの反対向きの渦があるかのような循環を生ずる．この仮想される渦を束縛渦(bound vortex)という．

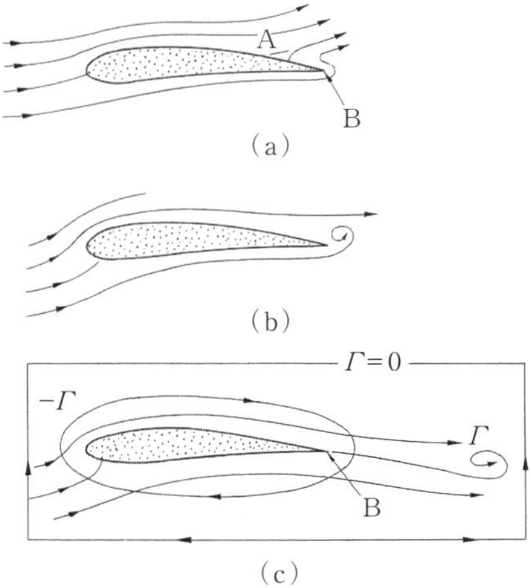

図 9.21　翼形のまわりの循環の発生

上に述べたように，とがった翼の後縁から流体が流れ去るということは，翼のまわりの循環の大きさを決定するための必要な条件でクッタ(Kutta)の条件あるいはジューコフスキー(Joukowski)の仮定という．**図 9.22** に，出発渦の可視化写真を示す．

図 9.22　出発渦〔National Physical Laboratory (London U. K.) 提供〕

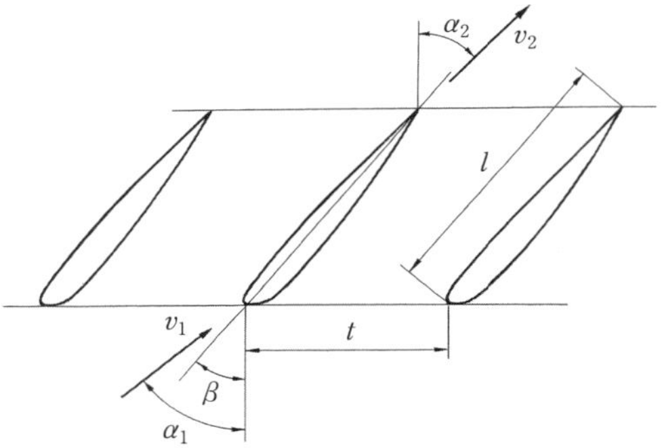

v_1, v_2：翼列の無限前方と無限後方の速度
α_1：流入角（速度 v_1 の軸方向となす角）
α_2：流出角（速度 v_2 の軸方向となす角）
l：翼弦長，t：翼間隔，l/t：弦節比
β：食違い角
$\theta=\alpha_1-\alpha_2$：流れの転向角

図 9.23　翼列

軸流形の送風機，圧縮機，ポンプ，水車，蒸気タービン，ガスタービンの羽根車を回転軸と同心の円筒面で切断し，平面上に展開すると，**図 9.23** に示すように，同一形状の翼形が一定間隔に並んだものが得られる．これを翼列(cascade)という．

翼列の作用は，少ない損失で必要なだけ転向角を与えて流れの方向を変えることである．翼に作用する揚力は，式(9.32)より $\rho v_\infty \Gamma$ で表される．ここで，v_∞ は v_1 と v_2 の平均流速を表す．

翼列中の翼のまわりの循環の大きさは，ほかの翼の影響を受けて変化し，単独翼の場合に比べて揚力が変化する．同一の翼形において，単独翼，翼列の揚力をそれぞれ L_0, L とすると

$$k=\frac{L}{L_0} \qquad (9.34)$$

とおき，k を翼列の干渉係数という．k は l/t および β の関数で，l/t が 0.5 以下の場合には 1 に近くなる．

9.5 キャビテーション

ベルヌーイの式によると，速度ヘッドが増加すると，それに従って圧力ヘッドが減少する．例えば，**図 9.24** のように一様な流れの中に置かれた翼形の上面の前の部分では，流速が大となって圧力が低くなる．

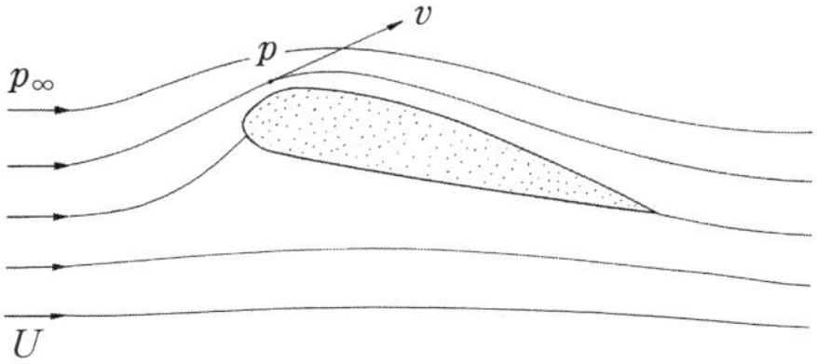

図 9.24　流れの中の翼形

もし，液体中に置かれた物体のある部分の速度が非常に早くなり，そこの圧力が液体の飽和蒸気圧以下になると，液は瞬間的に沸騰して気泡となり，空洞を発生する．この現象をキャビテーション(cavitation)という．なお，このほか液体中には，圧力に比例した量の気体が溶け込んでいる〔ヘンリー-ドルトン(Henry-Dalton)の法則〕ので，液体の圧力が低下すると飽和蒸気圧になる前に溶解している気体が分離して気泡になる．これらの気泡がより圧力の高い下流部分に運ばれ，急激に押しつぶされるとき異状な高圧を発する†3．そしてその際，騒音と振動を伴い，その付近の表面は壊食(erosion)を受け，一般に錐でついたような直径の小さい比較的深い孔があく．これらの現象を総合して広義のキャビテーションという．

表 9.3　水の飽和蒸気圧

温度，℃	Pa	kgf/m²	温度，℃	Pa	kgf/cm²
0	608	62	50	12330	1257
10	1226	125	60	19920	2031
20	2334	238	70	31160	3177
30	4236	432	80	47360	4829
40	7375	752	100	101320	10332

†3　実測によると，100～200 kgf/cm² である．ときには 500 kgf/cm² に及ぶ高い圧力となる．

表 9.4　空気の水に対する溶解度

温度，℃	0	20	40	60	80	100
空気	0.0288	0.0187	0.0142	0.0122	0.0113	0.0111

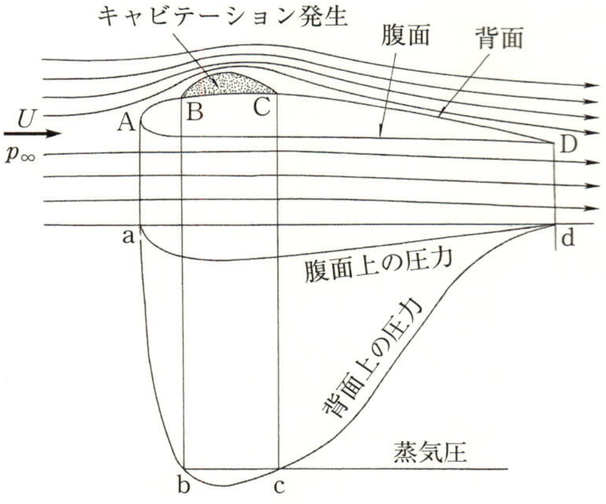

図 9.25　翼形におけるキャビテーションの発生

ポンプや水車の羽根車，船のスクリューなどがこのような現象によって破壊されることがある．また，液体を輸送する管路や油圧機器などにも発生し，事故の原因となる．各温度における水の飽和蒸気圧を**表 9.3** に，また 1 atm のときの水に溶ける空気の体積割合を**表 9.4** に示す．

液体の流れの中に翼を置いた場合，翼面上の圧力分布は，**図 9.25** のようになる．空洞が大きくなると，性能低下，振動などが大きくなるが，液体の圧力が低く，流速が早いと空洞がさらに大きくなり，翼弦長のほぼ倍以上になると，流れは安定し，騒音，振動は静まる．この状態をスーパーキャビテーション（supercavitation）といい，水中翼船の翼などに応用されている．

翼の影響を受けない上流側の圧力を p_∞，流速を U，液体の飽和蒸気圧を p_v とする．いま，翼の表面上，あるいはその近傍の点の圧力が p_v になったときキャビテーションが発生するので，$p_\infty - p_v$ の動圧との比をとり

$$k_d = \frac{p_\infty - p_v}{\rho U^2/2} \tag{9.35}$$

と表し，この k_d をキャビテーション係数という．k_d が小さいときはキャビテーションが発生しやすい．

渦の発見[8)〜10)]

縄文時代は，いまから約15000年前に始まり，約3000年前に至るといわれている．下図の二つの土器は，ともにおよそ5300年から4800年前までの約500年の間につくられたものである．

この土器の側面の模様を見ると，図(a)の土器の上部模様は双子渦を，また下部の模様はカルマン渦を表している．図(b)の土器の模様はカルマン渦からの造形である．

双子渦とカルマン渦を始めて区別して認識し，土器に移した縄文人はレオナルド・ダ・ビンチのような非常に観察力の優れた天才であった．これは，可視化によって行われた2種類の渦を区別した世界最初の発見である．

また，図(c)は層流状態で落ちる水流が平たい先頭物体に当たって広がる膜と飛沫の様子を示している．岩に当たる漣の模様も同じである．これら土器側面部の縦筋状の模様が水流を表し，従来からいわれていた土器上縁の火焔状の形状が上記で述べた水の膜を表すと考えると，この土器の文様すべてが水の様態を表しているとも考えられる．従来の火焔という発想も尊重し，同類の土器を火焔水文土器と呼ぶとともに，双子渦とカルマン渦を合わせて縄文渦と呼ぶこととする．

(a) 馬高遺跡出土・新潟県長岡市

(b) 笹山遺跡出土・新潟県十日町市

(c) 層流状態で落ちる水流が棒状の平たい先頭に当たってできる水の膜と飛沫の様子

火焔水文土器とその模様に現れた縄文渦

鳥の失速

カルマンは，空気力学の知識をつかって鳥を失速させてみようと思った．彼がコンスタンス湖の岸にパンを手にもって立っていると，カモメが食べようとして近づいてきた．そのとき，ゆっくりと手を引っ込めると，カモメはとろうとして速度を落とすが，このためには迎え角を大きくして，揚力を増さなければならない．そのうちに迎え角が限度を越えるらしく，失速におちいる場合が何度もあった．

《演習問題》

1. 直径 d の球形の砂の微粒子が水中を自由落下するときのつりあった速度（最終速度）U を求めよ．
2. 直径 50 cm，長さ 5 m の電柱に風速 40 m/s の風が吹いた．電柱に作用する抗力 D と最大曲げモーメント M_{max} を求めよ．ただし，抗力係数を 0.6 とし，空気の密度は 1.205 kg/m^3 とする．
3. 気温 20℃，標準気圧の無風の大気中に直径 12 cm の滑らかな球体が 30 m/s で飛んでいる．このときの球の抗力 D を計算せよ．
4. 20℃，標準気圧の空気が長さ 2.5 m の平板に沿って 4 km/h の速度で流れているとき，境界層厚さの最大値 δ_{max} はどれだけか．また，風速が 120 km/h の場合はどうか．
5. **図 9.14** のようなロータを比重 0.9 の油の中で 600 rpm で回転させるのに要するトルク T および動力 L はいくらか．ただし，摩擦係数 $f=0.047$ とし，$r_0=30$ cm，$b=5$ cm とする．
6. 木枯らしの吹く田舎道を通ると，電線に風が当たってヒュー，ヒューという音が聞こえる．これは，どのような現象で音を発生しているのか説明せよ．

7. 野球で投手がドロップやカーブを投げると，球は大きく急に降下したり曲がったりする．これはなぜ起こるか説明せよ．

8. 長さ 10 m，幅 2.5 m，水面上の深さ 0.25 m の長方形のはしけが，水の流れとの相対速度 1.5 m/s で川を昇っている．はしけが受ける摩擦抗力 D_f および航行するための所要動力 L は何ほどか．水温は 20℃ とする．

9. 半径 $r=3$ cm，長さ $l=50$ cm の円柱が風速 $U=10$ m/s の空気中で $n=1000$ rpm で回転するとき，この円柱に生ずる揚力 L はいくらか．ただし，$\rho=1.205$ kg/m^3 とし，円柱表面の空気ははく離しないものとする．

10. 車の正面投影面積が 2 m^2 の自動車が気温 20℃，標準気圧の静止空気中を 60 km/h で走っているときの自動車の受ける抗力 D はいくらか．ただし，抗力係数は 0.4 とする．

参考文献

1）日本機械学会編：機械工学便覧基礎編 α4，流体工学（2006）p. α4－80，日本機械学会．
2）Lugt, H. J.（大橋監訳，山口訳）：渦―自然の渦と工学における渦（1983）p. 73，朝倉書店．
3）Mutlusumer, B.: Hydrodynamics around Cylindrical Structures, Aduanced Series on Ocean Engineering, **12**（1997）p. 2, World Scientific.
4）日本機械学会編：機械工学便覧 A5，流体工学（1986）p. A5－99，日本機械学会．
5）日本機械学会編：機械工学便覧 A5，流体工学（1986）p. A5－98，日本機械学会．
6）Stokes, G. G.: Trans. Cambridge. Philos. Soc., **9**（1851）p. 8.
7）Streeter, V. L. and Wylie, E. B.: Fluid Mechanics, 6th edition（1975）p. 272, McGraw－Hill, Inc.
8）新潟県立歴史博物館編：火焔土器の国 新潟（2009）p. 88，新潟日報事業社．
9）中山 ほか 4 名，情報考古学，**10**（2004）p. 1.
10）Nakayama, Y. et al.: 12th International Symposium on Flow Visualization（Göttingen）（2006）.

10. 次元解析と相似則

次元解析の手法は，工学の各分野，特に流体力学，熱力学などの変数の多い問題を取り扱う分野で用いられている．この方法は，変数間の物理的な関係を表す式の各項の次元が等しいという原理を用いて，変数の間の関係を表すいくつかの無次元量を把握し，それによって実験結果を整理して，その関数関係を決定するものである．

次に，模型試験から実物の性能を推定するためには，模型と実物との間に幾何学的相似の条件のほかに，力学的条件の相似が必要である．これは，次元解析を用いると，例えばレイノルズ数，フルード数などの無次元量を同じにすれば，模型実験の結果が実物の性能推定に適用できるということを示している．

10.1 次元解析

等式の各項の次元が等しいとき，この式を次元的に完全な数式といい，この場合，どんな単位系を使ってもその数式は成立し，その数式は物理的な意味をもっている．各項の次元が等しくないときは，係数に次元が残っているので，その指定された単位しか使えない．このような式は，物理的に説明できる式とはならない．

この物理的な意味のあるすべての等式の各項の次元は等しいということを利用し，問題の物理量と，これに関係する諸因子の間の次元を等しいとおくことによって，その物理現象を表す数式を求める解析方法を次元解析（dimensional analysis）という．現象が複雑であって，解析的にその現象を表す数式を導くことができない場合，次元解析を用いることができれば簡単に必要な数式のだいたいの形を導くことができる．不十分なところは，実験で補えば所要の数値を計算できる数式が得られる．

10.2 バッキンガムのπ定理

次元解析を行うには，π定理を用いると便利である．いま，一つの物理現象を考え，それに関する物理量が$v_1, v_2, v_3, \ldots, v_n$の$n$個あり，それに使用する基本量[†1]（$L, M, T$または$L, F, T$など）の数が$k$個あるとする．この現象は，$n-k=m$個の無次元量$\pi_1, \pi_2, \pi_3, \ldots, \pi_m$の関係で表すことができる．すなわち，物理現象を表す方程式

$$f(v_1, v_2, v_3, \ldots, v_n)=0 \tag{10.1}$$

は，次の方程式

$$\phi(\pi_1, \pi_2, \pi_3, \ldots, \pi_m)=0 \tag{10.2}$$

におき換えられる．これをバッキンガム（Buckingham）のπ定理という．$\pi_1, \pi_2, \pi_3, \ldots, \pi_m$をつくるには，$n$個の物理量の中から任意の$k+1$個を取り出し，かつ$n$個の物理量のどれも少なくとも1回どれかの$\pi$の中に含まれるようにする．

式(10.2)によって，いかなる無次元量の間に関数関係があるかがわかる．これらの無次元量で実験結果を整理すれば，この関数関係が明確に把握できる．

10.3 次元解析の応用例

10.3.1 流れの中の球の抵抗

図10.1のように，一様な流れの中に置かれた球の抵抗について考えてみよう．この場合，重力すなわち浮力の影響は除くことにする．まず，球の抗力Dに関係する物理量として球の直径d，流体の速度U，流体の密度ρ，流体の粘度μが考えられる．この場合，$n=5$，$k=3$，$m=5-3=2$となり，必要な無次元量は2個となる．最初の無元量π_1は，

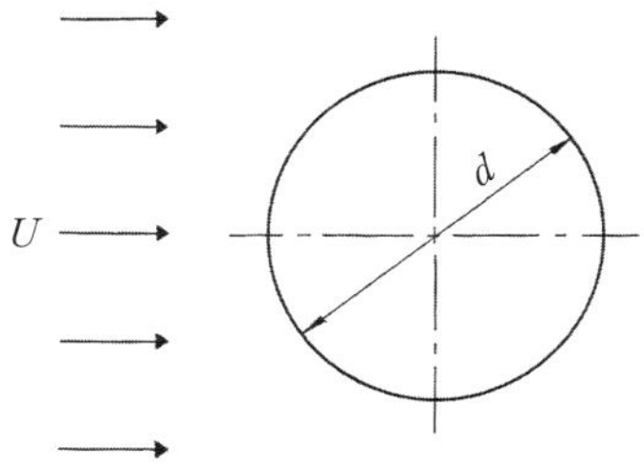

図10.1　一様な流れの中の球

†1　一般に，力学の基本量は空間[L]，質量または力[MまたはF]，時間[T]の三つであるが，熱・電気など，考える領域が増大するに従って基本量の数は増加する．

$k+1=4$ 個の物理量として D, ρ, U, d を選ぶと

$$\pi_1 = D\rho^x U^y d^z = [LMT^{-2}][L^{-3}M]^x[LT^{-1}]^y[L]^z$$
$$= L^{1-3x+y+z}M^{1+x}T^{-2-y} \tag{10.3}$$
$$L : 1-3x+y+z=0$$
$$M : 1+x=0$$
$$T : -2-y=0$$

これを連立して解けば

$$x=-1, \quad y=-2, \quad z=-2$$

となる．この値を式(10.3)に代入すると次のとおりである．

$$\pi_1 = \frac{D}{\rho U^2 d^2} \tag{10.4}$$

次に，もう 1 組の 4 個の物理量として μ, ρ, U, d を選ぶと

$$\pi_2 = \mu\rho^x U^y d^z = [L^{-1}MT^{-1}][L^{-3}M]^x[LT^{-1}]^y[L]^z$$
$$= L^{-1-3x+y+z}M^{1+x}T^{-1-y} \tag{10.5}$$
$$L : -1-3x+y+z=0$$
$$M : 1+x=0$$
$$T : -1-y=0$$

これらを連立して解けば

$$x=-1, \quad y=-1, \quad z=-1$$

となる．この値を式(10.5)に代入して

$$\pi_2 = \frac{\mu}{\rho U d} \tag{10.6}$$

したがって，π 定理より

$$\pi_1 = f(\pi_2) \tag{10.7}$$

となり，

$$\frac{D}{\rho U^2 d^2} = f\left(\frac{\mu}{\rho U d}\right) \tag{10.8}$$

の関数関係を得る．

式(10.8)において，d^2 は球の投影面積 $A=(p\,d^2/4)$ に比例し，また $\rho U d/\mu = U d/\nu = Re$（レイノルズ数）であるから，一般に，次のように表される．

$$D = C_D A \frac{\rho U^2}{2}, \quad ただし\ C_D = f(Re) \tag{10.9}$$

式(10.9)は，式(9.4)とまったく同じである．C_D は Re の関数ということがわかったので，実験によって C_D を求め，Re に関して整理すればよい．その関係は，図 9.10 に示したとおりである．この結果が，例えば水で実験したものであっても，空気や油などのほかの流体に対しても，また球の大きさにも関係なく使用できる．また，式(10.9)の形は，球の場合だけでなく，物体の抵抗を考える場合にも常に適用できる．

10.3.2 管摩擦による圧力損失

管摩擦による単位長さ当たりの圧力損失 $\Delta p/l$ に関係する量として，流速 v，管内径 d，流体の密度 ρ，粘度 μ，管壁の粗さ ε が考えられる，この場合，$n=6$，$k=3$，$m=6-3=3$ となる．

前と同様な方法で π_1, π_2, π_3 を求めると

$$\pi_1 = \frac{\Delta p}{l}\rho^x v^y d^z = [L^{-3}F][L^{-4}FT^2]^x[LT^{-1}]^y[L]^z = \frac{\Delta p}{l}\frac{d}{\rho v^2} \tag{10.10}$$

$$\pi_2 = \mu\rho^x v^y d^z = [L^{-2}FT][L^{-4}FT^2]^x[LT^{-1}]^y[L]^z = \frac{\mu}{\rho v d} \tag{10.11}$$

$$\pi_3 = \varepsilon\rho^x v^y d^z = [L][L^{-4}FT^2]^x[LT^{-1}]^y[L]^z = \frac{\varepsilon}{d} \tag{10.12}$$

したがって，π 定理より

$$\pi_1 = f(\pi_2, \pi_3) \tag{10.13}$$

となり，

$$\frac{\Delta p}{l}\frac{d}{\rho v^2} = f\left(\frac{\mu}{\rho v d}, \frac{\varepsilon}{d}\right)$$

の関数関係を得る．すなわち，

$$\Delta p = \frac{l}{d}\rho v^2 f\left(\frac{\mu}{\rho v d}, \frac{\varepsilon}{d}\right) \tag{10.14}$$

となり，水頭損失 h は次のようになる．

$$h = \frac{\Delta p}{\rho g} = f\left(\frac{1}{Re}, \frac{\varepsilon}{d}\right)\frac{l}{d}\frac{v^2}{2g} = \lambda\frac{l}{d}\frac{v^2}{2g} \tag{10.15}$$

ただし

$$\lambda = f\left(Re,\ \frac{\varepsilon}{d}\right)$$

である．

式(10.15)は式(7.4)とまったく同じである．また，λ は図 7.6 のように Re と ε/d とで整理できる．

10.4 相 似 則

水車，ポンプ，船，飛行機などの性能を模型によって実験する場合，形が互いに相似であるほかに，流れの状態も相似にして実験しなければ，模型試験の結果から実物の性能を推定することはできない．流れの状態が相似とは，実物と模型とに働くそれぞれ対応する力の比が同じにならなければならない．流体要素に働く力は，重力 F_G，圧力 F_P，粘性力 F_V，表面張力 F_T（水と空気の境界にある場合），慣性力 F_I，弾性力 F_E などである．

これらの力は，次に示すように表すことができる．

重　　力　$F_G = mg = \rho L^3 g$

全 圧 力　$F_P = (\Delta p) A = (\Delta p) L^2$

粘 性 力　$F_V = \mu\left(\dfrac{\mathrm{d}u}{\mathrm{d}y}\right) A = \mu\left(\dfrac{v}{L}\right) L^2 = \mu v L$

表面張力　$F_T = TL$

慣 性 力　$F_I = m\alpha = \rho L^3 \dfrac{L}{T^2} = \rho L^4 T^{-2} = \rho v^2 L^2$

弾 性 力　$F_E = KL^2$

これらの対応する力の比をすべて同時に等しくすることはできないので，そのうちで，それぞれの流れに関係の深いものに注目し，それを等しくするようにすればよい．このように，模型実験に際して流れが実際の場合と相似になる条件を与える関係を力学的相似則(law of dynamical similarity)という．次に，流れの状態を相似にする力の比のうち代表的なものについて述べる．

10.4.1 流れの相似を決める無次元数

(1) レイノルズ数

流体の圧縮性を考えなくてもよい場合で，自由表面のない場合，例えば管内を流体が流れている場合，また空中を飛行船(**図 10.2**)が飛んでいる場合，さらに潜水艦が水中を航行している場合には，流体の粘性力と慣性力のみが重要となる．

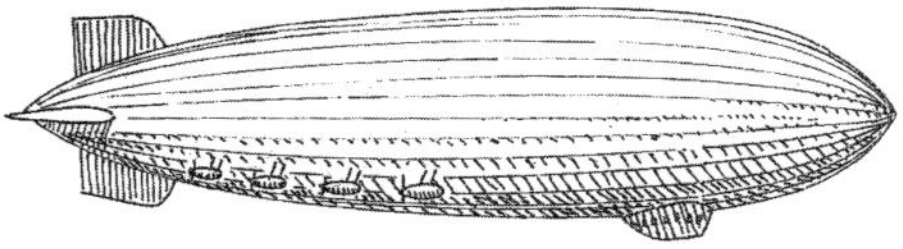

図 10.2　飛行船

$$\frac{\text{慣性力}}{\text{粘性力}}=\frac{F_I}{F_V}=\frac{\rho v^2L^2}{\mu vL}=\frac{\rho vL}{\mu}=\frac{vL}{\nu}=Re$$

これをレイノルズ数(Reynolds number) Re と定義している．

$$Re=\frac{vL}{\nu} \tag{10.16}$$

したがって，実物と模型との Re が等しければ，流れの状態が相似となる．この関係をレイノルズの相似則という．式(10.16)は式(4.5)と同じである．

(2) フルード数

船舶の進行によって生ずる波(重力波)による抵抗，すなわち造波抵抗(wave resistance)を考える場合には，慣性力と重力との比が重要になる．

$$\frac{\text{慣性力}}{\text{重力}}=\frac{F_I}{F_G}=\frac{\rho v^2L^2}{\rho L^3g}=\frac{v^2}{gL}$$

一般には，Re と同様に v とするために平方根をとり，それをフルード数(Froude number) Fr と定義している．

$$Fr=\frac{v}{\sqrt{gL}} \tag{10.17}$$

実際の船(**図 10.3**)と模型船の Fr を等しくして実験を行えば，その結果は造波抵抗については実際の船に応用できる．この関係をフルードの相似則という．船の全抵抗としては，造波抵抗のほかに摩擦抵抗を考えなければならない．重力と慣性力が重要となる系には，このほかに開水路の流れ，橋脚に掛かる流体の力，水門からの流出流れなどがある．

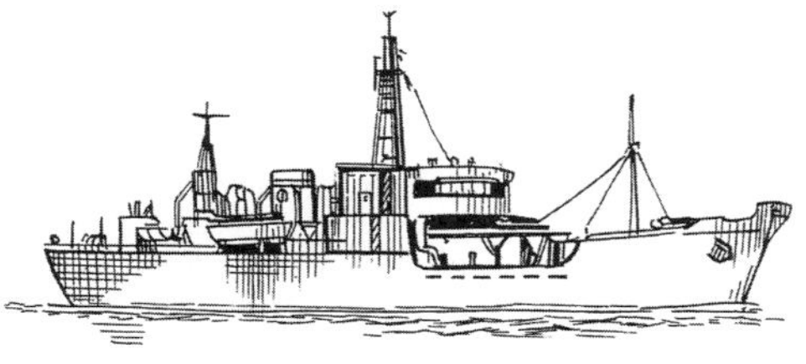

図 10.3　船

(3) ウェーバ数

一つの液体が，他の流体または固体などと接する面をもつ場合には，液体の慣性力と表面張力との比が重要になる．

$$\frac{\text{慣性力}}{\text{表面張力}}=\frac{F_I}{F_T}=\frac{\rho v^2 L^2}{TL}=\frac{\rho v^2 L}{T}$$

この場合も，平方根をとり，それをウェーバ数(Weber number) We と定義している．

$$We=v\sqrt{\frac{\rho L}{T}} \qquad (10.18)$$

以上の関係をウェーバの相似則といい，表面張力波や液滴の生成などの問題に適用できる．

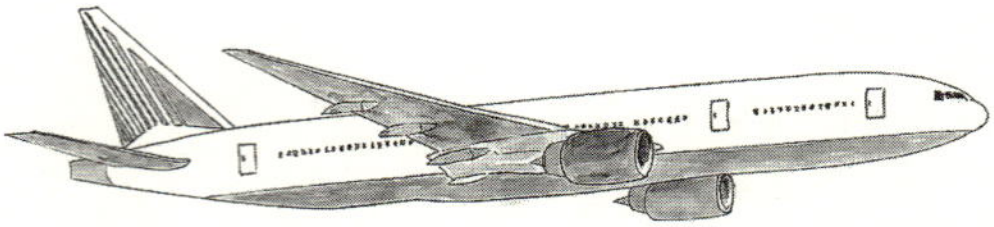

全長 63.7 m，全幅 60.9 m，標準座席数 389 名，エンジン推力 34900 kg × 2，巡航速度 1028 km/h($M=0.84$)

図 10.4　ボーイング 777

(4)　マッハ数

流体が高速で流れる場合，あるいは静止流体中を航空機(**図 10.4**)などが高速で動く場合には，流体の圧縮性が問題となり，慣性力と弾性力との比が重要となる．

$$\frac{\text{慣性力}}{\text{弾性力}}=\frac{F_I}{F_E}=\frac{\rho v^2 L^2}{KL^2}=\frac{v^2}{K/\rho}=\frac{v^2}{a^2}$$

この場合も，平方根をとって，それをマッハ数(Mach number)M と定義している．

$$M=\frac{v}{a} \qquad (10.19)$$

この関係をマッハの相似則という．

エルンスト・マッハ
(Ernst Mach，1838〜1916)
オーストリアの物理学者・哲学者．グラーツ大学，プラハ大学の教授ののち，ウィーン大学の教授となった．高速の気流や飛行体についての研究があり，マッハ数の概念を導入した．ニュートン力学を批判して，相対性理論の先駆をなし，また，熱力学，光学についても，それぞれ卓越した業績をあげた．

$M<1$ を亜音速流れ(subsonic flow)，$M=1$ を音速流れ(sonic flow)，$M>1$ を超音速流れ(supersonic flow)といい，$M\fallingdotseq 1$ で $M<1$ の領域と $M>1$ の領域とが共存している流れを遷音速流れ(transonic flow)という．

10.4.2 模型実験

自動車，列車，航空機，船舶や高層ビル，橋りょうなどの外部流れからトンネルやポンプ，水車などの各種機械の内部流れに至るまで，模型実験による性能予測が広く行われている．いま，自動車の抗力 D を 1/10 模型(縮尺比 $S=10$)について実験するとする．自動車の全長 l を 3 m，走行速度 v を 60 km/h とする．この場合，次の三つの方法が考えられる．添字 m のついた記号を模型とする．

① 風洞による実験

レイノルズ数を一致させるためには $v_m=167$ m/s にしなければならない．このマッハ数は 0.49 となり，圧縮性が入ってくる．非圧縮性とみなせる限界 $M=0.3$ にすると $v_m=102$ m/s となり，$Re_m/Re=v_m/(Sv)=0.61$ となる．この場合，実物も模型もともに乱流状態になっているので，レイノルズ数による違いはそれほど大きくない．両者の抗力係数 $D/(\rho v^2 l^2/2)$ を等しいとすると

$$D=D_m\left(\frac{v}{v_m}\frac{l}{l_m}\right)^2=D_m\left(\frac{Sv}{v_m}\right)^2 \tag{10.20}$$

によって抗力を予測することができる．これは，一般に広く用いられている．

② 回流水槽あるいはえい行水槽による実験

実物と模型のレイノルズ数を等しくするためには $v_m=vS\nu_m/\nu=11.1$ m/s となり，この速度で水を流すか，静水中を模型を動かせば，両者の力学的相似条件は成立する．換算式は

$$D=D_m\frac{\rho}{\rho_m}\left(\frac{Sv}{v_m}\right)^2=D_m\frac{\rho\nu^2}{\rho_m{\nu_m}^2} \tag{10.21}$$

である．

③ 可変密度風洞による実験

密度を大きくすれば，気流の速度を上げないでレイノルズ数を等しくすることができる．同一速度で実験するとすれば，温度は等しいとして風洞の圧力を 10 気圧に高める必要がある．換算式は

$$D=D_m\frac{\rho}{\rho_m}S^2 \tag{10.22}$$

である．

マッハによって解明された二つのミステリー

(1) ずっと以前，砲兵は高速砲から弾丸が発射されたとき2回ズドンという音が聞こえるが，低速砲からは1回しか聞こえないことを知っていた．しかし，彼らはその理由がわからなかったので，ミステリーとされていた．マッハの研究によって，大砲の砲口からの発射音に加えて，弾丸の速度が音速を超えたときに弾丸から発射される衝撃波の音を聞くためであるということで，このミステリーは解決した．

(2) これは，1870～1871年の普仏戦争のときの話である．当時の最新のフランス・シャセポー高速小銃弾が大きなクレーター形の損傷を与えたことがわかった．フランスは爆発性の弾丸を使用したのではないか，使用したとすれば爆発性の弾丸の使用を禁止したピータースブルグの国際条約にそむくのではないかと疑われた．そこで，マッハは爆発性の損傷は弾丸の衝撃波および弾丸そのものによる高い圧力上昇によるという明解な説明を行った．それで，フランスは爆発性の弾丸を使用していないことが明らかとなり，ミステリーも解消された．

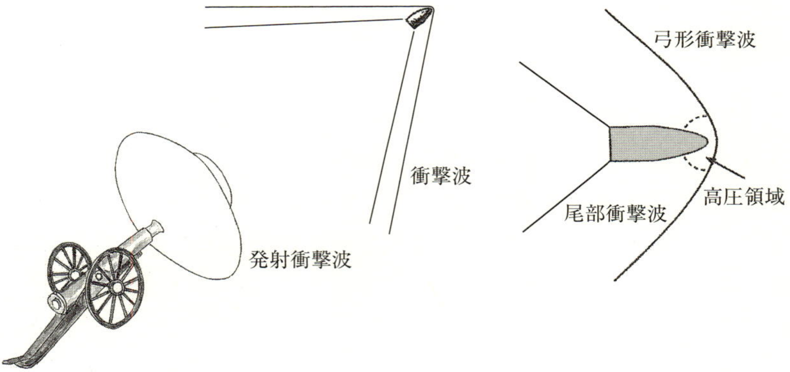

新幹線に利用されたレイノルズの相似則

津田沼(千葉県)にて，新幹線の車両の走行中の空力特性を研究するため，水底に複線のレールを敷設した大きなプールを建設し，新幹線の模型を走行させて実験を行った．こうすることで，速度は1/15で同じ現象が生じ，力は800倍になる．すれ違いの時の風圧，トンネル突入時に生ずる風圧の変化などを明瞭に測定することができた．現象の可視化にも大変便利であった．

この現象をうまく利用したのが戦国の武将松波庄九郎(後の斎藤道三)である(52頁参照)．

《演習問題》

1. トリチェリの定理を次元解析によって導け．
2. 粘度 μ，速度 U のゆるやかな流れの中に置かれた直径 d の球の受ける抗力 D を次元解析によって求めよ．
3. 液体中の圧力波の伝ぱ速度 a は，その液体の密度 ρ および体積弾性係数 K によるものとして，a を求める関係式を次元解析によって導け．
4. 船の造波抵抗 D は，船の長さ L，速度 v と流体の密度 ρ および重力の加速度 g によることを知っているものとして，これらの関係式を次元解析によって導け．
5. 長さ l，直径 d の円管内に粘度 μ の流体が層流の状態で流れ，$\varDelta p$ の圧力降下をするとき，流量 Q は $d, \varDelta p/l, \mu$ とどのような関係にあるかを次元解析によって求めよ．
6. 流速 U の一様な流れ(密度 ρ，粘度 μ)の中に置かれた平板の端から x の距離における境界層の厚さ δ を次元解析によって求めよ．
7. 直径 d のオリフィスを密度 ρ，粘度 μ の流体が流れ，圧力差 $\varDelta p$ を生じた．このときの流量を Q，流量係数 $C=Q/[(\pi d^2/4)\sqrt{2\varDelta p/\rho}]$，$Re=d\sqrt{2\rho\varDelta p}/\mu$ として，$C=f(Re)$ の関係があることを次元解析から導け．
8. 翼弦長 1.2 m の飛行機が 20℃，1 bar の静止大気中を 200 km/h で飛ぶ．この 1/3 のモデル翼を風洞の中に置くとき，Re によって力学的相似条件が満足されるものとすれば
   (1) 風洞内の空気の温度，圧力が同じとすれば，風洞の風速をいくらにすればよいか，
   (2) 風洞内の空気の温度は同じで，圧力を 5 倍に高めるとき，風速をいくらにすればよいか(ただし，粘度 μ は一定とする)，
   (3) モデルを同じ温度の水槽で実験すると，モデルの速さはいくらにすればよいか．
9. 長さ 245 m のコンテナ船が 28 ノットの速さで航行するときのフルード数を求めよ．また，フルード数を等しくする相似条件のもとで 1/25 の模型で実験するとすれば，水槽中の模型のえい行速度 v_m はいくらにすればよいか．ただし，1 ノット＝0.514 m/s とする．
10. 揚程 H，代表寸法 l，流量 Q のポンプにおいて，実物とモデルの間に

$$\frac{l}{l_m}=\left(\frac{Q}{Q_m}\right)^{1/2}\left(\frac{H}{H_m}\right)^{-1/4}$$

の相似則が成り立つとする．モデルには添字 m をつける．この関係を用いて，$Q=0.1\ \mathrm{m^3/s}$，$H=40$ m のポンプを $Q_m=0.02\ \mathrm{m^3/s}$，$H_m=50$ m で模型実験をするとき，相似運転をするに必要なモデルの大きさは実物の何分の一にすればよいか．

11. 流速および流量の測定

流体現象を解明するためには，圧力，流速，流量などの量を測定する必要がある．圧力の計測については3.1.5項で述べたので，本章では流速と流量の測定法について述べる．流体には気体と液体とがあり，その種類と状態，あるいは管路か開水路かなどの使用場所によって各種の測定法が開発され実用化されている．

11.1 流速測定

11.1.1 ピトー管

図11.1に，一般に用いられている標準のピトー管〔Pitot tube：ピトー静圧管（Pitot-static tube）ともいう〕の形状を示す[1)]．流速は全圧 p_t と静圧 p_s とより，式(5.20)と同様に，次式

$$v=c\sqrt{\frac{2(p_t-p_s)}{\rho}} \tag{11.1}$$

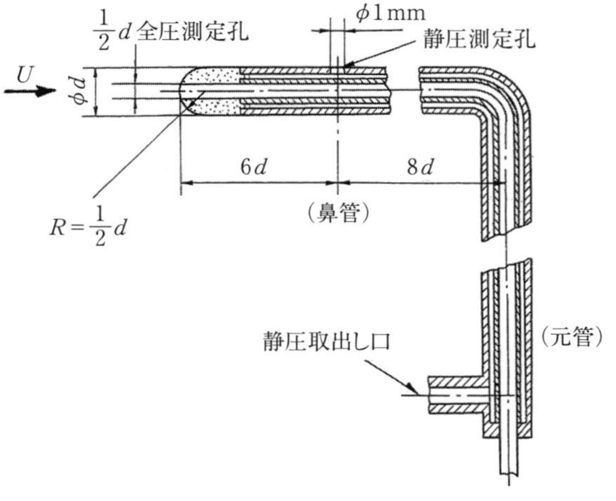

図11.1　ピトー管[1)]

で与えられる．ここで，c はピトー管係数と呼ばれ，標準型ピトー管では1としてよい．なお，圧縮性を考慮するときは13.4節を参照のこと．

また，ピトー管は大口径管内の流れの流量測定にも使用される．このときは，管断面をリング状等面積に分割

し，各リングの面積中心における流速を測定し，その平均から平均流速を求め，断面積との積から全体の流量を求める．標準型のほかに，種々の形のピトー管がある．

(1) 円筒型ピトー管

円筒型ピトー管は，図9.5の円柱表面の圧力分布を利用して二次元流れの方向と流速を同時に測定するのに使用される．

図11.2は測定原理を示すもので，流れの中で回転させ$\Delta h = 0$にすれば，中心線の方向が流れの方向となる．$\theta = 33°〜35°$にしておけば静圧となる．さらに，円筒を回転して一つの孔を流れの方向に向け，全圧を測定する．中心線上にもう一つ測定孔を設ければ全圧も同時に測定できる．これを3孔ピトー管という．このように，流れの方向と流速を測定するものをヨーメータ(yawmeter)ともいう．

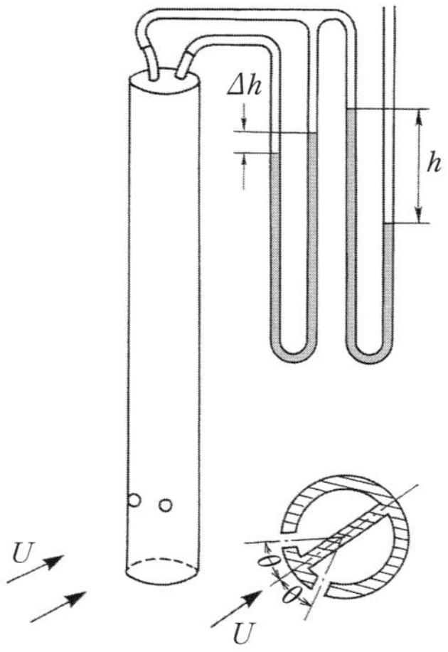

図11.2　円筒型ピトー管

(2) 5孔球型ピトー管

図11.3(a)に示すような構造のもので，三次元流れの流速の大きさと方向を測定することができる．

(3) 13孔球型ピトー管[2)]

図(b)のような構造のもので，5孔では先頭の孔に対して$\pm 45°$のヨーピッチ角範囲しか計測できないが，13孔であれば$\pm 135°$までカバーで

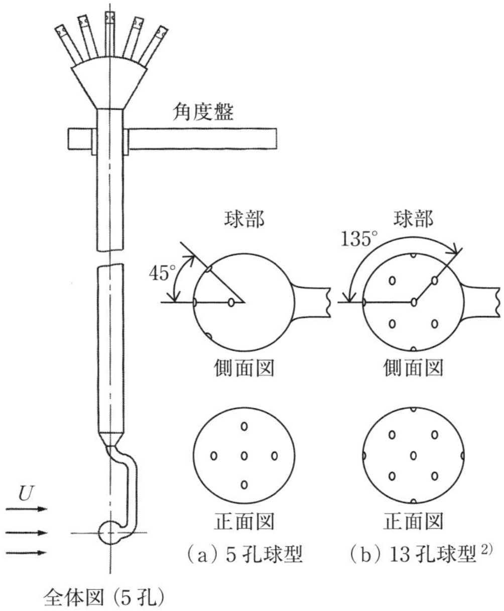

図11.3　球型ピトー管

きる．

(4) 壁面近くの流速測定用ピトー管

壁面のごく近くの流速の測定には，**図 11.4**(a)に示す細い管を押しつぶした全圧管が用いられる．より壁面に近い流速の測定には，図(b)のような表面ピトー管が使用される．管を移動し，開口Bの幅を変化させて全圧分布を知ることができる．この場合，静圧は壁面における別の孔で測定する．

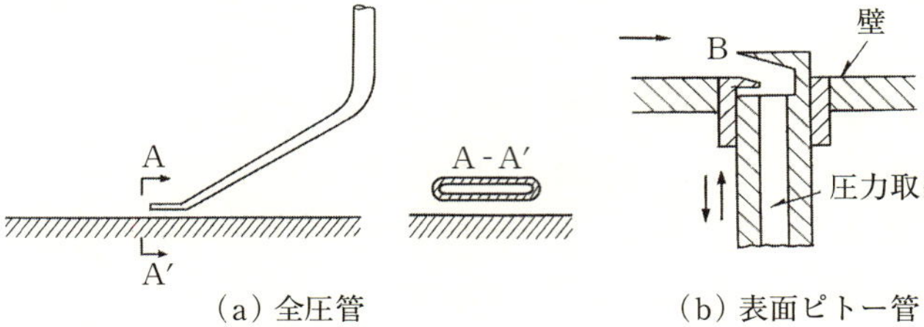

図 11.4　壁面近くの流速測定用ピトー管

11.1.2 熱線流速計

流れの中に加熱細線を置くと，その流体の流速の大小によって熱線の温度が変わり，熱線の電気抵抗が変化する．この抵抗の変化を利用して流れを計測する計器を熱線流速計(hot-wire anemometer)という．

図 11.5(a)のように，CD 間の電圧を一定に保って流速による熱線の温度，すなわち抵抗変化を検流計 G の針の振れで読み，流速を求める方式を定電圧型と

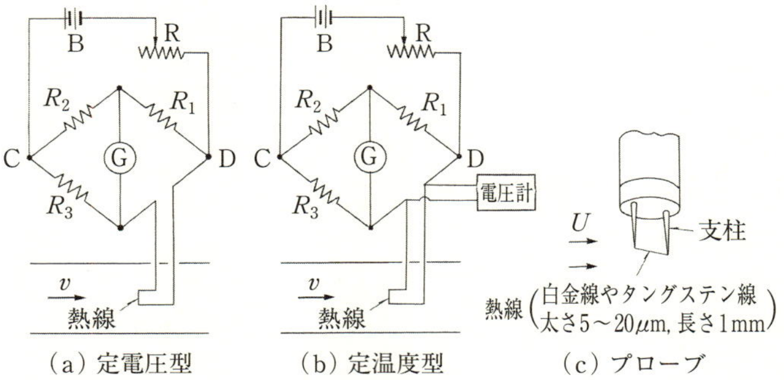

図 11.5　熱線流速計

いう．図(b)のように，風速が変わっても，熱線温度，すなわち電気抵抗が一定になるよう可変抵抗を調節し，検流計Gの読みが0になるときの電圧計の読みから流速を求める方式を定温度型という．

定温度型は熱慣性を無視できるので，応答性がよく，特性の直線化もかなりうまくいくので，現在 使用されているものはほとんどこの方式である．100 kHz 程度の周波数まで平たんな特性をもたせることができる．

11.1.3 レーザドップラー流速計

流体中を流体とともに運動するトレーサ粒子にレーザ光線を当てると，粒子からの散乱光は，ドップラー効果により元の入射光(参照光)に比べて粒子速度分だけ周波数に差を生ずる．周波数の差 f_D を光電変換器(フォトマル)によって測定し，トレーサ粒子の速度から流速を求める装置をレーザドップラー流速計(laser Doppler velocimeter)という．レーザドップラー流速計には，**図 11.6** に示すように三つの方式がある．

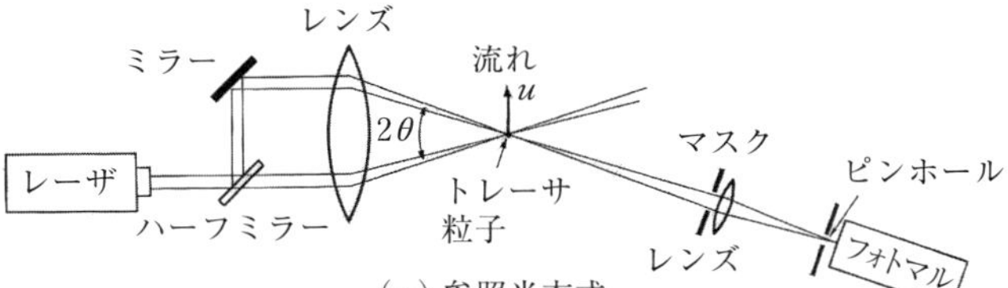

(a) 参照光方式

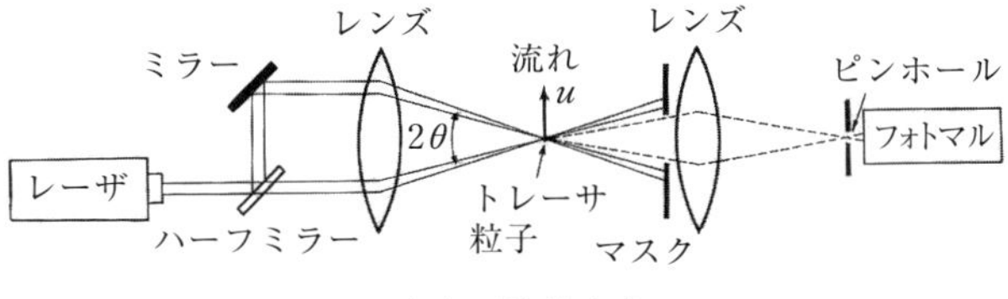

(b) 干渉縞方式

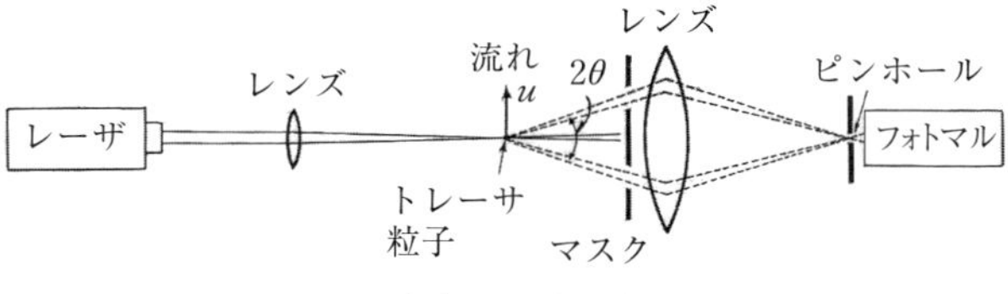

(c) 単一光方式

図 11.6　レーザドップラー流速計

(1) 参照光方式

図(a)のように微粒子が流体中を速度 u で動いているとき，角度 2θ の方向で観測される参照光と散乱光との周波数の差 f_D を測定すると，流速 u は次式で求められる.

$$u=\frac{\lambda f_D}{2\sin\theta} \tag{11.2}$$

ここで，λ はレーザ光線の波長とする.

(2) 干渉縞方式

図(b)のように，干渉縞を微粒子が通るとき生ずる光の濃淡をフォトマルで受けて流速 u を求める．算出は式(11.2)と同様である．現在，この方式が最もよく用いられている.

(3) 単一光方式

図(c)のように，1本の入射光による2方向の散乱光の干渉を利用して干渉縞方式と同様に流速を求める.

11.2 流量測定

11.2.1 容器による方法

容器によって流体の流量を測定する方法で，重量法と体積法とがある．気体の場合は，容器内部の気体の温度と圧力を測り，標準状態の容積に換算する.

11.2.2 絞り機構

絞り機構(pressure differential device)による流量測定法は，工業的に広く用いられている．絞りとしては，オリフィス(orifice)，ノズル(nozzle)，ベンチュリ管(Venturi tube)などがあり，これらを管路の途中において，その前後の圧力差を検出して流量を求める.

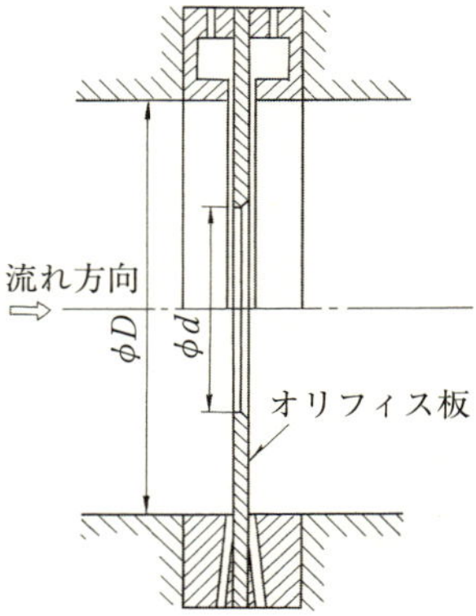

図 11.7　オリフィス板と圧力取出し口(コーナータップ)[3]

(1) オリフィス板[3]

オリフィス板(orifice plate)の構造は**図 11.7**に示すとおりで，直管内に取り付け，前後の圧力差を測定して流量を知ることができる．質量流量 m の計算式は，次式で求められる．

$$\left.\begin{aligned} m &= \alpha\varepsilon\frac{\pi}{4}d^2\sqrt{2\varDelta p\rho_1} \\ \alpha &= \frac{C}{\sqrt{1-\beta^4}} \end{aligned}\right\} \qquad (11.3)^{\dagger}$$

ここで，α は流量係数，ε は気体の膨張補正係数，$\varDelta p$ はオリフィス板前後の圧力差，ρ_1 は絞りの上流側（圧力取出し口）における流体の密度，C は流出係数，β は絞り直径比を表す．

体積流量 Q は，次式によって計算する．

$$Q = \frac{m}{\rho} \qquad (11.4)$$

ここで，ρ は体積を表す温度および圧力における流体の密度を表す．

(2) ノズルおよびノズル型ベンチュリ管[4)]

構造は**図 11.8** に示すとおりで，その測定法と計算式はオリフィス板とまったく同じである．ノズルでは，流れの損失はオリフィスより少なく，流量係数も大きい．

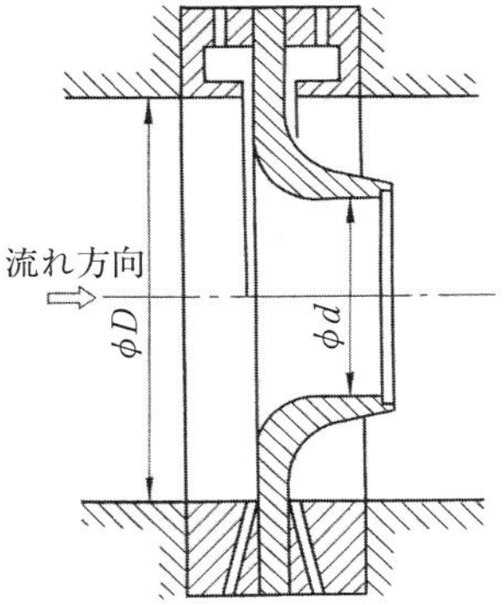

（a）ISA 1932 ノズル

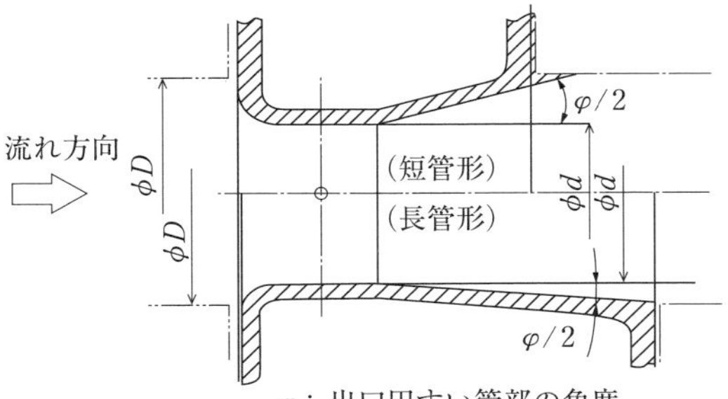

φ：出口円すい管部の角度

（b）ノズル型ベンチュリ管

図 11.8 ノズルおよびノズル型ベンチュリ管[4)]

† 式（11.3）と式（5.25）の流量係数の定義が異なっている．記号は，式（5.25）では C を用いているが，JIS では α を使用している．

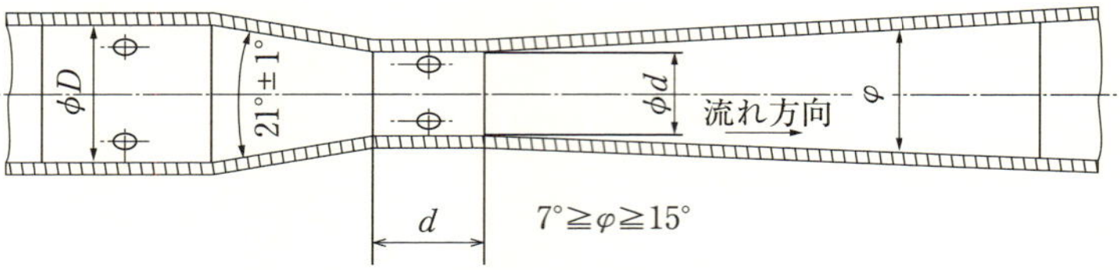

図 11.9　円すい型ベンチュリ管の幾何学的形状[5)]

(3) 円すい型ベンチュリ管[5)]

構造は**図 11.9** のとおりで，流量の計算式はオリフィス板などと同じで式(11.3)，(11.4)を用いる．

11.2.3 面積流量計[6)]

前項で述べた流量計は，絞り前後の差圧を測定して流量を求めたが，面積流量計は，その差圧が一定になるように絞り機構を変化させ，その絞り面積から流量を求めるもので，フロート型，ピストン型などがある．

フロート型面積流量計(variable area flowmeter)は，**図 11.10** に示すように流路の途中に垂直に接続したテーパ管にフロート(浮子)を浮かすようにしたもので，流れによりフロートの前後に圧力差ができ，フロートの圧力抗力，摩擦抗力，浮力などによる力がフロートの重量とつりあうような位置でフロートは静止する．この場合，体積流量 Q は次式で表される．

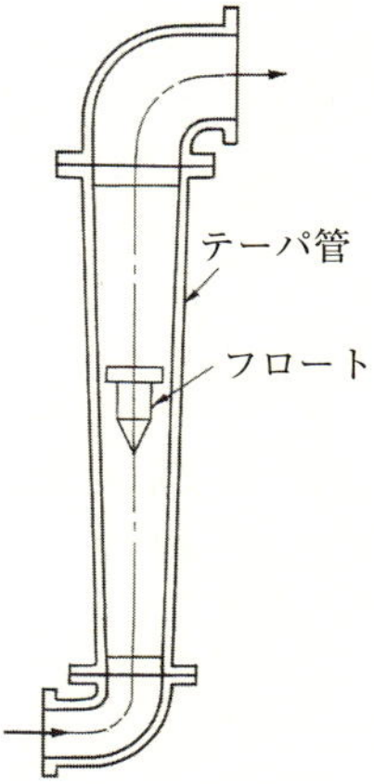

図 11.10　フロート型面積流量計(ロータメータ)

$$Q = C a_x \sqrt{\frac{2gV(\rho_f - \rho)}{\rho a_0}} \tag{11.5}$$

ここで，ρ は流体の密度，C は流出係数，a_x は流体がフロートの外側部を通過する環状すき間の面積，V はフロートの体積，ρ_f はフロートの密度，a_0 はフロートの最大断面積である．a_x はフロートの位置に比例して変化するので，C_d が一定であればフロートのつりあい位置は流量に比例することになる．

11.2.4 容積流量計

容積流量計(positive displacement flowmeter)は，一定の容積をもつ計量室を「ます」として流量を連続的に通過させ，その回数を数えて積算体積を，また単位時間当たりの回数によって流量を求める．代表的な例として**図 11.11** にオーバル歯車型とルーツ型を示す．

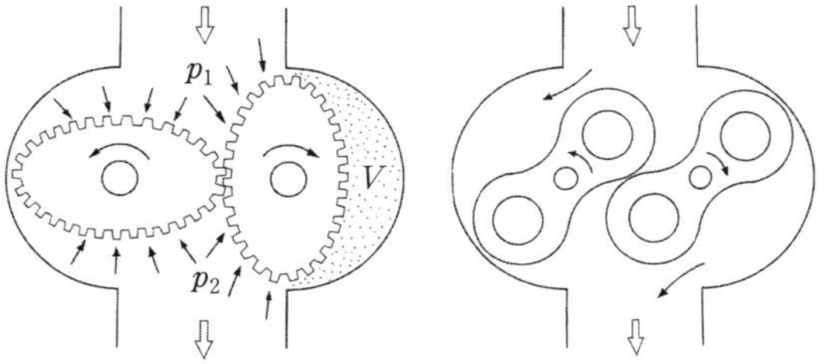

(a) オーバル歯車型　(b) ルーツ型

図 11.11　容積流量計

流体の流入圧 p_1 と流出圧 p_2 との差によって縦の位置にある歯車〔図(a)〕が矢印の方向に回転することにより，1 回転当たり $4V$ の容積の流体を送り出す．したがって，回転数がわかれば流量がわかる．

11.2.5 タービン流量計

流れの途中にタービンを置くと，タービンは流体の速度エネルギーによって回転する．このときのタービンの回転速度は流体の速度にほぼ比例するので，タービンの回転速度から流速を，また回転数から流量を求めることができる．

このタービン流量計(turbine flowmeter)は，古くから水道メータなどに多く用いられている．**図 11.12** は，工業用として各種流体の流量測定に用いられる流量計で，軸流タービンの羽根が磁気コイルの面を通るごとにパルスが誘起されるので，発振周波数は体積流量に比例することになる．

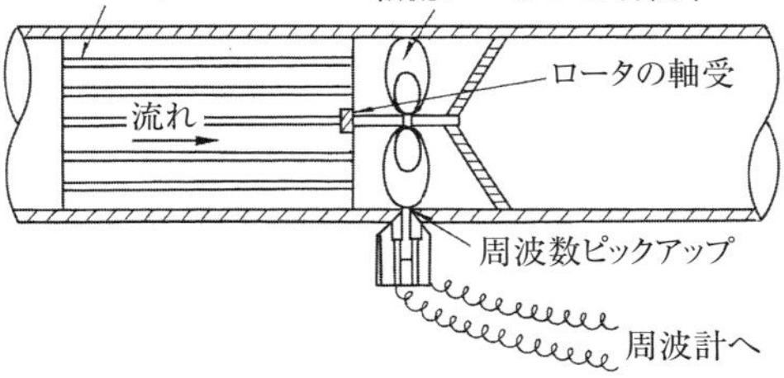

図 11.12　タービン流量計

11.2.6 渦流量計[7)]

流れの中に置かれた柱の背後にはカルマン渦が発生する．渦流量計(vortex flowmeter)は，**図 11.13** に示すように配管内にカルマン渦を発生させる渦発生体と渦を検出するセンサおよびセンサで検出した信号を処理する変換器から成り立っている．このカルマン渦の発生する周波数 f は，式(9.7)でも示したように，流速 U に比例する．ストローハル数 St はレイノルズ数 Re によって変化するが，あるレイノルズ数の範囲ではほとんど一定となる．三角柱

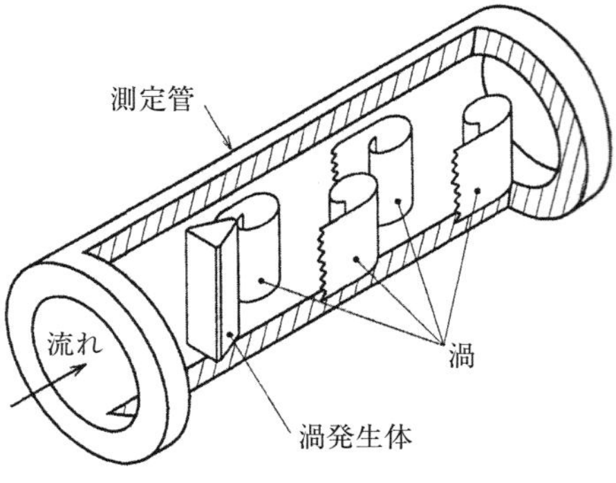

図 11.13　渦流量計[7)]

($d/D=0.28$) では，$Re=20000$ 以上において $St=0.25$ でほぼ一定となる．すなわち，流速 U は次の式で表される．

$$U=\frac{fd}{St}=\frac{fd}{0.25}\qquad(11.6)$$

ここで，D は管内径，d は渦発生体の幅を表す．

このように，渦周波数を検出することにより配管内の流速がわかり，その流速に配管の断面積を掛けることにより体積流量を求めることができる．センサは圧電素子を用い，呼び径 40 mm 以上は渦発生体内部に，また呼び径 25 mm 以下は渦発生体の下流側にある構造になっている．

11.2.7 超音波流量計

図 11.14 に示すように，流管の上流と下流に送受波器 A, B を距離 l だけへだてて置く．送波器によって A から超音波を送り，受波器 B でこれを t_1 秒後に検出し，次に送受切換え器によって A, B の機能を交換し，B から送り出された超音波が t_2 秒後に A で検出されたとすれば，流体中の音速を a とすれば，

$$t_1=\frac{l}{a+v\cos\theta},\quad t_2=\frac{l}{a-v\cos\theta}$$

$$\frac{1}{t_1}-\frac{1}{t_2}=\frac{a+v\cos\theta}{l}-\frac{a-v\cos\theta}{l}=\frac{2v\cos\theta}{l}$$

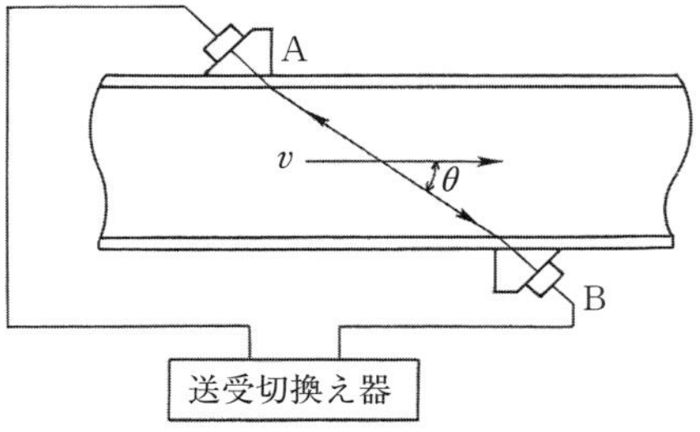

図 11.14　超音波流量計

これより

$$v=\frac{l}{2\cos\theta}\left(\frac{1}{t_1}-\frac{1}{t_2}\right)\quad(11.7)$$

となる．

この超音波流量計(ultrasonic flowmeter)は，電磁流量計と同様な利点のほかに，導電性のない流体でも使用できる利点をもっているが，

装置が複雑で高価なのが欠点である．

11.2.8 電磁流量計[8)]

図 11.15 に示すように，流れの方向と垂直に磁束密度 B の磁界が加えられている測定管に電磁流体が流れると，電磁誘導に基づき，平均流速 v に比例した起電力 E が液体中に誘起される〔ファラデー(Faraday)の電磁誘導の法則〕．この起電力を流れおよび磁界の方向に垂直となるように，管に2本の電極を流体と接触する所まで差し込んで検出し，増幅，演算を行うと，体積流量 Q が測定できる．すなわち，管内径を d とすると次のようになる．

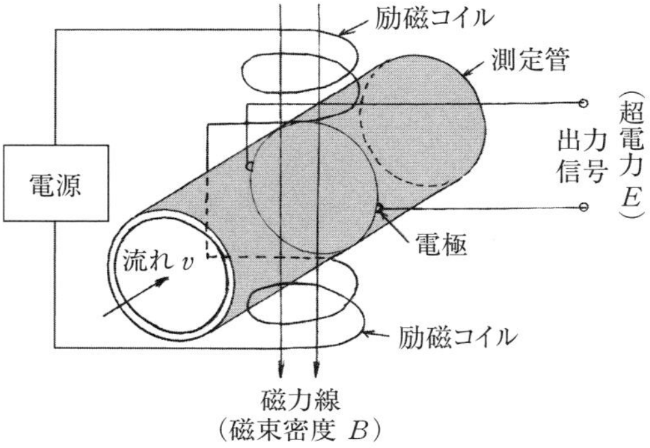

図 11.15 電磁流量計

$$E = Bdv \tag{11.8}$$

$$Q = \frac{\pi d E}{4B} \tag{11.9}$$

この電磁流量計(magnetic flowmeter)は，圧力損失がなく，流体の粘度，比重，圧力，レイノルズ数に無関係に計測できる．

11.2.9 コリオリメータ[9)]

回転体上を運動する物体に働く慣性の力(コリオリの力)を利用した流量計で，コリオリ質量流量計(coriolis mass flowmeter)ともいう．

その構造は**図 11.16** のとおりで，流体はフランジを通過し，マニフォールドにて2本のフローチューブに分けられ，フローチューブを通過した流体はマニフォールドで合流し，フランジから出ていく．このとき，質量流量を計測する電気部品として左右に電磁ピックオフ，電磁オシレータ，温度センサが図のように配置されている．電磁ピックオフは左右に2個取り付けられ，コリオリの力により発生したチューブのねじれを位相差として検出し，電磁オシレータはチューブを固有振動数で振動させる．また，温度センサはチューブの熱変化による弾性係数を補正する．電磁オシレータによるチューブの振動は回転運動に相当し，左右電磁ピックオフで検出した位相差は質量流量に比例する．

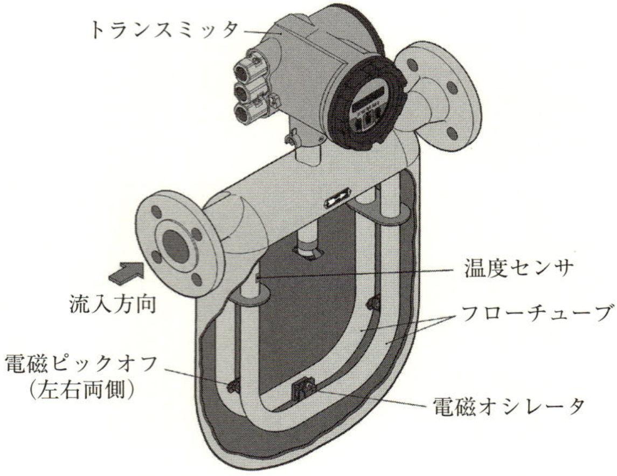

図 11.16　コリオリ質量流量計〔（株）オーバル 提供〕

11.2.10 熱式質量流量計

図 11.17 に示すように，熱式質量流量計（heating type mass flowmater）は，主流路と計測流路から成り立っている．バイパス流路は細管からなり，中央にヒータを，またその前後に温度センサを備え，その温度センサはブリッジ回路の一部を構成している．中央のヒータは，通過する流体に一定の熱量を与え，安定した温度差出力が得られるようになっている．温度差出力は，ブリッジ回路で電圧変換され，増幅回路を経て所定の流量信号となる．

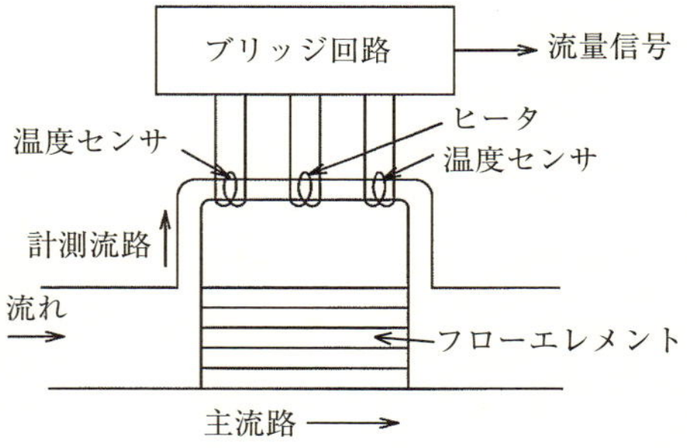

図 11.17　熱式質量流量計

主流路に設置されたフローエレメントは，金属細管を束ねたものや，金属板に細かい孔を多数開けたもの，あるいは焼結金属が用いられ，流れに適当な抵抗を与えることによって計測流に対する比率を決めている．主流と計測流とは常に一定の比率で増減するから，計測流量を測れば全体の流量がわかる．

11.2.11 フルイディク流量計

フルイディクスとは機械的可動部をもたず流れを制御する機械要素のことで，**図 11.18** のような素子（付着型素子という）に適当なフィードバック機構を設けると，流体素子だけで主噴流の体積流量に比例する周波数で発振するフル

(a)[10)]

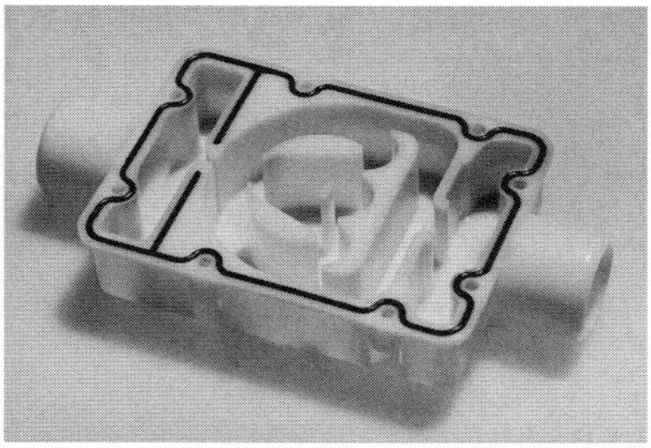

(b)[11)]

図 11.18　フルイディク流量計

イディク発振素子(fluidic oscillator)(14.6 節参照)をつくることができ，フルイディク流量計(fluidic flowmeter)として利用することができる.

11.2.12 せ　き[12)]

せき(weir)の形状によって，**図 11.19** に示すように直角三角せき，四角せき，全幅せきなどがある．**表 11.1** に，それらのせきの流量計算式および適用範囲を示す.

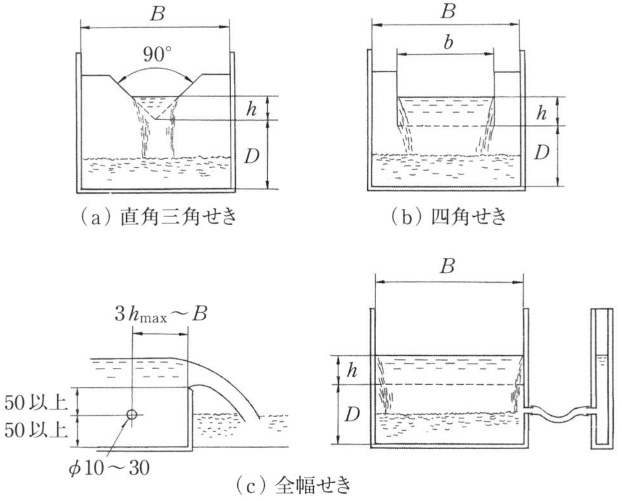

図 11.19　せき

表 11.1　JIS のせきの流量計算式[12)]

せきの種類	直角三角せき	四角せき	全幅せき
流量計算式	$Q=Kh^{5/2}$ ここで， Q ：流量(m^3/min) h ：せきのヘッド(m) K ：流量係数 $K=81.2+\frac{0.24}{h}+\left(8.4+\frac{12}{\sqrt{D}}\right)\times\left(\frac{h}{B}-0.09\right)^2$ ここで B ：水路の幅(m) D ：水路の底面から切欠き底点までの高さ(m)	$Q=Kbh^{3/2}$ ここで， Q ：流量(m^3/min) b ：せきの幅(m) h ：せきのヘッド(m) K ：流量係数 $K=107.1+\frac{0.177}{h}+14.2\frac{h}{D}-25.7\sqrt{\frac{(B-b)h}{DB}}+2.04\sqrt{\frac{B}{D}}$ ここで B：水路の幅(m) D：水路の底面から切欠き下縁までの高さ(m)	$Q=Kbh^{3/2}$ ここで Q ：流量(m^3/min) b ：せきの幅(m) h ：せきのヘッド(m) K ：流量係数 $K=107.1+\left(\frac{0.177}{h}+14.2\frac{h}{D}\right)\times(1+\varepsilon)$ ここで， D：水路の底面からせき縁までの高さ(m) ε：補正項 Dが 1 m 以下の場合には$\varepsilon=0$，Dが 1 m 以上の場合には$\varepsilon=0.55(D-1)$
適用範囲	$B=0.5\sim1.2$ m $D=0.1\sim0.75$ m $h=0.07\sim0.26$ m (ただし，hは$B/3$以下とする)	$B=0.5\sim0.63$ m $b=0.15\sim5$ m $D=0.15\sim3.5$ m (ただし，$bD/B^2\geqq0.06$とする) $h=0.03\sim0.45\sqrt{b}\,m$	$B=b\geqq0.5$ m $D=0.3\sim2.5$ m $h=0.03\sim D$ m (ただし，hは 0.8 m で，かつ$b/4$以下とする)

《演 習 問 題》

1. 管内を流れる水の流速をピトー管を用いて測定したところ，接続した水銀マノメータの差圧が 8 cm であった．ピトー管の速度係数を 1 として流速vを求めよ．ただし，水温は 20℃，水銀の比重$s=13.5462$とする．
2. **図 11.20** のような 3 孔ピトー管を用いて空気の流れを測定したところ，水マノメータ B, C の高さは同じで，A は 5 cm 低かった．気流の速度vはどれだけか．ただし，温度は 20℃，空気の密度$\rho=1.205$ kg/m^3とする．
3. 内径 100 mm の空気管路に直径 50

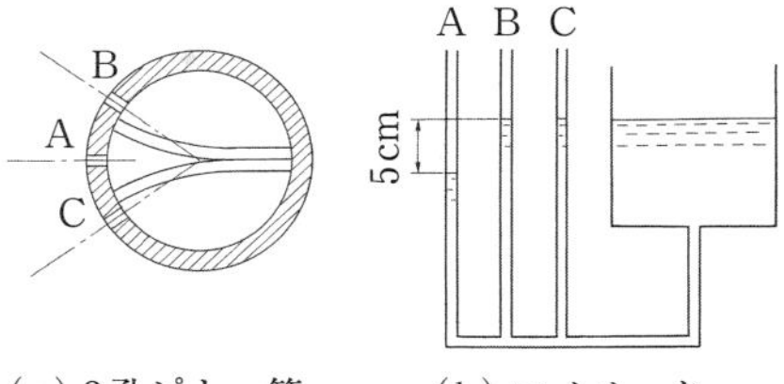

(a) 3 孔ピトー管　　(b) マノメータ

図 11.20

mm のオリフィスを設けて流量を測定したところ，接続した水銀マノメータの差圧が 120 mm となった．流量係数 $\alpha = 0.62$，気体の膨張補正係数 $\varepsilon = 0.98$ として質量流量 m を求めよ．ただし，オリフィスの上流側圧力は 196 kPa，温度は 20℃ とする．

4. 管路の途中に設けたオリフィスとノズルがある．ともに $Re = 1 \times 10^5$，絞り直径比 $\beta = 0.6$ の場合，流量係数 α がオリフィスでは 0.65，ノズルでは 1.03 となる．この理由を説明せよ．
5. 熱線流量計の原理を説明せよ．また，その測定で特に注意すべき点はどんなところか．
6. レーザドップラー流速計の原理と特徴を挙げよ．
7. 円柱の直径 2 cm の渦流量計で流速測定したところ 5 Hz であった．流速 U はいくらか．
8. 四角せきおよび三角せきの流量公式を求めよ．
9. 四角せきと三角せきでヘッドの読取り誤差 2％ とすると，流量の誤差はそれぞれ何％か．

参考文献

1) JIS B 8330-2000　送風機の試験及び検査方法
2) Yamaguchi, I. et al.: SAE Paper 960676 (1996).
3) JIS Z 8762-2：2007　円形管路の絞り機構による流量測定方法―第 2 部：オリフィス板
4) JIS Z 8762-3：2007　円形管路の絞り機構による流量測定方法―第 3 部：ノズル及びノズル形ベンチュリ管
5) JIS Z 8762-4：2007　円形管路の絞り機構による流量測定方法―第 4 部：円すい形ベンチュリ管
6) JIS B 7551：1999　フロート形面積流量計
7) JIS Z 8766：2002　渦流量計―流量測定法
8) JIS B 7554：1997　電磁流量計
9) JIS B 7555：2003　コリオリメータによる流量測定方法(質量流量，密度及び体積流量計測)
10) Boucher, R. F. and Mazharoglu, C.; Int. Gas Research Conference (1989) p. 522.
11) Yamasaki, H. et al.: Proc. FLUCOME'85, **2** (1985) p. 617.
12) JIS B 8302：2002　ポンプ吐出し量測定方法

12. 理想流体の流れ

レイノルズ数 Re が大きい場合，式(6.19)から渦度の拡散が小さくなり，境界層は非常に薄くなるので，流れの大部分は主流で占められる．したがって，実在の流体は粘性流体であるが，粘性項を無視したオイラーの運動方程式に従う理想流体として取り扱うことができる．すなわち，理想流体の流れの実用性は大きい．

非回転流れでは，速度ポテンシャル ϕ が定義できるので，この流れをポテンシャル流れという．本来，ポテンシャル流れは圧縮性，粘性の有無には関係ないが，本章では理想流体のポテンシャル流れを扱う．

二次元流れの場合には，連続の式から流れ関数 ψ が定義でき，ϕ と ψ の間にはコーシー－リーマンの関係式を満足するという関係が成り立つ．このことから，複素関数論を応用することによって理論的な解析を行うことにより，ϕ ならびに ψ を求めることができる．ϕ または ψ が求められれば，x 方向と y 方向の速度 u, v が求められ，流れの様子が判明する．

一方，三次元流れの場合には，複素関数論を用いることができないから，速度ポテンシャル ϕ に関するラプラスの方程式 $\Delta\phi=0$ を解くことになる．これによって，球のまわりの流れ[1] などを知ることができる．本章では，二次元流れのみを取り扱うことにする．

12.1 オイラーの運動方程式

図 12.1 の流体微小要素に作用する力を考えてみる．理想流体であるから粘性による力は働かないので，ニュートンの運動の第 2 法則により，外力による力と圧力による力とが慣性による力とつりあうことになる．単位厚さの流体微小要素 $\mathrm{d}x\mathrm{d}y$ に作用する圧力は，図 12.1 に示すように，図 6.3(b)とまったく同様である．このほかに体積力を考え，この二つの力の和が慣性力と等しいとすれば，この場合の運動方程式が求められる．これは，式(6.13)の粘性項を省

略した場合になる．したがって，次式が得られる．

$$\left.\begin{aligned}\rho\left(\frac{\partial u}{\partial t}+u\frac{\partial u}{\partial x}+v\frac{\partial u}{\partial y}\right)&=\rho X-\frac{\partial p}{\partial x}\\ \rho\left(\frac{\partial v}{\partial t}+u\frac{\partial v}{\partial x}+v\frac{\partial v}{\partial y}\right)&=\rho Y-\frac{\partial p}{\partial y}\end{aligned}\right\} \tag{12.1}$$

これらは，式(5.4)と同様な式である．式(12.1)を二次元流れに対するオイラーの運動方程式という．

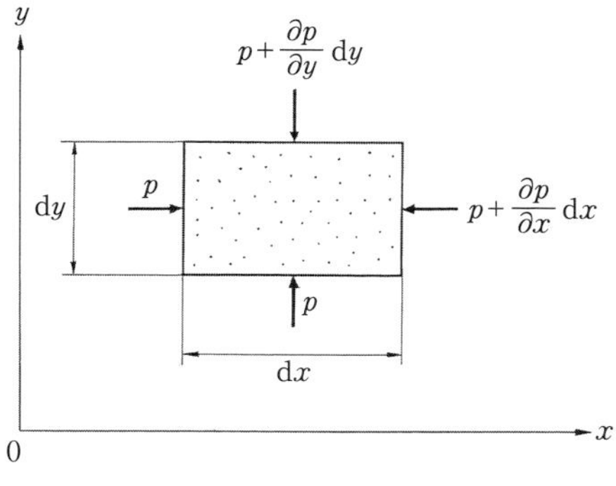

図 12.1　流体要素の圧力のつりあい

定常流れで，体積力項を無視すると

$$\left.\begin{aligned}\rho\left(u\frac{\partial u}{\partial x}+v\frac{\partial u}{\partial y}\right)&=-\frac{\partial p}{\partial x}\\ \rho\left(u\frac{\partial v}{\partial x}+v\frac{\partial v}{\partial y}\right)&=-\frac{\partial p}{\partial y}\end{aligned}\right\} \tag{12.2}$$

となる．u, v がわかっていれば，式(12.1)または式(12.2)から圧力を求めることができる．

一般に，理想流体の流れを求めるには，連続の式(6.2)とオイラーの運動方程式(12.1)，あるいは式(12.2)を与えられた初期条件および境界条件のもとに解くことになる．流れの場において，求めたい量は u, v, p の三つで，これらを t および x, y の関数として決定すればよい．しかし，加速度の項，すなわち慣性項は非線形であるから，解析的に求めることは困難で，特定の場合に解が求められているにすぎない．

12.2 速度ポテンシャル

x, y の関数 ϕ を考える．いま

$$u=\frac{\partial \phi}{\partial x},\quad v=\frac{\partial \phi}{\partial y} \tag{12.3}$$ [†1]

を仮定すると，$\partial u/\partial y=\partial^2\phi/(\partial y\,\partial x)=\partial^2\phi/(\partial x\,\partial y)=\partial v/\partial x$ より，次の関係が得られる．

$$\frac{\partial u}{\partial y}-\frac{\partial v}{\partial x}=0 \tag{12.4}$$

これは，渦なし運動の条件である．逆に，渦なし運動であれば，u, v に対して

$$\mathrm{d}\phi=u\,\mathrm{d}x+v\,\mathrm{d}y \tag{12.5}$$

なる関数 ϕ が存在することが知られている[2]．これは，一般に

$$\mathrm{d}\phi=\frac{\partial \phi}{\partial x}\mathrm{d}x+\frac{\partial \phi}{\partial y}\mathrm{d}y \tag{12.6}$$

であるから，u, v は式(12.3)で表されることを意味する．したがって，関数 ϕ が求められれば，x および y で微分することにより速度 u と v が求められ，流体の運動の様子がわかる．この ϕ を速度ポテンシャル(velocity potential)といい，このような流れをポテンシャル流れ(potential flow)，渦なし流れ〔または非回転流れ(irrotational flow)〕という．すなわち，速度ポテンシャルとは，その速度こう配(gradient)が速度ベクトルに等しい関数である．

式(12.3)を極座標系を用いて表せば，次式のようになる．

$$v_r=\frac{\partial \phi}{\partial r},\quad v_\theta=\frac{\partial \phi}{r\,\partial \theta} \tag{12.7}$$

非圧縮性流体のポテンシャル流れにおいては，式(12.3)を連続の式(6.2)に代入すると

$$\frac{\partial^2 \phi}{\partial x^2}+\frac{\partial^2 \phi}{\partial y^2}=0 \tag{12.8}$$ †2

の関係が得られる．式(12.8)は，ラプラスの方程式といわれるもので，速度ポテンシャル ϕ はラプラスの方程式を満足しており，流体の任意に与えられた領

---

†1　一般に，ベクトル $\boldsymbol{V}$(x, y, z 成分が u, v, w)について u, v, w が $\partial\phi/\partial x, \partial\phi/\partial y, \partial\phi/\partial z$ で表される場合，ベクトル $\boldsymbol{V}$ を $\mathrm{grad}\,\phi$ または $\nabla\phi$ と書く．

$$\boldsymbol{V}=\mathrm{grad}\,\phi=\nabla\phi=\left[\frac{\partial \phi}{\partial x},\frac{\partial \phi}{\partial y},\frac{\partial \phi}{\partial z}\right]$$

式(12.3)は二次元流れ $w=0$ の場合で，$\mathrm{grad}\,\phi$ または $\nabla\phi$ と書くことができる．

†2　$$\mathrm{div}\,\boldsymbol{V}=\mathrm{div}[u, v, w]=\mathrm{div}(\mathrm{grad}\,\phi)=\mathrm{div}\,\nabla\phi=\mathrm{div}\left[\frac{\partial \phi}{\partial x},\frac{\partial \phi}{\partial y},\frac{\partial \phi}{\partial z}\right]$$
$$=\frac{\partial u}{\partial x}+\frac{\partial v}{\partial y}+\frac{\partial w}{\partial z}=\frac{\partial^2 \phi}{\partial x^2}+\frac{\partial^2 \phi}{\partial y^2}+\frac{\partial^2 \phi}{\partial z^2}$$

$\partial^2/\partial x^2+\partial^2/\partial y^2+\partial^2/\partial z^2$ をラプラスの演算子(Laplacian)といい，Δ と略記する．式(12.8)は，二次元流れ $w=0$ の場合で $\Delta\phi=0$ と表される．

域への流入量がその領域からの流出量に等しいことを表している．すなわち，連続の式の別の形の表現である．このラプラスの方程式と境界条件を満足する解から速度分布がわかる．すなわち，ポテンシャル流れの様子は連続の式だけで決まることが注目される．この場合，運動方程式は圧力を決定するだけである．

ϕ が一定値をとる線を等ポテンシャル線(equipotential line)という．この線上では $\mathrm{d}\phi=0$ で，式(12.5)から速度，接線両ベクトルの内積が0となるから，流体の速度の方向は等ポテンシャル線に直角な方向となる．

12.3 流れ関数

流体が非圧縮性流体の場合には，連続の式(6.2)より

$$\frac{\partial u}{\partial x}+\frac{\partial v}{\partial y}=0 \tag{12.9}$$

となる．これは，式(12.4)で u を $-v$ に，また v を u におき換えたものになっている．したがって，式(12.5)に対応して

$$\mathrm{d}\psi=-v\,\mathrm{d}x+u\,\mathrm{d}y \tag{12.10}$$

で示される x, y についての関数 ψ が存在することになる．

一般に

$$\mathrm{d}\psi=\frac{\partial \psi}{\partial x}\mathrm{d}x+\frac{\partial \psi}{\partial y}\mathrm{d}y \tag{12.11}$$

であるから，u, v は

$$u=\frac{\partial \psi}{\partial y},\quad -v=\frac{\partial \psi}{\partial x} \tag{12.12}$$

と表される．したがって，関数 ψ が求められれば，y ならびに x で微分することにより，速度 u および v が求められ，流体の運動の様子がわかる．この ψ を流れ関数(stream function)という．式(12.12)を極座標系を用いて表せば

$$v_r=\frac{\partial \psi}{r\,\partial \theta},\quad v_\theta=-\frac{\partial \psi}{\partial r} \tag{12.13}$$

となる．

一般に，二次元流れにおいて，流線は式(4.1)から

$$\frac{\mathrm{d}x}{u}=\frac{\mathrm{d}y}{v}$$

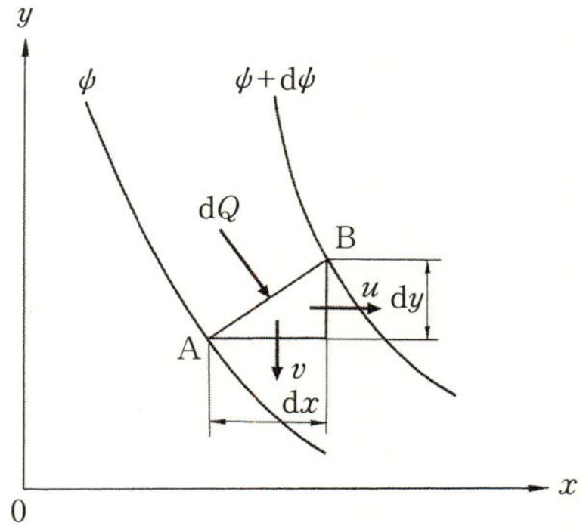

図 12.2　2流線間の流れ

$$\therefore\ -v\,\mathrm{d}x + u\,\mathrm{d}y = 0 \qquad (12.14)$$

となる．式(12.10)と式(12.14)により，$\mathrm{d}\psi=0$ すなわち $\psi=$ const. が流線を表すことがわかる．**図 12.2** のように，互いに密接した2本の流線 ψ および $\psi+\mathrm{d}\psi$ の上に，それぞれ点 A, B をとり，AB を結ぶ線を通過して単位時間に流れる流体の体積流量 $\mathrm{d}Q$ は，図より

$$\mathrm{d}Q = u\,\mathrm{d}y - v\,\mathrm{d}x = \frac{\partial\psi}{\partial y}\mathrm{d}y + \frac{\partial\psi}{\partial x}\mathrm{d}x = \mathrm{d}\psi$$

となる．2本の流線 $\psi=\psi_1$，$\psi=\psi_2$ の間を流れる流体の体積流量 Q は

$$Q = \int \mathrm{d}Q = \int_{\psi_1}^{\psi_2} \mathrm{d}\psi = \psi_2 - \psi_1 \qquad (12.15)$$

で与えられる．

式(12.12)を渦なし流れの式(4.8)に代入すると

$$\frac{\partial^2\psi}{\partial x^2} + \frac{\partial^2\psi}{\partial y^2} = 0 \qquad (12.16)$$

なるラプラスの方程式が得られ，流れ関数 ψ はラプラスの方程式を満足することがわかる．

12.4 複素ポテンシャル

二次元非圧縮性ポテンシャル流れは，速度ポテンシャル ϕ と流れ関数 ψ とが存在するので，式(12.3)，(12.12)より

$$\frac{\partial\phi}{\partial x} = \frac{\partial\psi}{\partial y},\quad \frac{\partial\phi}{\partial y} = -\frac{\partial\psi}{\partial x} \qquad (12.17)$$

が成り立つ．これは，複素関数論でコーシー－リーマン(Cauchy-Riemann)の関係式と呼ばれる式である．

これは，速度ポテンシャルの定義式を流れ関数で表示したものである．コーシー－リーマンの関係式が成立することにより，ϕ および ψ はそれぞれラプラスの方程式を満足することがわかる．また，コーシー－リーマンの関係式を満

足する関数 ϕ と ψ の組合せは，一つの二次元非圧縮性ポテンシャル流れを表すことがわかる．

いま，複素数 $z = x + iy$ の正則関数[†3]を $w(z)$ とし，これを実部と虚数に分解して

$$\left.\begin{aligned} &w(z) = \phi + i\psi \\ &z = x + iy = r(\cos\theta + i\sin\theta) = re^{i\theta} \\ &\phi = \phi(x, y), \quad \psi = \psi(x, y) \end{aligned}\right\} \qquad (12.18)$$

と書くことにすると，正則関数の性質により，この ϕ と ψ は式(12.17)を満足する．したがって，複素数 z の正則関数 $w(z)$ の実部 $\phi(x, y)$，虚部 $\psi(x, y)$ は，それぞれ二次元非圧縮性ポテンシャル流れの速度ポテンシャル，流れ関数と考えることができる．すなわち，$\phi(x, y) = \text{const.}$ を等ポテンシャル線とし，$\psi(x, y) = \text{const.}$ を流線とするような非回転運動が存在する．このような正則関数 $w(z)$ を複素ポテンシャル（complex potential）という．

式(12.18)より

$$\begin{aligned} \mathrm{d}w &= \frac{\partial w}{\partial x}\mathrm{d}x + \frac{\partial w}{\partial y}\mathrm{d}y = \left(\frac{\partial \phi}{\partial x} + i\frac{\partial \psi}{\partial x}\right)\mathrm{d}x + \left(\frac{\partial \phi}{\partial y} + i\frac{\partial \psi}{\partial y}\right)\mathrm{d}y \\ &= (u - iv)\,\mathrm{d}x + (v + iu)\,\mathrm{d}y = (u - iv)(\mathrm{d}x + i\mathrm{d}y) = (u - iv)\,\mathrm{d}z \end{aligned}$$

$$\therefore \quad \frac{\mathrm{d}w}{\mathrm{d}z} = u - iv \qquad (12.19)$$

となる．したがって，$w(z)$ を z について微分した場合，**図 12.3** に示すように，その実部は x 軸方向の速度 u となり，虚部に負号を付けると y 軸方向の速度 v が得られる．実際の速度 $u + iv$ を複素速度，上式の $u - iv$ を共役複素速度という．

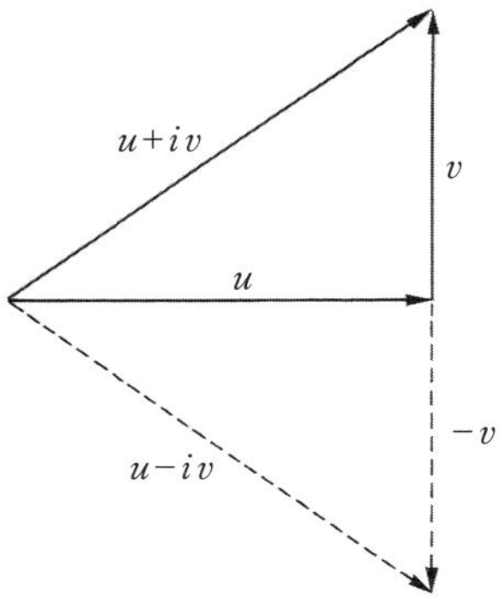

図 12.3　複素速度

†3　ある点にどちらの方向から近づいても，いつも同じ微係数が得られる関数を正則関数という．正則関数はコーシー－リーマンの関係式を満足する．

12.5 ポテンシャル流れの例

12.5.1 基本例

(1) 平行流れ

図 12.4 のような一様な流れ U では，式(12.3)より

$$u=\frac{\partial\phi}{\partial x}=U,\quad v=\frac{\partial\phi}{\partial y}=0$$

$$\therefore\ \mathrm{d}\phi=\frac{\partial\phi}{\partial x}\mathrm{d}x+\frac{\partial\phi}{\partial y}\mathrm{d}y$$

$$=U\,\mathrm{d}x$$

$$\phi=Ux$$

となる．

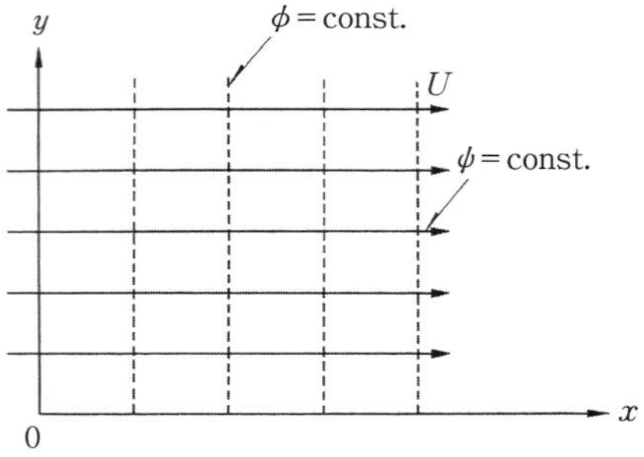

図 12.4　平行流れ

式(12.12)より

$$u=\frac{\partial\psi}{\partial y}=U,\quad v=-\frac{\partial\psi}{\partial x}=0$$

$$\therefore\ \mathrm{d}\psi=\frac{\partial\psi}{\partial x}\mathrm{d}x+\frac{\partial\psi}{\partial y}\mathrm{d}y=U\,\mathrm{d}y$$

$$\psi=Uy$$

$$w(z)=\phi+i\psi=U(x+iy)=Uz \tag{12.20}$$

となる．x 軸方向の平行流れ U の複素ポテンシャルは $w(z)=Uz$ となる．

また，複素ポテンシャル $w(z)=Uz$ が与えられた場合，共役複素速度は

$$\frac{\mathrm{d}w}{\mathrm{d}z}=U \tag{12.21}$$

となり，x 軸方向の一様な流れを表すことがわかる．

(2) 吹出し

図 12.5 のように，流体が原点 0 から単位時間に q の割合で吹き出している場合を考える．半径 r の円周上における半径方向速度を v_r とすると，吹出し量 q は，単位厚さとすると

$$q=2\pi r v_r=\mathrm{const.} \tag{12.22}$$

となる．式(12.7)と式(12.22)より

$$v_r = \frac{\partial \phi}{\partial r} = \frac{q}{2\pi r}$$

また，式(12.7)より

$$v_\theta = \frac{\partial \phi}{r\partial \theta} = 0$$

となる．上式より $\mathrm{d}\theta$ を求め積分すると，次式を得る．

$$\phi = \frac{q}{2\pi}\log r \qquad (12.23)$$

次に，式(12.13)と式(12.22)より

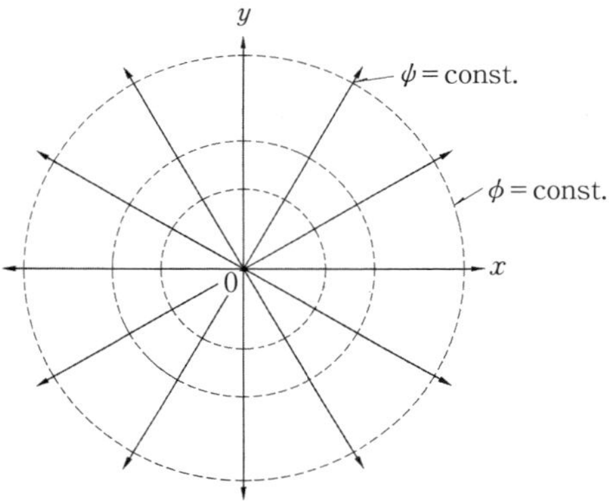

図 12.5　吹出し

$$v_r = \frac{\partial \psi}{r\partial \theta} = \frac{q}{2\pi r}, \quad v_\theta = -\frac{\partial \psi}{\partial r} = 0$$

$$\therefore \ \psi = \frac{q}{2\pi}\theta \qquad (12.24)$$

したがって，複素ポテンシャルは次式で表される．

$$w = \phi + i\psi = \frac{q}{2\pi}(\log r + i\theta) = \frac{q}{2\pi}\log(re^{i\theta}) = \frac{q}{2\pi}\log z \qquad (12.25)$$

式(12.23)，(12.24)より，等ポテンシャル線は原点を中心とした同心円群，流線は原点を通る放射状線群であることが知られる．また，流速 v_r は中心からの距離 r に逆比例することがわかる．

$q>0$ のときは，流体は原点から周囲へ一様に流出する．このような点を吹出し(source)あるいは湧源という．また，逆に $q<0$ であれば，流体は周囲から一様に吸い込まれる．このような点を吸込み(sink)あるいは吸源という．$|q|$ を吹出し，あるいは吸込みの強さという．

(3) 渦　点

図 12.6 のように原点 0 のまわりを流体が回転運動しているとき，任意の半径 r の点の周速度を v_θ とすると，この円周上の循環 Γ は，式(4.9)より

$$\Gamma = \int_{\theta=0}^{2\pi} v_\theta \,\mathrm{d}s = v_\theta r \int_0^{2\pi} \mathrm{d}\theta = 2\pi r v_\theta$$

となる．速度ポテンシャル ϕ は

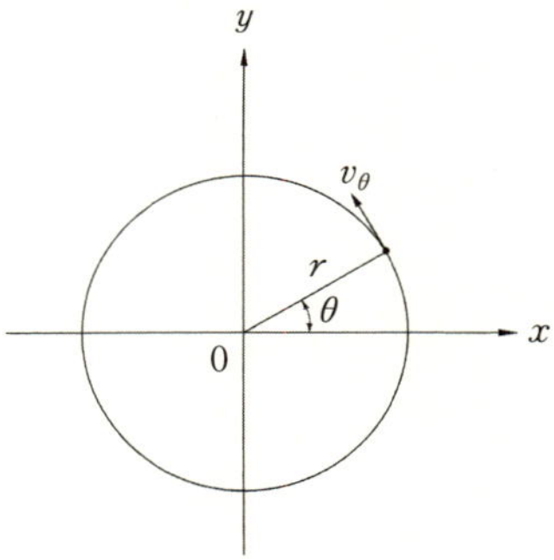

図 12.6　渦

$$v_\theta = \frac{\partial\phi}{r\partial\theta} = \frac{\Gamma}{2\pi r},\quad v_r = \frac{\partial\phi}{\partial r} = 0$$

$$\therefore\ \phi = \frac{\Gamma}{2\pi}\theta \qquad (12.26)$$

となる．速度 v_θ は中心からの距離に反比例することがわかる．

流れ関数 ψ は

$$v_\theta = -\frac{\partial\psi}{\partial r} = \frac{\Gamma}{2\pi r},\quad v_r = \frac{\partial\psi}{r\partial\theta} = 0$$

$$\therefore\ \psi = -\frac{\Gamma}{2\pi}\log r \qquad (12.27)$$

したがって，複素ポテンシャルは

$$w(z) = \phi + i\psi = \frac{\Gamma}{2\pi}(\theta - i\log r) = -i\frac{\Gamma}{2\pi}(\log r + i\theta) = -i\frac{\Gamma}{2\pi}\log z \qquad (12.28)$$

となる．時計まわりの循環では $w(z) = [i\Gamma/(2\pi)]\log z$ となる．

式(12.26)，(12.27)より，等ポテンシャル線は原点を通る放射状直線群，また流線は原点を中心とする同心円群であることが知られる．これは，図 12.5 の破線を流線，実線を等ポテンシャル線としてもつような流れである．流れの方向が反時計まわりならば $+\Gamma$，時計まわりならば $-\Gamma$ とする．すなわち，Γ の値は正とする．

この流れは，原点のまわりをそこからの距離に反比例する速さで同心円を画いて回るという運動をしている．このような流れを渦(vortex)，その原点を渦点(point vortex)という．循環 Γ を渦の強さともいう．

12.5.2 流れの合成

二つの正則関数 $w_1(z), w_2(z)$ があるとき，両者の和として得られる関数

$$w(z) = w_1(z) + w_2(z) \qquad (12.29)$$

は，また正則関数である．w_1, w_2 がそれぞれ流れの複素ポテンシャルであるとすれば，その和をつくることによって別の複素ポテンシャルが得られるようになる．このように，二つの二次元非圧縮性ポテンシャル流れを重ね合わせることにより，別の流れを得ることができる．

(1) 吹出しと吸込みの重ね合わせ

図 12.7 のように，点 A($z=-a$) に吹出し q，また点 B($z=a$) に吸込み $-q$ があるときを考える．

点 A における強さ q の吹出しによる点 z の複素ポテンシャル w_1 は

$$w_1=\frac{q}{2\pi}\log(z+a) \tag{12.30}$$

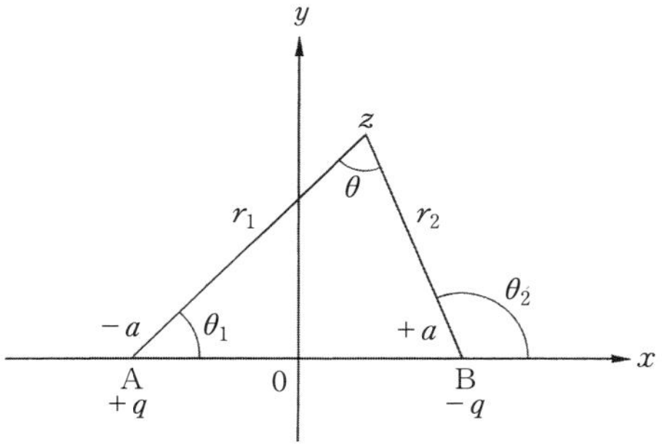

図 12.7　吹出しと吸込みの重ね合わせ

また，点 B における強さ q の吸込みによる点 z の複素ポテンシャル w_2 は

$$w_2=-\frac{q}{2\pi}\log(z-a) \tag{12.31}$$

となる．この二つの流れを合成した流れの複素ポテンシャル w は次のようになる．

$$w=\frac{q}{2\pi}[\log(z+a)-\log(z-a)] \tag{12.32}$$

ここで，図より

$$z+a=r_1e^{i\theta_1},\quad z-a=r_2e^{i\theta_2}$$

であるから，式(12.32)より

$$w=\frac{q}{2\pi}\left[\log\frac{r_1}{r_2}+i(\theta_1-\theta_2)\right] \tag{12.33}$$

したがって

$$\phi=\frac{q}{2\pi}\log\frac{r_1}{r_2} \tag{12.34}$$

$$\psi=\frac{q}{2\pi}(\theta_1-\theta_2) \tag{12.35}$$

となる．

上式より $\phi=\text{const.}$ とすれば，等ポテンシャル線が得られるが，それは点 A, B に関するアポロニウスの円群（2 定点 A, B からの距離の比が一定の円群）で

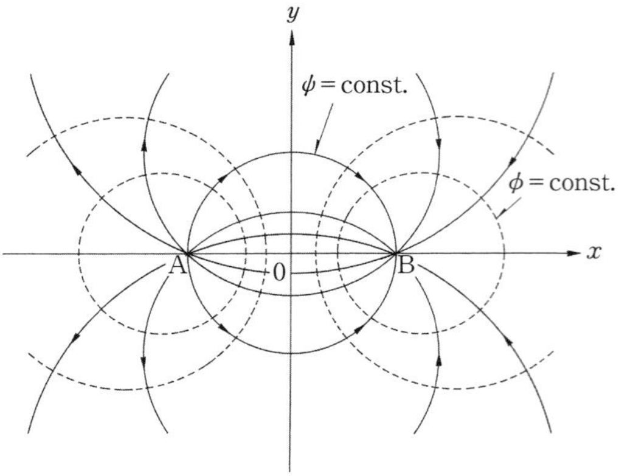

図 12.8　吹出しと吸込みによる流れ

である．$\psi=$ const. とすれば流線が得られるが，それは弦 AB に対して定角 $(\theta_1-\theta_2)$ を頂角とする円群であることがわかる（**図 12.8**）．

図 12.8 において $a\to 0$ の場合を考える．ただし，その際 $aq=$ const. の条件のもとに $a\to 0$ としていった極限を求めると，式(12.32)より

$$w=\frac{q}{2\pi}\log\frac{1+a/z}{1-a/z}=\frac{q}{\pi}\left[\frac{a}{z}+\frac{1}{3}\left(\frac{a}{z}\right)^3+\frac{1}{5}\left(\frac{a}{z}\right)^5+\cdots\right]\fallingdotseq\frac{aq}{\pi z}=\frac{m}{z} \tag{12.36}$$

式(12.36)なる複素ポテンシャルで与えられるような流れを二重吹出し(doublet)といい，$m=aq/\pi$ を二重吹出しの強さ(strength of doublet)という．二重吹出しとは，同じ強さをもつ吹出しと吸込みとが，その強さを増しつつ無限に接近していった極限であると考えることができる．

式(12.36)より

$$w=\frac{m}{x+iy}=m\frac{x-iy}{x^2+y^2} \tag{12.37}$$

$$\phi=\frac{mx}{x^2+y^2} \tag{12.38}$$

$$\psi=-\frac{my}{x^2+y^2} \tag{12.39}$$

となる．この式より，**図 12.9** に示すように等ポテンシャル線は x 軸上に中心をもち y 軸に接する円，また流線は y 軸に中心をもち x 軸に接する円である．

(2) 円柱のまわりの流れ

一様な平行流れの中に，原点に中心をもつ半径 r_0 なる円がある場合を考える．一般に，平行流れにいくつかの吹出し，吸込みを配置することにより，い

ろいろの形の物体のまわりの流れが得られる．この場合は，平行流れと図 12.9 と同じ二重吹出しとを重ね合わせれば，次のように円のまわりの流れが得られる．

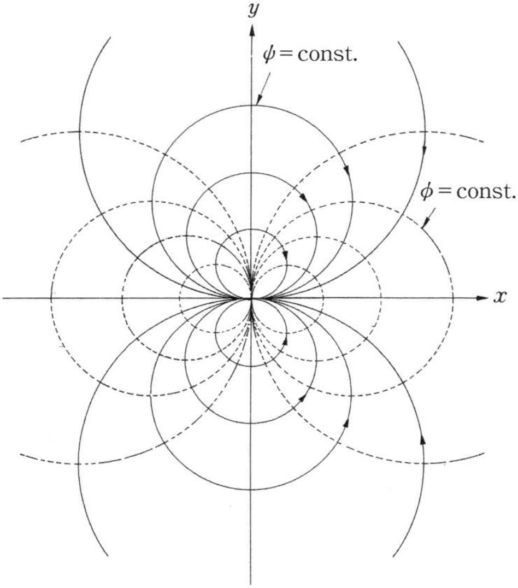

図 12.9 二重吹出し

平行流れ U の中に二重吹出しがあったときの流れの複素ポテンシャルは，式(12.20)，(12.36)から

$$w(z) = Uz + \frac{m}{z}$$

$$= U\left(z + \frac{m}{U}\frac{1}{z}\right)$$

となる．いま，$m/U = r_0{}^2$ とおくと

$$w(z) = U\left(z + \frac{r_0{}^2}{z}\right) \tag{12.40}$$

$z = r(\cos\theta + i\sin\theta)$ の関係を用いて変形すると

$$w(z) = U\left(r + \frac{r_0{}^2}{r}\right)\cos\theta + iU\left(r - \frac{r_0{}^2}{r}\right)\sin\theta$$

$$\phi = U\left(r + \frac{r_0{}^2}{r}\right)\cos\theta \tag{12.41}$$

$$\psi = U\left(r - \frac{r_0{}^2}{r}\right)\sin\theta \tag{12.42}$$

となる．また，共役複素速度は

$$\frac{\mathrm{d}w}{\mathrm{d}z} = U - \frac{Ur_0{}^2}{z^2} \tag{12.43}$$

であって，よどみ点は $z = \pm r_0$ であり，よどみ点を通る流線は $\psi = 0$，すなわち

$$\left(r - \frac{r_0{}^2}{r}\right)\sin\theta = 0$$

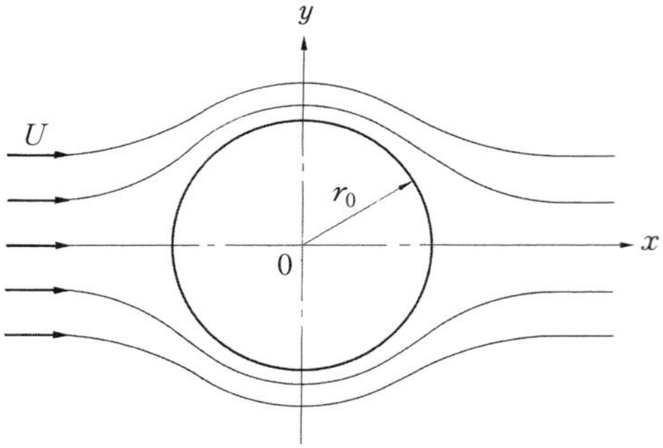

図 12.10　円柱のまわりの流れ

で与えられることがわかる．この流線は，実軸と原点を中心とする半径 r_0 の円からなる．流線を横切る流れはないから，この流線を円柱におき換えて考えることにより，**図 12.10** のように円柱のまわりの流れを表すことになる．

円柱のまわりの流れの接線速度は，式(12.41)より

$$v_\theta = \frac{1}{r}\frac{\partial\phi}{\partial\theta} = -U\left(1+\frac{{r_0}^2}{r^2}\right)\sin\theta \tag{12.44}$$

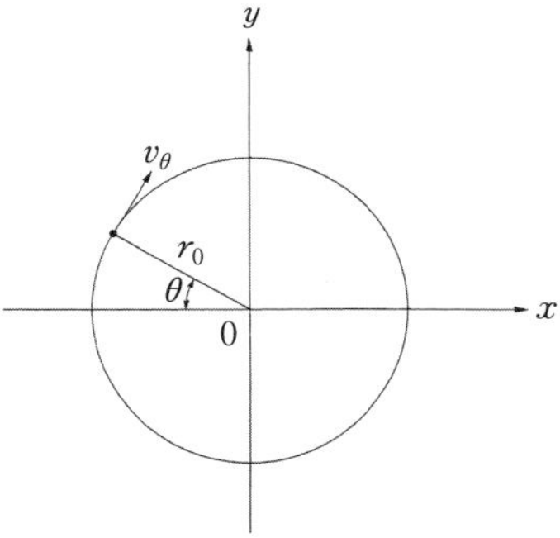

図 12.11　θ と v_θ のとり方

円柱表面では $r=r_0$ として

$$v_\theta = -2U\sin\theta$$

となる．

θ および v_θ の向きを**図 12.11** のようにとれば，次のようになる．

$$v_\theta = 2U\sin\theta \tag{12.45}$$

円柱のまわりに Γ なる時計まわりの循環があるときの複素ポテンシャルは，式(12.28)，(12.40)から

$$w(z) = U\left(z+\frac{{r_0}^2}{z}\right)+i\frac{\Gamma}{2\pi}\log z \tag{12.46}$$

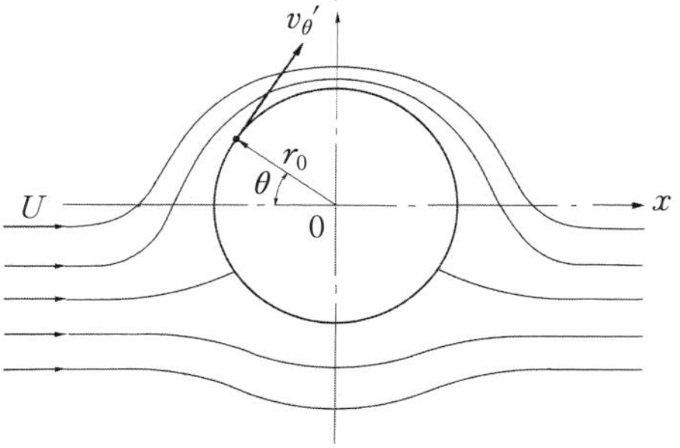

図 12.12　循環をもつ円柱のまわりの流れ

となる．この場合の流れは**図 12.12** のようになり，円柱表面($r=r_0$)における接線速度 v_θ' は次のとおりである．

$$v_\theta' = 2U\sin\theta + \frac{\Gamma}{2\pi r_0} \tag{12.47}$$

12.6 等角写像

簡単な流れでは前節のように z 平面だけで考えることができるが，複雑な流れでは，別の平面からの写像として考えるとうまくいく場合がある．例えば，円柱のまわりの流れなどを写像関数によって別の平面に写像することにより，翼のまわりの流れやポンプ，送風機，タービンなどの羽根の間の流れのような複雑な流れの様子を知ることができる．

いま，$z = x + iy$，$\zeta = \xi + i\eta$ なる二つの複素数間に

$$\zeta = f(z) \tag{12.48}$$

の関係があり，ζ は z の正則関数であるとする．ここで，**図 12.13** に示すように z 面に $x = \text{const.}$，$y = \text{const.}$ でつくられる網目を考えると，これは ζ 面では $\xi = \text{const.}$，$\eta = \text{const.}$ の 2 曲線から成り立つ網目となり，z 面の図形とこれに対応する ζ 面の図形は異なった形となる．

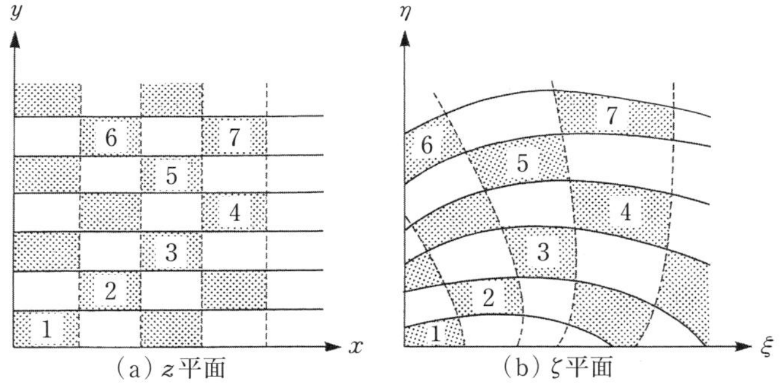

図 12.13　z 平面の網目に対応する ζ 平面の網目

いま，**図 12.14** のように点 z_0 に点 ζ_0 が対応し，z_0 から微小距離の点 z_1, z_2 に対応する点を ζ_1, ζ_2 とすれば

$$z_1 - z_0 = r_1 e^{i\theta_1}, \quad z_2 - z_0 = r_2 e^{i\theta_2}$$

$$\zeta_1 - \zeta_0 = R_1 e^{i\beta_1}, \quad \zeta_2 - \zeta_0 = R_2 e^{i\beta_2}$$

となる．

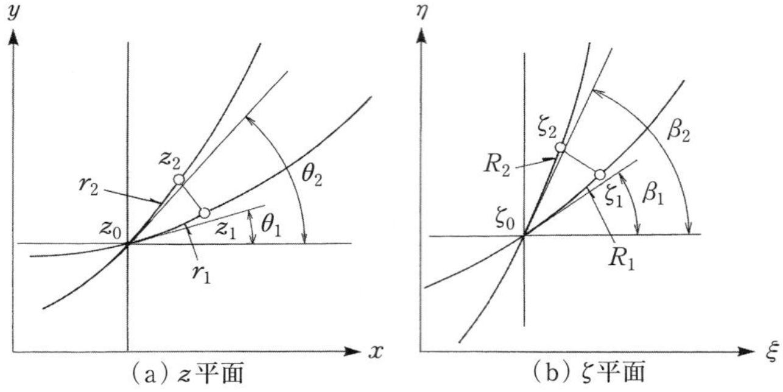

図 12.14　等角写像

式(12.48)より

$$\lim_{z_1\to z_0}\left(\frac{\zeta_1-\zeta_0}{z_1-z_0}\right)=\left(\frac{\mathrm{d}\zeta}{\mathrm{d}z}\right)_{z=z_0}=\lim_{z_2\to z_0}\left(\frac{\zeta_2-\zeta_0}{z_2-z_0}\right)$$

すなわち

$$\frac{R_1e^{i\beta_1}}{r_1e^{i\theta_1}}=\frac{R_2e^{i\beta_2}}{r_2e^{i\theta_2}}$$

これから

$$\frac{r_2}{r_1}=\frac{R_2}{R_1},\quad \theta_2-\theta_1=\beta_2-\beta_1$$

となり，z 平面，ζ 平面の微小三角形は

$$\varDelta z_0z_1z_2 \backsim \varDelta \zeta_0\zeta_1\zeta_2 \tag{12.49}$$

である．このことは，z 平面上の図形全体は ζ 平面上で異なったものでも，両者の微小部分をとると相似で等角に写像されることを示す．このような図形の写し方を等角写像(conformal mapping)といい，$f(z)$ を写像関数という．

いま，一つの写像関数

$$\zeta=z+\frac{a^2}{z}\ \ (a>0) \tag{12.50}$$

について考えてみよう．z 面上の半径 a の円 $z=ae^{i\theta}$ を式(12.50)に代入すると

$$\zeta=a\left(e^{i\theta}+\frac{1}{e^{i\theta}}\right)=a(e^{i\theta}+e^{-i\theta})=2a\cos\theta \tag{12.51}$$

である．θ が 0 から 2π に変わるとき，ξ は $2a \to 0 \to -2a \to 0 \to 2a$ と対応する．すなわち，**図 12.15**(a)に示すように z 面の円柱は ζ 面の平板に写像される．式(12.50)の写像関数は有名で，これをジューコフスキー(Joukowski)変換という．

z 面の円柱の位置や大きさを変えて，ジューコフスキー変換の式(12.50)を用いて ζ 面に写像すると，ζ 面の形が図 12.15 のようにいろいろ変わる．このジューコフスキー変換を利用して図(d)の非対称翼のまわりの流れを求めてみる．

いま，図(d)の左側の図のような偏心量 z_0，半径 r_0 の円柱が一様な流れ U，循環の強さ Γ の場所に置かれた場合の流れを考えてみる．この流れの複素ポテンシャルは，式(12.46) の z を $z-z_0$ におき換えれば得られる．

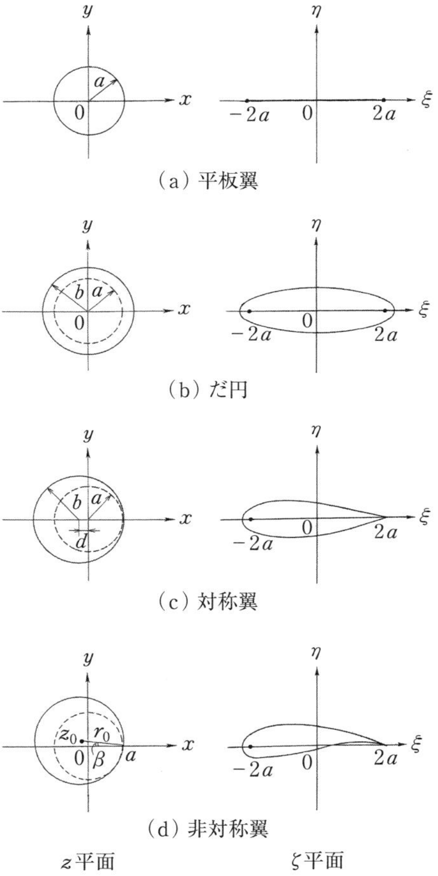

図 12.15　ジューコフスキー変換による円柱の写像

$$w = U\left[(z - z_0) + \frac{{r_0}^2}{z - z_0}\right] + i\frac{\Gamma}{2\pi}\log(z - z_0) \qquad (12.52)$$

$z = z_0 + re^{i\theta}$ とおくと，$w = \phi + i\psi$ から

$$\phi = U\left(r + \frac{{r_0}^2}{r}\right)\cos\theta - \frac{\Gamma}{2\pi}\theta \qquad (12.53)$$

$$\psi = U\left(r - \frac{r_0{}^2}{r}\right)\sin\theta + \frac{\Gamma}{2\pi}\log r \tag{12.54}$$

$r = r_0$ の円上では $\psi =$ const. となり，一つの流線をなす．後縁がよどみ点となるというクッタ（Kutta）の条件†4 から

$$\left(\frac{\mathrm{d}\phi}{\mathrm{d}\theta}\right)_{\substack{\theta=-\beta \\ r=r_0}} = 2Ur_0\sin\beta - \frac{\Gamma}{2\pi} = 0 \tag{12.55}$$

$$\therefore\ \Gamma = 4\pi U r_0 \sin\beta \tag{12.56}$$

となる．

いま，式(12.56)を満足する Γ の値を式(12.53)，(12.54)に代入して等ポテンシャル線および流線を描くと，**図 12.16**(a)のようになる．これらをジューコフスキー変換を利用して ζ 平面に写像する．すなわち，式(12.50)と式(12.52)から z を消去し，ζ 平面での複素ポテンシャルを求め，図(b)のように翼のまわりの流れの模様を知ることができる．このように，等角写像によって，簡単な円のまわりの流れから翼のような複雑な形状の物体のまわりの流れの様子を知ることができる．

一般には，任意の翼形の外部領域に移す解析関数が存在することが知られているので，前と同様の手続で円柱のまわりの流れから翼形のまわりの流れの様

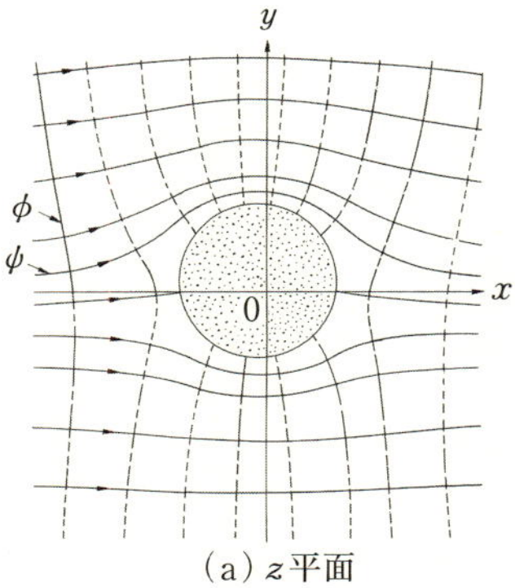

（a）z 平面

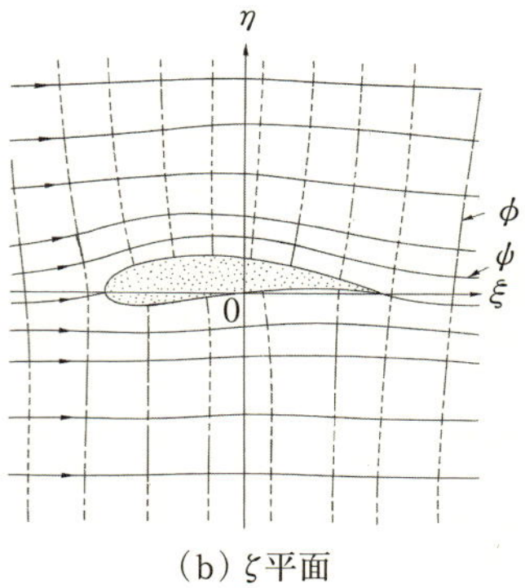

（b）ζ 平面

図 12.16　円柱のまわりの流れの翼のまわりの流れへの写像

†4　後縁がよどみ点でないとすれば，流れは後縁において翼の下面から上面に向かって ∞ の速さで回り込まなければならないが，これは物理的にできない．

子を知ることができる．そのほか，大きな容器の穴からの流れの収縮係数[3]や板の後流による抗力[4]の計算などに用いた例がある．

《演習問題》

1. 流れの中の任意の点の x, y 方向の分速度がそれぞれ u_0, v_0 であるような流れに対する速度ポテンシャル ϕ と流れ関数 ψ を求めよ．
2. 二次元流れにおいて，流れ関数 ψ と極座標の速度成分 v_r, v_θ の間に次の関係があることを示せ．

$$v_\theta = -\frac{\partial\psi}{\partial r},\quad v_r = \frac{\partial\psi}{r\partial\theta}$$

3. 速度ポテンシャルが $\phi = \Gamma\theta/(2\pi)$ で表される流れはどのような流れか．
4. 原点より単位時間に q の割合で放射状に吹き出している流れの速度ポテンシャル ϕ ならびに流れ関数 ψ を求めよ．
5. $\psi = U(r - r_0{}^2/r)\sin\theta$ は流速 U の一様な流れの中にある半径 r_0 の円柱のまわりの流れ関数を表すとして，円柱表面の流速分布，圧力分布を求めよ．
6. 複素ポテンシャル $w = z^2$ が表す流れの状態を求めよ．
7. 複素ポテンシャルが次式で表されるとき，どのような流れとなるか．

$$w(z) = \phi + i\psi = i\frac{\Gamma}{2\pi}\log z$$

8. x 軸と角 α をなす平行流れの複素ポテンシャル w を求めよ．
9. z 平面上で x 軸に平行な流れの流線 $y = k$ と等ポテンシャル線 $x = c$ とを写像関数 $\zeta = 1/z$ で ζ 平面に写像した場合の流線と等ポテンシャル線を求めよ．
10. z 平面上の平行流れ $w = Uz$ を写像関数 $\zeta = z^{1/3}$ で ζ 平面に写像した場合の流れを求めよ．

参考文献

1)　今井：流体力学(前編)(1974) p. 149，裳華房．
2)　高木：解析概論(3版)(1961) p. 389，岩波書店．
3)　Lamb, H.: Hydrodynamics, 6th edition (1932) p. 98, Cambridge Univ. Press.
4)　Kirchhoff, G.: Crelles Journal, **70** (1869) p. 289.

13. 圧縮性流体の流れ

流体は，体積を変え密度が変化するという性質，すなわち圧縮性をもっていて，気体は液体よりも圧縮性が大きい．液体は圧縮性が小さいから，その運動を考えるとき密度は変わらないものとみなされるが，水撃のような激しい圧力変化のある場合には，その圧縮性が考慮される．また，気体は圧縮性が大きいが，その流速が音速に比べて大きくないときは密度変化も小さいから，非圧縮性流体として扱われる．しかし，高さの大きく変わる大気の運動，著しい圧力差のもとで起こる管内の高速気流，著しい速度で静止気体中を運動する物体の受ける抗力，燃焼などを伴う流れなどでは密度の変化を考えなければならない．後述するように，圧縮性の程度を表すパラメータはマッハ数Mで，$M>1$なる超音速流れは$M<1$なる亜音速流れと著しく異なった挙動をする．

本章では，はじめに熱力学的性質を説明したのち，等エントロピー流れにおける断面変化の効果，先細ノズルの流れ，中細ノズルの流れを論じ，次に断熱・非可逆的変化の衝撃波を扱い，終わりに管摩擦のあるファノー流れと熱の出入りのあるレーレー流れに触れる．

13.1 熱力学的性質

いま，比体積をv，密度をρとすると

$$\rho v=1 \tag{13.1}$$

である．これらと気体の絶対温度T，圧力pとの間に

$$pv=RT \tag{13.2}$$

または

$$p=\rho RT \tag{13.3}$$

なる関係のある気体を完全気体といい，式(13.2)，(13.3)をその状態式という．Rは気体定数(gas constant)で

$$R = \frac{R_0}{\mathscr{M}}$$

となる．ここで，R_0は一般気体定数(universal gas constant)と呼ばれ，気体の種類によらず一定値である〔$R_0 = 8.3144\ \mathrm{J/(mol \cdot K)}$〕．$\mathscr{M}$は1 mol 分子の質量(g)である．例えば，空気では$\mathscr{M} = 28.96\ \mathrm{g/mol}$として，空気の気体定数$R$は次のとおりである．

$$R = \frac{8.3144\ \mathrm{J/(mol \cdot K)}}{28.96\ \mathrm{g/mol}} = 0.287\ \mathrm{J/(g \cdot K)} = 287\ \mathrm{m^2/(s^2 \cdot K)}$$

次に，単位質量当たりの内部エネルギーをeとすれば，エンタルピーhは次式で定義される．

$$h = e + pv \tag{13.4}$$

内部エネルギーeとエンタルピーhを用いると，定容比熱c_vと定圧比熱c_pは次式のようになる．

$$\text{定容比熱}\ c_v = \left(\frac{\partial e}{\partial T}\right)_v,\quad \mathrm{d}e = c_v\,\mathrm{d}T \tag{13.5}$$

$$\text{定圧比熱}\ c_p = \left(\frac{\partial h}{\partial T}\right)_p,\quad \mathrm{d}h = c_p\,\mathrm{d}T \tag{13.6}$$

熱力学の第1法則によれば，系に$\mathrm{d}q$の熱量を供給すると，系の内部エネルギーは$\mathrm{d}e$だけ増加し，外部に$p\,\mathrm{d}v$の仕事をする．

すなわち

$$\mathrm{d}q = \mathrm{d}e + p\,\mathrm{d}v \tag{13.7}$$

状態式(13.2)から

$$p\,\mathrm{d}v + v\,\mathrm{d}p = R\,\mathrm{d}T \tag{13.8}$$

式(13.6)から

$$\mathrm{d}h = \mathrm{d}e + p\,\mathrm{d}v + v\,\mathrm{d}p \tag{13.9}$$

となる．

いま，定圧変化のとき$\mathrm{d}p = 0$であるから，式(13.8)，(13.9)は

$$p\,\mathrm{d}v = R\,\mathrm{d}T \tag{13.10}$$

$$\mathrm{d}h = \mathrm{d}e + p\,\mathrm{d}v = \mathrm{d}q \tag{13.11}$$

式(13.5)，(13.6)，(13.10)，(13.11)を式(13.7)に代入すると

$$c_p\,\mathrm{d}T = c_v\,\mathrm{d}T + R\,\mathrm{d}T$$

となる．したがって，次式のようになる．

$$c_p - c_v = R \tag{13.12}$$

いま，$c_p/c_v = \kappa$〔κ：比熱比(アイゼントロピック指数)〕とすれば

$$c_p = \frac{\kappa}{\kappa - 1} R \tag{13.13}$$

$$c_v = \frac{1}{\kappa - 1} R \tag{13.14}$$

となる．$\mathrm{d}q$ という微小な熱エネルギーが絶対温度 T の物質に供給されたとき，その物質のエントロピー s の変化 $\mathrm{d}s$ は次式で定義される．

$$\mathrm{d}s = \frac{\mathrm{d}q}{T} \tag{13.15}$$

この式からわかるように，気体に熱を加えればエントロピーは増加し，熱を取り去ればエントロピーは減少する．このため，気体の温度が高いほど加えた熱量が多いので，エントロピーの値は大きくなる．

一方，気体分子について考えると，気体の温度が高いほど分子の平均スピードは大きいので，エントロピーは気体分子の活発さの程度を表すということもできる．

式(13.15)を式(13.1)，(13.2)，(13.12)を用いて変形すると，次式が得られる†1．

$$\frac{\mathrm{d}q}{T} = c_v \, \mathrm{d}(\log p v^{\kappa}) \tag{13.16}$$

状態(p_1, v_1)から状態(p_2, v_2)へ移るとき，可逆的であればエントロピーの変化は，式(13.15)，(13.16)から

$$s_2 - s_1 = c_v \log \frac{p_2 {v_2}^{\kappa}}{p_1 {v_1}^{\kappa}} \tag{13.17}$$

となる．そのほか，式(13.18)～(13.20)の関係も得られる†2．

$$s_2 - s_1 = c_v \log \left[\frac{T_2}{T_1} \left(\frac{\rho_1}{\rho_2} \right)^{\kappa - 1} \right] \tag{13.18}$$

---

†1　$\rho v = 1$ から $\mathrm{d}\rho/\rho + \mathrm{d}v/v = 0$，$pv = RT$ から $\mathrm{d}p/p + \mathrm{d}v/v = \mathrm{d}T/T$ となる．したがって，

$$\frac{\mathrm{d}q}{T} = c_v \frac{\mathrm{d}T}{T} + \frac{p}{T} \mathrm{d}v = c_v \frac{\mathrm{d}T}{T} + R \frac{\mathrm{d}v}{v} = c_v \frac{\mathrm{d}p}{p} + c_p \frac{\mathrm{d}v}{v} = c_v \left(\frac{\mathrm{d}p}{p} + \kappa \frac{\mathrm{d}v}{v} \right)$$

$$s_2 - s_1 = c_v \log\left[\left(\frac{T_2}{T_1}\right)^{\kappa}\left(\frac{p_1}{p_2}\right)^{\kappa-1}\right] \tag{13.19}$$

$$s_2 - s_1 = c_v \log\left[\frac{p_2}{p_1}\left(\frac{\rho_1}{\rho_2}\right)^{\kappa}\right] \tag{13.20}$$

可逆断熱変化では，等エントロピー $\mathrm{d}s=0$ となり，比例定数を c ととれば，式(13.17)から式(13.21)または式(13.22)のようになる．

$$pv^{\kappa} = c \tag{13.21}$$

$$p = c\rho^{\kappa} \tag{13.22}$$

式(13.18)，(13.19)から次式のようになる．

$$T = c\rho^{\kappa-1} = cp^{(\kappa-1)/\kappa} \tag{13.23}$$

高温 T_1 の気体から，熱量 ΔQ が低温 T_2 の気体に移るときのそれぞれの気体のエントロピーの変化は $-\Delta Q/T_1$，$\Delta Q/T_2$ となり，これらを合計した値は必ず負とはならない[†3]．エントロピーを用いると，熱力学の第2法則は「一つの閉じた系内のエントロピーの総和は，その系内に可逆変化を生じても変わらないが，不可逆変化を生じれば増加する」と表現できる．すなわち

$$\mathrm{d}s \geqq 0 \tag{13.24}$$

に従う方向に変化する．したがって，「自然界のエントロピーはその極大値に向かって増加する」ということもできる．

13.2 音　速

気体中に微小なじょう乱が起こると，圧力波(縦波，疎密波)として圧力の変化が四方に伝わり，われわれがこれを音として感ずることはよく知られてい

---

†2　式(13.18)は

$$\mathrm{d}s = \frac{\mathrm{d}q}{T} = c_v\frac{\mathrm{d}T}{T} - R\frac{\mathrm{d}\rho}{\rho} = c_v\frac{\mathrm{d}T}{T} - (\kappa-1)c_v\frac{\mathrm{d}\rho}{\rho}$$

から，また式(13.19)は

$$\mathrm{d}s = \frac{\mathrm{d}q}{T} = c_v\frac{\mathrm{d}T}{T} + R\frac{\mathrm{d}v}{v} = (c_p - R)\frac{\mathrm{d}T}{T} + R\frac{\mathrm{d}v}{v} = \kappa c_v\frac{\mathrm{d}T}{T} - (\kappa-1)c_v\frac{\mathrm{d}p}{p}$$

から，さらに式(13.20)は

$$\mathrm{d}s = \frac{\mathrm{d}q}{T} = c_v\frac{\mathrm{d}p}{p} + c_p\frac{\mathrm{d}v}{v} = c_v\frac{\mathrm{d}p}{p} - c_p\frac{\mathrm{d}\rho}{\rho} = c_v\frac{\mathrm{d}p}{p} - \kappa c_v\frac{\mathrm{d}\rho}{\rho}$$

から，それぞれが導かれる．

†3　理想的な場合を考えた可逆変化では，同じ温度で熱の移動があることになり，$\mathrm{d}s=0$ となる．

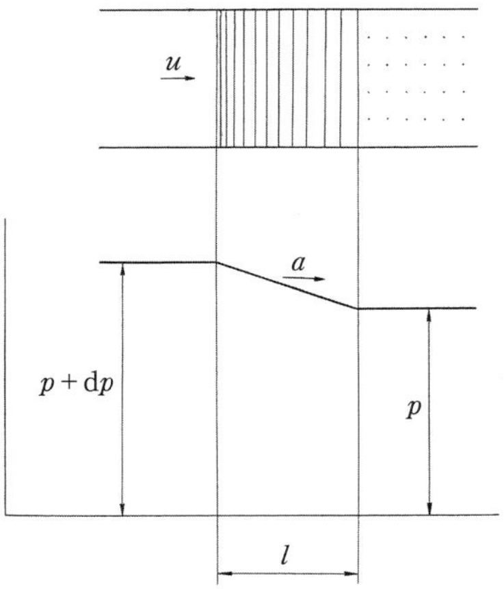

図 13.1　圧力波の伝ぱ

る．この伝ぱ速度を音速(sonic velocity)という．

いま，簡単のために**図 13.1** のような断面積 A の一様な管内の平面波を考える．じょう乱のために圧力が dp，密度が dρ だけ増加し，これが音速 a の速さで進んできた面と，まだ静止している面との間に圧力こう配のできた長さ l の区間があるとする．圧力増加がこの部分を通過する時間 $t = l/a$ であるから，この部分の質量は単位時間に $A\,l\,\mathrm{d}\rho/t = A\,a\,\mathrm{d}\rho$ 増加する．これを補充するために，左面から u の速度で $A\,u(\rho+\mathrm{d}\rho) \fallingdotseq A\,u\,\rho$ の質量の気体が流れ込む．すなわち，この場合の連続の式は

$$A\,a\,\mathrm{d}\rho = A\,u\,\rho$$

$$a\,\mathrm{d}\rho = u\,\rho \tag{13.25}$$

である．

この部分の流体は t 時間に 0 から u までの速度変化をする．すなわち，加速度 $u/t = ua/l$ をもち，質量は dρ を ρ に比べて無視して $A\,l\,\rho$ とみなせば，運動方程式は

$$A\,l\,\rho\frac{ua}{l} = A\,\mathrm{d}p$$

$$\rho a u = \mathrm{d}p \tag{13.26}$$

となる．式(13.25)，(13.26)から u を消去すると

$$a = \sqrt{\frac{\mathrm{d}p}{\mathrm{d}\rho}} \tag{13.27}$$

が得られる．

圧力変化が急激のとき断熱とみられるから，式(13.3)，(13.23)から†4

---

†4　$p = c\rho^{\kappa}$ から $\mathrm{d}p/\mathrm{d}\rho = c\kappa\rho^{\kappa-1} = \kappa\dfrac{p}{\rho} = \kappa RT$

$$a=\sqrt{\kappa RT} \tag{13.28}$$

となる．すなわち，音速は絶対温度の平方根に比例する．例えば，空気では $\kappa=1.4$，$R=287\ \mathrm{m^2/(s^2 \cdot K)}$ から

$$a \fallingdotseq 20\sqrt{T}\ [16℃\,(289\,\mathrm{K})\ \text{で}\ a=340\ \mathrm{m/s}] \tag{13.29}$$

となる．

次に，流体の体積弾性係数を K とすれば，式(2.12)，(2.14)より

$$\mathrm{d}p=-K\frac{\mathrm{d}v}{v}=K\frac{\mathrm{d}\rho}{\rho}$$

となり

$$\frac{\mathrm{d}p}{\mathrm{d}\rho}=\frac{K}{\rho}$$

したがって，式(13.27)は

$$a=\sqrt{\frac{K}{\rho}} \tag{13.30}$$

とも表される．

13.3 マッハ数

流速 u と音速 a との比 $M=u/a$ をマッハ数という〔10.4.1(4)項参照〕．いま，流速 u の一様な流れの中に物体が置かれている場合を考える．物体に流れが当たったよどみ点では，式(9.1)より近似的に $\Delta p=\rho u^2/2$ の圧力上昇が生じる．この圧力上昇は，式(13.27)より $\Delta\rho \fallingdotseq \Delta p/a^2$ の密度増加をもたらす．したがって

$$M=\frac{u}{a} \fallingdotseq \frac{1}{a}\sqrt{\frac{2\Delta p}{\rho}} \fallingdotseq \sqrt{\frac{2\Delta\rho}{\rho}} \tag{13.31}$$

となる．すなわち，マッハ数は流体の圧縮効果を表す無次元数である．上式より，5% の密度変化に対応するマッハ数 M は約 0.3 となり，定常流においてマッハ数 0.3 付近まで非圧縮性流として取り扱える根拠はここにある．

いま，音波の伝ぱについて考えてみよう．音のような微小圧力変動は，**図 13.2**(a)に示すように音源からすべての方向に音速 a で伝ぱする．速度 u の平行流中に置かれた音源から周期的に音波を発生する場合，図(b)のように u が a より小さいとき，すなわち $M<1$ の場合は，波面は上流側に $a-u$ の速度で，

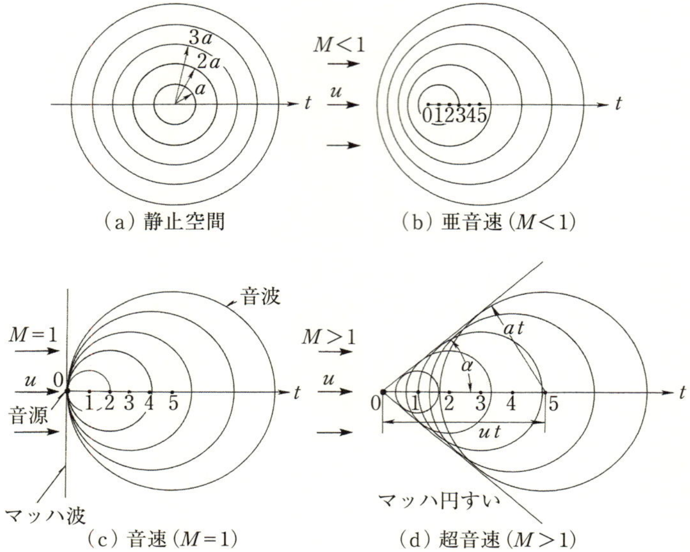

図 13.2　マッハ数と音波の伝ぱの範囲

下流側には $a+u$ の速度で伝ぱする．したがって，波面の間隔は上流では密に，下流側では疎になり，流れ u に乗って音源付近を通過すると，上流側では高音側に，下流側では低音側に音がひずみ，ドップラー効果が現れる．

次に，$u=a$ すなわち $M=1$ のときは，上流側への伝ぱ速度はちょうど 0 となり，音は下流側にのみ伝わる．波面は図(c)のようになり，流れの方向に直交してマッハ波(Mach wave)を生ずる．

また，$u>a$ すなわち $M>1$ のときは，図(d)のように波面は上流にまったく伝わることができず，次々に下流側に流される．その波面の包絡面としてマッハ円すい(Mach cone)を生ずる．音が伝わるのはマッハ円すい内部のみである．このマッハ円すいの頂角を 2α とすると，

$$\sin\alpha=\frac{a}{u}=\frac{1}{M} \tag{13.32}$$

の関係がある[†5]．この α をマッハ角という．

---

†5　実際は，三次元でマッハ線はマッハ円すいを形成し，マッハ角はその半頂角に等しい．

いま，音源の代わりに流速 u の超音速流れの中に微小物体を置くと，流れは微小物体によりかく乱され，1 本のマッハ線を生ずるが，有限の大きさの連続体に当たると無数のマッハ線を発生する．そして，物体の形によって次に述べる衝撃波(shock wave)が生ずる．

13.4 一次元圧縮性流体の流れの基礎式

連続の式より，断面積 A を速さ u で流れる密度 ρ の流体の質量流量 m は一定，すなわち

$$m=\rho u A=\text{const.} \tag{13.33}$$

または，対数微分より

$$\frac{\mathrm{d}\rho}{\rho}+\frac{\mathrm{d}u}{u}+\frac{\mathrm{d}A}{A}=0 \tag{13.34}$$

となる．

流線に沿っての定常状態のオイラーの運動方程式は

$$\frac{1}{\rho}\ \frac{\mathrm{d}p}{\mathrm{d}s}+\frac{\mathrm{d}}{\mathrm{d}s}\left(\frac{1}{2}u^2\right)=0$$

$$\int\frac{\mathrm{d}p}{\rho}+\frac{1}{2}u^2=\text{const.} \tag{13.35}$$

断熱を仮定すれば，$p=c\rho^{\kappa}$ から

$$\int\frac{\mathrm{d}p}{\rho}=\int c\kappa\rho^{\kappa-2}\,\mathrm{d}\rho=\frac{\kappa}{\kappa-1}\frac{p}{\rho}+\text{const.}$$

となる．これを式(13.35)に代入すると

$$\frac{\kappa}{\kappa-1}\frac{p}{\rho}+\frac{1}{2}u^2=\text{const.} \tag{13.36}$$

または

$$\frac{\kappa}{\kappa-1}RT+\frac{1}{2}u^2=\text{const.} \tag{13.37}$$

となる．式(13.36)，(13.37)は非圧縮性流体のベルヌーイの式に相当する．

いま，例えば非常に大きな容器から流路に流出する場合，容器の中の状態変数に 0 を添字すれば $u_0=0$ となり，式(13.37)から

$$\frac{\kappa}{\kappa-1}RT+\frac{1}{2}u^2=\frac{\kappa}{\kappa-1}RT_0$$

すなわち

$$\frac{T_0}{T}=1+\frac{1}{RT}\frac{\kappa-1}{\kappa}\frac{u^2}{2}=1+\frac{\kappa-1}{2}M^2 \tag{13.38}$$

となる.

上式の T_0 を全温(total temperature), T を静温(static temperature), $(1/R)[(\kappa-1)/\kappa](u^2/2)$ を動温(dynamic temperature)という.

式(13.23), (13.38)から

$$\frac{p_0}{p}=\left(\frac{T_0}{T}\right)^{\kappa/(\kappa-1)}=\left(1+\frac{\kappa-1}{2}M^2\right)^{\kappa/(\kappa-1)} \tag{13.39}$$

となる. このことは, 流体の流れの中に置かれた物体, 例えばピトー管のよどみ点と一般流との間にも適用できる.

ピトー管の補正(11.1.1項参照)

物体の影響を受けない点の圧力を p_∞ として, 式(13.39)を二項展開すると($M<1$ の場合), 次のようになる.

$$\begin{aligned}p_0&=p_\infty\left(1+\frac{\kappa}{2}M^2+\frac{\kappa}{8}M^4+\frac{\kappa(2-\kappa)}{48}M^6+\cdots\right)\\&=p_\infty+\frac{1}{2}\rho u^2\left(1+\frac{1}{4}M^2+\frac{2-\kappa}{24}M^4+\cdots\right)\end{aligned} \tag{13.40}$$ [†6]

非圧縮性流体では $p_0=p_\infty+(1/2)\rho u^2$ となる. したがって, 流体の圧縮性を考慮する場合には**表 13.1** のような修正を必要とする. 表から $M=0.7$ のとき, 真の流速は非圧縮性流体とみた流体より約 6% 少ないことがわかる.

表 13.1　ピトー管の補正

M	0	0.1	0.2	0.3	0.4	0.5	0.6	0.7	0.8
$(p_0-p_\infty)\Big/\frac{1}{2}\rho u^2=c$	1.000	1.003	1.010	1.023	1.041	1.064	1.093	1.129	1.170
u の相対誤差 $=(\sqrt{c}-1)\times 100$ %	0	0.15	0.50	1.14	2.03	3.15	4.55	6.25	8.17

†6　$p_\infty\kappa M^2=p_\infty\kappa\frac{u^2}{a^2}=p_\infty\frac{\kappa u^2}{\kappa RT}=\frac{p_\infty}{RT}u^2=\rho u^2$

13.5 等エントロピーの流れ

13.5.1 管内の流れ(断面変化の効果)

図 13.3 のような，ゆるやかな断面変化のある管内の流れを各断面上の状態量は同一とみなして管軸方向の一次元流れとして扱う．

図の 1, 2 断面内の流体について次のように表される．

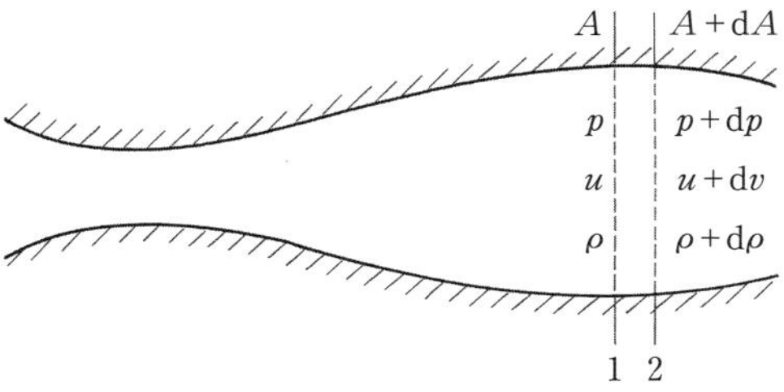

図 13.3　ゆるやかな断面変化のある管内の流れ

連続の式　$\dfrac{d\rho}{\rho}+\dfrac{du}{u}+\dfrac{dA}{A}=0$　(13.41)

運動量の式　$-dp\,A=(A\rho u)\,du$　(13.42)

等エントロピーの関係式　$p=c\rho^{\kappa}$　(13.43)

音速　$a^2=\dfrac{dp}{d\rho}$　(13.44)

式(13.41), (13.42), (13.44)から

$$-a^2 d\rho=\rho u\,du=\rho u^2\frac{du}{u}$$

$$M^2\frac{du}{u}=-\frac{d\rho}{\rho}=\frac{du}{u}+\frac{dA}{A}$$

したがって

$$(M^2-1)\frac{du}{u}=\frac{dA}{A} \tag{13.45}$$

または

$$\frac{du}{dA}=\frac{1}{M^2-1}\frac{u}{A} \tag{13.46}$$

また

$$\frac{d\rho}{\rho}=-M^2\frac{du}{u} \tag{13.47}$$

したがって

$$-\frac{\mathrm{d}\rho}{\rho}\bigg/\frac{\mathrm{d}u}{u}=M^2 \qquad (13.48)$$

となる.

式(13.46)から $M<1$ では $\mathrm{d}u/\mathrm{d}A<0$, すなわち断面増加とともに流速は減るが, $M>1$ では $\mathrm{d}u/\mathrm{d}A>0$, すなわち断面増加とともに流速は増す. 式(13.47)からも, $M>1$ では $-\mathrm{d}\rho/\rho>\mathrm{d}u/u$, すなわち超音速流れでは, 密度の減る割合が流速の増す割合よりも大きい. したがって, 質量の連続則から流速が増すためには断面が大きくなっていかなければならないことがわかる.

また, 式(13.47)から密度変化は流速と逆の関係にあることがわかる. さらに, 式(13.23)から圧力と温度は密度と同じ変化をする. 以上の結果をまとめると, **表 13.2** のようになる.

表 13.2　一次元等エントロピー流れにおける亜音速流れと超音速流れ

流れの状況 / 変化事項	亜音速		超音速	
	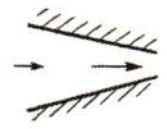	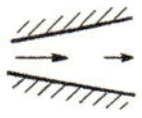	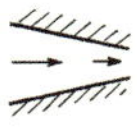	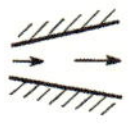
面積変化	−	+	−	+
速度・マッハ数変化	+	−	−	+
密度・圧力・温度変化	−	+	+	−

13.5.2 先細ノズル

圧力 p_0, 密度 ρ_0, 温度 T_0 の気体が, **図 13.4**(a)に示すように, 大きい容器から先細ノズル(convergent nozzle)を通して背圧(back pressure) p_b の外気に等エントロピー的に流速 u で流出する場合, 出口圧力を p とすると, 式(13.36)より

$$\frac{u^2}{2}+\frac{\kappa}{\kappa-1}\frac{p}{\rho}=\frac{\kappa}{\kappa-1}\frac{p_0}{\rho_0}$$

となる. 式(13.23)を用いて, 上式から

$$u=\sqrt{2\frac{\kappa}{\kappa-1}\frac{p_0}{\rho_0}\left[1-\left(\frac{p}{p_0}\right)^{(\kappa-1)/\kappa}\right]} \qquad (13.49)$$

したがって, 質量流量は

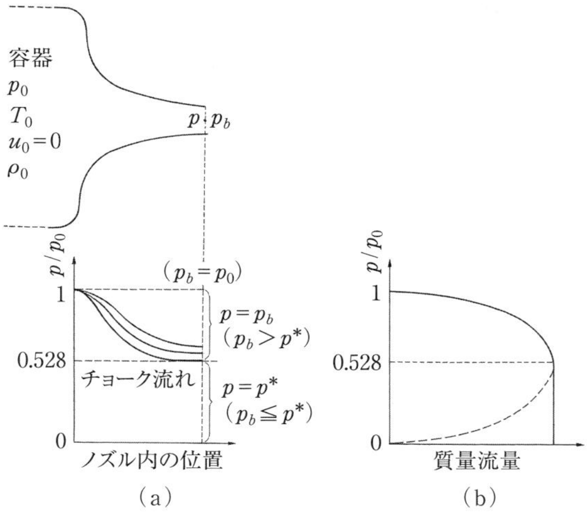

図 13.4　先細ノズルを通る流れ

$$m=\rho uA=A\sqrt{2\frac{\kappa}{\kappa-1}p_0\rho_0\left(\frac{p}{p_0}\right)^{2/\kappa}\left[1-\left(\frac{p}{p_0}\right)^{(\kappa-1)/\kappa}\right]} \tag{13.50}$$

$p/p_0=x$ として

$$\frac{\partial m}{\partial x}=0 \text{ から } x=\frac{p}{p_0}=\left(\frac{2}{\kappa+1}\right)^{\kappa/(\kappa-1)} \tag{13.51}$$

となる．ここで，p/p_0 が式(13.51)の値をとるとき m は最大となる．このときの p を臨界圧力といい p^* と記す．空気では，次式のようになる．

$$\frac{p^*}{p_0}=0.528 \tag{13.52}$$

式(13.50)から，m と p/p_0 との関係を求めると，図(b)のように $p/p_0=0.528$ で最大流量となる．それから下流の圧力 p_b をいくら下げても音速で噴出しているため，下流の圧力はノズルに向かって伝わることができず，出口の気流の圧力は p^* で，流量は変わらない．この状態を流れがチョークしたという．

式(13.51)を式(13.49)に代入し，$p_0/\rho_0{}^\kappa=p/\rho^\kappa$ の関係を用いると

$$u^*=\sqrt{\kappa\frac{p}{\rho}}=a \tag{13.53}$$

すなわち $M=1$ で，このときの u を臨界速度といい u^* と記す．同様に

$$\frac{\rho^*}{\rho_0}=\left(\frac{2}{\kappa+1}\right)^{1/(\kappa-1)}=0.634 \tag{13.54}$$

$$\frac{T^*}{T_0}=\frac{2}{\kappa+1}=0.833 \tag{13.55}$$

となる．

式(13.52)，(13.54)，(13.55)の関係は，出口で$M=1$の臨界状態となるとき臨界圧力は容器圧力の52.8％となり，そして臨界密度，臨界温度はそれぞれ容器よりも37％，17％だけ下がることを示している．

13.5.3 中細ノズル（ラバール管）

中細ノズル〔convergent-divergent nozzle，ラバールノズル（de Laval nozzle）ともいう〕は，**図13.5**[1)]に示すように先細ノズルに末広部を付けたものである．ノズル外部の背圧p_bがp_0に等しいときは流れはない．それより下がると，スロート部で臨界圧力に達しないで流出する．これは，非圧縮性の流体と同じ挙動である．

背圧がさらに下がり，スロートにおける圧力が臨界圧力になったとき$M=1$となり，その後，末広部で超音速流れとなる．しかし，背圧が十分に低くなけ

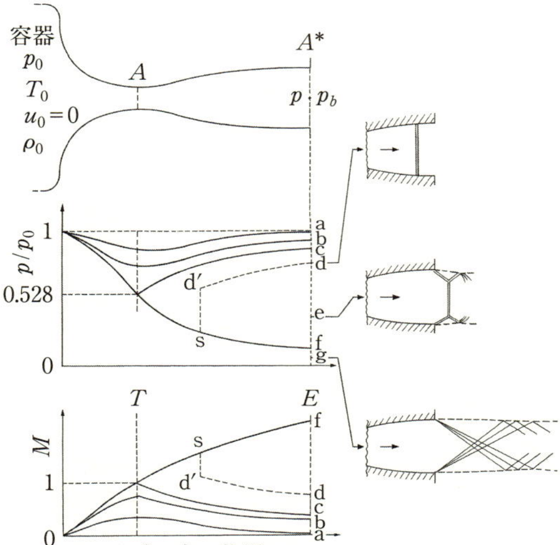

図13.5　末広ノズルを通る圧縮性流体の流れ[1)]

れば，超音速を続けられず衝撃波を生じて亜音速流れになる．

完全膨張するときの出口部とノズル部との面積比 A/A^* を末広比といい

$$\frac{A}{A^*}=\left(\frac{2}{\kappa+1}\right)^{1/(\kappa-1)}\left(\frac{p_0}{p}\right)^{1/\kappa}\Bigg/\sqrt{\frac{\kappa+1}{\kappa-1}\left[1-\left(\frac{p_0}{p}\right)^{(1-\kappa)/\kappa}\right]} \tag{13.56}$$

なることが知られている．

13.6 衝 撃 波

火薬が爆発して短時間に空気が強く圧縮されるとか，航空機や弾丸などが超音速で飛ぶ場合などには**図 13.6**，**図 13.7** でわかるように強烈な圧力変化の波を生ずる．気体の状態は断熱的に変化するから，圧力上昇に伴って温度上昇が起こる．**図 13.8**(a)のように，温度の高い圧縮波後端付近の波面は先端付近の波面より伝ぱ速度が速いため，だんだん前に追いついて，こう配が急になり，ついに図(b)のように波面が薄い面の中に圧縮され，圧力が不連続的に増大するようになる．このような圧力の不連続面を衝撃波(shock wave)といい，必ず圧力の上昇を伴っている．

衝撃波は圧力変化の小さい音波とは本質

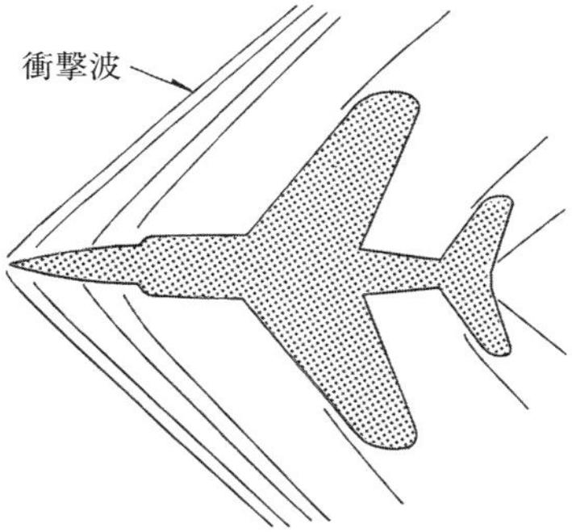

図 13.6　超音速で飛んでいるジェット機

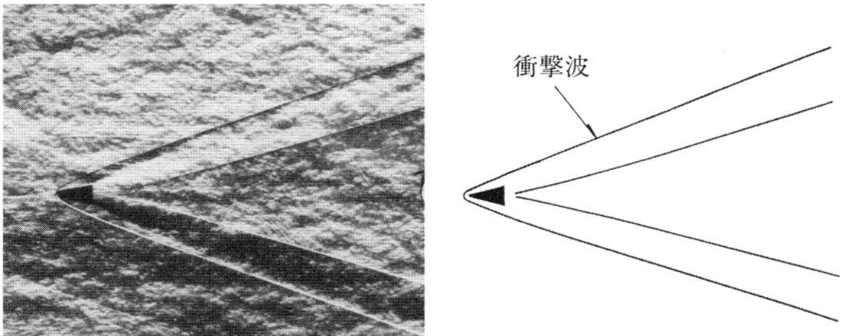

図 13.7　超音速で飛んでいる円すい体(シュリーレン法)〔航空宇宙技術研究所(現 JAXA)提供〕

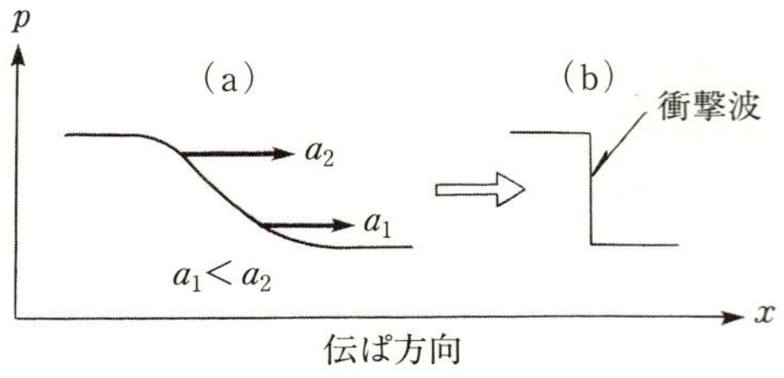

図 13.8　圧縮波の伝ぱ

的に違うもので，進行速度も音波より大きく，圧力上昇の大きい衝撃波ほど進行速度が大きい．例えば，長い円筒をセロファン膜やアルミ薄板などで仕切り，両側に圧力差を与えておいて仕切り板を瞬間的に破壊すると衝撃波が発生する．この場合の衝撃波は流れに垂直となり，垂直衝撃波(normal shock wave)と呼ばれ，このような装置を衝撃波管という．

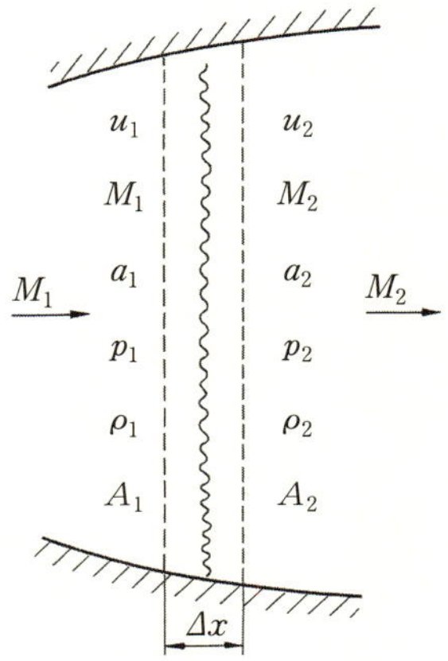

図 13.9　垂直衝撃波

図 13.9 に示すように，衝撃波の上流と下流の状態をそれぞれ添字 1 と 2 で表す．衝撃波の厚さ Δx は非常に薄く，たかだか μm 程度の厚さとなるので，普通，厚さのない面とみなされる．

いま，$A_1 \fallingdotseq A_2$ として

連続の式は

$$\rho_1 u_1 = \rho_2 u_2 \tag{13.57}$$

運動量の式は

$$p_1 + \rho_1 {u_1}^2 = p_2 + \rho_2 {u_2}^2 \tag{13.58}$$

エネルギーの式は，式(13.36)より

$$\frac{\kappa}{\kappa-1}\frac{p_1}{\rho_1} + \frac{{u_1}^2}{2} = \frac{\kappa}{\kappa-1}\frac{p_2}{\rho_2} + \frac{{u_2}^2}{2}$$

$${u_1}^2 - {u_2}^2 = \frac{2\kappa}{\kappa-1}\left(\frac{p_2}{\rho_2} - \frac{p_1}{\rho_1}\right) \tag{13.59}$$

となる．

式(13.57)，(13.58)から

$${u_1}^2 = \frac{p_2 - p_1}{\rho_2 - \rho_1}\frac{\rho_2}{\rho_1} \tag{13.60}$$

$${u_2}^2 = \frac{p_2 - p_1}{\rho_2 - \rho_1}\frac{\rho_1}{\rho_2} \tag{13.61}$$

式(13.60)，(13.61)を式(13.59)に代入して

$$\frac{\rho_2}{\rho_1}=\frac{\dfrac{\kappa+1}{\kappa-1}\dfrac{p_2}{p_1}+1}{\dfrac{\kappa+1}{\kappa-1}+\dfrac{p_2}{p_1}}=\frac{u_1}{u_2} \tag{13.62}$$

または，式(13.3)を用いると

$$\frac{T_2}{T_1}=\frac{\dfrac{\kappa+1}{\kappa-1}+\dfrac{p_2}{p_1}}{\dfrac{\kappa+1}{\kappa-1}+\dfrac{p_1}{p_2}} \tag{13.63}$$

となる．

式(13.62)，(13.63)は，ランキン-ユゴニオ(Rankine-Hugoniot)の式と呼ばれ，衝撃波前後の圧力，密度，温度の関係を示す．これから，衝撃波は上流が超音速流れのときにのみ生ずることなどを導くことができる[†7]．

超音波流れが質点に当たると一つのマッハ線を生ずることを述べたが，超音速流が平面壁上を流れると，**図 13.10**(a)のような無数の平行なマッハ線を生ずる．また，図(b)のような曲がった壁をマッハ線が回るとき，壁から離れるに従って開き，膨張していく．これをプラントル-マイヤー(Prandtl-Meyer)

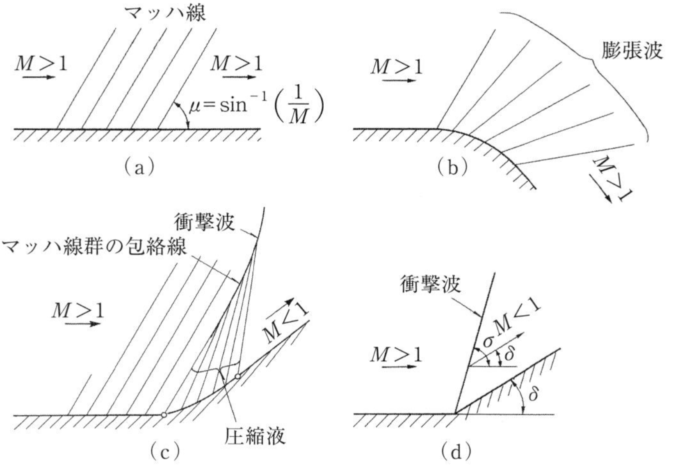

図 13.10　種々の形状の壁に沿う超音速流れ

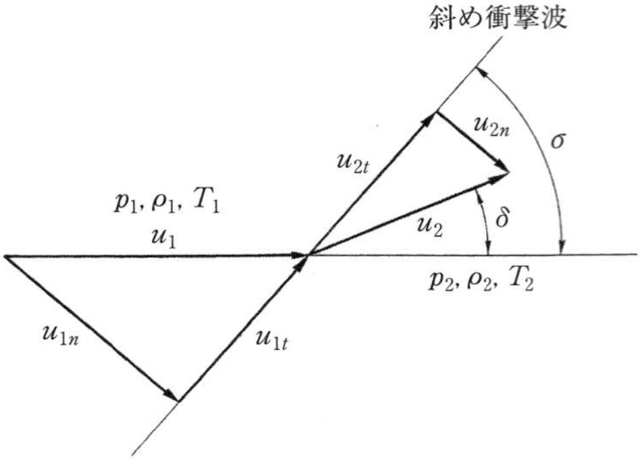

図 13.11　斜め衝撃波の前後の速度分布

の膨張流れという．さらに，図(c)の場合は圧縮流れとなるが，方向を変える無数のマッハ線が収束し，重なり合って圧力，密度の不連続，すなわち衝撃波が発生する．そして図(d)は，この凹曲面壁を通る超音速流れによる衝撃波の状況をその極限として示したもので，δを偏角，σを衝撃波角という．$\sigma=90°$のとき垂直衝撃波(normal shock wave)，その他のとき，斜め衝撃波(oblique shock wave)という．

図 13.11 から流速の斜め衝撃波に対する法線成分 u_n，接線成分 u_t の間には

$$\left.\begin{array}{l} u_{1n}=u_1\sin\sigma, \quad u_{1t}=u_1\cos\sigma \\ u_{2n}=u_2\sin(\sigma-\delta), \quad u_{2t}=u_2\cos(\sigma-\delta) \end{array}\right\} \tag{13.64}$$

の関係がある．

接線方向の運動量の式から

$$u_{1t}=u_{2t} \tag{13.65}$$

法線方向の運動量の式から

$$u_{1n}{}^2-u_{2n}{}^2=\frac{2\kappa}{\kappa-1}\left(\frac{p_2}{\rho_2}-\frac{p_1}{\rho_1}\right) \tag{13.66}$$

となる．

式(13.66)は式(13.59)と同じ形で，ランキン-ユゴニオの式が成り立ち，これと式(13.64)からδとσとの間の

---

†7　式(13.57)，(13.58)から，

$$\frac{p_2}{p_1}=1+\frac{2\kappa}{\kappa+1}(M_1{}^2-1)$$

同様に

$$\frac{p_2}{p_1}=1+\frac{2\kappa}{\kappa+1}(M_2{}^2-1) \quad \therefore\ M_2{}^2=\frac{2+(\kappa-1)M_1{}^2}{2\kappa M_1{}^2-(\kappa-1)}$$

となる．

$$\cot\delta = \left(\frac{\kappa+1}{2}\frac{{M_1}^2}{{M_1}^2\sin^2\sigma-1}-1\right)\tan\sigma \tag{13.67}$$

なる関係が導かれる．$\sigma=90°$，$\sigma=\sin^{-1}(1/M_1)$ のとき $\delta=0$ で，この中間に δ の最大 δ_m がある．

$\delta<\delta_m$ の物体の場合〔**図 13.12**(a)〕の衝撃波は頂点 A に付着しているが，$\delta>\delta_m$ の物体〔図(b)〕の場合には頂点 A から離れた衝撃波（離脱衝撃波）を生ずる．

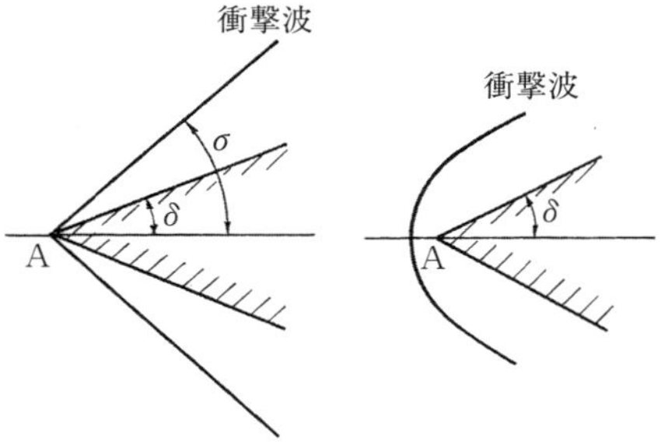

(a) くさびに付着している衝撃波　(b) 離脱衝撃波

図 13.12　超音速流中に置かれた物体のまわりの流れの模様と衝撃波

13.7 ファノーの流れとレーレーの流れ

管路における実際の圧縮性流体の流れは，常に固定壁と流体との間の摩擦の影響を受けるから，断熱であっても等エントロピーではない．このような断熱であるが，非可逆的，すなわち非等エントロピーの流れをファノーの流れ（Fanno flow）という．また，熱交換器や燃焼プロセスに関連する流れの系では，摩擦は無視するが，熱の出入りを考えなければならない．このような熱伝達のある管路を通っての摩擦のない流れをレーレーの流れ（Rayleigh flow）という．

図 13.13 は，一定断面の管路における両者の線図を示し，それぞれファノー線（Fanno line），レーレー線（Rayleigh line）という．いずれもエントロピー最大の点 a, b は $M=1$

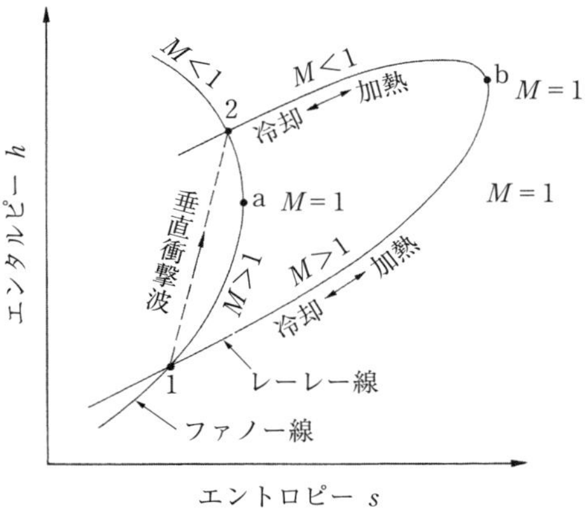

図 13.13　ファノー線とレーレー線

の音速状態に対応し，これらの点の上の曲線は亜音速，下の曲線は超音速に対応する．

垂直衝撃波の直前，直後の状態は，この二つの曲線の交点 1, 2 で表され，衝撃波を伴う流れでは，エントロピーが増加する方向，すなわち 1 → 2 への不連続変化のみが可能であることがみられる．

《演習問題》

1. 空気を完全気体とみなすとき，15℃，気圧 760 mmHg における空気の密度 ρ は何 kg/m^3 および何 $kgf \cdot s^2/m^4$ か．
2. 16℃ の水素中を伝わる音の速さ a を求めよ．
3. 等エントロピーの空気の流れの中の一つの流線上の 1 点で速さ 30 m/s，圧力 3.5×10^5 Pa，温度 150℃ のとき，同じ流線上の速さ 100 m/s なる点における圧力と温度とを求めよ．
4. 900 km/h で気圧 4.5×10^4 Pa $(0.46\ kgf/cm^2)$，気温 −26℃ の静止大気中を飛んでいる飛行機の翼の前縁（よどみ点）における温度 T_0，圧力 p_0 および密度 ρ_0 を求めよ．
5. 15℃，標準気圧の大気中を飛んでいる小さい銃弾のシュリーレン写真からマッハ角が 50° になることを知った．この銃弾の速さ u を求めよ．
6. 高速気流中にピトー管を挿入したとき，よどみ点圧力は $1\ kgf/cm^2$，静圧は $0.7\ kgf/cm^2$，気温 −10℃ であった．この気流の速度 u を求めよ．
7. 大きなタンク中にゲージ圧 $0.6\ kgf/cm^2$，温度 20℃ の空気が溜められている．いま，先細ノズルを通して気圧 760 mmHg の大気中にこの空気を流出させるとき，ノズル先端における流速 u を求めよ．
8. 大きなタンク中にゲージ圧 $1.2\ kgf/cm^2$，温度 15℃ の空気が溜められている．いま断面積 $3\ cm^2$ の先細ノズルを通して気圧 760 mmHg の大気中にこの空気を流出させるとき，質量流量 m を求めよ．
9. 標準状態の空気を中細ノズルによって 100 mmHg まで完全膨張させるために必要な末広比を求めよ．
10. ロケット推進用のノズルはスロート断面積 $500\ cm^2$ の中細ノズルで，燃焼ガスは平均分子量 25.8，$\kappa=1.25$ の完全気体とみなし，燃焼室で圧力 3.2×10^6 Pa，温度 3300 K の燃焼ガスが 1×10^5 Pa の大気中に完全膨張するように設計されるためにはノズル出口断面積 A_2 はいくらにすべきか．
11. 問 10 のロケットが気圧 2×10^4 Pa の高度を飛ぶとき，得られるロケットの推力はいくらか．
12. マッハ数 2，圧力 5×10^4 Pa $(0.51\ kgf/cm^2)$，温度 −5℃ の超音速流れが垂直衝撃波

を生じたとすれば，後方のマッハ数 M，流速 u，圧力 p はいくらになるか．

参考文献

1)　Liepmann, H. W. and Roshko, A.（玉田訳）：気体力学（1960）p. 141, 吉岡書店.

14. 非定常流

古くから流体は，主として動力の発生に利用されてきたが，その後，動力の伝達や自動制御にも使用されるようになった．この場合は，高圧の流体を用い，その系は高速でかつ良好な応答をしなければならない．したがって，非定常流の問題が非常に重要になってきている．

本章では，摩擦抵抗のある液柱の振動，管路の圧力伝達，また弁が急に開かれた場合の定常流になるまでの時間的変化，弾性管路内の圧力波の伝ぱ速度，さらに弁を急に閉じた場合の水撃作用，流体の発振現象について述べる．

14.1 U字管内の液柱の振動

14.1.1 摩擦抵抗なしと考えた場合

粘性摩擦抵抗のない場合には，ニュートンの運動の第2法則より

$$\rho g(z_2 - z_1)A = -\rho A l \frac{\mathrm{d}v}{\mathrm{d}t} \qquad (14.1)$$

$$g(z_2 - z_1) + l\frac{\mathrm{d}v}{\mathrm{d}t} = 0 \qquad (14.2)$$

である．高さの基準をつりあいの状態の位置に移すと，**図 14.1** に示すように

$$g(z_2 - z_1) = 2gz$$

となり，また

$$\frac{\mathrm{d}v}{\mathrm{d}t} = \frac{\mathrm{d}^2 z}{\mathrm{d}t^2}$$

から

$$\frac{\mathrm{d}^2 z}{\mathrm{d}t^2} = -\frac{2g}{l}z \qquad (14.3)$$

$$\therefore\ z = C_1\cos\sqrt{\frac{2g}{l}}\,t + C_2\sin\sqrt{\frac{2g}{l}}\,t \qquad (14.4)$$

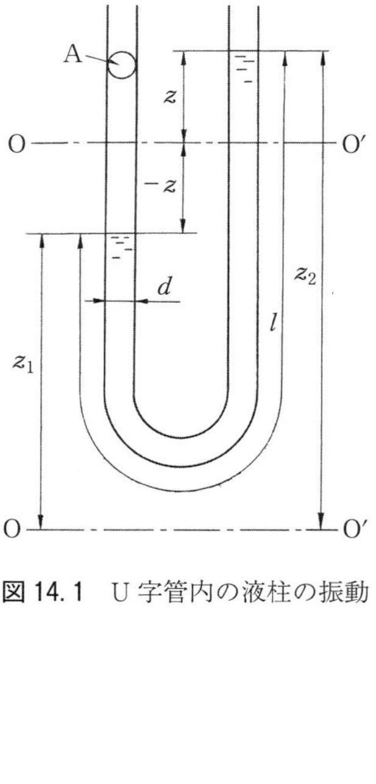

図 14.1　U字管内の液柱の振動

である．

初期条件が $t=0$ で $z=z_0$，$\mathrm{d}z/\mathrm{d}t=0$ とすれば，$C_1=z_0$，$C_2=0$ となる．したがって，

$$z=z_0\cos\sqrt{\frac{2g}{l}}\,t \tag{14.5}$$

となる．この式は，液面が周期 $T=2\pi\sqrt{l/2g}$ の単振動をなすことを表している．

14.1.2 層流摩擦抵抗のある場合

この場合は，式(14.1)に粘性摩擦抵抗〔式(6.38)〕が加わるので

$$g(z_2-z_1)+l\frac{\mathrm{d}v}{\mathrm{d}t}+\frac{32\nu vl}{d^2}=0 \tag{14.6}$$

$2z=(z_2-z_1)$ を代入すると

$$\frac{\mathrm{d}^2z}{\mathrm{d}t^2}+\frac{32\nu}{d^2}\frac{\mathrm{d}z}{\mathrm{d}t}+\frac{2g}{l}z=0$$

$$\frac{\mathrm{d}^2z}{\mathrm{d}t^2}+2\zeta\omega_n\frac{\mathrm{d}z}{\mathrm{d}t}+\omega_n{}^2z=0 \tag{14.7}$$

ただし $\omega_n=\sqrt{\dfrac{2g}{l}}$，$\zeta=\dfrac{16\nu}{d^2}\dfrac{1}{\omega_n}$

となる．

式(14.7)の一般解は

$\zeta<1$ のとき

$$z=e^{-\zeta\omega_nt}[C_1\sin(\omega_n\sqrt{1-\zeta^2}\,t)+C_2\cos(\omega_n\sqrt{1-\zeta^2}\,t)] \tag{14.8}$$

$t=0$ で $z=z_0$，$\mathrm{d}z/\mathrm{d}t=0$ とすれば

$$\left.\begin{aligned}z&=z_0e^{-\zeta\omega_nt}\left[\frac{\zeta}{\sqrt{1-\zeta^2}}\sin(\omega_n\sqrt{1-\zeta^2}\,t)+\cos(\omega_n\sqrt{1-\zeta^2}\,t)\right]\\&=\frac{z_0}{\sqrt{1-\zeta^2}}e^{-\zeta\omega_nt}\sin(\omega_n\sqrt{1-\zeta^2}\,t+\phi)\\\phi&=\tan^{-1}\frac{\sqrt{1-\zeta^2}}{\zeta}\end{aligned}\right\} \tag{14.9}$$

である．

$\zeta>1$ のとき

$$
\left.\begin{aligned}
z &= z_0 e^{-\zeta\omega_n t}\left[\frac{\zeta}{\sqrt{\zeta^2-1}}\sinh(\omega_n\sqrt{\zeta^2-1}\,t)+\cosh(\omega_n\sqrt{\zeta^2-1}\,t)\right]\\
&= \frac{z_0}{\sqrt{\zeta^2-1}}e^{-\zeta\omega_n t}\sinh(\omega_n\sqrt{\zeta^2-1}\,t+\phi)\\
\phi &= \tanh^{-1}\frac{\sqrt{\zeta^2-1}}{\zeta}
\end{aligned}\right\}
\tag{14.10}
$$

である．

式(14.9)，(14.10)を $\omega_n t$, z/z_0 の無次元量について図示すると，**図 14.2** のようになる．摩擦抵抗の大きい場合は振動しないが，摩擦抵抗が小さい場合は振動しながらつりあいの位置に近づいていく．

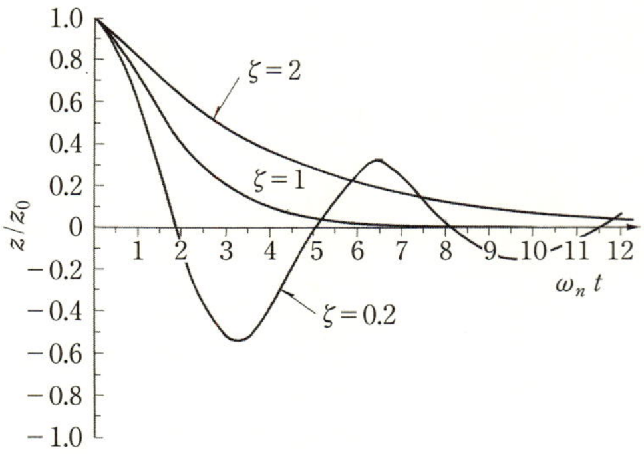

図 14.2　抵抗のある場合の液柱の運動

14.2 管路の圧力伝達

図 14.3 のように管路(直径 d，断面積 A，長さ l)にタンク(容積 V)を接続した系において，入口圧力が急に 0 から p_1(＝一定)に変化したときの出口圧力 p_2 の応答を求める．管摩擦による圧力降下を Δp，瞬間流速を v とすれば，運動方程式は

$$
\rho A l\frac{\mathrm{d}v}{\mathrm{d}t}=A(p_1-p_2-\Delta p) \tag{14.11}
$$

となる．ここで，v は層流の範囲とすれば

$$
\Delta p=\frac{32\mu l}{d^2}v \tag{14.12}
$$

である．管は剛体で，流体の圧縮性の

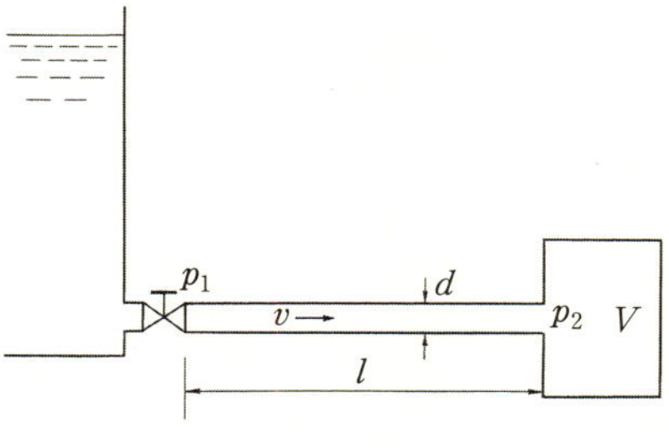

図 14.3　管路とタンクからなる系

みを考えると

$$dp_2 = \frac{1}{\beta}\frac{A v dt}{V} \qquad (14.13)$$

となる．

式(14.12)，(14.13)を式(14.11)に代入すれば

$$\frac{d^2p_2}{dt^2} + \frac{32\nu}{d^2}\frac{dp_2}{dt} + \frac{A}{\rho l \beta V}(p_2 - p_1) = 0$$

である．いま，

$$\omega_n = \sqrt{\frac{A}{\rho l \beta V}},\quad \zeta = \frac{16\nu}{d^2}\frac{1}{\omega_n},\quad p_2 - p_1 = p$$

とおけば

$$\frac{d^2p}{dt^2} + 2\zeta\omega_n\frac{dp}{dt} + \omega_n{}^2 p = 0 \qquad (14.14)$$

となる．式(14.14)は式(14.7)と同じ形であるから，解も式(14.9)，(14.10)と同じ形で，応答の傾向は図14.2と同様になる．

14.3 管路内の流量の過渡的変化

図14.4のような長さlの管路の先端の弁が瞬間的に開かれた場合，流れが定常になるまでの時間経過を考えてみる．弁が開くと，ヘッドHは流れを加速するために使われる．流出速度vが増加するにつれて加速のために使われるヘッドは流体摩擦損失h_1と放出エネルギーh_2によって減少する．したがって，液柱を加速する有効圧力は$\rho g(H - h_1 - h_2)$であるから，液柱の運動方程式は次のようになる．タンクは十分大きく，Hは変化しないものとする．

管の断面積をAとすると，

$$\rho g A(H - h_1 - h_2) = \frac{\rho g A l}{g}\frac{dv}{dt} \qquad (14.15)$$

となる．ここで，

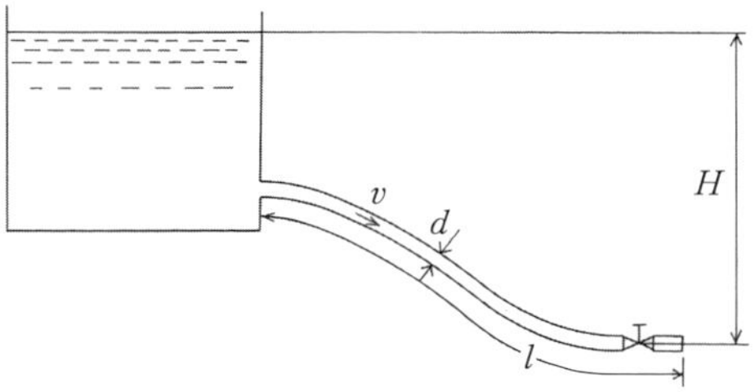

図14.4　管内流量の過渡的変化

$$h_1 = \lambda \frac{l}{d} \frac{v^2}{2g} = k \frac{v^2}{2g}, \quad h_2 = \frac{v^2}{2g}$$

を与えると，

$$H - (k+1) \frac{v^2}{2g} = \frac{l}{g} \frac{\mathrm{d}v}{\mathrm{d}t} \tag{14.16}$$

である．定常状態 ($\mathrm{d}v/\mathrm{d}t = 0$) で，流出速度 v が v_0（最終速度）になったとすると，

$$(k+1) {v_0}^2 = 2gH$$

$$k = \frac{2gH}{{v_0}^2} - 1$$

となる．この k の値を式(14.16)に代入すると

$$H\left(1 - \frac{v^2}{{v_0}^2}\right) = \frac{l}{g} \frac{\mathrm{d}v}{\mathrm{d}t}$$

$$\mathrm{d}t = \frac{l}{gH} \frac{{v_0}^2}{{v_0}^2 - v^2} \mathrm{d}v$$

$$t = \frac{l v_0}{2gH} \log \frac{v_0 + v}{v_0 - v} \tag{14.17}$$

となり，流れが定常となるまでの時間 t が図 14.5 のように求められる．

いま，$v/v_0 = 0.99$ になるまでの時間を求めると，次のようになる．

$$t = \frac{l v_0}{2gH} \log \frac{1.99}{0.01} = 2.646 \frac{l v_0}{gH} \tag{14.18}$$

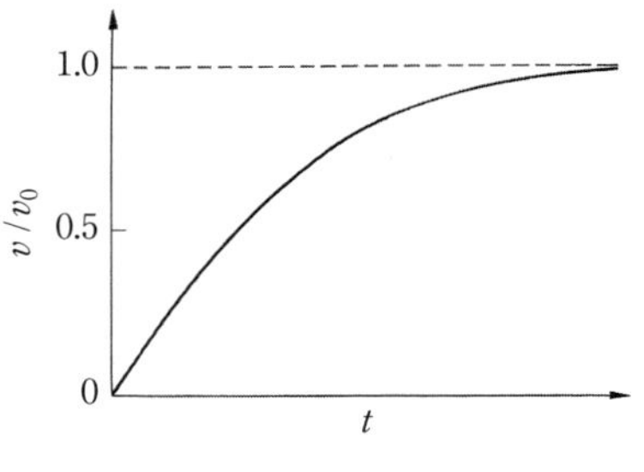

図 14.5　定常流になるまでの変化

14.4 管路内での圧力波の速度

圧力波（音波）の速度は，13.2 節で述べたように体積弾性係数 K〔式(2.12)〕の関数である．体積弾性係数は，流体に加わる圧力の変化とそれによる流体容積の変化との関係を表している．剛体管内の微小長さの流体のわずかの容積 V が圧力波を受けると，$\mathrm{d}V_1$ だけ減少する．しかし，管が弾性体ならば管径が膨らむので，容積は $\mathrm{d}V_2$ だけ増加し，容積 V の縮みは見かけ上 $\mathrm{d}V_1 - \mathrm{d}V_2$ となる．したがって，圧力波に対して流体は一層圧縮されやすくなる．すなわ

ち，両方の効果を一緒にした修正体積弾性係数 K' は剛体管での体積弾性係数 K より小さくなる．

定義式(2.12)から

$$-\frac{\mathrm{d}p}{K}=\frac{\mathrm{d}V_1}{V} \tag{14.19}$$

となる．この負号は K の値が正であるために付けたものである．同様に K' も正であるから，次のようになる．

$$-\frac{\mathrm{d}p}{K'}=\frac{\mathrm{d}V_1-\mathrm{d}V_2}{V} \tag{14.20}$$

ここで，負の $\mathrm{d}V_2$ は容積増加であるにもかかわらず，容積の減少に相当する効果を発生している．

$$\frac{1}{K'}=\frac{1}{K}+\frac{\mathrm{d}V_2}{V\,\mathrm{d}P} \tag{14.21}$$

次に，内径 D，厚さ b の管の縦弾性係数を E とすれば，応力の増加 $\mathrm{d}\sigma$ は

$$\mathrm{d}\sigma=E\frac{\mathrm{d}D}{D}$$

となる．また一方，圧力上昇 $\mathrm{d}p$ につりあうことから

$$\mathrm{d}\sigma=\frac{D}{2b}\mathrm{d}p$$

したがって，

$$\frac{\mathrm{d}D}{D}=\frac{D\mathrm{d}p}{2bE}$$

である．単位長さについて，$V=\pi D^2/4$，$\mathrm{d}V_2=\pi D\mathrm{d}D/2$ であるから

$$\frac{\mathrm{d}V_2}{V}=2\frac{\mathrm{d}D}{D}=\frac{D\mathrm{d}p}{bE} \tag{14.22}$$

となる．式(14.22)を式(14.21)に代入すると

$$\frac{1}{K'}=\frac{1}{K}+\frac{D}{bE}$$

または，

$$K'=\frac{K}{1+\dfrac{D}{b}\dfrac{K}{E}} \tag{14.23}$$

となる．

流体中の音速 a は，式(13.30)より

$$a=\sqrt{\frac{K}{\rho}}$$

である．したがって，弾性管内の圧力波の伝ぱ速度 a' は

$$a'=\sqrt{\frac{K'}{\rho}}=\sqrt{\frac{K/\rho}{1+\dfrac{D}{b}\dfrac{K}{E}}}=a\sqrt{\frac{1}{1+\dfrac{D}{b}\dfrac{K}{E}}} \tag{14.24}$$

となる．

鋼，鋳鉄およびコンクリートの E の値は，それぞれ 206，92.1，20.6 GPa（2.1×10^6，9.4×10^5，2.1×10^5 kgf/cm^2）であるので，普通の水管路で a' は 600〜1200 m/s くらいの値となる．

14.5 水撃作用

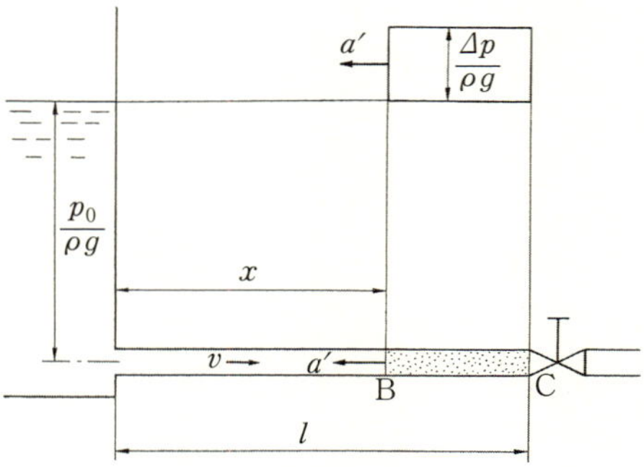

図 14.6　水撃作用

図 14.6 のように管の中を水が流れているとき，管の端にある弁を急に閉じたとすると，流体の速度が急に減少し，急激な圧力の上昇や振動を生ずる．このような現象を水撃作用（water hammer）という．この現象は，水力発電所で水車の負荷が減じたときに，水量を調節するために弁を閉じる場合などに非常に重要な問題となる．しかし，水撃作用は液体の流れている系で弁を閉じるときにはいつでも生ずる現象である．

14.5.1 弁を瞬間的に閉じた場合

図 14.6 の管端 C にある弁を瞬間的に閉じたとすると，管内を流速 v で流れていた流体が管端で流速 0 となり，その運動量は 0 となるから，圧力が $\mathrm{d}p$ だけ上昇する．後から続いてくる流体も次々と止められるから，$\mathrm{d}p$ は上流側に伝わっていく．このとき，圧力波の伝ぱ速度 a' は式(14.24)で表される．力積と運動量と等しいことから

$$\mathrm{d}p A \frac{l}{a'} = \rho A l v$$

$$\mathrm{d}p = \rho v a' \tag{14.25}$$

である．

次に，この圧力波が管路入口に達すると，圧力増加分 $\mathrm{d}p$ によりタンクに向かって v で逆流を始める．そして，圧力は元の圧力 p_0 に戻り，管も元の状態に収縮しようとする．この状態は，上流から弁に向かって a' の速度で進行する．そして，最初から $2l/a'$ 後にその状態が弁に達し，管内の圧力は全部元に戻り，流体は v の速度で逆流しようとするが，弁は閉じているので流体は上流に引かれ，弁の直前の圧力は $\mathrm{d}p$ だけ低くなり，流速は 0 となる．この $-\mathrm{d}p$ は a' の速度で上流に伝わり，弁を閉じてから $3l/a'$ 経過すると，管内の液体は静止して一様に $-\mathrm{d}p$ の低圧となる．すると，またタンクから v の速度で流れ込み，下流に a' の速度で伝わり，それが弁に達して管内の圧力は元に戻る．すなわち，$4l/a'$ の後に弁を閉じたときの状態に戻る．

図 14.6 の点 C，点 B における圧力変化は，**図 14.7** のようになる．この液層のまわりの管壁も膨張する．次いで，その上流の液層も静止し，このようにして弁近くの圧力上昇は圧力波となり，式(14.24)に示した a' の速度で上流に伝ぱしていく．

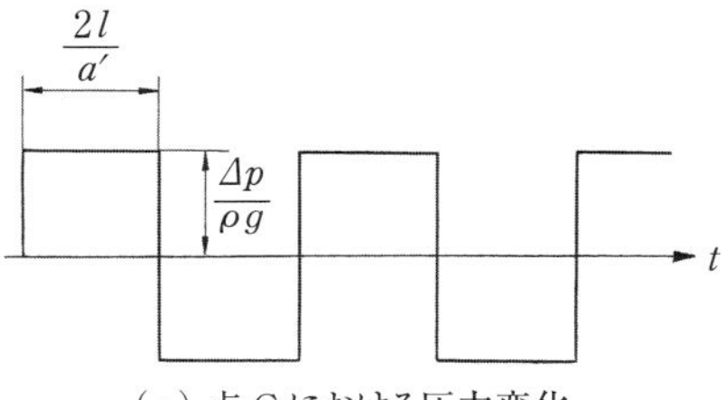

(a) 点 C における圧力変化

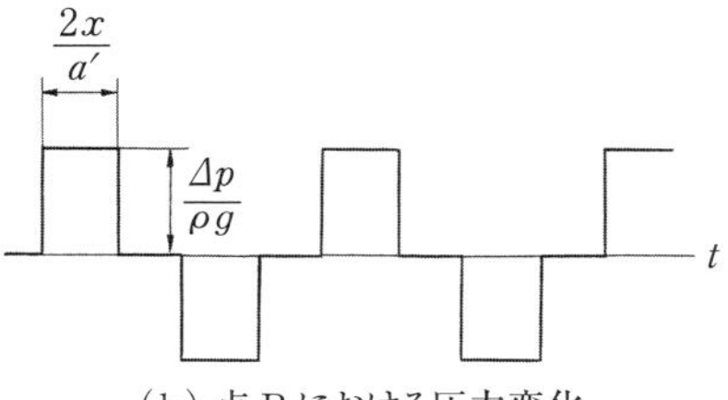

(b) 点 B における圧力変化

図 14.7　水撃作用による圧力変化

14.5.2 弁をゆるやかに閉じた場合

弁の閉鎖時間 t_c が圧力波の管路を往復する時間 $2l/a'$ を越えないときは，弁を締め切ったときの最大圧力の上昇は式(14.25)と同じである．一方，弁の閉鎖時間が $2l/a'$ を越えるときは，ゆるやかな閉鎖といい，次のアリエビ〔Allievi,

L. (1856～1941 年), イタリアの水理学者〕の式がある.

$$\frac{p_{\max}}{p_0}=1+\frac{1}{2}\left(n^2+n\sqrt{n^2+4}\right) \tag{14.26}$$

ここで, $p_{\max}$ は弁を閉じたときに発生する最高圧力, p_0 は弁を開いているときの管内の圧力, v は弁を開いているときの流速, $n=\rho l v/(p_0 t_c)$ である. ただし, 管摩擦は考えず, また, 弁は一様に閉じると仮定している.

実際には, 管摩擦や弁の漏れなどがあって, その場合の管路の各場所における流速, 圧力の変化を求めるには図式解法[1], 特性曲線法(15.3.3 項参照)などがある.

14.6 流体の発振[2),3)]

11.2.11 項で述べたフルイディクスの一種である**図 14.8** のような形状の渦室発振素子に水が供給された場合の流れを考えてみる. 供給口より供給された水は, 主ノズルから渦室を横切って流出口から噴出する. 流出口の幅は噴流の広がり幅よりわずかに広くしてあるので, 噴流は左か右どちらかの流出口の先端に当たり, 粘性により流出口の側壁に付着し, 大きく広がって流出する. この場合, もし左側に付着したとすると, ごく一部の水は左側の円形の壁に沿って左半分の渦室に入り, 円形の壁と噴流との間に渦を形成する. 一方, 噴流の右側に接した右側の渦室の空気は, 噴流に誘われて噴流とともに排出され, 右側の渦室の圧力は下がる. この左右の渦室の圧力差によって, 噴流は右側に曲げられる. このような動作が繰り返されて安定した発振が得られる. その発振周波数は, 次のようにして求めることができる.

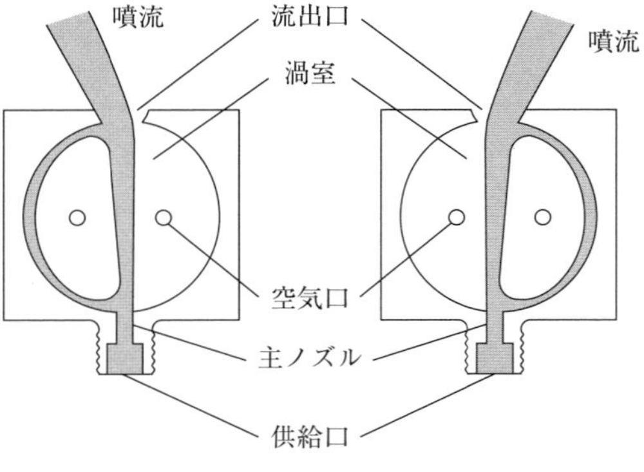

図 14.8　渦室発振素子

噴流を曲げるのに必要な左右の渦室の圧力差を臨界差圧と呼び p_{cr} とおくと, 噴流に加わる遠心力と差圧による力とのつりあいから次式を得る.

$$p_{\rm cr}=\frac{J}{rh} \tag{14.27}$$

$$J=\rho_w U^2 A \tag{14.28}$$

ここで,J は噴流の運動量,r は噴流の曲率,h は噴流の高さ,ρ_w は水の密度,U は噴流の平均速度,A は噴流断面積である.

空気孔径を d,流量係数を C_i とすると,空気孔を通って入ってくる質量流量 m_i は,

$$m_i=1.11\,C_i\,d^2\sqrt{\rho_a(p_0-p)} \tag{14.29}$$

ここで,ρ_a は空気の密度,p_0 は外気の圧力(絶対圧),p は空気室内の圧力(絶対圧)である.

噴流により誘われて流出する空気の質量流量 m_0 は,流出口における噴流上の空気の境界層厚さを δ_D,流量係数を C_0 とすると,

$$m_0=\frac{1}{3}C_0\delta_D U\rho_a h \tag{14.30}$$

$$\rho_a=\frac{p}{RT} \tag{14.31}$$

ここで,R はガス定数,T は絶対温度である.

発振周波数は,次式より計算できる.

$$m_i-m_0=\frac{\mathrm{d}(\rho_a V)}{\mathrm{d}t} \tag{14.32}$$

ここで,V は噴流で 2 分された一方の空気室の容積である.

式(14.32)に式(14.29),(14.30),(14.31)を代入し次式を得る.

$$\frac{\mathrm{d}p}{\mathrm{d}t}-\frac{\sqrt{RT}}{V}\left[1.11\,C_i\,d^2\sqrt{p(p_0-p)}\right]+\frac{1}{3}C_0\delta_D U\frac{h}{V}p=0 \tag{14.33}$$

上式を用いて渦室直径 35 mm,主ノズル $4\times13\ \mathrm{mm}^2$,空気孔の径 3 mm,供給圧 0.15 MPa の素子について臨界差圧 $p_{\rm cr}$ に到達するまでの時間を求めると $t=0.008$ 秒となり,これより発振周波数は 62 Hz となった[3)].

新幹線で活躍するフルイディクス

14.6 節の流体の発振を利用した渦室発振素子が開発され，散水装置として利用されている．冬期の日本の北部では多量の降雪があるため，新幹線では散水によって速やかに融雪して除雪することが考えられ，渦室発振素子が散水装置として採用され，大変よい結果が得られている．写真は，散水により消雪した新幹線線路を示す．

また，この素子は洗浄装置としても活用されている．

《演習問題》

1. 図 14.9 に示すように，U 字管内の長さ $l=1.225$ m の液柱を $t=0$ で $z=z_0=0.4$ m，$dz/dt=0$ の条件において自由振動させる場合
   (1) $z=0.2$ m のときの液柱の速さ
   (2) 周期 T
   を求めよ．ただし，摩擦抵抗は働かないものとする．
2. 図 14.9 に示すような直径 2.5 cm の U 字管に長さ $l=3$ m，$\nu=3\times10^{-5}\,\mathrm{m^2/s}$ の油が入れてある．U 字管の一つの腕の液面に圧縮空気を供給して 40 cm の液柱差を与え，ただちに空気を抜いて振動させるとき，液柱の最高速度はいくらか．なお，層流摩擦抵抗を受けるものとする．
3. 図 14.10 に示すように両腕が傾斜している U 字管において，液面差を与えて自由振動させるときの周期 T を求めよ．なお，摩擦抵抗は無視するものとする．
4. 図 14.11 に示すように，ヘッド 18 m のタンクに直径 2 m，長さ 4000 m の管路が接続されている．端末の弁を急に開いてから流出速度が最終速度の 90 %

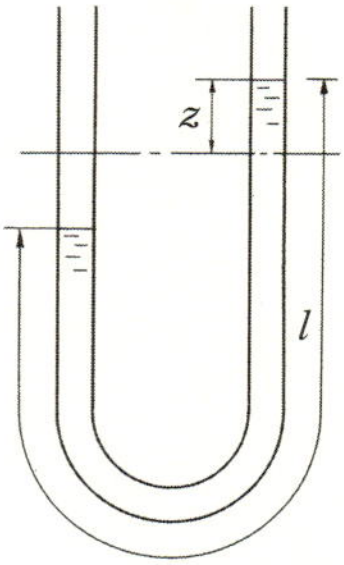

図 14.9

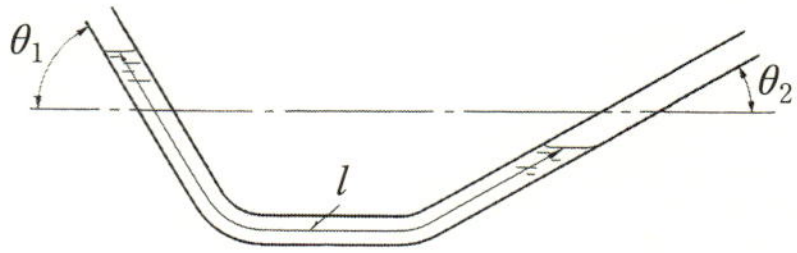

図 14.10

に達するまでの時間 t を求めよ．ただし，管摩擦係数を 0.03 とする．

5. 水を満たした内径 2 m，肉厚 1 cm の鋼管内にある水中を伝わる音速 a を求めよ．ただし，水の体積弾性係数 $K = 2.1 \times 10^9$ Pa (2.1×10^8 kgf/m^2)，密度 $\rho = 1000$ kg/m^3 (102 kgf・s^2/m^4)，鋼の縦弾性係数 $E = 2.1 \times 10^{11}$ Pa (2.1×10^{10} kgf/m^2) とする．

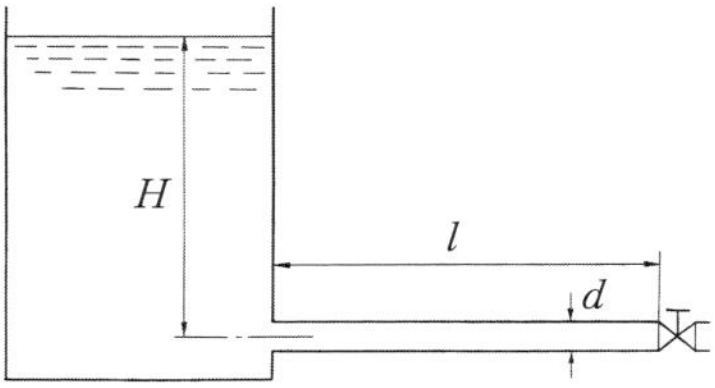

図 14.11

6. 問 5 の管路の長さ 1000 m で，この中を水が 3 m/s の速さで流れている．いま，この弁を瞬間的に閉じたとした場合の圧力上昇 Δp を求めよ．
7. 問 6 の管路を 3 m/s の速さで流れているときの水の圧力を 5×10^5 Pa (5.1 kgf/cm^2) とする．いま，この弁を 5 秒で閉じた場合に発生する最高圧力 p_{max} はいくらか．

参考文献

1) Parmakian, J.: Water Hammer Analysis, 2nd edition (1963), Dover Publications, Inc.
2) 中山ほか 3 名：日本機械学会論文集(B 編)，**52**, 474 (1986-2) p. 727.
3) 中山ほか 2 名：可視化情報, **14**, Suppl., 2 (1994) p. 137.

15. 数値流体力学

非圧縮性流体の流れは，与えられた境界条件のもとで連続の式とナビエ－ストークスの方程式とを連立して解けば厳密解が求められるはずであるが，ナビエ－ストークスの運動方程式が非線形であるために，解析的に解くことは困難である．例えば，球のまわりの遅い流れ，滑り軸受内の油膜の流れなどのようにレイノルズ数 Re の小さい流れでは慣性項を省略し，また翼のまわりの速い主流などのように Re の大きい流れでは粘性項を無視して近似解が得られる．しかし，中間の Re では慣性項と粘性項が同程度の大きさとなり，式の簡略化ができないので，数値計算(numerical calculation)を行って近似解を得るほかない．

圧縮性流体の場合には，さらにその熱力学的量に関して状態式，エネルギー式を連立させなければならないから，二次元以上の衝撃波の問題などでは数値計算に頼らなければならない．

最近，コンピュータの性能の向上は目覚しく，相当複雑な現象の計算もパーソナルコンピュータで行えるようになってきた．したがって，現象がある程度モデル化されているような場合であれば，数値計算は非常に有効な手段となる．数値計算は，一般的に次の手順によって行う．

(1) 基礎方程式を導く．

(2) どういう手法でどういうアルゴリズム(計算手順)で計算するかを決める．

(3) その方程式を離散化(その方程式をコンピュータで解けるような代数方程式に変形する)し，プログラムをつくる．

(4) 計算領域を設定し，格子に分割する．

(5) 与えられた初期条件(initial condition)と境界条件(boundary condition)を設定して解を求める．

最近では，プログラムをつくらなくても汎用流体解析ソフトウェアにより本章で述べているかなりの部分の計算ができるようになってきている．

このような工学分野を数値流体力学(computational fluid dynamics)と名づける．本章では，最初に主な離散化手法の説明を行い，その後，いろいろな種類の流体に対してその離散化手法がどのように使われているかを実例を含めて説明する．

15.1 離散化手法

流れ場の記述方法には，4章で述べたようにオイラー(Euler)の方法とラグランジュ(Lagrange)の方法があるが，離散化においても両方の手法が開発されている．

15.1.1 オイラー的解法

この解法は，速度，圧力，密度，温度などの流れの状態を空間点 x, y, z と時間 t の関数として記述する方法である．流れの基礎方程式を区分的に低次の多項式で近似する考え方で流れ場に格子(メッシュ)を設け，格子点での空間微分を差分化したり，格子によって囲まれた有限な領域(セル)で物理量の収支を記述することが多い．

この方法としては，差分法(finite difference method)，有限体積法(finite volume method)，有限要素法(finite element method)および境界要素法(boundary element method)などが用いられている．

(1) 差分法

差分法は，微分方程式に現れる微分商を差分商で近似して解く方法である．いま，一次元で考えてみる．図15.1に示す関数 $f(x)$ とその1階の導関数 $f'(x)$ が1価であり，x に関して有限でかつ連続であるとする．このとき，点 x とその両隣にそれぞれ Δx だけ離れた2点 $x-\Delta x$ と $x+\Delta x$ を点 x のまわりでテイラー展開すると

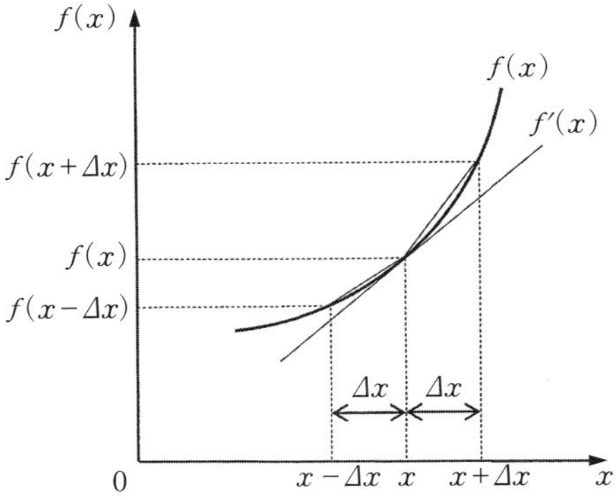

図15.1 差分近似

$$f(x+\Delta x)=f(x)+(\Delta x)f'(x)+\frac{(\Delta x)^2}{2!}f''(x)+\frac{(\Delta x)^3}{3!}f'''(x)+\cdots\cdots \tag{15.1}$$

$$f(x-\Delta x)=f(x)-(\Delta x)f'(x)+\frac{(\Delta x)^2}{2!}f''(x)-\frac{(\Delta x)^3}{3!}f'''(x)+\cdots\cdots \tag{15.2}$$

式(15.1)から式(15.2)を引くと

$$f(x+\Delta x)-f(x-\Delta x)=2(\Delta x)f'(x)+O((\Delta x)^3) \tag{15.3}$$

となる．ここで，$O((\Delta x)^3)$ は，Δx の三次以上を含む項を示すものとする．

式(15.3)から

$$f'(x)=\frac{f(x+\Delta x)-f(x-\Delta x)}{2\Delta x}+O((\Delta x)^2) \tag{15.4}$$

が得られる．この式の $O((\Delta x)^2)$ を切り捨てた差分表示は，x の両隣の関数値によって近似されるので，中心差分(central-difference)と呼ばれる．中心差分では，$O((\Delta x)^2)$ を無視しているため二次精度であるという．

次に，式(15.1)を $f'(x)$ について解くと

$$f'(x)=\frac{f(x+\Delta x)-f(x)}{\Delta x}+O(\Delta x) \tag{15.5}$$

となる．この式の $O(\Delta x)$ を切り捨てた差分表示は，x の増加する側の関数値によって近似されるので，前進差分(forward-difference)と呼ばれる．この差分表示は一次精度をもつという．

同様な手順で式(15.2)より

$$f'(x)=\frac{f(x)-f(x-\Delta x)}{\Delta x}+O(\Delta x) \tag{15.6}$$

が得られ，x の減少する側の関数値によって近似されるので，後退差分(backward-difference)と呼ばれる．精度は，前進差分と同様で一次である．

次に，f'' に対する中心差分は，式(15.1)，(15.2)を辺々加えることにより求められる．

$$f''(x)=\frac{f(x+\Delta x)-2f(x)+f(x-\Delta x)}{(\Delta x)^2}+O((\Delta x)^2) \tag{15.7}$$

このようにして得られた $f''(x)$ は二次精度である．

次に，この考え方を二次元領域に拡張する．差分法では，解くべき領域を差分格子と呼ばれる格子状に分割して格子点における解の近似値を求める．**図 15.2** のような x, y 平面を考え，添字 i, j はそれぞれ x, y 方向の空間点(格子)の位置を示すものとする．x, y 方向の格子間隔をそれぞれ $\Delta x, \Delta y$ とすると，空間点(i, j)は $(x_i = x_0 + i\Delta x,\ y_i = y_0 + j\Delta y)$ を意味する．

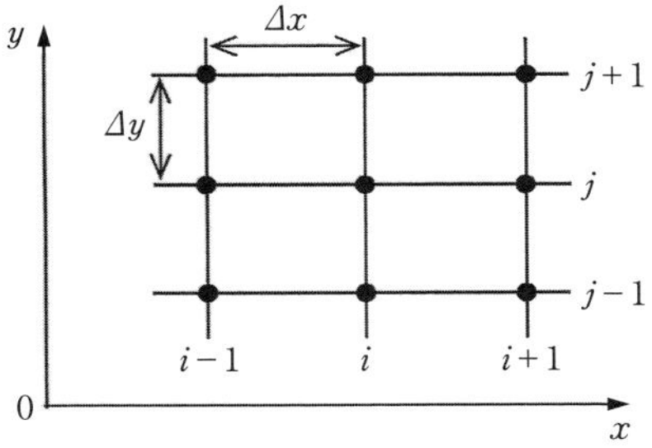

図 15.2　差分格子

f を関数記号を意味するものとすると，1 階の偏微分係数 $\partial f/\partial x$ に対する中心差分は，式(15.4)より次式のように表される．

$$\left(\frac{\partial f}{\partial x}\right)_{i,j} \cong \frac{f_{i+1,j} - f_{i-1,j}}{2\Delta x} \tag{15.8}$$

前進差分，後退差分，2 階偏微分係数および y 方向についても同様に表される．このようにして偏微分係数が差分式(代数式)で表され，これを連結させて偏微分方程式を差分方程式に変換することができる．

この例として，**図 15.3** に示すような急拡大管の流れをポテンシャル流れとして求めてみる．この場合，流れは式(12.16)の流れ関数 ψ に関するラプラスの方程式を満足している．流れは中心軸を境にして上下対称であるので，管路の下半分を計算領域として**図 15.4** に示すように間隔 h の正方形格子で覆う．

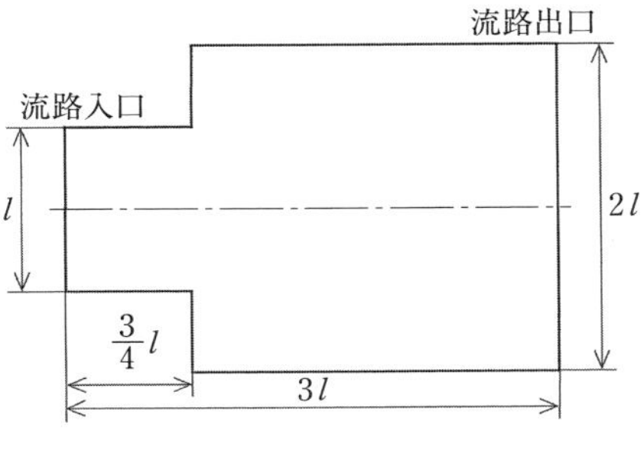

図 15.3　急拡大管の流れ

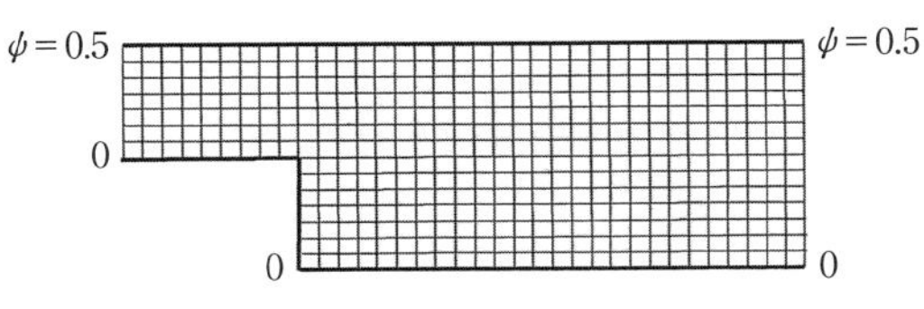

図 15.4　格子網と境界条件

式(12.16) を 式(15.7) により差分化を行うと

$$\frac{\partial^2\psi}{\partial x^2}+\frac{\partial^2\psi}{\partial y^2}=\frac{\psi_{i+1,j}-2\psi_{i,j}+\psi_{i-1,j}}{(\Delta x)^2}+\frac{\psi_{i,j+1}-2\psi_{i,j}+\psi_{i,j-1}}{(\Delta y)^2}=0 \tag{15.9}$$

ここで，Δx, Δy は正方形格子であるので，$\Delta x=\Delta y=h$ として，$\psi_{i,j}$ について整理すると

$$\psi_{i,j}=\frac{\psi_{i+1,j}+\psi_{i-1,j}+\psi_{i,j+1}+\psi_{i,j-1}}{4} \tag{15.10}$$

この急拡大管を流れる流量を 1 とすると，図 15.4 に示すように，下の壁面上の流れ関数は 0，中心軸上では 0.5 となる．流路入口と出口では，各格子点の位置において 0 から 0.5 の値を線形変化させた値をとるものとする．このように境界で設定される条件を境界条件といい，この値を用いて式(15.10)により内部のすべての格子点についての連立方程式が得られ，これを解くことにより未知の流れ関数の値を求めることができる．一般に，このような連立方程式は未知数が多いので，ガウス-ザイデル(Gauss-Seidel)法や逐次過緩和法(SOR: Successive Over-Relaxation method)などの逐次反復法[1)] で解かれることが多い．すなわち，内部の未知の格子点の初期値を 0 として，入口境界の一つ内側の格子点から式(15.10)により順次値を求めていき，出口境界の一つ内側の格子点までのすべての内部格子点の値を求める．この操作を何回か繰り返すと，格子点の値はある解に近づいていき，指定された収束条件を満たしたら計算を終了する．そのようにして求めた急拡大管の流線(流れ関数の等高線)を**図 15.5** に示す．

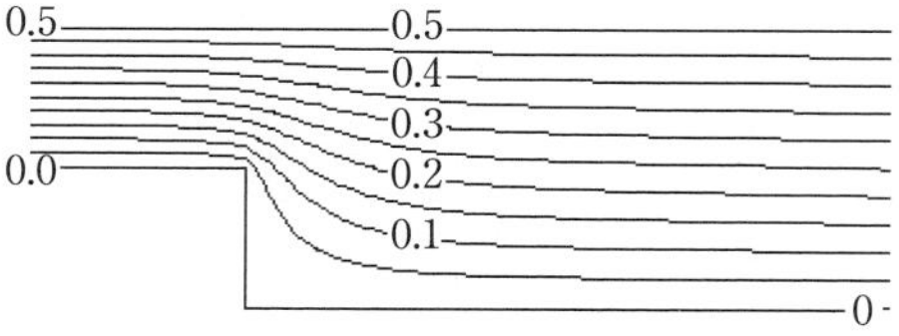

図 15.5　急拡大流れの流線

(2) 有限体積法

有限体積法は，差分法のように微分係数を直接に差分形式におき換えるのではなく，基礎微分方程式を**図 15.6** に示す微小領域(コントロールボリューム)内で積分した式を用いる．コントロールボリューム内の物理量は，非圧縮性流体では領域の中心点で定義し，圧縮性流体では領域の平均値とする．コントロールボリュームの境界面で対象となる物理量の出入りの値を隣接する格子点を

利用して求め，積分式を離散化するもので，境界面での物理量が保存されるという利点があり，最近の汎用流体解析ソフトウェアでは最もよく使われている方法である[2)].

この手法を差分法で用いた流れ関数ψに関する二次元のラプラスの方程式(12.16)により説明する．式(12.16)を図 15.6 の$\Delta x\times\Delta y$のコントロールボリューム内で積分すると

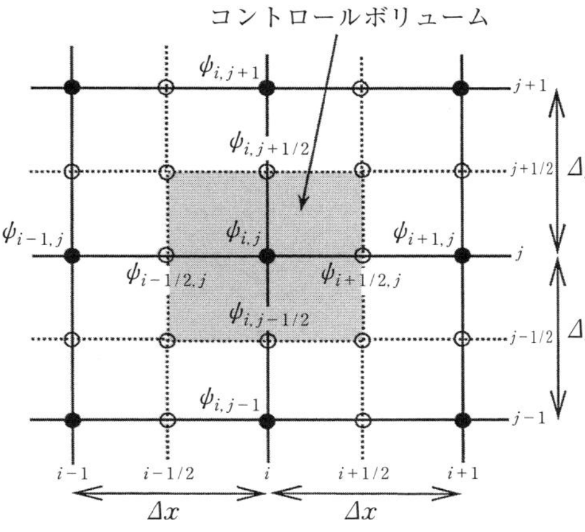

図 15.6　コントロールボリューム

$$\iint\left(\frac{\partial^2\psi}{\partial x^2}+\frac{\partial^2\psi}{\partial y^2}\right)\mathrm{d}x\,\mathrm{d}y=0 \tag{15.11}$$

となる．ここで，コントロールボリューム境界面の値を$i+1/2$，$j+1/2$などとすると

$$\begin{aligned}\iint\frac{\partial}{\partial x}\left(\frac{\partial\psi}{\partial x}\right)\mathrm{d}x\,\mathrm{d}y&=\Delta y\int\frac{\partial}{\partial x}\left(\frac{\partial\psi}{\partial x}\right)\mathrm{d}x\\&\cong\Delta y\left\{\frac{(\partial\psi/\partial x)_{i+1/2,j}-(\partial\psi/\partial x)_{i-1/2,j}}{\Delta x}\right\}\Delta x\\&=\Delta y\left(\frac{\psi_{i+1,j}-\psi_{i,j}}{\Delta x}-\frac{\psi_{i,j}-\psi_{i-1,j}}{\Delta x}\right)\end{aligned} \tag{15.12}$$

2 項目も同様に積分すると

$$\frac{\Delta y}{\Delta x}(\psi_{i+1,j}-2\psi_{i,j}+\psi_{i-1,j})+\frac{\Delta x}{\Delta y}(\psi_{i,j+1}-2\psi_{i,j}+\psi_{i,j-1})=0 \tag{15.13}$$

となる．$\Delta x=\Delta y$の場合には，式(15.13)は差分法により求めた式(15.10)と一致し，差分法で述べた方法と同様にして各コントロールボリュームでの流れ関数の値を求めることができる．

(3) 有限要素法

有限要素法は，解析領域を**図 15.7** に示すような要素に分割し，微分方程式を

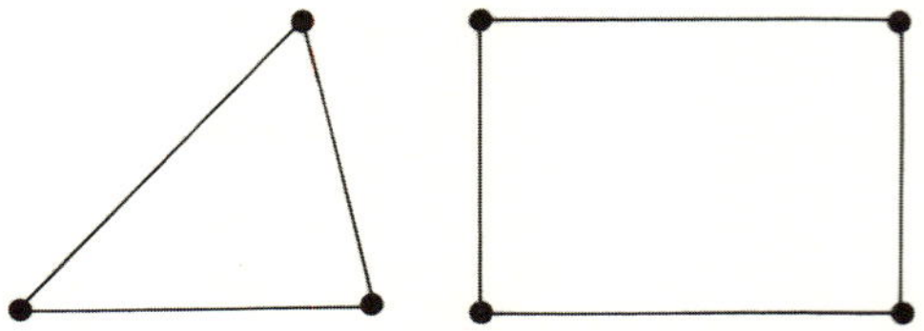

図 15.7　二次元要素

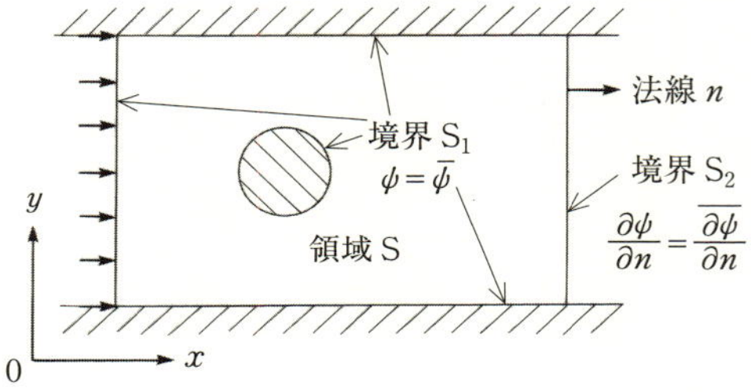

図 15.8　円柱のまわりの流れ

離散化するのに物理的な近似を用いて全部の要素について連立代数方程式を導き，これを解いて境界条件を満足する微分方程式の近似解を得るものである．要素の頂点は節点と呼ばれる．ここで，座標 x, y，流速 u, v，圧力 p などの変数を定義する．

有限要素法の離散化には，変分原理（variational principle）および重み付き残差法（method of weighted residual）を用いる．変分原理はエネルギー原理とも呼ばれる方法で，平衡状態においてはポテンシャルエネルギーが最小になるという原理を用いるものであるが，この方法は適用が限られるため，重み付き残差法が広く用いられている．

いま，**図 15.8** のような平板の間に置かれた円柱のまわりのポテンシャル流れについて考えてみる．

$$\left.\begin{array}{ll}\text{流体のある領域 S 内で} & \dfrac{\partial^2\phi}{\partial x^2}+\dfrac{\partial^2\phi}{\partial y^2}=0 \\ \text{境界 } S_1 \text{ 上で} & \phi=\bar{\phi} \\ \text{自由境界である出口 } S_2 \text{ 上で} & \dfrac{\partial\phi}{\partial n}=\overline{\dfrac{\partial\phi}{\partial n}}\end{array}\right\} \qquad (15.14)$$

ここで，上付きのバーは境界上で値が規定されることを示す．

次に，流れ関数 ϕ を求めるために境界 S_1 において $\phi^*=0$ となり，他の領域においては，いかなる値もとりうる任意の関数 ϕ^* を式(15.14)に掛けて領域全体について積分すると，次式を得る．

$$\int_S\left(\frac{\partial^2\phi}{\partial x^2}+\frac{\partial^2\phi}{\partial y^2}\right)\phi^*\,dA+\int_{S_2}\left(\overline{\frac{\partial\phi}{\partial n}}-\frac{\partial\phi}{\partial n}\right)\phi^*\,dS=0 \qquad (15.15)$$

ここで，関数 ψ^* を重み関数と呼ぶ．式(15.15)は，関数 ϕ およびその導関数 $\partial\psi/\partial n$ を近似値とすれば，左辺第1項は領域における微分方程式の誤差(これを残差と呼ぶ)に任意の関数を掛けて領域全体に積分した量を表し，また，第2項は同様に境界 S_2 での残差に同様な手続きを施したものを表す．これを重み付き残差表示と呼ぶ．正しい解が得られれば，この式は任意の関数 ψ^* について厳密に成り立つものである．このように，誤差を関数 ψ^* に従って分布させた量を0にもっていく近似解法を重み付き残差法という．

有限要素法では，各要素内の未知数を近似するのに節点での値によってつくられる多項式を用いて補間する．この式を補間関数といい，重み関数を同じ形式に選んだ場合をガラーキン法(Galerkin method)という．

二次元の場合には，**図 15.9** のように三角形要素を用いると，その大きさは予想される関数の変化の緩急から，関数が座標の一次関数で表される程度に決めることができる．すなわち

$$\phi = \alpha_1 + \alpha_2 x + \alpha_3 y \tag{15.16}$$

となる．三角形の頂点(節点)1, 2, 3 における関数値を ϕ_1, ϕ_2, ϕ_3 とすれば

$$\begin{Bmatrix} \phi_1 \\ \phi_2 \\ \phi_3 \end{Bmatrix} = \begin{bmatrix} 1 & x_1 & y_1 \\ 1 & x_2 & y_2 \\ 1 & x_3 & y_3 \end{bmatrix} \begin{Bmatrix} \alpha_1 \\ \alpha_2 \\ \alpha_3 \end{Bmatrix} \tag{15.17}$$

から

$$\begin{Bmatrix} \alpha_1 \\ \alpha_2 \\ \alpha_3 \end{Bmatrix} = \begin{bmatrix} 1 & x_1 & y_1 \\ 1 & x_2 & y_2 \\ 1 & x_3 & y_3 \end{bmatrix}^{-1} \begin{Bmatrix} \phi_1 \\ \phi_2 \\ \phi_3 \end{Bmatrix} \tag{15.18}$$

となる．式(15.18)を式(15.16)に代入すると

$$\begin{aligned} \phi &= \phi_1\psi_1 + \phi_2\psi_2 + \phi_3\psi_3 \\ &= \sum_{i=1}^{3} \phi_i\psi_i \end{aligned} \tag{15.19}$$

すなわち，ϕ は節点値 ψ_i の線形結合として表される補間関数である．ここで

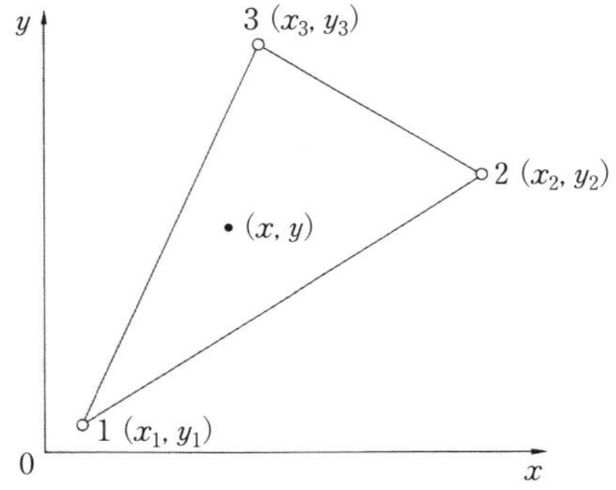

図 15.9　三角形要素

$$\phi_i = a_i + b_i x + c_i y \quad (i = 1, 2, 3) \tag{15.20}$$

の形で形状関数と呼ばれ，a_i, b_i, c_i は節点の座標で決まる．

式(15.15)の未知関数 ϕ と重み関数 ϕ^* をそれぞれ要素内の節点値を用いた補間関数式(15.19)ならびに ϕ を ϕ^* にした式で近似し，式(15.15)を変形した重み付き残差方程式に代入すると，おのおのの要素に対するデジタルな関係が得られる．これを重ね合わせることにより，解析領域全体に対する連立一次方程式が作成され，これを解いて各節点の ϕ を求め $\phi=$ const. の流線を画くことができる．

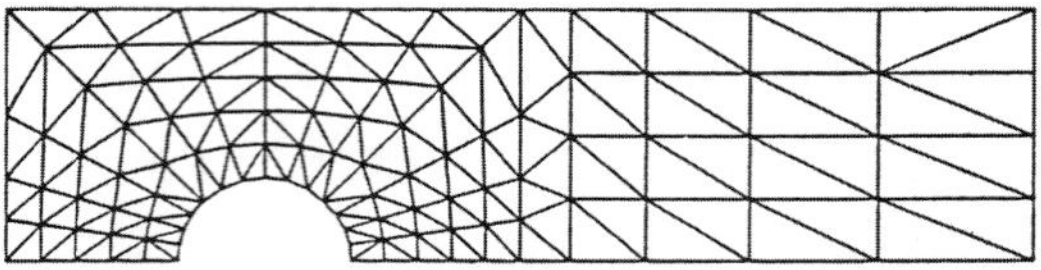

図 15.10　円柱のまわりの流れのメッシュ図(要素180，節点115)[3)]

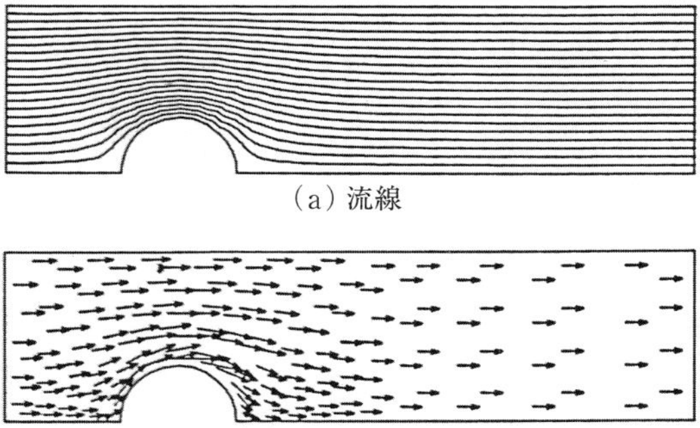

(a) 流線

(b) 速度ベクトル

図 15.11　円柱のまわりの流れ[3)]

図 15.8 のような流れを計算するために，この流れは円柱の中心を境にして上下対称の流れであるので，**図 15.10** のように上半分のみ三角形の大小の要素に分割する[3)]．有限要素法の場合には，差分法と違い速度変化の激しい円柱のまわりのみ細かく分割すればよい．**図 15.11** に，計算された流線および速度ベクトルを示す[3)]．

(4) 境界要素法

境界要素法は，流体の運動を支配する偏微分方程式を与えられた境界条件のもとで解く代わりに，境界上の値に関する積分方程式に変換する．積分方程式を導くには，グリーンの公式による方法および重み付き残差法による方法がある．グリーンの公式による方法は，古くから特異点分布法としてポテンシャル流れの解析に用いられており，パネル法として組織化され，航空機や自動車のまわりなどの流れの解析に使用されている．

Brebbiaは，より一般性と広い応用性をもった重み付き残差法により式を導き，境界要素法と命名した[4]．これによって，有限要素法と対比されながら広い分野で用いられるようになった．

この方法は，有限要素法の項で述べた重み付き残差法の重み関数として領域S内でラプラスの方程式(15.14)を満たすように選び，次式のように領域を囲む境界S_2上の積分方程式に変換する．

$$\int_{S_2} \psi^* \frac{\partial \psi}{\partial n} dS - \int_{S_2} \psi \frac{\partial \psi^*}{\partial n} dS = 0 \qquad (15.21)$$

次に，境界をいくつかの線分要素に分割する．例えば，図15.10のような流れを解く場合は，**図15.12**のようにメッシュ分割する[4]．その後，要素内の任意の点の求めようとする値を節点の値で有限要素法の補間関数式(15.19)と同様に表し，節点の値に関する連立一次方程式を解く．

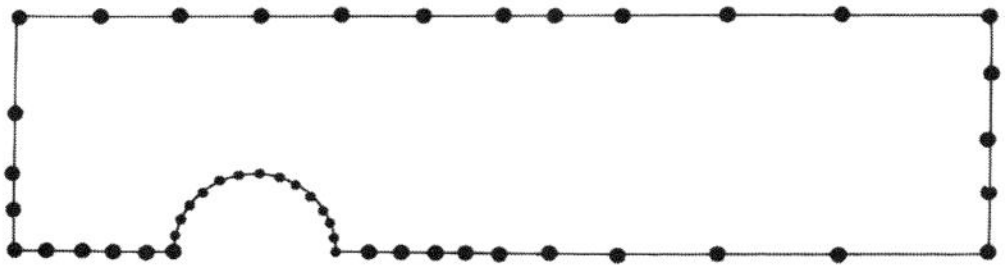

図15.12　円柱のまわりの流れの境界要素法によるメッシュ図[4]

図15.12の場合の計算結果を示すと，**図15.13**のとおりである[4]．$\partial\psi/\partial n$は境界に沿う流速を表している．

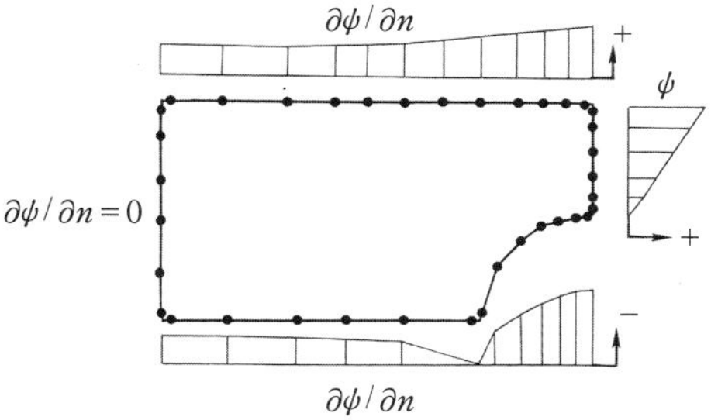

図15.13　境界要素法による解[4]

15.1.2 ラグランジュ的解法

この解法は，時間とともに移動する流体粒子に関して運動を記述する方法で，流れの連続的な渦度や速度を空間格子の代わりに有限個の微小な渦や流体粒子のような離散要素で近似しようとするものである．この方法の代表的な手法としては，渦法や粒子法などがある．

(1) 渦　　法

流れ場の連続的な渦度の分布を多数の微小渦要素によって離散的に表し，渦度輸送方程式を数値的に解いて各渦要素の渦度変化を時々刻々とらえながら流れに乗った渦要素の移動を追従することにより，流れを非定常解析的に解く手法である．

(2) 粒 子 法

仮想的な流体塊の運動をラグランジュ的に追跡することにより，流れ場の解析を行う．粒子法では，格子を用いずに偏微分方程式を離散化する．粒子法における粒子は，物理的な実体のあるものではなく，流体計算のため格子点の代わりに導入された流れに乗って移動する計算点である．したがって，自由表面などの移動境界は粒子移動によって直接追跡できる．

15.1.3 セルオートマトン解法

オイラー的解法，ラグランジュ的解法は，いずれも流体の基礎方程式にのっとった解法であるが，それとはまったく別の法則で流体の運動を表現しようという試みもある．その代表例がセルオートマトン(CA：Cellular Automaton)法である．セルオートマトンは，時間，空間および状態変数すべてを離散値で表す力学系である．空間をセルに区切り，各セルにおける状態が，近接セルの状態の影響を受けて時間発展する．この方法の代表的な手法としては，格子気体法と格子ボルツマン法があり，後者は前者が発展したものと考えられるので，ここでは格子ボルツマン法についてのみ説明する．

格子ボルツマン法は，領域空間に規則的な格子を作成し，流体を有限個の速度をもつ多数の仮想粒子群で近似し，粒子の並進と衝突のモデルを通して速度分布関数を考えて，その分布関数の発展方程式を解くという手法である．ナビエ-ストークスの方程式は扱わないが，計算結果はナビエ-ストークスの方程式の解になっていることは理論的に裏づけられている．

15.2 非圧縮性流体

15.2.1 差 分 法

非圧縮性粘性流体の場合，二次元層流とすると，流れ場を支配する方程式は連続の式(6.2)とナビエ-ストークスの方程式(6.13)である．これらの方程式の解法には，二つの方程式の未知数である速度 u, v と圧力 p を直接解く方法と，未知数の数を減らすために圧力項を消去した渦度輸送方程式(6.17)を使用し渦度 ζ と流れ関数 ψ を未知数とする方法がある．流れ関数を用いることにより，この方法では連続の式(6.2)を自動的に満たすことになる．

(1) 渦度と流れ関数を未知数にする方法

ここでは，簡単のため定常流とし，速度 u, v を式(12.12)の関係式を用いて流れ関数 ψ で表すと，無次元化された渦度輸送方程式(6.19)は，次式のようになる．

$$\frac{\partial \psi}{\partial y}\frac{\partial \zeta}{\partial x} - \frac{\partial \psi}{\partial x}\frac{\partial \zeta}{\partial y} = \frac{1}{Re}\left(\frac{\partial^2 \zeta}{\partial x^2} + \frac{\partial^2 \zeta}{\partial y^2}\right) \tag{15.22}$$

また，渦度の定義式(4.7)を式(12.12)の関係式を用いて流れ関数 ψ で表すと，次式のようになる．

$$\frac{\partial^2 \psi}{\partial x^2} + \frac{\partial^2 \psi}{\partial y^2} = -\zeta \tag{15.23}$$

式(15.22)，(15.23)の偏微分係数を式(15.7)，(15.8)を用いて $\Delta x = \Delta y = h$ として差分化し，それぞれ $\zeta_{i,j}$, $\psi_{i,j}$ で整理すると

$$\begin{aligned}\zeta_{i,j} = &\frac{1}{4}(\zeta_{i+1,j} + \zeta_{i-1,j} + \zeta_{i,j+1} + \zeta_{i,j-1}) \\ &+ \frac{Re}{16}\{(\psi_{i+1,j} - \psi_{i-1,j})(\zeta_{i,j+1} - \zeta_{i,j-1}) \\ &- (\psi_{i,j+1} - \psi_{i,j-1})(\zeta_{i+1,j} - \zeta_{i-1,j})\}\end{aligned} \tag{15.24}$$

$$\psi_{i,j} = \frac{1}{4}(\psi_{i+1,j} + \psi_{i-1,j} + \psi_{i,j+1} + \psi_{i,j-1} + h^2 \zeta_{i,j}) \tag{15.25}$$

となる．式(15.24)，(15.25)を用いて，15.1.1(1)項で説明した急拡大管の流れを，今度は二次元非圧縮性粘性層流定常流として解いてみる．この場合も，図15.4と同様に，管路の下半分を計算領域として流れ関数と渦度の境界条件を設定して逐次反復法により解く．境界条件は，流れ関数については図15.4と同様に，渦度は入口と中心軸上では指定された値を，また壁面と出口では内部の渦度と流れ関数から求める．このようにして得られた $Re = 30$ の場合の管路内の等渦度線と流線を**図15.14**に示す．

式(15.22)の左辺を中心差分で差分化を行う場合，高レイノルズ数の流れでは安定した収束解が得にくくなる．これを防ぐために，風上差分(up-wind difference)法が用いられることが多い．この方法は，流れの情報は主に上流側から伝わるという考えに基づいている．例えば，$\partial \zeta / \partial x$ に風上差分を適用する

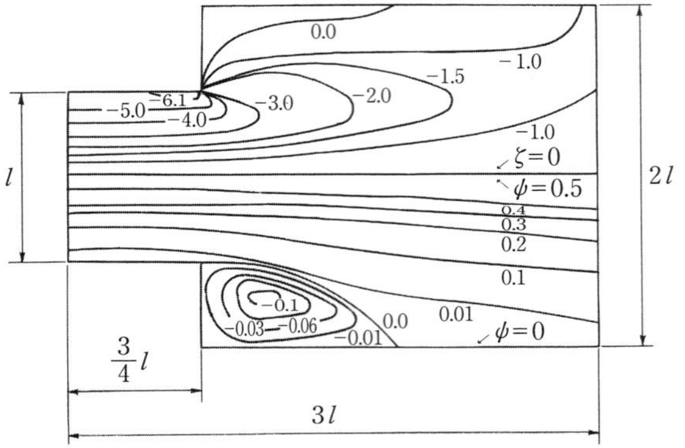

図 15.14　急拡大流れの等渦度線(上半分)と流線(下半分)($Re=30$)

と，次式のようになる．

$$\left.\begin{aligned}\frac{\partial\zeta}{\partial x}&=\frac{\zeta_{i,j}-\zeta_{i-1,j}}{h}\quad(\psi_{i,j+1}\geq\psi_{i,j-1}\text{ のとき，すなわち }u_i\geq 0)\\&=\frac{\zeta_{i+1,j}-\zeta_{i,j}}{h}\quad(\psi_{i,j+1}<\psi_{i,j-1}\text{ のとき，すなわち }u_i<0)\end{aligned}\right\}\quad(15.26)$$

ただし，式(15.26)は，式(15.5)，(15.6)の前進差分および後退差分と同じ形式のため精度は一次である．そのため，打切り誤差が粘性の働きをする数値粘性が大きくなり，場合によっては，解に信頼性がなくなることがあるので注意が必要である．高次精度の風上差分については，15.4.2 項で説明する．

(2) 速度と圧力を未知数にする方法

前項で用いた流れ関数は，複雑な流れの場合には境界上の値を設定するのが困難であるうえ，三次元流れの場合には定義することができない．このような場合には，連続の式(6.2)とナビエ-ストークスの方程式(6.13)の流速 u, v と圧力 p を未知数として解かなければならない．このような方法の代表的なものは，MAC(Marker And Cell)法[5]で，もともとは格子内に置かれたマーカー粒子の動きを追跡していく自由表面をもつ流れの数値解法として開発され，その後，いろいろな流れにも適用できるように改良された．現在では，この数値解法のアルゴリズムの部分を MAC 法と呼んでいる．自由表面をもつ流れの適用例については15.5.1項で説明する．

この手法では，**図 15.15** に示すように格子で囲まれたセル中心で圧力を，セル境界で流速を配置したスタッガード格子が用いられる．このため，セル境界での流出入が計算でき，連続の式を満足させることができる．この格子を用いた計算は，次のように行われる．

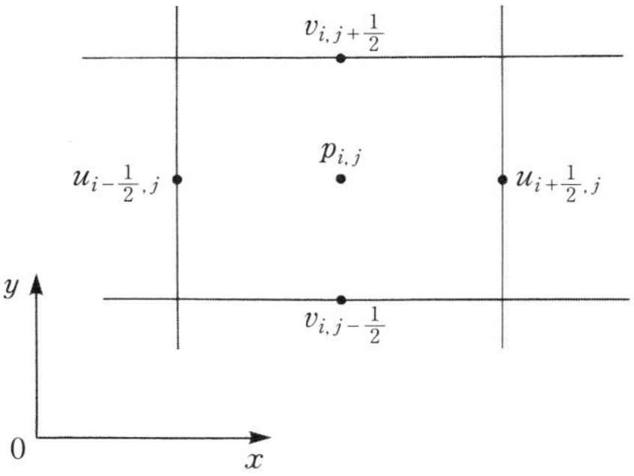

図 15.15　MAC 法の変数の配置

式(6.13)の第1式を x で，第2式を y で偏微分して加え合わせて整理すると次式が得られる．なお体積力項は，ここでは省略する．

$$\frac{\partial^2 p}{\partial x^2}+\frac{\partial^2 p}{\partial y^2} = -\rho\left\{\frac{\partial D}{\partial t}+\frac{\partial}{\partial x}\left(u\frac{\partial u}{\partial x}+v\frac{\partial u}{\partial y}\right)+\frac{\partial}{\partial y}\left(u\frac{\partial v}{\partial x}+v\frac{\partial v}{\partial y}\right)\right\} + \mu\left(\frac{\partial^2 D}{\partial x^2}+\frac{\partial^2 D}{\partial y^2}\right) \tag{15.27}$$

ここで，$D=\partial u/\partial x+\partial v/\partial y$ は，連続の式(6.2)と同じ形であるので0となるはずであるが，数値解析では必ず誤差が入るため残しておく．式(15.27)は，圧力のポアソン方程式と呼ばれる．この式の右辺第1項を前進差分で近似すると

$$\frac{D^{n+1}-D^n}{\Delta t} \tag{15.28}$$

となる．ここで，n は時刻を表す．時刻 $n+1$ で連続の式を満たすような圧力場を求めるために $D^{n+1}=0$ とおくと，時刻 n の流速 u, v を用いて式(15.27)より時刻 n の圧力 p を求めることができる．求められた時刻 n の流速 u, v，圧力 p を用いてナビエ-ストークスの方程式(6.13)の左辺第1項の流速の時間微分項を式(15.28)と同様に近似した式から時刻 $n+1$ での流速 u, v を求めることができる．

ポアソン方程式(15.27)を解く代わりに，連続の式を満足させながら反復法によって速度と圧力を修正して時間進行する HSMAC(Highly Simplified

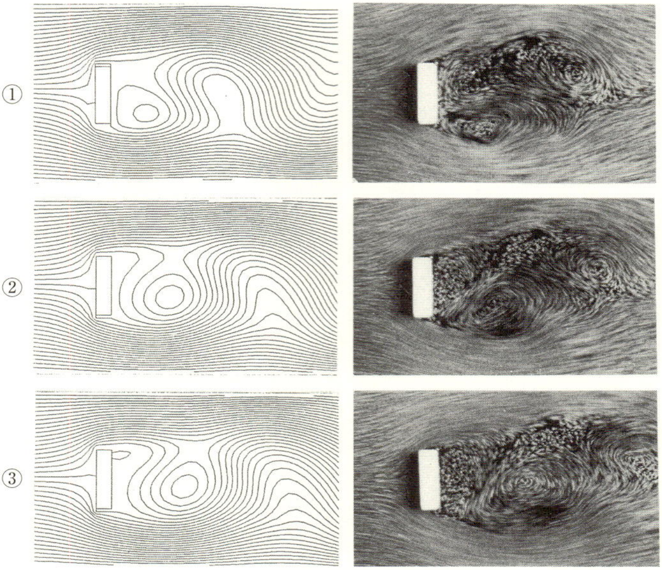

図 15.16　カルマン渦列の時間的変化（①を基準として②，③と 0.1, 0.2 秒経過）[7)]

MAC）法[6)] も開発されている．その方法で計算された角柱後流のカルマン渦の時々刻々変化していく様子と実験とを比較したものを**図 15.16** に示す[7)]．

15.2.2 有限体積法

有限体積法は，保存形[†1] で書かれた連続の式とナビエ-ストークスの方程式を図 15.6 と同様なコントロールボリューム内で積分し，境界の値を隣接する格子点を利用して求める．その際，流速 u, v，圧力 p の定義点は，図 15.15 で示したスタッガード格子を用いる．積分式を式(15.12)と同様に離散化し整理すると，次式のような形式の代数方程式を得ることができる．

$$a_{i,j}\,u_{i,j}^{n+1} = a_{i+1,j}\,u_{i+1,j}^{n+1} + a_{i,j+1}\,u_{i,j+1}^{n+1} + a_{i-1,j}\,u_{i-1,j}^{n+1} + a_{i,j-1}\,u_{i,j-1}^{n+1} + \Delta y\left(p_{i+1,j}^{n+1} - p_{i-1,j}^{n+1}\right) + \frac{\Delta x \Delta y}{\Delta t}\,u_{i,j}^{n} \qquad (15.29)$$

---

†1　ナビエ-ストークスの方程式(6.13)の慣性項などを $u(\partial u/\partial x)$, $v(\partial u/\partial y)$ のように表記する方法を非保存形表示といい，$\partial(u^2)/\partial x$, $\partial(uv)/\partial y$ のように表示することを保存形表示という．

$$b_{i,j}\,v_{i,j}^{n+1} = b_{i+1,j}\,v_{i+1,j}^{n+1} + b_{i,j+1}\,v_{i,j+1}^{n+1} + b_{i-1,j}\,v_{i-1,j}^{n+1} + b_{i,j-1}\,v_{i,j-1}^{n+1} + \Delta x(p_{i,j+1}^{n+1} - p_{i,j-1}^{n+1}) + \frac{\Delta x \Delta y}{\Delta t}\,v_{i,j}^{n} \tag{15.30}$$

ここで，a, b は u, v を含んだ係数である．

式(15.29)および式(15.30)は，領域内部のすべての格子点で成り立つことから，各格子点上の流速 u, v を未知数とする連立方程式を構成し，圧力 p が何らかの形で与えられれば反復法を用いて解くことができる．

式(15.29)および式(15.30)を解く方法に SIMPLE(Semi-Implicit Method for Pressure-Linked Equation)法[2] がよく知られている．この方法では，圧力 p を次のようにして定める．

連続の式を満たす正しい圧力および流速を $\tilde{p}$, $\tilde{u}$, $\tilde{v}$ とし，仮の圧力 p およびそれを用いて式(15.29)および式(15.30)から計算された流速を u, v とすると，

$$\tilde{p} = p + p', \quad \tilde{u} = u + u', \quad \tilde{v} = v + v' \tag{15.31}$$

と表すことができる．ここで，p', u', v' は圧力と流速の補正項である．これを式(15.29)および式(15.30)に代入して $\tilde{u}$, $\tilde{v}$ を求め，それを連続の式に代入することにより p' を求め，$\tilde{p}$ を求めることができる．この過程を収束するまで反復することにより，1時刻分の計算が終了し，これを必要な時間ステップ繰り返

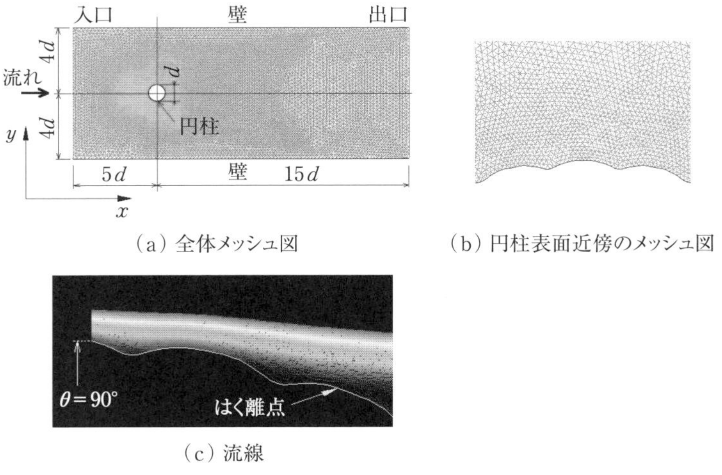

(a) 全体メッシュ図　(b) 円柱表面近傍のメッシュ図
(c) 流線

図 15.17　溝付き円柱のまわりの流れ[8]

す．

図 15.6 では，格子は規則正しく並んだ構造格子(structured grid)を示したが，有限体積法では境界に沿った境界適合格子(boundary fitted grid)や不規則に並んだ非構造格子(unstructured grid)にも適用できる．その例として，三角形の非構造格子を適用して溝付き円柱のまわりの流れの計算に使用したメッシュ図と流線を**図 15.17** に示す[8)]．

15.2.3 有限要素法

有限要素法による解法においても，差分法の項で述べた渦度と流れ関数を未知数とする方法と速度と圧力を未知数とする方法とがある．連続の式とナビエ-ストークスの方程式を離散化する場合，有限要素法は空間方向の離散化のみに用いられ，時間方向の離散化に対しては差分法が使われることが多い．解析手法としては，大きく直接法と分離型解法に分類することができる．直接法は，連続の式とナビエ-ストークスの方程式に対して直接有限要素法を適用する方法であり，分離型解法は，差分法の MAC 法のアルゴリズムに準拠した方法で，ポアソン方程式(15.27)に対して有限要素法を適用する方法である．

直接法の適用例として，四角形要素を用いて庭園の飛び石のまわりの流れの計算に使用したメッシュ図と流線を**図 15.18** に示す[9)]．

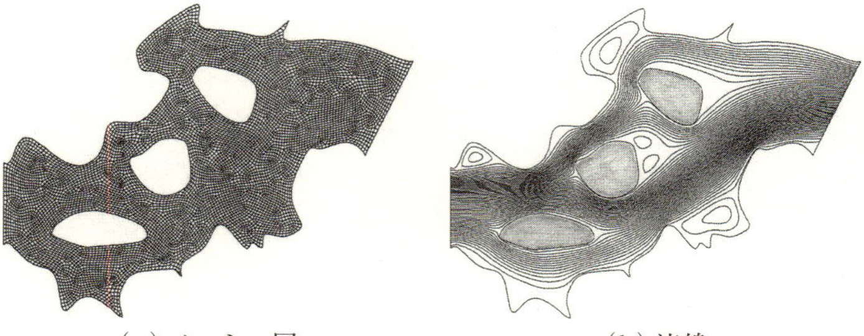

(a) メッシュ図　　　　(b) 流線

図 15.18　庭園の石のまわりの流れ[9)]

15.2.4 渦　　法

粘性や密度差のある流れ場で発生する渦度の連続的分布を離散的な渦要素でおき換え，各渦要素の運動をラグランジュ的に追跡し，非定常流を解析する手法が提案され，離散渦法と呼ばれている．この例として，**図 15.19** に，一様流中にある正四角柱のまわりの非定常流の渦点によるモデル化を示す[10)]．**図 15.20**(a)，(b)のそれぞれの左側は放出渦点の分布状況で，右側は瞬間流線を示す[10)]．いずれのケースとも点Aからは正(時計まわり)の渦，点Bまたは点Cからは負(反時計まわり)の渦が放出され，正方形柱背面で巻き上がり，後流にカルマン渦列が形成されているのが示されている．

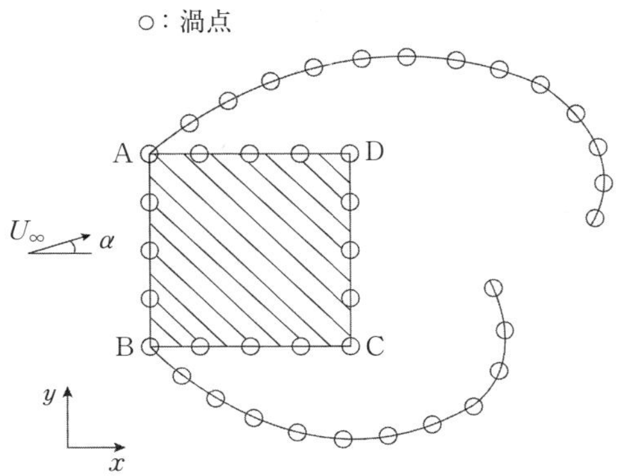

図 15.19　正四角柱のまわりの流れの渦点によるモデル化[10)]

15.2.5 格子ボルツマン法

格子ボルツマン法は，等間隔の格子が基本となっており，粒子速度が拘束されている．そのため，複雑な形状の境界に対して困難が伴うため，曲線格子に拡張した差分格子ボルツマン法が提案された[11)]．この方法により計算された例として円柱のまわりの流れに使用されたメッシュ図と瞬間流線を**図 15.21**に示す[12)]．

15.3 圧縮性流体

圧縮性流体では，質量の保存則，運動量の保存則に加え，熱力学的量を含むエネルギー式を連立させたナビエ-ストークス方程式系と呼ばれる連立偏微分方程式が支配方程式となる．粘性などの散逸を無視した系はオイラー方程式系と呼ばれ，さらに定常で渦なしを仮定すると，ポテンシャル方程式が導かれる．仮定が少ないほど厳密ではあるが，これらの方程式はそれぞれ利点をもっているので，与えられた問題の物理とコンピュータによる制約を考慮に入れたうえで，どのような方程式を解くかを決めるべきであろう．

圧縮性流体の数値解法の難点は，衝撃波という不連続波に対する非物理的な数値振動や，強い膨張波による発散傾向をいかにして抑えるかにある．

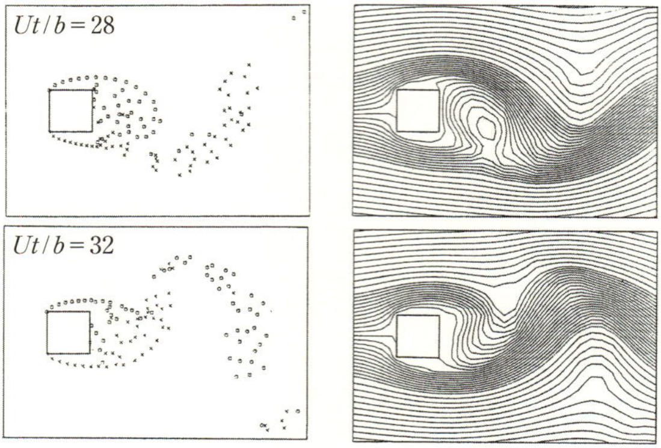

(a) $\alpha=0°$

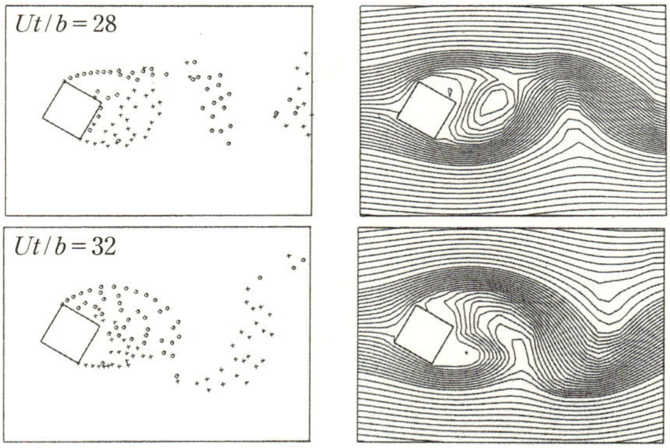

(b) $\alpha=30°$

図 15.20　正四角柱のまわりの流れパターン[10]

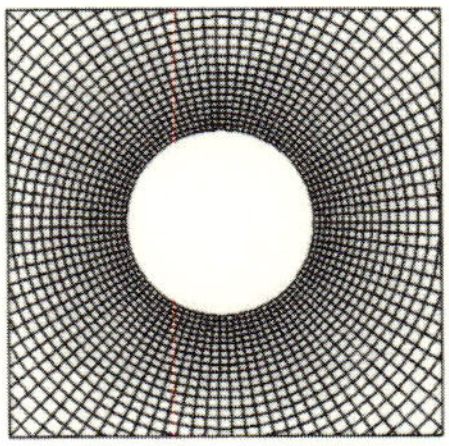

(a) メッシュ図

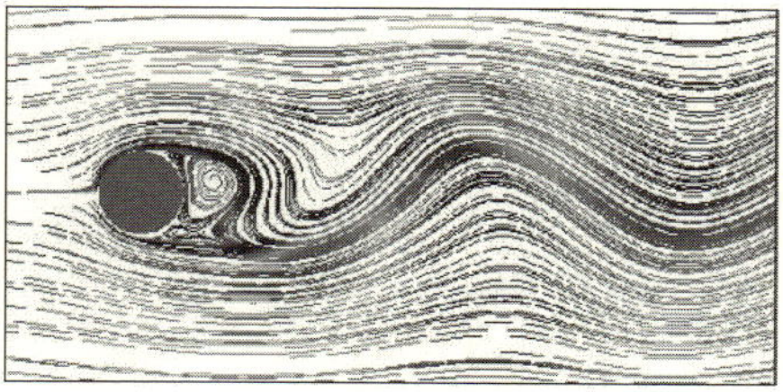

(b) 瞬間流線

図 15.21　円柱のまわりの流れ($Re=200$)[12]

15.3.1 時間進行法

時間進行法は，歴史的には双曲型偏微分方程式であるオイラー方程式系の数値解法から提案されていった．1950 年代末に衝撃波管問題に対応する一次精度の Godunov 法[13] が提案され，1960〜70 年代にかけて Lax-Wendroff 法[14] や MacCormack 法[15] などの二次精度の方法が提案・実行された．また，コンピュータがある程度発達してきた 1970 年代後半から Beam-Warming 法[16] が成熟していった．これは，数値振動を抑えるために 4 階と 2 階の人工粘性を加え，時間積分は IAF(Implicit Approximate Factorization)法により記憶容量を節約して効率的な時間進行を行うものであり，粘性項も含められて航空機のまわりの流れなど実践的な計算が行われた．

近年，非線形保存則において，TV 安定性(全変動量 TV が時間とともに増加しない)と適合性(時間幅と格子幅を無限小にすると数値解法は元の偏微分方程式に収束する)が満たされるとき数値解は厳密解に収束することが証明され，これらの条件を満たす TVD(Total Variation Diminish)法[17] が，人工粘性の量の調節なく衝撃波を数値振動なくとらえるため，1990 年代には圧縮性流体の数値解法の主流となった．通常は，有限体積法により離散化される．**口絵 1** に，遷音速風洞中に置かれた航空機全機モデルのまわりの粘性流れへの適用例[18] を示す．また，ジェットエンジンのファン動翼出口の全圧分布を非定常三次元粘性解析により求めた結果を**口絵 2** に示す[19]．

さて，現状の TVD 法の問題点は，非線形保存則に適用すると二次精度止まりとなることで，そのため音波や乱流などによる微弱な圧力変動と衝撃波による強い圧力変化を同時にとらえることは困難となる．それを改善するべく，解法高精度化の試みとして，ENO/WENO 法[20]，ADER 法[21]，不連続ガラーキン法[22] が提案されている．ENO/WENO 法は，主に空間精度をよくし，ADER 法は空間・時間ともに高精度を達成するものである．

圧縮性流体の数値計算法の開発・評価は，通常オイラー方程式系に対して行われる．**図 15.22** は，微弱な密度じょう乱の場に衝撃波が押し寄せていく現象の捕獲性に対するテスト結果を無次元密度分布で示すものであり，図(a)は初期条件，また図(b)は数値解を表す[23]．TVD 法では，あるべき物理的な振動まで除去されてしまい，TVD 法に対する WENO 法の優位性，すなわち高精度解

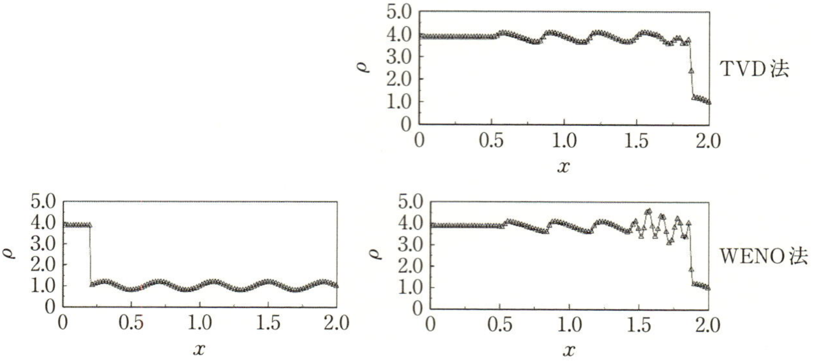

（a）初期条件（$t=0$）　　（b）$t=0.47$ における数値解

図 15.22　オイラー方程式の解〔TVD 法と WENO 法（無次元密度分布）〕[23)]

法の効果が現れている．また，線形移流方程式における長時間伝ぱの波においては，ADER 法は WENO 法よりも優位にあることが報告されている[23)]．

15. 3. 2 境界要素法

15. 1. 1（4）項でも述べたように，境界要素法は領域の境界だけを要素に分割すればよいので，物体表面の速度分布や圧力分布を求める場合によく使われている．**図 15. 23** は，遷音速で飛行する航空機全機形状のまわりの流れをパネル法で計算した場合のメッシュ図で，これより圧力分布を計算した結果が**口絵 3**（a）で，（b）に示す風洞実験の結果ときわめてよく一致している[24)]．

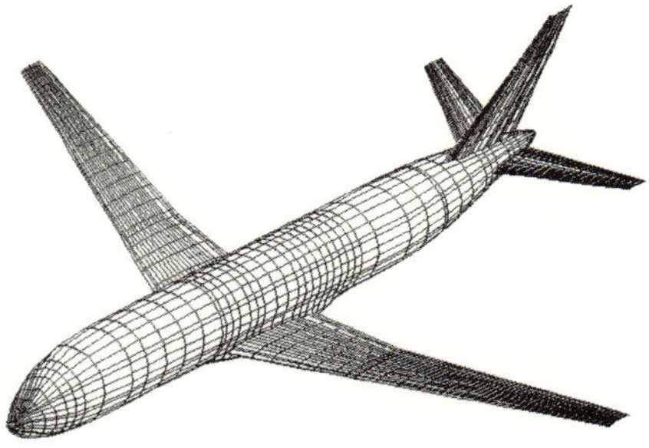

図 15. 23　遷音速全機形状のまわりの流れ計算メッシュ図[24)]

15. 3. 3 特性曲線法

図 15. 24 は油撃作用実験装置で，切換え弁を急に閉じると圧力 p が上昇して圧力波として管路を伝ぱ往復するから，切換え弁前に設けた圧力変換器によって圧力応答波形を計測できる[26)]．波動現象は双曲型偏微分方程式で表され，数値解を求めるには，いわゆる特性曲線法[25)]が用いられる．

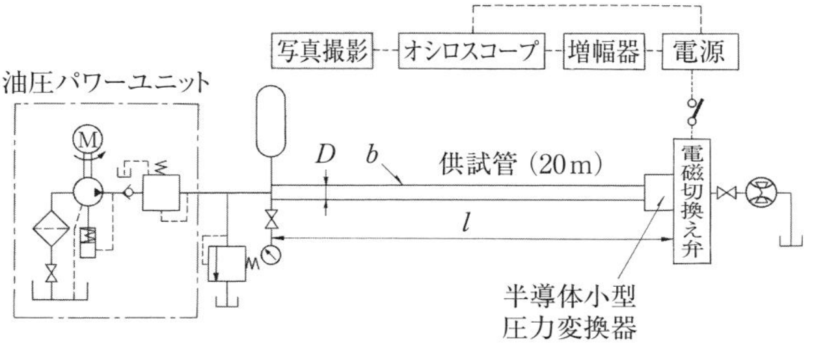

図 15.24　油撃作用実験装置[26)]

いま，管摩擦係数を f，圧力波の伝ぱ速度を a とし，式(6.1)と式(6.13)を一次元化した連続の式と運動方程式の λ 倍とを線形結合すると

$$\frac{\lambda}{\rho a^2}\left[\frac{\partial p}{\partial t}+\left(v+\frac{a^2}{\lambda}\right)\frac{\partial p}{\partial x}\right]+\left[\frac{\partial v}{\partial t}+(v+\lambda)\frac{\partial v}{\partial x}\right]+\frac{f}{2D}v|v|=0 \tag{15.32}$$

ここで

$$\left.\begin{aligned} v+\frac{a^2}{\lambda}&=\frac{\mathrm{d}x}{\mathrm{d}t}\\ v+\lambda&=\frac{\mathrm{d}x}{\mathrm{d}t}\\ (\lambda&=\pm a)\end{aligned}\right\} \tag{15.33}$$

とすると，偏微分方程式(15.32)は常微分化され，さらにこれを差分化すると，**図 15.25** のように A, C の流速 v，圧力 p の初期値から式(15.33)で表される特性曲線 $C^+(\lambda=a)$，$C^-(\lambda=-a)$ の交点として，時間刻み Δt 後の点 P の v, p が求められる．

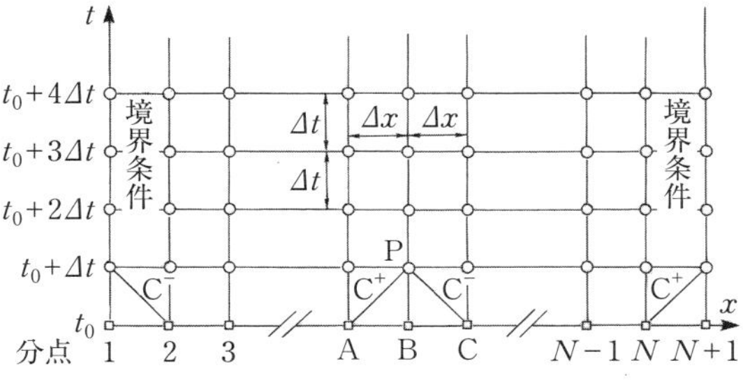

図 15.25　単一管路の解法に関する x-t 格子

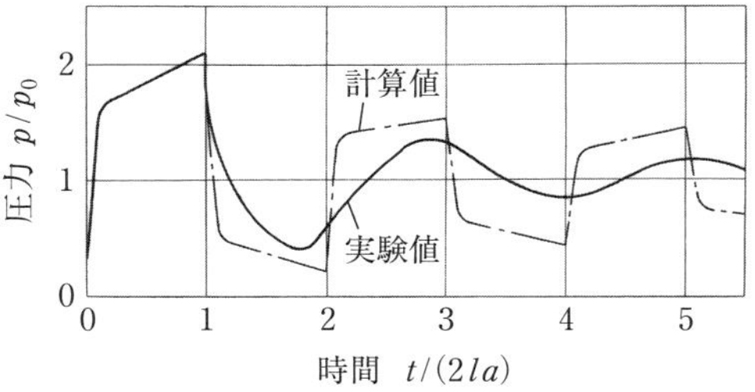

図 15.26　油撃作用における圧力応答波形[26)]

図 15.26 は，このようにして

得られた圧力応答波形と実験値との比較を示す[26)]．計算値と実験値が異なるのは，式(15.32)で非定常管摩擦が考慮されていないためである．

15.4 乱　　流

乱流はレイノルズ数の高いときに発生する現象であり，その特性もナビエ-ストークスの方程式(6.13)で表現できると考えられている．したがって，いままで述べたような解析方法をそのまま適用すれば，原理的には乱流現象を計算できるはずである．しかし，乱流は大小さまざまなスケールの渦によって構成されており，そのスケール幅はレイノルズ数とともに拡大する．すべてのスケールにわたって渦を計算するにはレイノルズ数 $Re^{9/4}$ 程度の計算格子が必要といわれており，比較的低いレイノルズ数 $Re=10^4$ の乱流でも必要な格子数は 10^9 となり，現在のスーパーコンピュータでも大変な計算となる．そのため，多くの場合，何らかの仮定やモデルを用いて計算することが必要となる．

15.4.1 直接数値シミュレーション

単純な形状で低レイノルズ数の乱流では，モデルをいっさい用いないで連続の式(6.2)とナビエ-ストークスの方程式(6.13)を直接解く直接数値シミュレーション(DNS：Direct Numerical Simulation)も行われている．この場合，高精度の計算を行う必要があるため，スペクトル法や高次精度中心差分法が使われる．スペクトル法[27)]は，通常行われている物理空間での解を三角関数や多項式で級数展開し，それを計算空間(波数空間)に変換して元の微分方程式に代入して解を求める方法である．この方法により1972年にOrszagら[28)]によってはじめて中間レイノルズ数の一様等方性乱流(空間的に一様で固体壁のない仮想的な乱流)について計算が行われ，格子点数 64^3 を用いて合理的な予測ができることを示した．その後，Kimら[29)]がはじめて固体壁のある平行平板間乱流に適用した．この計算では，平行平板断面内平均流速 U_m，平板間距離の半幅 δ と動粘度 ν で無次元化されたレイノルズ数 $Re_m=3300$，格子数は，$192\times129\times160$ であった．

スペクトル法は計算精度の面では大変優れているが，境界条件の与え方に対する制限から簡単な形状にしか適用できないため，最近では高次精度中心差分法が多く使われている．その例として四次精度中心差分を用いて平行平板間乱流を計算した結果から，その乱流渦構造と壁面からチャネル中央付近に向かって立ち上がる大規模構造を**図 15.27** に示す[30]．レイノルズ数は，壁面摩擦速度 u_τ と平板間距離の半幅で無次元化されたレイノルズ数 $Re_\tau=1020$ である．

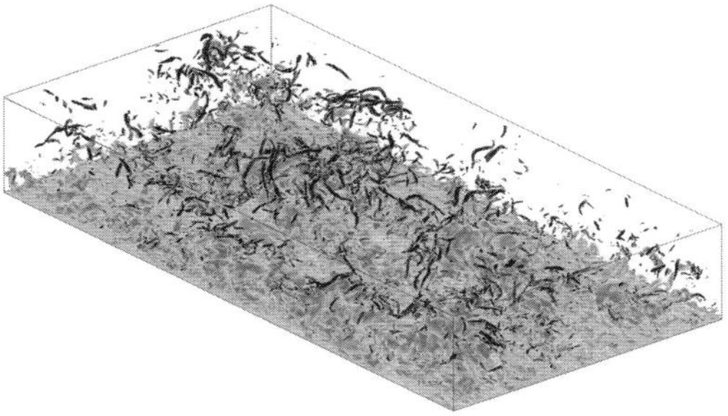

図 15.27　DNS による平行平板間乱流の渦構造（$Re_\tau=1020$．流れは左上から右下へ．黒：低速領域，灰色：高速領域）[30]

15.4.2 数値粘性を用いる方法

物理モデルを使用しない乱流計算として，式(15.26)で示した風上差分を三次精度[31]や五次精度に高精度化し，数値粘性を小さくすることにより大きな渦の動きをシミュレートするものである．この一例として，**図 15.28** にステップ後方の流れの計算結果と可視

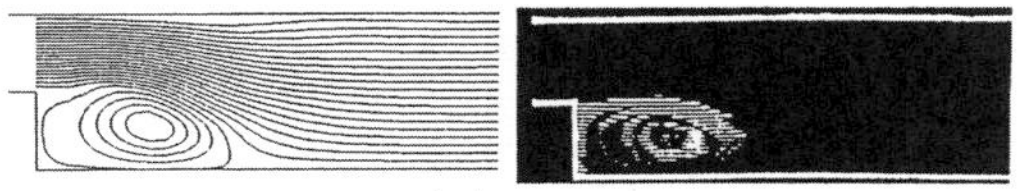

（a）$t=5.0$

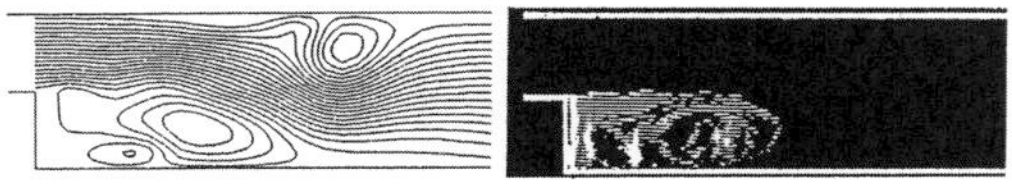

（b）$t=10.0$

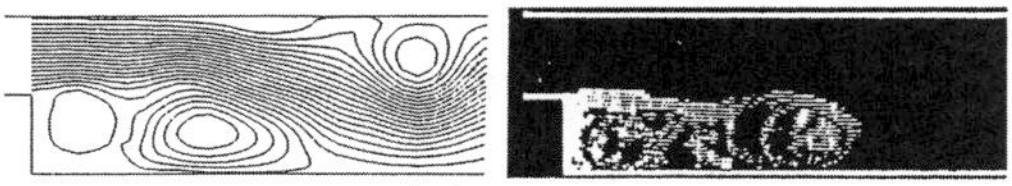

（c）$t=15.0$

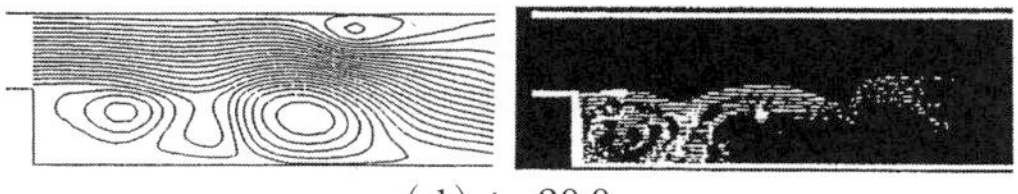

（d）$t=20.0$

図 15.28　循環領域内の渦の移行（左：計算，右：スモークワイヤ法による可視化）[32]

化結果を示す[32]．図を見ると，ステップ後方の渦が時間とともに移動する様子がよくシミュレートされている．

15.4.3 ラージエディシミュレーション

格子内に収まる小さな渦だけを場所平均をとってモデル化し(格子平均モデル)，大きな渦はモデル化せずに，そのまま計算するものとしてラージエディシミュレーション(LES: Large Eddy Simulation)がある．この方法では，不規則変化をする乱流の変動まで計算できる．**図 15.29**(a)は，平行壁間の流れを解いたものである[33]．図(b)の水素気泡法によるバースティング(94 頁)の可視化写真[34]と比較するとよく一致していることがわかる．**図 15.30** は，ステップを越す乱流の流れを計算し，タイムラインをグラフィック表示したものである[35]．**口絵 4** は，正四角柱の背後のカルマン渦列[36]を，**口絵 5** はフォーミュラカーの車体表面および床面の圧力の瞬時値を LES で計算したものである[37]．

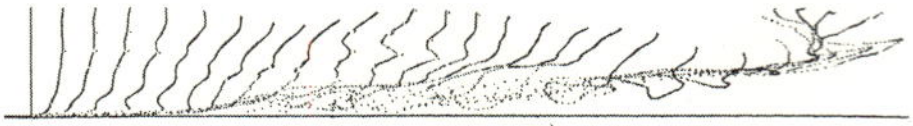

(a) 計算[33]

(b) 実験(水素気泡法)[34]

図 15.29　平行壁間流れの壁近傍のタイムライン[33),34)]

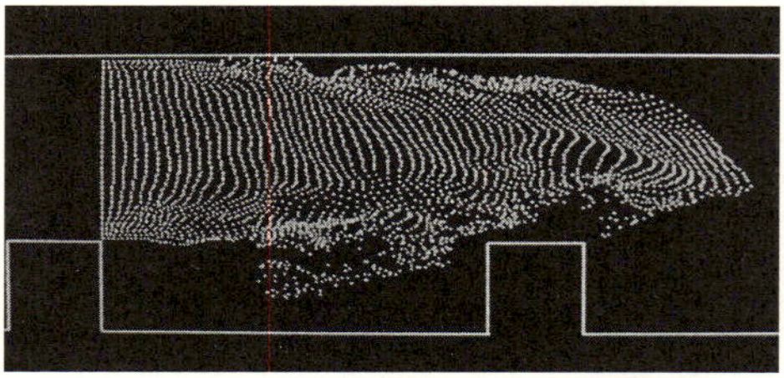

図 15.30　ステップを越える乱流の流れ(流路幅を基準にしたレイノズル数 $Re = 1.1 \times 10^4$)[35]

15.4.4 レイノルズ平均モデル

6.4 節で述べたように，式(6.40)で表されるレイノルズ応力 τ_t を算定するために，何らかの仮定や簡単化を行うことをレイノルズ平均モデルといい，算定に用いる乱流量の輸送方程式の個数により分類されることが多い．τ_t を式

(6.41)または式(6.44)で与える方式を0方程式モデル，乱流エネルギー(乱れの運動エネルギー)kを輸送方程式から決め，乱れの長さスケールlを代数式で与える方式を1方程式モデル，またkとlをともに輸送方程式から決める方式を2方程式モデルと呼んでいる．lの代わりに乱流エネルギー散逸εを用いたk-εモデルは2方程式モデルの代表的なものである．この一例として有限体積法を用いて角柱と隅切り角柱の乱流エネルギーを計算し，比較した結果を**図15.31**に示す[38]．隅切り角柱の方が，隅切りがない場合に比較して乱流エネルギーが小さく，乱れが少ないことがわかる．

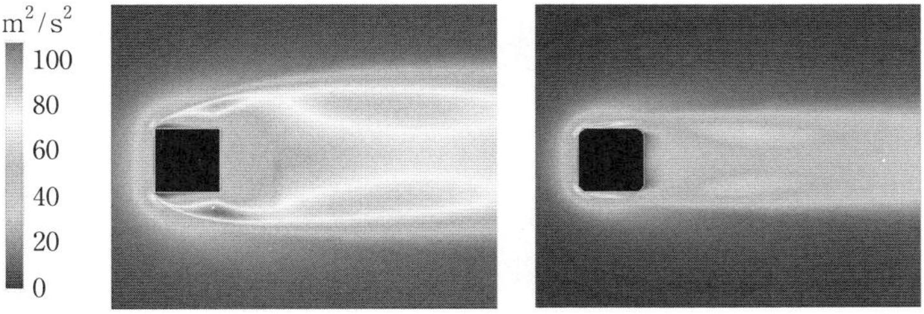

(a) 角柱　(b) 隅切り角柱

図15.31　角柱と隅切り角柱の乱流エネルギーの比較($Re=6\times10^4$)[38]

また，有限要素法でk-εモデルを用いて計算した例として，クリーンルーム内の流れの乱流速度分布を**口絵6**[39]に示す．

15.5 自由界面流れ

気液界面の変形などを伴う自由界面流れを解く手法として最初に開発されたものは，15.2.1(2)項で説明したMAC法である．その後，VOF(Volume Of Fluid)法[40]が開発された．これらの手法は，オイラー的な解法であるが，ラグランジュ的な解法としては粒子法などがある．

15.5.1 MAC法

初期のMAC法では，**図15.32**に示すようなセルと呼ばれるメッシュ単位の中に流体の存在を示す重さのない粒子であるマーカー(maker)を置き，この粒子の動きを追跡する方法である．一例として，**図15.33**に液滴がその薄い層に落下したときの写真とMAC法で計算した結果を示す[41]．

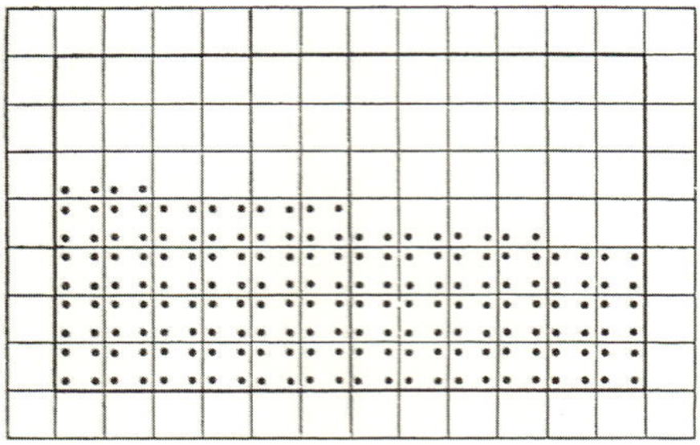

図 15.32　傾斜した自由表面の流れ計算に用いるセルとマーカー粒子の配置

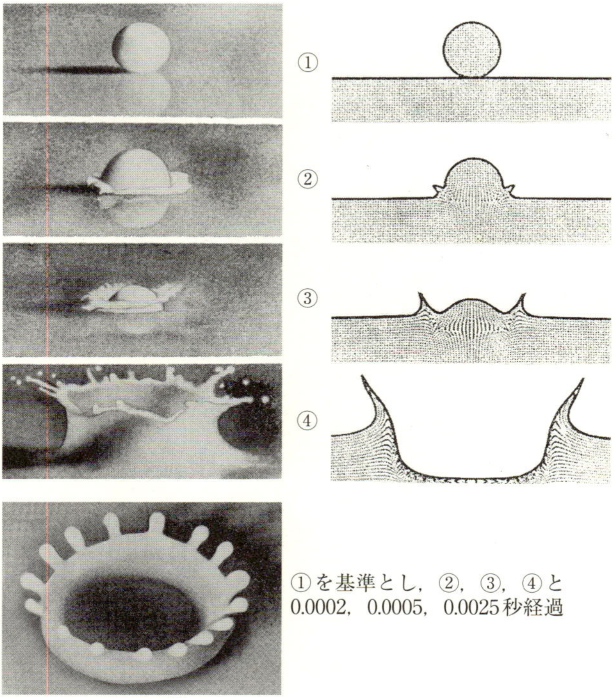
①
②
③
④
①を基準とし，②，③，④と
0.0002，0.0005，0.0025秒経過

クラウン[42)]

図 15.33　薄い液層に落とした液滴[41)]

15.5.2 VOF 法

VOF 法は，図 15.32 のセルごとに液体の体積占有率である VOF 関数を定義し，その輸送方程式を解くことにより自由界面の形状を決定する手法である．その一例として，津波による防波堤開口部付近の水面の変化を**図 15.34** に示す[43)]．

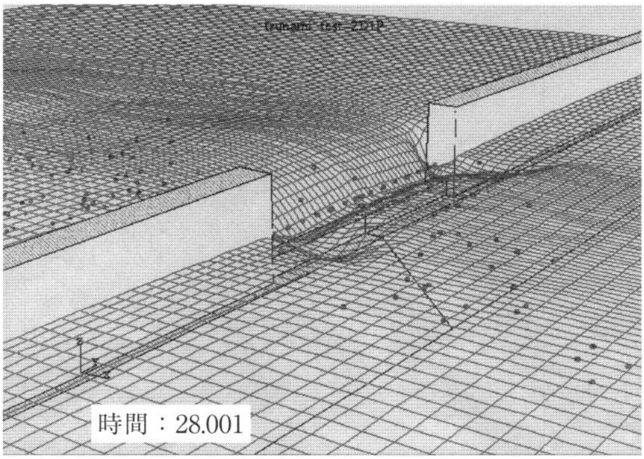

図 15.34　津波による防波堤開口部付近の水面の変化[43)]

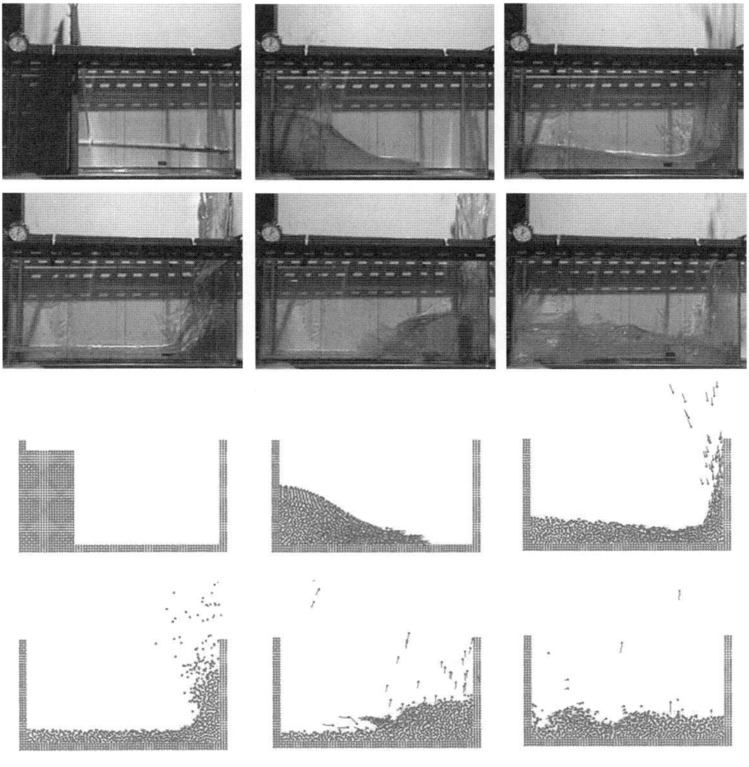

図 15.35　水柱の崩壊の実験（上）と計算（下）（時間間隔 0.2 秒）[44)]

15.5.3 粒 子 法

粒子法の一種であり，越塚によって提案されたMPS(Moving Particle Semi-implicit method)法がある[44]．この方法では，連続体の離散的な計算を粒子間相互作用モデルを通じて行うものである．

図 15.35 は，水柱の崩壊の実験と MPS 法による計算を示す[44]．水柱は，支えの板を上方に引き抜くことで崩れ始める．粒子法による計算は，自由液面の大変形のみならず，流体の分裂や合体が生じても計算できることがわかり，定性的ではあるが，実験をよく再現していることがわかる．

参考文献

1) スミス，G. D.（藤川訳）：コンピュータによる偏微分方程式の解法(新訂版)(1996) p. 150，サイエンス社.
2) パタンカー，S. V.（水谷ほか訳）：コンピュータによる熱移動と流れの数値解析(1995)森北出版.
3) 林ほか２名(大西監修)：パソコンによる流れ解析(1986) p. 73，朝倉書店.
4) Brebbia, C. A.（神谷ほか訳）：境界要素入門(1980)陪風館.
5) Harlow, F. H. and Welch, J. E.: Physics of Fluids, **8**, 12 (1965) p. 2182.
6) Hirt, C. W. and Cook, J. L.: Journal of Computational Physics, **10**, 2 (1972) p. 324.
7) NHK：日本その心とかたち **1** (1987) p. 70, 平凡社.
8) Yamagishi, Y. and Oki, M.: Journal of Visualization, **10**, 2 (2007) p. 179.
9) Nakayama, Y. et al.: Fifth Triennial International Symposium on Fluid Control, Measurement and Visualization, **2** (1997-9) p. 785.
10) Inamuro, T. et al.: Finite Element Flow Analysis (1982) p. 931, University of Tokyo Press.
11) Cao, N. et al.: Phys. Revi. E., **55** (1997) p. 21.
12) 蔦原ほか２名：日本機械学会論文集 B 編, **69**, 680 (2003) p. 841.
13) Godunov, S. K.: Mat. Sb., **47** (1959) p. 357.
14) Lax, P. and Wendroff, B.: Comm. Pure Appl. Math., **13** (1960) p. 217.
15) MacCormack, R. W.: AIAA Paper, **69**, 354 (1969).
16) Beam, R. M. and Warming, R. F.: AIAA Journal, **16**, 4 (1978) p. 393.
17) Harten, A.: Journal of Computational Physics, **49**, 3 (1983) p. 357.
18) Takakura, Y. et al.: AIAA Journal, **33**, 3 (1995) p. 557.
19) 野崎ほか６名：日経サイエンス，(2000-10) p. A18 (JAXA・IHI).
20) Shu, C. W.: NASA/CR-97-206253, ICASE Report, **97**, 65 (1997).
21) Toro, E. F. and Titarev, V. A.: ECCOMAS CFD Conference (2001).
22) Atkins, H. and Shu, C. W.: AIAA Journal, **36** (1998) p. 775.
23) Takakura, Y.: Journal of Computational Physics, **219**, 2 (2006) p. 855.
24) 海田ほか３名：第６回航空機計算空気力学シンポジウム論文集 (1988-6) p. 141.
25) Streeter, V. L.: Fluid Mechanics, 6th edition (1975) p. 647, McGraw Hill. Inc.
26) 伊沢：東海大学大学院修士論文 (1976).

27）Canuto, C. et al.: Spectral Method in Fluid Dynamics（1987）Springer-Verlag.
28）Orszag, S. A. and Patterson, Jr. G. S.: Physical Review Letters, **28**, 2（1972）p. 76.
29）Kim, J. et al.: Journal of Fluid Mechanics, **177**（1987）p. 133.
30）河村：ながれ, **22**, 6（2003）p. 467.
31）Kawamura, T. and Kuwahara, K.: AIAA Paper, No.84-0340（1984）.
32）沖ほか5名：日本機械学会論文集B編, **57**, 540（1991）p. 2589.
33）Moin, P. and Kim, J.: Journal of Fluid Mechanics, **118**（1982）p. 341.
34）Kim, H. T. et al.: Journal of Fluid Mechanics, **50**（1971）p. 133.
35）Kobayashi, T. et al.: Rep. IIS., **33**, 3（1987-3）p. 25, Univ. of Tokyo.
36）Kobayashi, T. and Kogaki, T.: Atlas of Visualization III, Frontispiece Illustrations 10（1997）CRC Press.
37）Tsubokura, M. et al.: SAE International Paper No. 2007-01-0106（2007）（日本レースプロモーション 協力）.
38）Yamagishi, Y. et al.: Journal of Visualization, **13**, 1（2010）p. 61.
39）Ikegawa, W. et al.: Proc. Int. Symp. On Supercomputer for Mechanical Engineering（1988-3）p. 57, JSME.
40）Hirt, C. W. and Nichols, B. D.: Journal of Computational Physics, **39**, 1（1981）p. 201.
41）Nichols, B. D.: Proc. of the 2nd Int. Conf. on Numerical Methods in Fluid Dynamics（1971）p. 371.
42）藤井・中込：物理現象を読む（1978）p. 102，講談社.
43）宮本：土木学会第50回年次学術講演会講演概要集，cs-64（1995）p. 128.
44）Koshizuka, S. and Oka, Y.: Nucl. Sci. Eng., **123**（1996）p. 421.

16. 流れの可視化[1),2)]

空気の流れは目で見ることはできない．しかし，水の流れは目で見ることはできるが，その流線とか速度分布は見ることができない．このように，目で見ることのできない流体の挙動を画像情報として見えるようにして解析を行う総合科学を“流れの可視化”（flow visualization）といい，流体現象の解明にきわめて有用である．“百聞は一見にしかず”ということわざが最も端的に流れの可視化の重要性を表しており，不明な流れを明らかにする解析的な研究や機器を対象として，その流れを明らかにする開発的な研究に貢献するところ大である．

1883年，レイノルズは流れの相似則という偉大な発見を可視化によって行った．その後，プラントルの境界層の概念とその制御の着想，カルマンのカルマン渦列の解明，クラインの乱流発生メカニズムに関わるバースト現象の発見など，流体現象に関する主要な発見の多くは流れの可視化によって得られている．また，現在なお大きな課題となっている乱流構造の解明，乱流の数学モデルの確立などに対しても，流れの可視化はきわめて有用な情報を提供してくれつつある．

近年，コンピュータの発達とともにその利用が盛んになり，画像の数値化による画像処理，数値計算結果や計測結果の画像表示など，コンピュータ利用可視化法（CAFV）も大きな発展をとげている．

16.1 手法の分類

可視化情報手法を分類すると**表 16.1** のようになり，実験的可視化法とコンピュータ利用可視化法に大別される．

表 16.1　流れの可視化手法の分類

	可視化手法	気流	水流	説明
実験的可視化法	〈1. 壁面トレース法〉 油膜法・油点法	○	●	表面に油膜または油点をつくり，流れによる筋模様から流れの状態・方向を可視化する
	物質移動法	○	●	物体表面からの流体への溶解・蒸発・昇華を利用して物体表面の流れの状態を調べる
	電解腐食法		●	電解による腐食を利用して表面の流線模様を可視化する
	感温液晶法	○	●	塗布した液晶などの色彩分布として表面温度を可視化する
	感圧ペイント法	○		塗布した物質の発光現象を利用して表面の圧力分布を可視化する
	感圧紙法	○	●	感圧紙の色濃度の変化で表面圧力分布を可視化する
	〈2. タフト法〉 各種タフト法	○	●	多数の短い糸(タフト)のなびき具合から流れの方向を可視化する方法で，①表面タフト法は表面近く，②デプスタフト法は少し離れた点，③タフトグリッド法はある面，④タフトスティック法は任意の点の流れを可視化する
	蛍光ミニタフト法	○	●	流れにほとんど影響を与えない方法としてナイロンの単繊維を蛍光塗料に浸け，それを高照度の紫外線灯で照明することにより流れを可視化する
	〈3. 注入トレーサ法〉 注入流脈法(1)	○	●	トレーサを連続的に注入し，ある瞬間の画像をとり，流線・流脈を可視化する
	注入流跡法(2)	○	●	トレーサを間欠的に注入し，ある時間経過の画像をとり，流線・流跡を可視化する
	懸濁法(3)	○	●	流体中に液体または固体の粒子を一様に懸濁させ流線・流脈を可視化する
	表面浮遊法(4)		●	液体表面にトレーサを浮遊させて表面の流れの流線・流脈を可視化する
	タイムライン法(5)	○	●	トレーサを流れに垂直に注入してタイムラインを可視化する

表 16.1　流れの可視化手法の分類(つづき 1)

	可視化手法	気流	水流	説　　明
実験的可視化法	〈4. 化学反応トレーサ法〉			
	無電解反応法	○	●	流体と特定の物質との化学反応により物体表面，2 流体境界の流れの状態を可視化する
	電解発色法		●	電解により生成発色した物質をトレーサとして流線・流脈を可視化する
	〈5. 電気制御トレーサ法〉			
	水素気泡法		●	金属細線を陰極とし，電気分解で発生する水素気泡をトレーサとして流線・流脈・流跡・タイムラインを可視化する
	火花追跡法	○		高圧パルスにより次々得られる火花放電群によりタイムラインを可視化する
	スモークワイヤ法	○		油を塗布した金属細線に瞬間的に通電し，生じる白煙をトレーサとして流線・流脈・流跡・タイムラインを可視化する
	〈6. 光学的可視化法〉			
	シャドーグラフ法	○	●	点光源からの光，または平行光線を流れ場を通し，密度変化に応じてできる影絵により流れを可視化する
	シュリーレン法	○	●	平行光線を密度差のある流れ場を通して屈折させ，屈折光をナイフエッジで切断して，生ずる明暗から密度こう配を可視化する
	マッハツェンダ干渉法	○	●	平行光線を二つに分け，一方を密度差のある流れを通した後，二つを合わせてできる干渉縞から密度や圧力の定量的な計測を行う
	レーザライトシート法	○	●	レーザ光をシリンドリカルレンズあるいは回転もしくは振動する鏡に当て，シート状の光をつくり，三次元流れを二次元流れとして可視化する
	レーザホログラフ干渉法	○	●	レーザ光を照明光と参照光に分け，照明光による被写体からの散乱光と参照光を干渉させてホログラム乾板をつくり，それを参照光で照射して被写体の像を再生する
	レーザスペックル法	○	●	流体中にトレーサ粒子を懸濁し，ある短い時間をおいた瞬間露光により得られるスペックルパターンを光学処理して流速分布を求める
	赤外線サーモグラフィー	○	●	液体表面から放射される赤外線放射エネルギーを検出し，温度に変換して温度分布を画像表示する

表 16.1　流れの可視化手法の分類(つづき 2)

	可視化手法	説明
コンピュータ利用可視化法	〈7. 可視化画像解析法〉 水素気泡画像解析法	水素気泡法により流脈線とタイムラインを同時に可視化し，それを二値化・細線化を行い速度ベクトルを求める計測法
	粒子追跡流速測定法(PTV)	流体中にトレーサ粒子を比較的粒子濃度を薄く懸濁し，短い時間をおいて撮影して個々の粒子の動きから流速分布を求める計測法
	粒子画像流速測定法(PIV)	流体中に粒子濃度濃く分布したトレーサ粒子の短い時間をおいた分布パターンの類似性より速度分布を求める計測法
	ステレオ PIV(Stereo PIV)	複数台のカメラを計測断面に対して傾けて配置し，視差を利用することで計測断面内の速度 3 成分を得る方法
	マイクロ PIV(Micro PIV)	光学顕微鏡や対物レンズを用いて計測対象を拡大撮影することで PIV をマイクロスケールの流れ場に拡張させた計測法
	ホログラフィック PIV(HPIV)	流れの中に混入したトレーサ粒子の位置情報をホログラムに記録し，これを再生して三次元の速度情報に変換する計測法
	スピン-タギング MRI(Spin-Tagging MRI)	格子状の磁場を形成し，磁場の変形から速度場を可視化する計測法
	分子タギング法(MTV & T)	燐光を発する分子を混入させ，格子状のレーザ光で励起し，格子の変形から速度場と温度場を同時に可視化する計測法
	コンピュータトモグラフィー(CT)	物体のある断面を透過した放射線や超音波や電場やレーザライトの量の計測をもとに，計算処理によってその断面像，また流体でいえばその密度・温度分布などを求める計測法
	〈8. 計測データ可視化法〉 実験データ可視化法	流速計・圧力計・温度計などを多数用いて同時に得られるデータを処理して速度分布・圧力分布・温度分布などを求めて画像表示する
	音響インテンシティ法	2 個のマイクロフォンの音圧信号のクロススペクトルから演算処理により音場各点の音波エネルギーの大きさと方向を画像表示する

表 16.1　流れの可視化手法の分類(つづき 3)

	可視化手法	説　　明
コンピュータ利用可視化法	〈9. 数値解析データ可視化法〉	流れ場をコンピュータにより数値解析を行い，その膨大な計算結果をわかりやすく画像表示する
	〈10. 数値データ表示法〉 等高線表示法	物理量の同じ値を曲線で結んで表示する
	面塗り表示法	物理量のレベルに対応した色で塗りつぶして表示する
	等値面表示法	物理量の同じ値を三次元的に面で表示する
	ボリュームレンダリング	X 線の透過率が骨や筋肉によって異なることから映像となるように，流れ場の圧力や速度や渦度などの物理量に対応して等値空間(ボクセル)を設定することで立体構造として三次元表示する
	ベクトル表示法	速度ベクトルなどの大きさと方向を矢印で表示する
	アニメーション	多数の画像情報を連続して映写し，物体や圧力・温度などの物理量が動いているように表示する

［備考］　注入トレーサ法(1)～(5)については代表的なトレーサ名を記す.
(1)煙(○)，色素(●)；(2)シャボン玉(○)，空気泡(●)，油滴(●)，発光粒子(●)；(3)メタアルデヒド(○)，空気泡(○)，キャビテーション(●)，液体トレーサ(●)，アルミ粉(●)，ポリスチレン粒子(●)など；(4)アルミ粉(●)，おがくず(●)，発泡スチロール(●)など；(5)煙(○)，色素(●)

16.2 実験的可視化法

16.2.1 壁面トレース法

この代表的な手法である油膜法はかなり前から行われ，その手法も確立され，応用例も多く，水流にも気流にも使われている．物体の表面近傍の流れ，流体機械の内部壁面近傍の流れなどの観察が行われている．

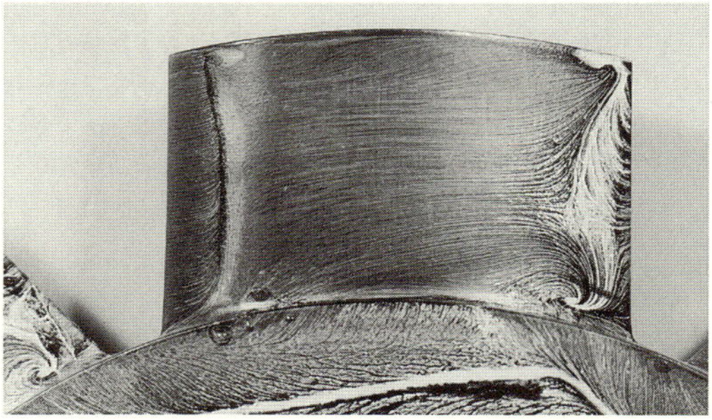

水，流速 3.2 m/s，弦長 73 mm，迎え角 11°

図 16.1　波力発電用ウェルズタービンの羽根表面の流れ(油膜法)(回転方向は反時計まわり)[3)]

図 16.1 は，波力発電用ウェルズタービンの羽根表面の油膜のパターンである．これにより，内部流れの様相の推定ができる．

このほか，物体表面の流れによる変化により，流れ，温度，圧力などを可視化する方法がある．

16.2.2 タフト法

従来から流体実験に広く用いられている素朴な方法であるが，最近，静特性ならびに動特性について詳細な実験および解析がなされて利用しやすくなった．航空機，船体，自動車などの表面近傍の流れやまわりの流れ，およびその後流，ポンプ・送風機などの内部流れ，室内の換気流れなどの可視化に利用されている．**図 16.2** は車体後部の流れ[4]を，また**口絵 7** は新幹線のまわりの流

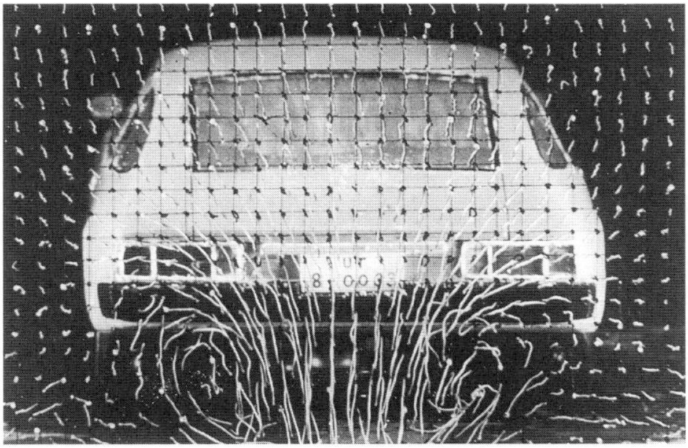

水，流速 1 m/s，長さ 530 mm，$Re = 5 \times 10^5$

図 16.2　自動車の後流(タフトグリッド法)[4]

図 16.3　自動車のまわりの流れ(蛍光ミニタフト法)[5]

れを可視化した例である．**図 16.3** は，流れをほとんど乱すことのないきわめて細いナイロンの単繊維を蛍光塗料に浸けたものをタフトとし，これを紫外線灯で照射する蛍光ミニタフト法を利用した例である[5]．

16.2.3 注入トレーサ法

水流には，古くから流脈法として色素液が広く使われている．懸濁法には，アルミ粉，ポリスチレン粒子，また表面浮遊法には，おがくず，アルミ粉などが使われている．気流には，トレーサとして煙が多く用いられている．これらの方法は，翼，船体，自動車，建物，橋脚などのまわりの流れとその後流，管路，血管モデル，ポンプ内の流れなど多くの観察例がある．

図 16.4 は，ダブルデルタ翼航空機のまわりの流れを水流で可視化した写真[6]で，種々の渦の発達の模様が見られる．この渦が，高速機が低速飛行時に必要な揚力の増大をもたらす作用をする．

口絵 8[7]ならびに**図 16.5**[8]は，自動車のまわりの流れを煙で可視化したもので，流れの様相がよくわかる．

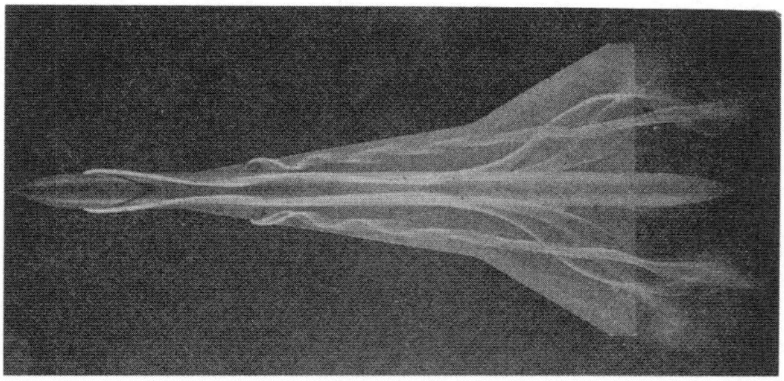

（a）注入流脈法（トレーサ：色素）

（b）懸濁法（トレーサ：空気泡）

図 16.4　ダブルデルタ翼航空機のまわりの流れ（水，迎え角 15°）[6]

空気，トレーサ：煙

図 16.5　自動車のまわりの流れ(注入流脈法)[8)]

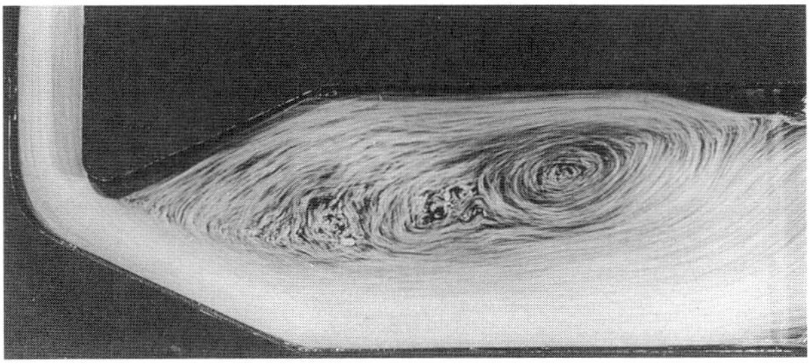

水，トレーサ：おがくず，流速 0.4 m/s，$Re=2.8\times10^4$

図 16.6　曲がり広がり管内の流れ(表面浮遊法)[9)]

図 16.6 は，曲がり拡大管内の流れをおがくずを用いた表面浮遊法によって観察した結果について示したものである[9)].

16.2.4 化学反応トレーサ法

化学反応を利用する無電解反応法と電気分解を利用する電解発色法とがある．化学反応により密度変化がないので，トレーサの沈降速度が小さく，低流速の可視化に適するものが多い．平板，翼，船体などのまわりの流れおよび後流，ポンプ，ボイラ内の流れ，自然対流，熱対流などの可視化に利用されている．

図 16.7 は，無電解反応法の例で，ヨット模型表面に鉛白を速乾性防せい油に混ぜて塗布し，その上に硫化アンモニウムの飽和液を細管から注入してできた流脈から流れを観測したものである．

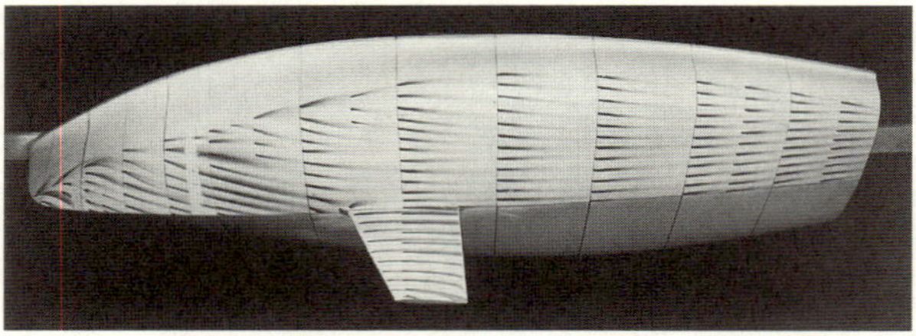

水，トレーサ：鉛白・硫化アンモニウム，模型船長 1.5 m，流速 1.0 m/s，$Re=1.34\times10^6$

図 16.7　ヨット模型表面の流れ（無電解反応法）〔（株）西日本流体技研 提供〕

水，円柱直径 10 mm，流速 10 mm/s，$Re=105$

図 16.8　円柱後方のカルマン渦列（電解発色法）[10)]

図 16.8 は，金属円柱を陽極とし，水を電気分解するとき生ずる白色の沈殿物をトレーサとしてカルマン渦列を可視化したものである[10)].

16.2.5 電気制御トレーサ法

水素気泡法，火花追跡法，スモークワイヤ法の三つの方法があるが，いずれも定量的な計測ができる．円柱，平板，球，翼，航空機，船体などのまわりの流れと後流渦，シリンダ内の流れ，弁のまわりの流れ，送風機・圧縮機内の流れなどが観察されている．

口絵 9 は円柱のまわりの流れを水素気泡法[11)]で，また **口絵 10** は球とゴルフボールのまわりの流れ[12)]，**図 16.9** は翼のまわりの流れ[13)]を火花追跡法で，さらに **図 16.10** は自動車のまわりの流れをスモークワイヤ法で可視化した写真である．

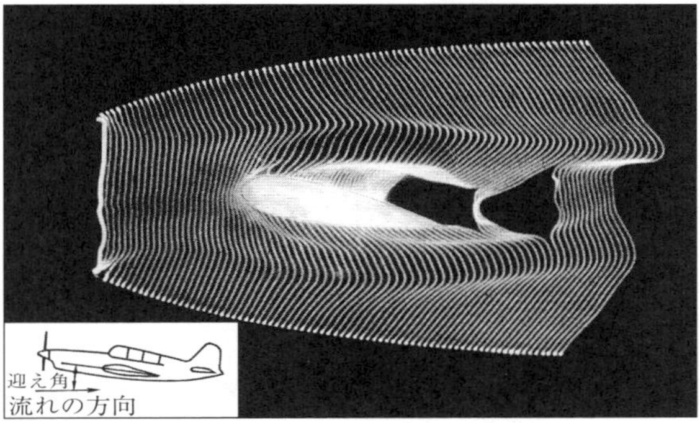

空気，流速 28 m/s，$Re = 7.4 \times 10^4$，迎え角 10°

図 16.9　翼のまわりの流れ（火花追跡法）[13)]

図 16.10　自動車のまわりの流れ（スモークワイヤ法）

16.2.6 光学的可視化法

流れにまったく影響を与えず可視化できるということが最大の特徴で，広く用いられている．シュリーレン法は，密度（温度）の変化に基づく屈折率の変化を利用したもので，マッハツェンダ干渉法は，縞のずれが密度差に比例することを利用するもので，空気流に適用されることが多い．水流に対しては，液面の凹凸をステレオ写真にとり，液面の高さの差を求めて流れの様相を知るステレオ写真法，液面の凹凸を表す等高線を明暗の縞として求めて流れの状態を調べるモアレ法などが用いられている．

新しい手法として，レーザ光源を用い，シャドーグラフ法やシュリーレン法の光学系に参照光路を付加したレーザホログラフ干渉法，またスペックルパターンを光学処理して流速分布を求めるレーザスペックル法，さらに赤外線放射エネルギーを検出して温度分布を求める赤外線サーモグラフィーなどが用いられている．

光学的可視法のいろいろの実例を**口絵 11**[14]，**口絵 12**[15]，**口絵 13**[16]，および**図 16. 11**[17]，**図 16. 12**[18]，**図 16. 13**[19]に示す．

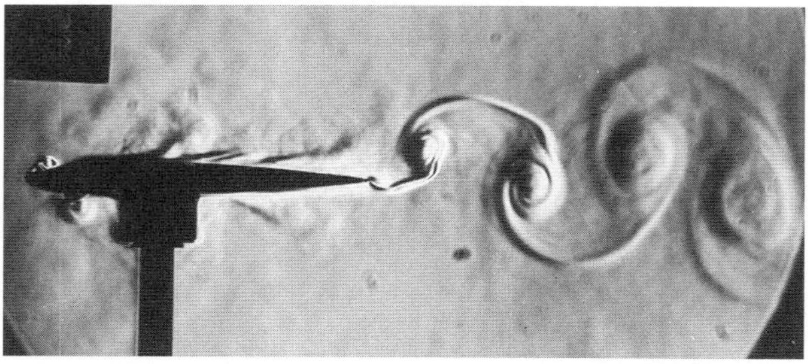

空気，翼弦長 100 mm，流速 5 m/s，$Re = 3\times10^4$，振動数 90 Hz，片振幅 4 mm

図 16. 11　上下振動する翼の下死点における流れ（シュリーレン法）[17]

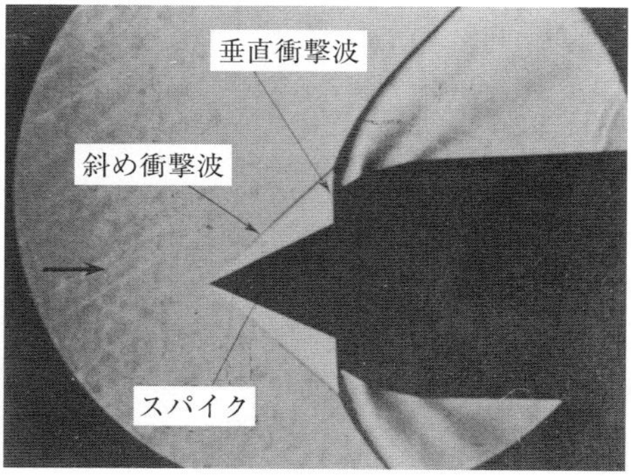

空気，マッハ数 2.0，$Re = 1.0\times10^7$

図 16. 12　超音速機エンジン空気取入れ口の流れ（カラーシュリーレン法）[18]

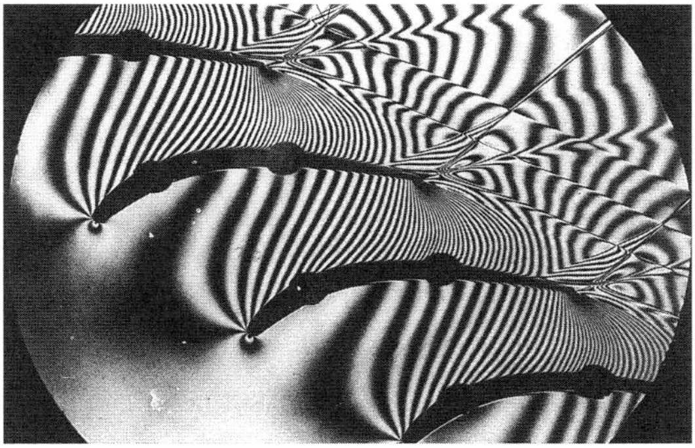

空気，入口マッハ数 0.275，出口マッハ数 2.123，ピッチ 20 mm，コード 33.6 mm

図 16.13 蒸気タービン低圧最終段動翼等密度干渉縞(マッハツェンダ干渉法)[19]

16.3 コンピュータ利用可視化法

16.3.1 可視化画像解析法

可視化画像解析法とは，可視化画像をスチールカメラかビデオカメラに入力し，濃度値をデジタル化してコンピュータに取り込み，解析，統計，カラー表示，その他の処理を行い，見やすくするもので，いろいろの方法がある．

水素気泡画像解析法の例として，**図 16.14** に示すように水素気泡法でタイムラインと流脈を同時に可視化し，それをデジタルカメラで捕らえ，二値化，細線化を行い速度ベクトルを求めた結果を示す[20]．

次に，粒子追跡流速測定法(PTV：Particle Tracking Velocimetry)の例として，表面に浮遊する直径 0.5 mm のプラスチックトレーサ粒子を次々刻々追跡して円柱を越す流れの速度ベクトルを求めた結果を**口絵 14** に示す[21]．**口絵 15** は粒子画像流速測定法(PIV：Particle Image Velocimetry)により処理した例で，煙トレーサを人間の座っている椅子の下の床面付近から注入し，超高感度のテレビカメラで撮影し，画像計測を行い人体のまわりの自然対流を可視化した結果を示す[22]．**口絵 16** は，PIV で曲がり管の流れを可視化したものである[23]．

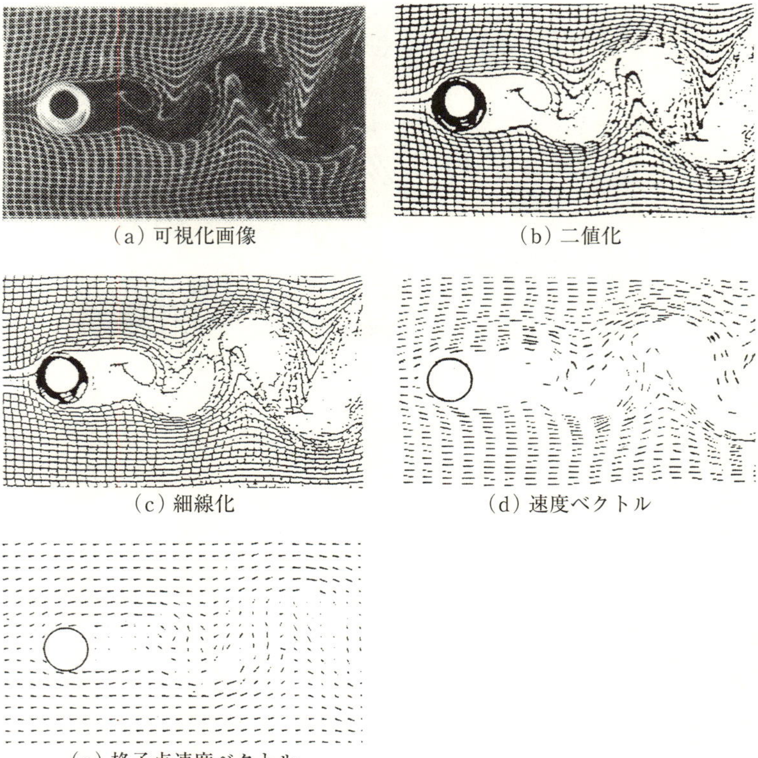

（a）可視化画像　（b）二値化

（c）細線化　（d）速度ベクトル

（e）格子点速度ベクトル

図 16.14　円柱のカルマン渦列（水素気泡画像解析法）[20]

口絵 17(a)は，ステレオ PIV(Stereo PIV)により計測した脳動脈瘤内の流れ[24]を，(b)は脳内血管網を示す[25]．**口絵 18** は，Y 字形の極小流路内で混合しながら流れる水とエタノールの二相流の速度分布をマイクロ PIV(Micro PIV)を用いて計測した例を示す[26]．

口絵 19 に，ホログラフィック PIV によりパイプ流れ($Re = 6000$)の瞬時の三次元速度場を高解像度に計測し，平均速度成分を除くことで得られる三次元非定常速度場を示す[27]．

口絵 20 は，スピン-タギング MRI(Spin-Tagging Magnetic Resonance Imaging)による管路内流れの可視化例[28]を，また**口絵 21** は分子タギング法

(MTV & T：Molecular Tagging Verocimetry and Thermometry)により，加熱円柱後流の速度分布と温度分布を同時に可視化した例を示す[29]．さらに，**口絵22**はコンピュータトモグラフィー(Computer Tomography)により管路内を流れる空気と触媒粒子との二相流の粒子の濃度分布を示した画像である[30]．

16.3.2 計測データ可視化法

流れ場をピトー管，熱線風速計，レーザ流速計，圧力計，温度計などを多数用いて同時に得られるデータをコンピュータで処理して，現象を画像表示して可視化する方法である．

口絵23は，ピトー管，圧力変換器，発光ダイオードを組み合わせて，航空機の水平尾翼後流の全圧パターンを全圧の大きさに対応して，色の変化するダイオードの発光を写真撮影することによって求めたものである[31]．また**図16.15**は，乗用車の模型後流域の流速をレーザドップラー流速計のプローブを三次元トラバース装置に取り付けて測定した結果を速度ベクトル図として表したものである[32]．さらに**図16.16**は，チェロの放射パワーフローをマイクロフォンの音圧信号のクロススペクトルから演算処理により音場各点のエネルギー流れの大きさと，その方向を求める音響インテンシティ法により可視したものである[33]．

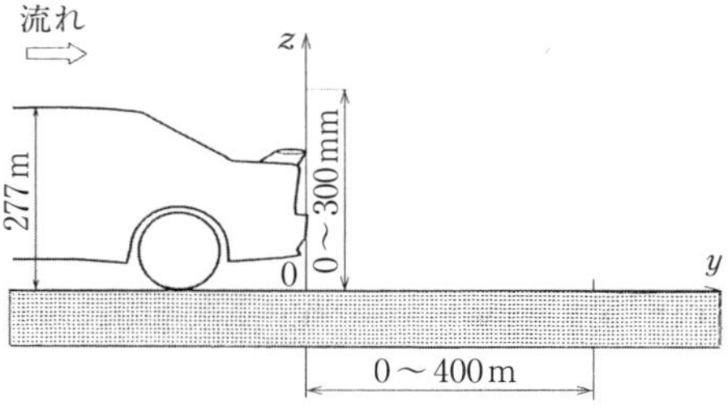

(a) 測定領域

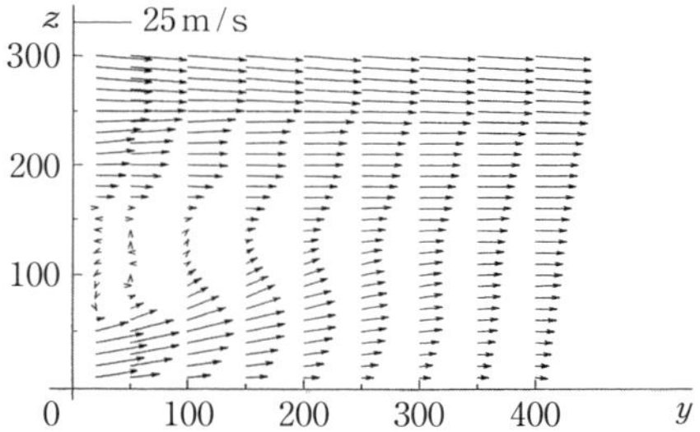

(b) 平均速度ベクトル

図16.15　スポイラ付き自動車の背後の流れ(レーザドップラー流速計法)[32]

16.3.3 数値解析データ可視化法

15章で説明したような数値流体力学で計算された膨大な計算結果をわかりやすく図形や画像およびアニメーションで可視化する方法である．口絵1～6，図15.14，15.16～15.18，15.20，15.21，15.27～15.31，15.33～15.35などがその例である.

16.3.4 数値データ表示法

可視化画像解析法，計測データ可視化法および数値解析データ可視化法では，コンピュータグラフィックスの手法を用いたさまざまな表示方法が用いられる．主な表示方法の種類には，物理量の同じ値を曲線で結ぶ等高線表示法，物理量のレベルに対応した色で塗りつぶす面塗り表示法，物理量の同じ値を三次元的に面で表す等値面表示法，等値面表示のレベルの透明度を変化させて表すボリュームレンダリング，流速などの大きさと方向を矢印で表すベクトル表示法，グラフで表す方法およびアニメーションで表す方法などがある.

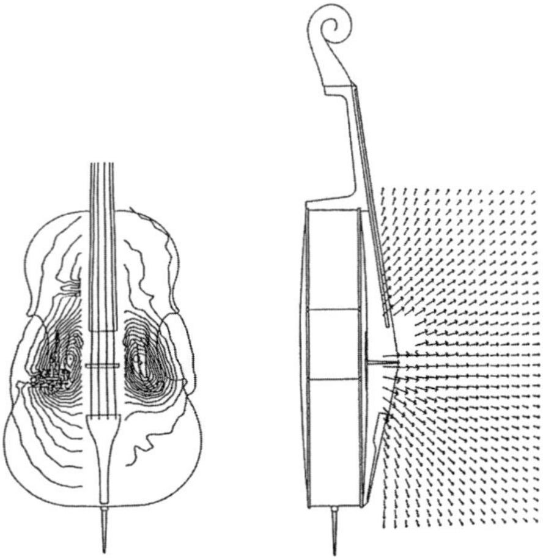

(a) エネルギー流れの大きさ　(b) エネルギー流れの方向

図 16.16　チェロの放射パワーフロー(音響インテンシティ法)[33]

等高線表示法の例としては，流れ関数の等高線である流線および渦度の等高線を表示した図 15.14，密度の等高線を表示した口絵 12，音波エネルギーの等高線を表示した図 16.16(a)などがある.

面塗り表示法の例としては，圧力分布を表示した口絵 1(b)，3，4 および 5，二相流の粒子の濃度分布を表示した口絵 22，乱流エネルギーを表示した図 15.31 などがある．また，等値面表示法の例としては温度分布を表示した**口絵 24** [34]，ベクトル表示法の例としては流速ベクトルを表示した口絵 6，14，16，18，21 および図 15.11(b)，16.15(b)，16.16(b)などがある.

ボリュームレンダリングの例として**口絵 25** に平板上に置かれた立方体まわりの流れによる馬蹄形渦と後流の渦構造を示す[35].

参考文献

1) 流れの可視化学会編：流れの可視化ハンドブック(1986)朝倉書店.
2) 可視化情報学会編：可視化情報ライブラリー，**1**～**6**（1996～1998)朝倉書店.
3) 田古里：流体工学(1989) 口絵 19，東京大学出版会.
4) 田古里ほか：流れの可視化シンポジウム(1980-7) p. 13.
5) 佐賀・小林：流れの可視化，**5**, Suppl（1985-10）p. 87.
6) Werlé, H.: Proc, ISFV（Proceedings of the International Symposium on Flow Visualization), Tokyo（1977）p. 39.
7) 流れの可視化学会編：流れの可視化ハンドブック(1986) 口絵 8，朝倉書店.
8) Hucho, W. H. and Janssen, L. J.: Proc. ISFV, Tokyo（1977）p. 103.
9) 明石ほか 2 名：流れの可視化シンポジウム(第 1 回)講演集(1973-7) p. 109.
10) 種子田：画像から学ぶ流体力学(1988) p. 92，朝倉書店.
11) 遠藤ほか 2 名：流れの可視化シンポジウム(第 2 回)講演集(1974-7) p. 135.
12) 中山：流れの可視化，**8**，28（1988-1）p. 14.
13) 中山ほか 2 名：流れの可視化シンポジウム(第 4 回)講演集(1976-7) p. 105.
14) 藤井：可視化情報，**15**，57（1995）p. 142.
15) Hara, N. and Yoshida, T.: Proc. of FLUCOME' 85, **II**(1986) p. 725.
16) Kawahashi, M. and Hosoi, K.: Experiments in Fluids, **11**（1991）p. 278.
17) 大橋・石川：日本機械学会誌，**74**，634（1974-11）p. 500.
18) 浅沼ほか 2 名：東京大学宇宙航空研究所報告，**9**，2 (C)(1973-6) p. 499.
19) Nagayama, T. and Adachi, T.: Joint Gas Turbine Congress, Paper No. 36（1977).
20) 中山ほか 3 名：東海大学工学部研究成果報告書(第 5 回)(1987) p. 1.
21) Boucher, R. F. and Kamala, M. A.: Atlas of Visualization, **1**（1992）p. 297, Pergamon Press.
22) 小林ほか 6 名：可視化情報，**17**，66（1997）p. 204.
23) 大石ほか 3 名：日本機械学会第 13 回バイオエンジニアリング学術講演会論文集，No. 02-26 (2009-09) p. 65.
24) Akedo, Y. et al.: Proceedings of 8th Asian Symposium on Visualization, No. 46（2005).
25) 宜保ほか 3 名：中外医学社(2006-7) p. 23.
26) Sugii, Y. et al.: Journal of Visualization, **8**, 2（2005）p. 117.
27) Barnhart, D. H. et al.: Appl. Optics, **33**, 30（1994-10）p. 7159.
28) Moser, K. W. et al.: Annals of Biomedical Engineering, **29**, 1（2001）p. 9.
29) Hu, H. and Koochesfahani: Measurement Science and Technology, **17**, 6（2006）p. 1269.
30) Zhao, T.: PhD theis（2010）Nihon University.
31) 酒井ほか 3 名：日本航空宇宙学会誌，**31**，350（1988-4）p. 205.
32) 佐藤・高木：可視化情報，**12**，Suppl.1（1992）p. 87.
33) Tachibana, H. et al.: Atlas of Visualization, **2**（1996）p. 203.
34) (株)クボタ編：実践ビジュアライゼーション(1995) p. 82，オーム社.
35) 小野ほか 3 名：日経サイエンス，**26**（1996-12）p. A10.

演習問題解答

2. 液体の性質

1. 質量の工学単位 kgf・s^2/m，力の SI 単位 kg・m/s^2
2. 粘度 SI 単位 Pa・s，工学単位 kgf・s/m^2，1 Pa・s = 0.10197 kgf・s/m^2
   動粘度 SI 単位 m^2/s，工学単位 m^2/s，単位は同じ
3. $\gamma = 9807$ kg/(m^2・s^2) = 1000 kgf/m^3，$v = 0.001$ m^3/kg，$v' = 0.001$ m^3/kgf
4. $\rho = 1000$ kg/m^3 = 102 kgf・s^2/m^4，$v = 0.001$ m^3/kg，$v' = 0.001$ m^3/kgf
5. $\Delta p = 2.13 \times 10^7$ Pa = 217 kgf/cm^2
6. $h = \dfrac{2T\cos\theta}{\rho g b}$，$h = 1.48$ cm
7. $\Delta p = 291$ Pa = 29.7 kgf/m^2
8. 環をもち上げるのに必要な力 $F = 9.15 \times 10^{-3}$ N = 9.33×10^{-4} kgf
9. 1.38 N = 0.141 kgf
10. $a = 1461$ m/s

3. 流体の静力学

1. 6.57×10^7 Pa = 6.70×10^2 kgf/cm^2
2. (a) $p = p_0 + \rho g H$，(b) $p = p_0 - \rho g H$，(c) $p = p_0 + \rho' g H' - \rho g H$
3. (a) $p_1 - p_2 = (\rho' - \rho) g H + \rho g H_1$，(b) $p_1 - p_2 = (\rho - \rho') g H$
4. $H = 50$ mm
5. 全圧力 $P = 9.56 \times 10^5$ N = 9.75×10^4 kgf，圧力の中心までの深さ $h_c = 6.62$ m
6. $F = 2.94 \times 10^4$ N = 3.00×10^3 kgf（図 3.15），$F = 5.87 \times 10^4$ N = 5.99×10^3 kgf（図 3.17）
7. 9.84×10^3 N = 1.00×10^3 kgf
8. 単位幅当たりの力の大きさ 1.28×10^6 N = 1.31×10^5 kgf，着力点は壁に沿って水面から 11.6 m
9. 7700 N・m = 785 kgf・m
10. 水平分力 $P_x = 1.65 \times 10^5$ N = 1.68×10^4 kgf，垂直分力 $P_y = 1.35 \times 10^5$ N = 1.38×10^4 kgf，全圧力 $P = 2.13 \times 10^5$ N = 2.17×10^4 kgf，水平線から 39.3° の方向に掛かる
11. $V = 976$ m^3
12. $h = 0.22$ m，$T = 0.55$ s
13. $\omega = (1/r_0)\sqrt{2gh'}$ rad/s，$h' = 10$ cm のときの $\omega = 14$ rad/s
    水底が現れ始める回転数 $n = 4.23$ s^{-1} = 254 rpm

4. 流れの基礎

1. (1) 定常流, 速度, 圧力, 密度, 場所
   非定常流, 速度, 圧力, 密度, 時間, 場所
   水門の開閉時, 弁の開閉時, タンクからの放水時
   (2) 反比例, 比例
2. $\Gamma = 0.493\ \mathrm{m^2/s}$
3. $Re = 6\times 10^4$, 乱流
4. $\mathrm{d}x/x = -\mathrm{d}y/y$, すなわち $xy = \mathrm{const.}$
5. (1)渦をもつ流れ, (2)渦なし流れ, (3)渦なし流れ
6. 水 $v_c = 23.3\ \mathrm{cm/s}$, 空気 $v_c = 3.5\ \mathrm{m/s}$
7. $\Gamma = 82\ \mathrm{m^2/s}$

5. 一次元流れ

1. 略
2. $v_1 = 6.79\ \mathrm{m/s}$, $v_2 = 4.02\ \mathrm{m/s}$, $v_3 = 1.70\ \mathrm{m/s}$
3. $p_2 = 39.5\ \mathrm{kPa} = 0.403\ \mathrm{kgf/cm^2}$, $p_3 = 46.1\ \mathrm{kPa} = 0.470\ \mathrm{kgf/cm^2}$
4. 大気圧を p_0, 任意の半径 r の点の圧力を p とすると

$$p_0 - p = \frac{\rho Q^2}{8\pi^2 h^2}\left(\frac{1}{r^2} - \frac{1}{{r_2}^2}\right)$$

全圧力(上向きに) $P = \dfrac{\rho Q^2}{4\pi h^2}\left[\log\dfrac{r_2}{r_1} - \dfrac{1}{2}\left(1 - \dfrac{{r_1}^2}{{r_2}^2}\right)\right]$

5. $v_r = 5.75\ \mathrm{m/s}$, $p_r - p_0 = -1.38\times 10^4\ \mathrm{Pa} = -14.1\ \mathrm{kgf/cm^2}$
6. $t = \dfrac{2A\sqrt{H}}{Ca\sqrt{2g}}$
7. 断面形状の条件は $H = \left(\dfrac{\pi v}{Ca\sqrt{2g}}\right)^2 r^4$, $R = 12.9\ \mathrm{cm}$, $d = 1.29\ \mathrm{mm}$
8. $H = 2.53\ \mathrm{m}$, 圧力分布は**図(1)**
9. $Q_1 = \dfrac{1+\cos\theta}{2}Q$, $Q_2 = \dfrac{1-\cos\theta}{2}Q$, $F = \rho Q v\sin\theta$,
   $Q_1 = 0.09\ \mathrm{m^3/s}$, $Q_2 = 0.03\ \mathrm{m^3/s}$, $F = 2.53\times 10^4\ \mathrm{N}$
   $= 2.58\times 10^3\ \mathrm{kgf}$
10. 絞り部の圧力 $H = -7.49\ \mathrm{mAq}\ (= -0.76\times 10^{-3}\mathrm{Pa})$
11. $n = 6.89\ \mathrm{s^{-1}} = 413\ \mathrm{rpm}$, 回転モーメント 8.50×10^{-2}
    $\mathrm{N\cdot m} = 8.67\times 10^{-3}\ \mathrm{kgf\cdot m}$
12. $F = 749\ \mathrm{N} = 76.4\ \mathrm{kgf}$
13. $C_c = 0.64$, $C_v = 0.95$, $C = 0.61$

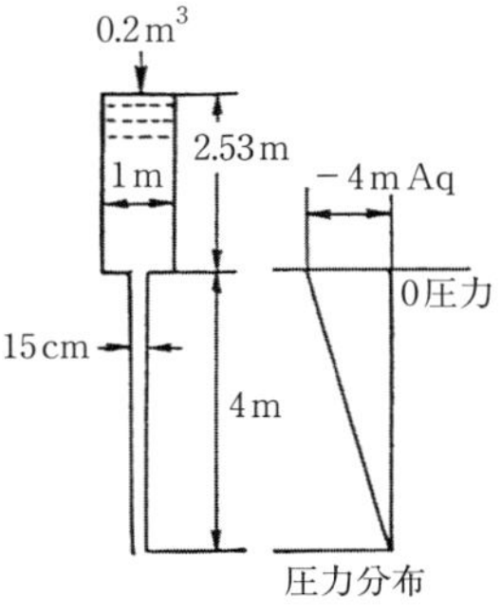

図(1)

6. 粘性流体の流れ

1. 略
2. $\dfrac{\partial u}{\partial x}+\dfrac{1}{r}\dfrac{\partial(rv)}{\partial r}=0$ または $\dfrac{\partial u}{\partial x}+\dfrac{\partial v}{\partial r}+\dfrac{v}{r}=0$
3. ① $u=6u_0\left[\dfrac{y}{h}-\left(\dfrac{y}{h}\right)^2\right]$, ② $u_0=\dfrac{1}{1.5}u_{\max}$, ③ $Q=\dfrac{h^3}{12\mu}\dfrac{\Delta p}{l}$, ④ $\Delta p=\dfrac{12\mu lQ}{h^3}$
4. ① $u=2u_0\left[1-\left(\dfrac{r}{r_0}\right)^2\right]$, ② $u_0=\dfrac{1}{2}u_{\max}$, ③ $Q=\dfrac{\pi d^4}{128\mu}\dfrac{\Delta p}{l}$, ④ $\Delta p=\dfrac{128\mu lQ}{\pi d^4}$
5. ① $u_0=0.82u_{\max}$, ② $r=0.76r_0$
6. $\nu_t=4.57\times10^{-5}\ \mathrm{m^2/s}$, $l=2.01\ \mathrm{cm}$
7. $Q=\dfrac{\pi dh^3}{12\mu}\dfrac{\Delta p}{l}$
8. $h_2=0.72\ \mathrm{mm}$
9. LT^{-1}
10. $8.16\ \mathrm{N}=0.832\ \mathrm{kgf}$

7. 管内流れ

1. 2. 3. 4. 略
5. 略，損失ヘッド h の誤差 5α(%)
6. 直径 50 mm で $h=733$ m，直径 100 m で $h=26.4$ m
7. 24.6 kW
8. 圧力損失 $\Delta p=508\ \mathrm{Pa}=51.8\ \mathrm{kgf/m^2}$
9. 広がり損失 $h_s=3.2$ cm Aq $(=0.33\times10^{-5}\,\mathrm{Pa})$
10. $h_s=6.82$ cm, $\eta=0.91$

8. 水路の流れ

1. $i=\dfrac{4.56}{1000}$
2. シェジーの式より $Q=40.4\ \mathrm{m^3/s}$，マニングの式より $Q=40.9\ \mathrm{m^3/s}$
3. $Q=19.3\ \mathrm{m^3/s}$
4. 流速最大となる $\theta=257.5°$, $h=2.44$ m，流量最大となる $\theta=308°$, $h=2.85$ m
5. 常流，$E=1.52$ m
6. $h_c=0.972$ m, $v_c=3.09$ m/s
7. $Q_{\max}=14.4\ \mathrm{m^3/s}$
8. 常流となる比エネルギーが最小となる水深(臨界水深) $h_c=1.18$ m
9. 略

9. 抗力と揚力

1. ストークスの式を用いて砂が降下する力とこれに対向するストークスの式から求めた抗力とつりあった速度（最終速度）$U=\dfrac{d^2g}{18\nu}\left(\dfrac{\rho_s}{\rho_w}-1\right)$

　ここで，d は砂の微粒子の直径，ρ_w, ρ_s はそれぞれ水と砂の密度を表す
2. $D=1\,450$ N $=148$ kgf，最大曲げモーメント $M_{\max}=3\,620$ N・m $=369$ kgf・m
3. $D=2.70$ N $=0.275$ kgf
4. 風速 4 km/h で $\delta_{\max}=3.2$ cm，風速 120 km/h で $\delta_{\max}=4.1$ cm
5. $T=722$ N・m $=73.6$ kgf・m，$L=4.54\times10^4$ N・m/s $=4.63\times10^3$ kgf・m/s
6. 7. 略
8. $D_f=88.9$ N $=9.06$ kgf，所要動力 $L=133$ N・m/s $=13.6$ kgf・m/s
9. $L=3.57$ N $=0.364$ kgf
10. $D=134$ N $=13.7$ kgf

10. 次元解析と相似則

1. 関係する物理量を v, g, H として次元解析を行う．$v=C\sqrt{gH}$
2. $D=C\mu Ud$
3. $a=C\sqrt{\dfrac{K}{\rho}}$
4. $D=\rho L^2v^2f\left(\dfrac{v}{\sqrt{Lg}}\right)$
5. $Q=C\dfrac{d^4}{\mu}\dfrac{\Delta p}{l}$
6. $\delta=xf\left(\dfrac{Ux}{\nu}\right)$
7. $C=f\left(\dfrac{d\sqrt{2\rho\Delta p}}{\mu}\right)=f(Re)$
8. （1）167 m/s，（2）33.3 m/s，（3）11.1 m/s
9. 模型のえい行速度 $v_m=2.88$ m/s
10. $\dfrac{1}{2.36}$

11. 流速および流量の測定

1. $v=4.44$ m/s
2. $v=28.5$ m/s
3. $m=0.325$ kg/s
4. 5. 6. 略

7. $U=50$ cm/s
8. 略
9. 四角せきの誤差 3%，三角せきの誤差 5%

12. 理想流体の流れ

1. $\phi=u_0x+v_0y$，$\psi=u_0y-v_0x$
2. 略
3. 原点のまわりに $v_\theta=\Gamma/(2\pi r)$，$v_r=0$ の回転運動（反時計まわり）をする流れ
4. $\phi=\dfrac{q}{2\pi}\log r$，$\psi=\dfrac{q}{2\pi}\theta$
5. $r=r_0$ とおけば $\psi=0$ となるから，円柱のまわりが一つの流線となる

   流速分布 $v_\theta=-2U\sin\theta$，圧力分布 $\dfrac{p-p_\infty}{\rho U^2/2}=1-4\sin^2\theta$
6. 直角の角を回る流れを表す
7. 原点のまわりに $v_\theta=-\Gamma/(2\pi r)$，$v_r=0$ の回転運動（時計まわり）をする流れ
8. $w=Uze^{-i\alpha}$
9. 図(2)
10. 図(3)

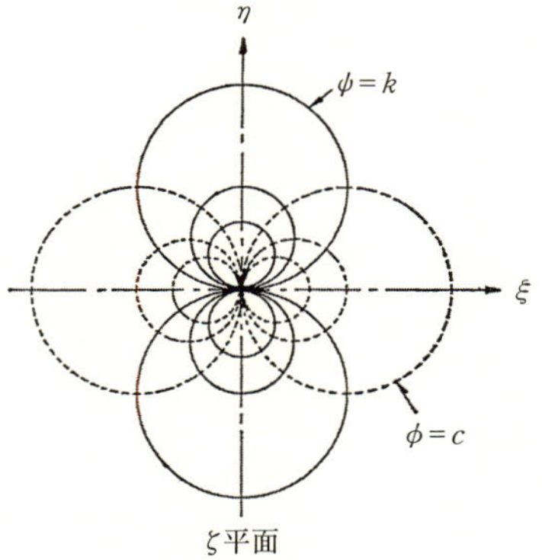

図(2)

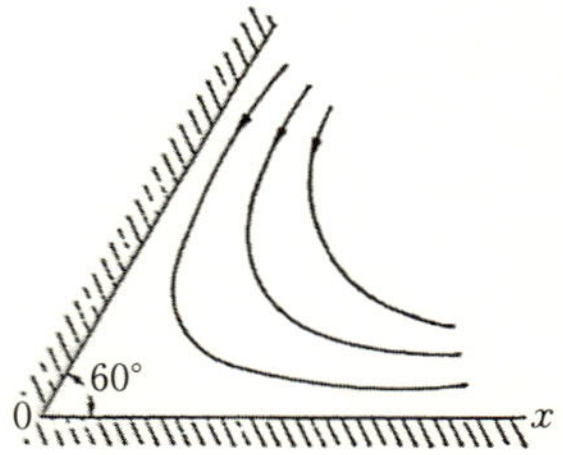

図(3)

13. 圧縮性流体の流れ

1. $\rho=\dfrac{p}{RT}=1.226\ \mathrm{kg/m^3}=0.125\ \mathrm{kgf\cdot s^2/m^4}$
2. $a=\sqrt{\kappa RT}=1297$ m/s

3. $T_2 = T_1 + \frac{1}{2}\frac{\kappa-1}{\kappa}\frac{1}{R}(u_1{}^2 - u_2{}^2) = 418\,\mathrm{K}$

$t_2 = 145$℃

$p_2 = p_1\left(\frac{T_1}{T_2}\right)^{\kappa/(\kappa-1)} = 3.4\times10^5\,\mathrm{Pa} = 3.4\,\mathrm{kgf/m^2}$

4. $T_0 = 278.2\,\mathrm{K}$, $t_0 = 5.1$℃

$p_0 = 6.81\times10^4\,\mathrm{Pa} = 0.69\,\mathrm{kgf/cm^2}$

$\rho_0 = 0.85\,\mathrm{kg/m^3} = 0.087\,\mathrm{kgf\cdot s^2/m^4}$

5. $u = 444\,\mathrm{m/s}$

6. $M = 0.73$, $a = \sqrt{\kappa RT} = 325\,\mathrm{m/s}$, $u = aM = 237\,\mathrm{m/s}$

7. $u = 272\,\mathrm{m/s}$

8. $\frac{p}{p_0} = 0.455 < 0.528$, $m = 0.0154\,\mathrm{kg/s}$

9. $\frac{A}{A^*} = 1.66$

10. $A_2 = 2354\,/\mathrm{cm^2}$

11. $2.35\times10^5\,\mathrm{N} = 2.40\times10^4\,\mathrm{kgf}$

12. $M = 0.58$, $u = 246\,\mathrm{m/s}$, $p = 2.25\times10^5\,\mathrm{Pa}(2.29\,\mathrm{kgf/cm^2})$

14. 非定常流

1. $\frac{\mathrm{d}z}{\mathrm{d}t} = \pm1.39\,\mathrm{m/s}$, $T = 1.57\,\mathrm{s}$

2. $0.69\,\mathrm{m/s}$

3. $T = 2\pi\sqrt{\frac{l}{g(\sin\theta_1 + \sin\theta_2)}}$

4. $t = 1\,\mathrm{min}\,20\,\mathrm{s}$

5. $a = 837\,\mathrm{m/s}$

6. $\Delta p = 2.51\times10^6\,\mathrm{Pa} = 25.6\,\mathrm{kgf/cm^2}$

7. $p_{max} = 1.56\times10^6\,\mathrm{Pa} = 1.59\times10^5\,\mathrm{kgf/m^2}$

索　　引

ヘ

ホ

マ

ミ

ム

メ

モ

ユ

数字

付 表　単位の換算表

［詳しくは，日本機械学会編：機械工学便覧，基礎編 α4 流体工学(2008-3)を参照］

付表 1　SI, CGS 系および工学単位系の対照表

単位系＼量	長さ	質量	時間	温度	加速度	力	応力	圧力
SI	m	kg	s	K	m/s^2	N	Pa	Pa
CGS 系	cm	g	s	℃	Gal	dyn	dyn/cm^2	dyn/cm^2
工学単位系	m	$kgf\cdot s^2/m$	s	℃	m/s^2	kgf	kgf/m^2	kgf/m^2

単位系＼量	エネルギー	仕事率	粘度	動粘度	磁束	磁束密度	磁界の強さ
SI	J	W	Pa･s	m^2/s	Wb	T	A/m
CGS 系	erg	erg/s	P	St	Mx	Gs	Oe
工学単位系	kgf･m	kgf･m/s	$kgf\cdot s/m^2$	m^2/s	—	—	—

付表 2　SI 単位からの換算率

量	SI		SI 以外		SI 単位からの換算率
	単位の名称	記号	単位の名称	記号	
角度	ラジアン	rad	度 分 秒	° ′ ″	$180/\pi$ $10800/\pi$ $648000/\pi$
長さ	メートル	m	ミクロン オングストローム X 線単位 フェルミ 海里	μ Å X-unit Fermi M	10^6 10^{10} $\approx 9.9793\times10^{12}$ 10^{15} 1/1852
面積	平方メートル	m^2	アール ヘクタール	a ha	10^{-2} 10^{-4}
体積	立方メートル	m^3	リットル デシリットル	l, L dl, dL	10^3 10^4
時間	秒	s	分 時 日	min h d	1/60 1/3600 1/86400
振動数，周波数	ヘルツ	Hz	サイクル	s^{-1}	1
回転数	回毎秒	s^{-1}	回毎分	rpm	60

付表 2 のつづき

量	SI		SI 以外		SI 単位からの換算率
	単位の名称	記号	単位の名称	記号	
角速度	ラジアン毎秒	rad/s			
角加速度	ラジアン毎秒毎秒	rad/s^2			
速度	メートル毎秒	m/s	キロメートル毎時 ノット	km/h kn	3600/1000 3600/1852
加速度	メートル毎秒毎秒	m/s^2	ガル ジー	Gal G	10^2 1/9.80665
質量	キログラム	kg	トン 原子質量単位	t u	10^{-3} $1/(1.6605655\times10^{-27})$
力	ニュートン	N	重量キログラム 重量トン ダイン	kgf tf dyn	1/9.80665 $1/(9.80665\times10^3)$ 10^5
トルクおよび力のモーメント	ニュートンメートル	N・m	重量キログラムメートル	kgf・m	1/9.80665
応力	パスカル(ニュートン毎平方メートル)	Pa (N/m^2)	重量キログラム毎平方メートル 重量キログラム毎平方センチメートル 重量キログラム毎平方ミリメートル	kgf/m^2 kgf/cm^2 kgf/mm^2	1/9.80665 $1/(9.80665\times10^4)$ $1/(9.80665\times10^6)$
圧力	パスカル(ニュートン毎平方メートル)	Pa (N/m^2)	重量キログラム毎平方メートル 水柱メートル 水銀柱ミリメートル トル バール 気圧	kgf/m^2 mH_2O mmHg torr bar atm	1/9.80665 $1/(9.80665\times10^3)$ $760/(1.01325\times10^5)$ $760/(1.01325\times10^5)$ 10^{-5} $1/(1.01325\times10^5)$

付表 2 のつづき

量	SI		SI 以外		SI 単位からの換算率
	単位の名称	記号	単位の名称	記号	
エネルギー，熱量，仕事およびエンタルピー	ジュール(ニュートンメートル)	J (N・m)	エルグ カロリ(国際) 重量キログラムメートル キロワット時 仏馬力時 電子ボルト	erg cal_{IT} kgf・m kW・h PS・h eV	10^7 1/4.1868 1/9.80665 $1/(3.6\times10^6)$ $\approx 3.77672\times10^{-7}$ $\approx 6.24146\times10^{18}$
動力，仕事率，電力および放射束	ワット(ジュール毎秒)	W (J/s)	重量キログラムメートル毎秒 キロカロリ毎時 仏馬力	kgf・m/s kcal/h PS	1/9.80665 1/1.163 ≈1/735.4988
粘度，粘性係数	パスカル秒	Pa・s	ポアズ 重量キログラム秒毎平方メートル	P kgf・s/m²	10 1/9.80665
動粘度，動粘性係数	平方メートル毎秒	m²/s	ストークス	St	10^4
温度，温度差	ケルビン	K	セルシウス度，度	℃	〔注(1)参照〕
電流，起磁力	アンペア	A			
電荷，電気量	クーロン	C	(アンペア秒)	(A・s)	1
電圧，起電力	ボルト	V	(ワット毎アンペア)	(W/A)	1
電界の強さ	ボルト毎メートル	V/m			
静電容量	ファラド	F	(クーロン毎ボルト)	(C/V)	1
磁界の強さ	アンペア毎メートル	A/m	エルステッド	Oe	$4\pi/10^3$
磁束密度	テスラ	T	ガウス ガンマ	Gs γ	10^4 10^9
磁束	ウェーバ	Wb	マクスウェル	Mx	10^8

付表 2 のつづき

量	SI		SI 以外		SI 単位からの換算率
	単位の名称	記号	単位の名称	記号	
電気抵抗	オーム	Ω	（ボルト毎アンペア）	(V/A)	1
コンダクタンス	ジーメンス	S	（アンペア毎ボルト）	(A/V)	1
インダクタンス	ヘンリー	H	ウェーバ毎アンペア	(Wb/A)	1
光束	ルーメン	lm	（カンデラステラジアン）	(cd·sr)	1
輝度	カンデラ毎平方メートル	cd/m^2	スチルブ	sb	10^{-4}
照度	ルクス	lx	フォト	ph	10^{-4}
放射能	ベクレル	Bq	キュリー	Ci	$1/(3.7\times10^{10})$
照射線量	クーロン毎キログラム	C/kg	レントゲン	R	$1/(2.58\times10^{-4})$
吸収線量	グレイ	Gy	ラド	rd	10^2

〔注〕(1)　T(K) から θ(℃) への温度の換算は，$\theta = T - 273.15$ とするが，温度差の場合には $\Delta T = \Delta\theta$ である．ただし，ΔT および $\Delta\theta$ はそれぞれケルビンおよびセルシウス度で測った温度差を表す．

(2)　丸括弧内に記した単位の名称と記号は，その上あるいは左に記した単位の定義を表す．

付表 3　基本単位

長さ	メートル	m	熱力学温度	ケルビン	K
質量	キログラム	kg	物質量	モル	mol
時間	秒	s	光度	カンデラ	cd
電流	アンペア	A			

付表 4　SI 接頭語

10^{24}	ヨタ	Y	10^3	キロ	k	10^{-9}	ナノ	n
10^{21}	ゼタ	Z	10^2	ヘクト	h	10^{-12}	ピコ	p
10^{18}	エクサ	E	10^1	デカ	da	10^{-15}	フェムト	f
10^{15}	ペタ	P	10^{-1}	デシ	d	10^{-18}	アト	a
10^{12}	テラ	T	10^{-2}	センチ	c	10^{-21}	ゼプト	z
10^9	ギガ	G	10^{-3}	ミリ	m	10^{-24}	ヨクト	y
10^6	メガ	M	10^{-6}	マイクロ	μ			

付表 5　SI に属さないが，SI と併用される単位

名称	記号	SI 単位による値
分	min	1 min = 60 s
時	h	1 h = 60 min = 3600 s
日	d	1 d = 24 h = 86400 s
度	°	1° = (π/180) rad
分	′	1′ = (1/60)° = (π/10800) rad
秒	″	1″ = (1/60)′ = (π/648000) rad
リットル	l, L	1 l = 1 dm^3 = 10^{-3} m^3
トン	t	1 t = 10^3 kg
ネーパ	Np	1 Np = 1
ベル	B	1 B = (1/2) ln 10 Np

付表 6　SI に属さないが，SI と併用されるその他の単位(推奨しない)

名称	記号	SI 単位で表される数値
海里		1 海里 = 1852 m
ノット		1 ノット = 1 海里毎時 = (1852/3600) m/s
アール	a	1 a = 1 dam^2 = 10^2 m^2
ヘクタール	ha	1 ha = 1 hm^2 = 10^4 m^2
バール	bar	1 bar = 0.1 MPa = 100 kPa = 1000 hPa = 10^5 Pa
オングストローム	Å	1 Å = 0.1 nm = 10^{-10} m
バーン	b	1 b = 100 fm^2 = 10^{-28} m^2

注：SI 単位との対応関係を示さなければ使えない.

付表 7　圧力の換算表

	MPa	bar	kgf/cm^2	atm	mH_2O	mHg
圧力	1	10	10.20	9.869	102.0	7.501
	0.1	1	1.20	0.9869	1.020×10^4	0.7501
	0.09807	0.9807	1	0.9678	10	0.7356
	0.1013	1.013	1.033	1	10.33	0.76
	0.009807	0.09807	0.1	0.09678	1	0.07356
	0.1333	1.333	1.360	1.316	13.60	1

—著者紹介—

中山泰喜（なかやま やすき） 工学博士，技術士

早稲田大学理工学部機械工学科卒

（現）鉄道総合技術研究所での勤務をへて，東海大学教授・未来技術研究所所長となり現在にいたる

イギリス・サウサンプトン大学客員教授・日本機械学会理事・可視化情報学会会長を歴任

流体の力学や可視化情報学などの教育と研究に従事

学術論文：約 280 編，著書：14 編

紫綬褒章受章，FLUCOME Award 受賞

（2011. 7. 14 記）

新編 流体の力学

2011 年 9 月 1 日 第 1 版第 1 刷発行
2013 年 4 月 15 日（訂正） 第 1 版第 2 刷発行
2021 年 5 月 20 日 第 1 版第 7 刷発行

著作者 中山泰喜（なかやまやすき）

発行者 及川雅司

発行所 株式会社 養賢堂
〒113-0033
東京都文京区本郷 5 丁目 30 番 15 号
電話 03-3814-0911 ／ FAX 03-3812-2615
https://www.yokendo.com/

印刷・製本：株式会社 精興社
用紙：竹尾
本文：OK ライトクリーム 32 kg
表紙：タント 180 kg

PRINTED IN JAPAN
ISBN 978-4-8425-0478-0 C3053